KB064528

포에버 도그

오래오래 건강한 개

포에버 도그

로드니 하비브 & 캐런 쇼 베커 지음

정지현 옮김 | 홍민기 감수

반려견 수명 연장 프로젝트

The Forever Dog

코쿤북스

일러두기

1. 본문의 강조는 원문의 볼드 처리된 문장을 옮긴 것이다.
2. 옮긴이의 주는 '옮긴이주'로, 감수자의 주는 '감수 주'로 표기했다. 그 밖의 모든 주는 원주이다.
3. 인명, 지명 등 외래어는 국립국어원의 외래어표기법을 따랐다. 단, 일부 단어들은 국내 매체에서 통용되는 사례를 참조했다. 예를 들어 견종 명의 경우, 레트리버와 복서는 외래어표기법을 따랐지만 쉬츠는 좀더 익숙한 용어인 시추로 표기했다.

우리의 첫 스승이었던 강아지들,

새미, 레지, 제미니에게 바칩니다.

차례

2부 세계 최고령견의 비결

3부 내 강아지, 포에버 도그 만들기

부록 491

저자들의 말

이 책에는 1차 인용, 2차 인용, 추가 정보 링크 등 참고자료가 아주 많다. 하지만 본문에서는 참고문헌의 흔적을 찾을 수 없을 것이다. 왜냐고? 불어나는 눈덩이처럼 참고자료가 많아도 너무 많아서 다 수록할 수가 없었기 때문이다. 독자들의 주머니 사정을 고려하고 책 분량도 줄이기 위해 참고자료를 www.foreverdog.com에 싣기로 했다. 나무도 몇 그루 살리고 책값도 줄어드니 두루 좋은 일이다. 게다가 새로운 과학 정보가 나올 때마다 참고자료를 최신 상태로 업데이트할 수도 있다. 과학 정보와 관련해서 우리는 가능한 최선을 다했다. 학계의 정설에 맞서는 대담한 주장과 진술들을 뒷받침하기 위해 과학은 물론 역사 자료까지 모든 것을 총동원했다. 충격적으로 보일 수 있는 주장들을 포함하여 이 책에 수록된 모든 내용은 반박할 수 없는 증거들로 뒷받침된다. 이 참고자료 목록은 반려동물 케어에 관한 잘못된 정보를 파헤치고 제대로 된 과학 지식을 제공함으로써 포에버 도그를 키워내는 마법의 열쇠가 되어줄 것이다.

들어가며
— 인간의 가장 친한 친구

우리는 그저 서로를 집으로 바래다줍니다.

— 람 다스

… 그것이 정말로 긴 산책이 되기를 바랍니다.

— 닥터 베커 & 로드니

닥터 커티스 웰치Curtis Welch는 걱정스러웠다. 1924년 후반, 알래스카의 작은 도시 놈Nome에 겨울이 다가오고 있을 때 불길한 상황이 그의 눈에 띄었다. 편도선염과 염증성 목 질환 환자가 늘어나고 있었다. 1918~1919년 알래스카에서만 천 명이 넘는 이들의 목숨을 빼앗아 간 유행성 독감의 기억이 아직도 선명하건만 이번 상황은 좀 달랐다. 일부 사례들은 디프테리아처럼 보였다. 18년간 놈에서 의사로 일한 그였지만 독소를 생성하는 변종 박테리아에 의한 전염성 감염으로 사망하는 환자를 본 적은 한 번도 없었다. 어린이 환자의 경우는 특히 그러했다. 디프테리아는 흔히 '아이의 목을 조르는 천사'

로 불렸다. 가죽 같은 두꺼운 막이 목을 막아서 숨쉬기가 무척 어려워진다. 치료받지 않으면 질식사할 위험이 크다.

다음 해 1월, 무서운 병이 창궐했다는 사실은 분명해졌지만 치료법이 없었다. 아이들이 죽어가기 시작했다. 닥터 웰치의 요청에 따라 학교와 교회, 영화관, 공원이 전부 폐쇄되고 모임도 금지되었다. 집배원처럼 긴급하고 꼭 필요한 일을 하는 사람을 제외하고는 밖에 돌아다닐 수 없었다. 한 명이라도 감염이 의심되면 온 가족이 자가격리를 했다. 물론 이런 조치들도 도움이 되었지만, 닥터 웰치가 약 1만 명에 이르는 주민 전체를 구하는 데 필요한 것은 항독소 혈청이었다. 그러나 그 치료제는 약 1,600킬로미터 이상 떨어진 앵커리지에 있었다. 얼음 가득한 항구를 건너거나, 영하의 기온을 뚫고 조종석이 개방된 소형기를 띄워야 했으니 실제로는 수백만 킬로미터나 떨어져 있는 것과 다름없었다,

그때 구원자로 나선 것이 바로 썰매견과 그 주인들이었다. 그들은 험준한 황야와 얼어붙은 수로, 툰드라로 이루어진 약 1,000킬로미터나 되는 거리를 닷새하고도 반나절 동안 달려 기적의 혈청을 놈으로 가져왔다. 일분일초를 다툰 이 역사적인 계주는 위대한 자비의 레이스Great Race of Mercy로 불린다. 발토와 토고라는 이름의 시베리아허스키 두 마리가 그 여정의 슈퍼스타였다. 녀석들은 가끔 주위가 온통 하얗게 보이는 화이트아웃 상태에서 시야보다는 냄새에 의존해 꿋꿋하게 달렸다. 이 험난한 여정은 유명한 아이디타로드 트레일Iditarod Trail의 일부가 되었다. 이 사건은 개들이 얼마나 놀라운 존재인지, 인간과 개가 수천 년 전 사랑에 빠진 이후로 어떻게 서로를 도왔는지 생생하게 보여주는 수많은 이야기 중 하나일 뿐이다.

혈청을 구하러 떠난 개들의 여정이 놈을 구한 지 거의 1세기가 지났다. 아이러니하게도 지금 우리는 또 다른 전염병이 전 세계에 퍼진 가운데 이 책을 쓰고 있다. 세상은 수많은 목숨을 앗아간 보이지 않는 적으로부터 우리를 구해줄 현대판 구조견을 찾고 있다. 오늘날 썰매견이 항혈청을 배달할 일은 없겠지만(물론 오지에서 코로나 치료제와 백신을 나르며 구원자로 나설 일이 충분히 생길 수도 있겠지만), 개들은 또 다른 해독제가 되어 우리가 팬데믹을 헤쳐나가는 데 결정적인 도움을 주고 있다. 미국 가정의 절반 이상이 반려동물을 키운다. 개가 가장 많고 그다음은 고양이다. 일부 추정 자료에 따르면, 18세 이하의 자녀를 둔 성인의 12퍼센트가 팬데믹 때문에 반려동물을 들였다. 가족 모두가 성인인 가정에서는 그 비율이 8퍼센트이다. 반려동물을 키우는 사람은 점점 늘어나고 있으며 앞으로도 이 추세는 계속될 것으로 보인다.

반려견은 주인에게* 산책길에서 짧은 천국을 선사하고, 집에서는 잦은 포옹과 뽀뽀를 선사한다. 녀석들은 흔들림 없는 위안과 포근함, 조건 없는 사랑을 우리에게 준다. 나쁜 일을 잠깐 잊게 해주고 내일의 희망을 보여준다. 일부 지역 사회에서는 '와이너리' 또는 '브루어리' 개들이 술을 나르고, 과학자들은 특정 견종에게 환자의 냄새를 맡도록 훈련시켜 공항 검문소에서 활용하고자 한다.

팬데믹은 개들이 우리의 삶에서 얼마나 중요한지, 인류가 앞으로

---

* 요즘 사람들은 반려견과의 관계를 표현할 때 다양한 명칭을 사용한다. 강아지 엄마, 아빠, 주인, 집사 등. '애완견'이나 '주인'이라는 표현이 불쾌함을 줄 수도 있지만 일반적으로 합의된 바는 없으므로 원하는 용어를 자유롭게 사용하면 된다. 이 책에서는 다양한 명칭을 섞어서 사용할 것이다.

나아가고 생존하도록 어떻게 돕는지 너무나 잘 보여주었다. 개들은 사람에게 생존을 의지하지만 우리는 셀 수도 없이 많은 것을 녀석들에게 의존한다. 궁극적으로 개는 우리가 육체적, 정신적, 감정적으로 더 나은 사람이 될 수 있도록 돕는다. 이제는 직장에서까지 도움을 준다(오피스 도그를 직원으로 두는 기업들이 늘어나고 있다). 개를 키우면 인간의 수명이 늘어난다는 것은 이제 확실하게 증명된 사실이다. 개와 인간의 건강 사이의 긍정적인 연결 고리를 보여주는 증거가 점점 늘어나고 있다. 단지 우리의 스트레스나 외로움을 전반적으로 줄여준다는 명백한 이유 때문만은 아니다. 연구에 따르면 개는 혈압을 낮춰주고 활동량을 유지해주고 심장마비와 뇌졸중의 위험을 줄여주고 자존감을 높여주고 사회적 참여를 장려하고 어쩔 수 없이 자연에 나가게 하며 안전함과 유대감, 만족감을 느끼게 하는 강력한 화학물질을 생성시킨다. 심지어 개를 키우면 원인을 막론하고 사망률이(과학 논문에서는 '전 원인 사망률'이라고 부른다) 24%나 줄어든다는 연구 결과도 있다. 미국에만 수백만 명에 달하는 심혈관계 질환 환자가 있는데, 이들의 사망률을 낮춰주는 효과는 더 크다. 2014년에 스코틀랜드 과학자들은 특히 고령에 개를 키우면 생체 시계를 되돌리는 효과가 있어서 10년은 더 젊게 느끼고 행동한다는 사실을 발견했다. 개는 아이들의 면역 능력을 개선해주고 자기 의심과 또래의 평가, 어른의 기대, 정서적 혼란으로 가득한 청소년기의 스트레스 요인도 완화시킨다.

개는 규칙적인 일과를 지키게 해주는 것부터(시간 맞춰 밥 주고 산책도 시켜줘야 하니까), 가족을 지키고 위험을 감지하는 것까지 여러모로 사람을 잘 섬긴다. 몇 분 떨어진 곳에서 발생한 지진을 감지하거나 큰 폭풍이나 쓰나미를 예고하는 대기의 냄새 변화를 알아차린다. 개는 예민한 감각 덕분에 범죄자, 불법 마약, 폭발물을 추적하고, 갇히거나 죽은 사람들을 찾는 데 훌륭한 도움을 준다. 개의 후각 능력은 암, 당뇨 환자의 저혈당, 임신, 그리고 이제는 코로나(COVID-19)까지 감지할 수 있을 정도로 탁월하다. 게다가 개는 마르지 않는 생각과 영감의 원천이 될 수도 있다. 다윈이 자연을 체계적으로 연구하고 어릴 적부터 과학적 접근법을 발전시킨 것이 개 덕분이었다고 말하는 학자들도 있다(다윈의 똑똑한 테리어견 폴리는 그가 서재에서 걸작 『종의 기원』을 쓰는 동안 책상 근처 난로 앞에 놓인 바구니에 들어가 있곤 했다. 그들은 자주 창가에서 대화를 나누었다. 다윈이 농담 삼아 창 밖의 "고약한 사람들"을 언급하면 폴리가 멍멍 짖었다. 폴리는 1872년에 나온 다윈의 마지막 책 『인간과 동물의 감정 표현*The Expression of the Emotions in Man and Animals*』에 수록된 삽화의 모델이 되기도 했다).

장밋빛 이야기만 있는 것은 아니다. 그동안 개들의 수명은 점점 줄어들었다. 특히 혈통 좋은 개들이 그렇다. 논쟁의 여지가 있는 과감한 주장이라는 것을 알지만 부디 들어주기 바란다. 물론 인간의 수명이 늘어났듯이 더 오래 사는 개들도 많지만, 지금 그 어느 때보다도 많은 개가 만성 질환으로 이른 죽음을 맞이하고 있다. 암은 비만, 장기 변성, 자가 면역 질환과 함께 나이 든 개의 주요 사망 원인이다. 당뇨도 바짝 추격해오고 있다(어린 개들은 트라우마, 선천성 질환, 감염 질환으로 죽을 확률이 더 높다). 우리는 어떻게든 사랑하는 반려견의 수명을 늘리고자 애쓰는 엄마, 아빠들을 많이 보았다('영원히' 함께할 수는 없지만 적어도 '건강 수명'은 최대한 늘리고 싶은 마음인 것이다. '건강 수명'은 그냥 '수명'과 다르다. 둘 다 중요한 용어지만 어떻게 다른지 잠시 후 구분해서 살펴보겠다).

우선 분명히 해둘 것은, 우리의 목표가 반려견이 영원히 사는 방법을 알려주는 것이 아니라는 점이다. 이 책이 개들의 모든 건강 문제를 해결해줄 수 있는 것도 아니다. 잠재적인 모든 문제를 해결하기에는 개의 종류가 너무 다양하고 건강 상태도 제각각이라 너무 많은 변수와 가능성이 존재한다[하지만 반려견의 개별적인 문제에 대한 답을 찾고자 한다면 우리 웹사이트(www.foreverdog.com)를 방문해보기 바란다]. 이 책의 목적은 반려견을 키우고 보살피는 과학적으로 뒷받침되는 가장 좋은 방법을 제시하고, 각자가 자신의 환경에 맞게 조율할 수 있도록 돕는 것이다. 이 책에 '영원히 사는 개'라는 제목을 붙인 이유는 은유이기도 하고 그것이 우리의 소망이기도 하기 때문이다. 우리는 반려견들이 마지막까지 활기찬 삶을 살다 가기를 바란다. 개들은 세상을 떠나도 여전히 우리와 함께할 것이다. 우리 마음속에 영원히 자리할 테니까. 당신의 개는 당신이라는 영원한 집을 찾았고, 당신은 그 개에게 최선을 다하고 싶다.

영원히 사는 개, 포에버 도그: 인간이 의도적으로 건강과 수명에 유리한 선택을 내리는 덕분에 퇴행성 질병으로부터 자유롭게, 건강하고 활기찬 삶을 사는 회색늑대 혈통의 길든 육식성 포유류.

흥미롭게도 인간이 개를 가족 구성원으로 여기게 된 것은 제2차 세계 대전 이후의 일이다. 인간과 동물의 변화하는 관계를 연구하는 역사지리학자들이 영국 하이드 파크에 있던 묘비들을 분석해서 2020년에 알아낸 사실이다. 그것은 비밀 반려동물 묘지에 관한 내용이었다. 1881년부터 1991년 사이에 조성된 1,184개의 무덤 표식 자료를 수집한 결과, 그중에서 1910년 이전에 개를 가족이라고 표현한 것은 전체의 1퍼센트에 불과한 3개뿐이었다. 하지만 2차 대전 이후에는 거의 20퍼센트가 개를 가족으로 표현했고 11퍼센트는 가족의 성을 붙였다. 동물고고학자로 불리는 이 연구자들은 시간이 지남에 따라 고양이 무덤이 늘어났다는 사실도 발견했다. 2016년 뉴욕에서는 최초로 반려동물이 주인과 함께 공동묘지에 묻히는 것이 합법화되었다. 반려동물들이 천국에서 우리와 함께 있을 자격이 있다면, 지상에서도 우리와 함께 좋은 장소에서 좋은 삶을 함께할 자격이 있다.

우리의 사명은 반려견의 행복과 건강을 유지하고 궁극적으로 전 세계 개들의 수명을 늘리기 위해 수천만 견주와 개를 키우고 싶은 사람들로 하여금 그들이 개를 돌보는 방식을 재고하게 만드는 것이다. 개들은 만성 질환과 퇴행, 장애로부터 자유로울 권리가 있다. 나이가 들었다고 꼭 고통스러워야 한다는 법은 없다(인간도 마찬가지다!). 그러나 목표에 도달하려면 우리가 제공하는 생생하고도 과학적인 여정에 동참함으로써, 개의 수명을 늘리는 데 도움을 줄 필수적인 정보들을 파악해서 생각을 바꾸어야만 한다. 앞으로 과학적인 내용들을 자세히 살펴볼 테지만 장담컨대 절대 어렵지 않을 것이다. 이 책에 포함된 과학적 연구 자료는 당신을 교육하고 영감을 주기 위한 것이며, 당신이 반려견의 건강과 수명을 최대로 늘리는 데 필요한 중요한 생활 방식상의 변화를 더 편히 받아들일 수 있도록 데이터와 배경 지식을 제공하기 위한 것이다. 건강 관련 개념에 얼마나 친숙한지에 따라 이 책이 권장하는 내용이 부담스러운 사람도 있을 것이다. 그래서 각자의 지식과 일정, 예산에 따라 충분히 감당할 수 있고 점진적으로 실천할 수 있도록 여러 작은 단계로 이루어진 옵션들을 많이 제공할 것이다.

독자 중에는 손잡고 끌어줘야 할 초심자들도 있고, 복잡한 과학적 지식을 열망하는 사람들도 있을 것이다. 그 사실을 염두에 두고 균형을 잡고자 한다. 읽다가 이해되지 않는 부분이 나오면 걱정 말고 넘어가자. 상식적인 전략들은 책의 후반부로 가면 결국은 이해가 될 것이다. 심도 깊은 내용들을 그냥 넘기더라도 분명 이 책에서 다양한 지식을 얻을 수 있을 것이다. 중간중간 실용적인 팁이 계속해서 나온다. 사실 이런 책에 생물학적 설명이 없다는 건 말도 안 된다. 개와 (그리고 인간과) 관련된 흥미로운 사실들을 생물학적으로 살펴보지 않고 넘어간다면 태만한 처사가 아닐 수 없다. 까다롭고 민감한 대화를 피하는 것도 무책임한 일이다. 예를 들어, 누구나 의식하고 있겠지만 좋든 싫든 체중은 오늘날 건강 분야의 주요 이슈로 자리 잡았다. 그런데 과체중에 관한 이야기는 많은 의사들이(수의사들도) 꺼내기 싫어하는 금기적 주제이다. 불쾌하고 어색한 주제이기 때문이다. 수치심을 주는 것과 비슷할 정도다. 하지만 꼭 필요한 대화이다. 비난이나 지적이 아니라 해결책을 제시하려는 것이다. 과체중이 건강에 해로운 영향을 준다면 그것을 내버려두는 것은 날카로운 물건을 부주의하게 들고 달리는 것과 같다. 개가 입에 칼을 물고 뛰게 놔둘 사람은 없으리라. 그렇지 않은가? 이 책이 거듭 강조하는 내용은 바로 이것이다. **더 적게 먹고 더 건강하게 먹고 더 많이 더 자주**

움직여라. 당신과 반려견에게 모두 적용되는 진실이다. 그리고 이 책에서 얻을 수 있는 가장 큰 교훈일 것이다. 방금 이 책의 핵심을 말해주었지만 그렇다고 책을 치워버려선 안 된다. 당신과 반려견이 왜 그리고 어떻게 더 적게 더 건강하게 먹고 더 많이 더 자주 움직일 수 있는지 알아야 한다. 왜와 어떻게를 알고 난 후에는 행동이 따라온다.

우리는 기술의 속도와 지난 세기 동안 얻은 포유류의 신체에 대한 많은 지혜 덕분에 흥미로운 시대를 살고 있다. 세포 내부의 활동에 대한 지식도 기하급수적으로 늘어났다. 우리는 이 최신 정보를 사랑스러운 개들이 우리 옆에서 건강하고 행복하게 살게 하자는 하나의 훌륭한 목표 아래 제시할 수 있어서 무척 기대된다.

이 책의 가르침 중 많은 부분이 특히 식이요법과 영양에 관하여 일반적으로 통용되는 신화와 관행을 폭로하는 것이다. 인간과 마찬가지로 많은 개가 과식 그리고 영양실조 상태에 놓여 있다. 매 끼니마다 초가공 식품을 먹는 것이 건강에 나쁘다는 사실을 알 것이다. 누구나 아는 명백한 사실이다. 하지만 시판 반려견 사료 대부분이 고만고만한 초가공 식품이라는 사실은 잘 모른다. 부디 너무 심한 충격과 배신감을 느끼지는 말기 바란다. 모르는 사람이 당신 혼자는 아니니까. 하지만 그것이 나쁜 소식인 것만은 아니다. 당신이 살면서 가공 식품을 즐기는 것처럼(너무 많이 먹지 않는 것이 좋지만), 개에게도 시판 사료를 완전히 끊을 필요는 없다. 이 책에서 제공하는 지침에 따라 적정 수준에서 주면 괜찮다. 시판 사료와 좀 더 신선하고 건강한 식품의 비율을 어떻게 할지 선택하면 된다.

신선할수록 좋다: 홈메이드, 시판 생식 또는 화식, 동결 건조 및 탈수 건조 사료는 모두 초가공 제품 및 캔 사료보다 덜 불량하고 '더 신선한' 범주에 속한다. 이렇게 가공이 덜 된 식품을 전부 '신선식'이라고 칭한다. 앞으로 신선식 비율이 높아지도록 반려견의 식단을 조절하는 방법을 소개할 것이다.

건강은 음식에서 시작하지만 그걸로 끝나지 않는다. 많은 개가 충분한 운동 기회를 박탈당하고, 환경 독소와 인간 독소(끊임없는 스트레스)가 미치는 영향에 노출되어 있다. 우리는 유전적 관점에서 개의 과거와 현재를 이해하고, 그 정보를 이용한 예방적 케어로 유전의 부정적인 영향을 줄이는 방법도 살펴볼 것이다.

지난 세기에 걸친 브리딩breeding 관행은 개들에게 급격한 변화를 일으켰다. 물론 더 좋은 변화도 있었지만 안타깝게도 다수가 나쁜 변화였다. 가축화는 축 처진 귀와 유순한 유전자들을 불러왔지만, 무분별하고 구조화되지 않은 브리딩은 또한 열성 유전자들을 활성화하고 유전자 결손과 좁은 유전자 풀을 초래했다. 이러한 환경은 유전적으로 취약한 동물을 만드는 '번식 결함breed flaws'을 일으키는 데 일조했다. 퍼그 세 마리 중 한 마리가 '허영 교배vanity breeding' 때문에 제대로 걷지 못한다. 다른 결과들과 함께, 이것은 절름발이와 척수 장애 위험을 높인다. 도베르만 열 마리 중 일곱 마리는 몇십 년 전에 일어난 '인기 부견 증후군popular sire syndrome'* 때문에 확장성 심근병증(dilated cardiomyopathy, DCM) 유전자를 하나 또는 두 개 가지고 있다(DCM은 심장 근육이 확대되거나 기능이 떨어져서 심장에서 몸으로 피를 펌프질하는 기능에 문제가 생기는 질환이다. 인간에게도 흔히 나타난다). 다행히 이런 상황을 바꾸기 위해 우리가 할 수 있는 일이 많다. 개는 탄광의 카나리아다(또는 '탄광의 개'). 지난 50년 동안 건강과 관련된 개의 투쟁은 인간의 그것과 유사하다. 개는 우리와 비슷하게 나이를 먹지만 노화가 훨씬 빠르게 진행된다. 이것이 과학자들이 점차 개를 인간 노화의 모델로 받아들이는 이유이다. 하지만 인간과 다르게 개는 스스로 건강에 관한 결정을 내릴 수 없다. 개의 건강을 지키는 똑똑한 선택을 하는 것은 전적으로 반려견 엄마, 아빠(주인, 집사 등 원하는 명칭을 사용하면 된다)에게 달렸다. 이 책에서는 최대한 실용적이고 실행에 옮기기 편한 방법을 알려줄 것이다.

1부에서는 건강한 개가 현대에 거의 멸종 위기에 처했다는 사실을 전반적으로 살펴보면서, 인간과 개의 놀라운 공동 진화에 관한 대화를 이어간다. 개는 초기 인간 사회에서 틈새를 발견했고, 인간으로 하여금 개를 집 안에 들여서 추위로부터 보호하고 먹이를 주게끔 설득했다.

다시 말하자면, 사람이 개를 좋아하게 된 것이 아니라 개가 사람을 좋아하게 된 것이다. 개들은 우리에게 그들을 돌보는 일을 맡겼고 우리는 그 도전을 받아들였다. 1부에서는 사람을 믿고 보호를 맡긴 덕분에 오늘날 개들의 건강과 행복이 큰 위기에 처하게 된 사정

---

* 도그쇼 등 각종 대회 승리를 위해 바람직한 특징을 갖춘 수컷 개를 반복적으로 교배시키는 행태를 말한다 — 옮긴이주.

을 살펴보면서 경종을 울리고 해결책을 제시한다.

2부에서는 과학이 알려주는 값진 정보들, 그리고 식이요법과 생활 방식을 통한 노화 방지에 대해 철저히 파고든다. 여러분은 음식이 어떻게 유전자에 말을 거는지, 왜 개의 장내 미생물(미생물 군집)이 인간의 경우만큼 건강에 중요한지, 또 왜 (적어도 가끔은) 개의 선택과 기호를 존중해야 하는지에 대해 배우게 될 것이다. 마지막으로, 3부에서는 포에버 도그 공식을 공개하고 이 전략을 활용해 실생활에서 포에버 도그를 만드는 방법을 알려줄 것이다. 당신의 반려견에게 맞는 방식으로 건강 수명을 최대화하는 데 필요한 모든 도구를 제공한다. 장담하건대 그 과정에서 분명 당신도 변할 것이다. 식단과 운동량을 신경 쓰게 되고 과연 건강에 좋은 환경에서 살고 있는지도 돌아보게 된다.

포에버 도그 공식

- Diet and nutrition(식단과 영양)
- Optimal movement(최적 활동량)
- Genetic predispositions(유전적 소인)
- Stress and environment(스트레스와 환경)

단순함과 실용성을 최대한 추구하기 위해, 각 장의 끝부분에 '건강 지킴이를 위한 교훈' 꼭지를 통하여 당장 실천이 가능한 아이디어를 제시할 것이다. 중간중간 꼭 기억해야 할 내용은 굵은 글씨로 혹은 상자에 넣어 강조한다. 작지만 의미 있는 변화를 바로 일구어 갈 수 있도록 실행 가능한 정보를 그때그때 제공할 것이므로, 실천 방법이 요약된 3부까지 기다릴 필요는 없다. 다시 말하지만, 이 책은 당신이 원하는 것을 제공할 것이다. 즉, 과학적인 근거와 그것을 일상생활에서 실천하는 방법들 말이다.

이 책을 읽을 동물 애호가들은 무척 다양할 것이다. 능동적인 삶에 익숙하지 않은 사람이라면 이 책이 출발점이 되기를 바란다. 점차 나이 드는 반려견의 웰빙을 극대화하기 위해 우리가 할 수 있는 것들에 초점을 맞추는 길고도 건강한 우정의 출발점 말이다. 저자들의 커뮤니티는 수많은 '2.0 견주'들로 구성된다. 그들은 신중하고 상식적인 방법으로 반려견의 건강을 추구하는 주도적이고 박식한 보호자들이다. 이 헌신적인 반려견 부모들은 지난 10년 동안(상당수는 훨씬 더 오랫동안) 혁신적인 건강 전략을 사용해왔다. 그들이 우리에게 수의사, 친구들, 가족들이 읽고 참고할 수 있도록 건강과 행복에 관한 지혜가 담긴 책을 만들어달라고 요청했다. 물론 우리는 반려견을 위해 자신의 생활 방식을 뜯어고치는(가족 구성원을 돌보는 방식을 포함해) 초보 견주들 역시 많이 본다. 우리의 목표는 우리의 조언이 이러한 초보 견주들에게도 잘 이해되도록 배경 정보를 충분히 제공하는 것이다. 또한 건강 지킴이들, 반려견의 건강을 최적화하기 위해 일상적인 선택에 변화를 주는 바이오 해커들을 위해 최신 연구 결과도 제공하고자 한다. 그러나 이 책의 내용이 능동적 건강 개념을 처음 접하는 사람들에게 너무 부담스럽지 않기를 바란다. 우리의 목표는 영감을 주는 것이다. 따라서 이 책의 정보를 자신에게 맞는 방법으로 반려견의 일상에 한 번에 하나씩 적용하면 된다.

건강 지킴이: 건강 수명(질병과 장애로부터 자유롭게 살아가는 시간)을 늘리기 위해 일상적으로 실천할 수 있는 방법에 관심이 많은 사람.

우리 저자들은 몇 년 전부터 함께 일하기 시작했다. 여러분은 앞으로 우리가 따로 또 같이한 여정에 대해서 알 수 있을 것이다. 견주들이 반려견의 건강이라는 복잡한 문제에 쉽게 접근할 수 있도록 돕는 일에 헌신하는 애견인으로서, 우리는 각종 콘퍼런스와 강연에서 계속해서 마주쳤고 서로 같은 목표를 갖고 있다는 사실을 알게 되었다. 그렇게 함께 일하게 되었고 우리의 꿈을 이룰 기회가 있다는 사실을 이내 깨달았다. 반려견과 반려견의 건강에 관한 견주들의 마음가짐을 새롭게 교육하는 것이 그것이다. 물론 쉽지 않은 일임을 알고 있었다. 실제로 지난 몇 년 동안 우리는 세계 곳곳을 여행하며 개의 건강, 질병, 장수에 대한 가장 최신의 정보를 모았다. 최고의 유전학자, 미생물학자, 종양학자, 전염병학자, 면역학자, 영양학자 또는 영양사, 개 역사학자, 임상의를 인터뷰하며 우리의 사명을 위해 자료를 수집했다. 20년, 심지어 30년 넘게 산(인간으로 치면 110세 이상을 사는 것과 똑같은) 세계적인 장수견들의 주인들을 인터뷰해 그들의 장수 비결이 무엇인지도 알아보았다. 우리가 발견한 사실에는 반려견 커뮤니티에 엄청난 혁명을 일으킬 만한 잠재력이 있다. 이 정보가 모쪼록 당신을 놀라게 하고 동기 부여가 되기를 바란다. 무엇보다도 전 세계 사랑스러운 개들의 수명을 실제로 늘려주기를 간절히 바란다. 그리고 어쩌면 당신의 수명도 늘어날 것이다. 저자들이 즐겨 하는 말처럼, "건강은 목줄을 타고 올라간다."

수의학은 인간 의학보다 무려 20년이나 뒤처져 있다. 최신 노화 방지 연구는 결국 반려동물에게도 낙수효과를 일으킬 테지만, 마냥 기다릴 수만은 없다. 게다가 개 건강에 중요한데도 주류 대화에 속하지 않는 측면들도 있는데, 인간의 건강이 동물의 건강 그리고 인간과 동물이 공유하는 환경과 긴밀하게 연결되어 있다는 관점이다. 여기에 대해서는 원 헬스One Health 접근법 덕분에 변화가 나타나고 있다. 원 헬스 이니셔티브는 전혀 새로운 것이 아니다. 그러나 의사와 정골 의사, 수의사, 치과 의사, 간호사, 과학자들이 포괄적인 협업을 통해 더 많은 것을 배울 수 있다는 사실을 깨달으면서 지난 몇 년간 그 중요성이 커졌다. 원 헬스 이니셔티브는 "사람과 동물, 환경을 위한 최적의 건강을 얻기 위한 여러 다양한 분야의 지역적, 국가적, 세계적 협업"이라고 정의된다. 의학과 수의학을 하나로 묶는 것은 아직 주류에 속하지 않지만 곧 그렇게 될 것이다. 이 책은 사람의 건강 과학도 상당 부분 포괄한다. 사람의 건강이 반려견 연구의 토대를 이루는 경우가 많고 그 반대의 경우도 마찬가지이기 때문이다.

원 헬스의 개념과 우리가 이 책에서 논의하는 연관성들은 반려동물 세미나나 잡지에서 널리 다뤄지지 않고 있다. 소셜 미디어에도 등장하지 않는다. 아직은. 우리는 절실하게 필요한 그 대화가 시작되기를 원하고 그 움직임에 불을 지피고자 한다. 기본적으로 인간을 건강하게(혹은 건강하지 않게) 만드는 것들이 개에게도 똑같이 적용된다. 지금 당장 이 대화가 시작되기를 바란다.

참고: 기본적으로 이 책은 두 저자를 가리키는 '우리'라는 말로 진행되지만 가끔 한 명이 말할 때도 있다(로드니 또는 닥터 베커). 그럴 때는 누가 말하는지 분명하게 밝히겠다.

반려견의 신체적, 정서적 웰빙은 전적으로 견주의 선택에 달려 있다. 그리고 반려견의 웰빙은 결국 견주에게 영향을 끼친다. 한마디로 행복의 목줄은 쌍방향이다. 수 세기 동안, 사람과 개는 서로 영향을 주고받고 서로의 삶을 풍요롭게 하면서 공생적인 유대 관계를 이어왔다. 의학 연구가 점점 세계적인 규모로 변화하면서 개의 건강을 위한 선택은 인간의 건강을 위한 선택만큼이나 방대해졌다. 우리 모두 현명한 선택으로 반려견을 포에버 도그로 만들자.

1부
현대의 건강하지 못한 개들
— 짧은 이야기

1장 개처럼 아프다
— 인간도 반려견도 수명이 짧아지는 이유

어떤 동물들은 장수하고 어떤 동물들은 짧게 살다 간다.
무엇이 길고 짧은 삶을 좌우하는지 연구해볼 필요가 있다.
— 아리스토텔레스, 『장수와 단명에 관하여』, 기원전 350년

레지는 '포에버 도그'가 될 운명의 개였다. 적어도 우리가 보기엔 그랬다. 열 살 된 그 골든레트리버는 아주 팔팔했다. 귓병을 앓은 적도 없고 스케일링도 굳이 필요 없었으며 알레르기나 피부염에 걸린 적도 없었다. 중년과 노년에 수많은 개를 괴롭히는 증상을 레지는 전부 다 피해 갔다. 어디 하나 고장 난 곳 없이 쌩쌩해서 6개월에 한 번씩 동물병원을 찾아 '정기 검진'만 받는 정도였다. 심장에 문제가 있는지 확인하는 심장 혈액 검사를 포함해 2년에 한 번씩 하는 혈액 검사 결과도 완벽했다. 이처럼 레지는 평생 단 한 번도 건강에 문제가 있던 적이 없었다. 게다가 아빠가 로드니인 개라니 얼마나 큰 복을 타고났겠는가. 그런데 2018년 12월 31일, 레지가 갑자기 아침밥

을 거부했다. 뭔가 잘못되었다는 분명한 신호였다. 그러고 2시간도 안 되어 쓰러졌다. 심장 주변의 혈관에 암세포가 생기는 혈관육종이었다. 그렇게 건강했던 개가 하루아침에 생사의 문턱을 넘나들었다. 너무도 충격적인 일이었다. 결국, 레지는 한 달도 안 되어 세상을 떠났다.

레지의 죽음이 가져온 충격이 곱절로 컸던 이유가 있었다. 로드니가 키우는 또 다른 반려견인 화이트 셰퍼드 새미 때문이었다. 새미는 유전병으로 인해 단명할 운명이었다. 4년 전 퇴행성 척수증 진단도 받았다. 뒷다리부터 시작해 마비를 일으키는 무서운 유전성 질환이다. 새미는 병을 진단받자마자 이루어진 집중적인 치료와 혁신적인 신경 보호 기법 덕분에 여전히 거동이 가능한 상태로 성공적으로 투병 생활을 이어가고 있었다. 하지만 레지가 세상을 떠난 날 모든 게 변해버렸다. 가장 친한 친구였던 레지가 사라지자 새미도 모든 걸 놓아버렸다는 사실이 분명해 보였다. 새미의 상태는 급속히 나빠졌고 결국 로드니는 반려견 두 마리를 함께 잃는 아픔을 겪었다.

레지와 새미를 잃은 로드니의 삶은 멈추었다. 죽음에는 그런 힘이 있다. 돌이킬 수 없는 이별은 우리를 옆길로 밀치는 데 그치지 않고 완전히 무릎 꿇게 만든다. 다시 일어나고 싶은 마음조차 들지 않도록. 갑작스럽거나 너무 일찍 찾아온 이별이 주는 슬픔은 더더욱 그렇다. 반려견과의 이별도 예외는 아니다. 애도 상담가들과 치료사들은 사랑하는 반려동물을 잃은 슬픔이 사랑하는 사람을 잃은 슬픔과 다르지 않다고 말한다. 반려동물을 잃기 '전'과 '후'가 극명하게 나뉜다. 절대 예전으로 돌아갈 수 없게 된다. 이때 사람들은 대부분 둘 중 한 가지 결론에 도달한다. 하나: '다시는 반려동물 안 키울 거야. 너무 괴로워.' 둘: '다시 키운다면 더 잘할 수 있어. 절대 이런 일이 일어나게 하지 않을 거야. 적어도 내 새끼가 똑같은 일을 겪게 하진 않을 거야.' 당신이 두 번째에 속한다면 이 책은 당신을 위한 것이다.

이 책은 로드니를 위한 치유 과정이자 우리 두 사람의 개인적인 발전을 의미하기도 한다. 특히 유전학을 바라보는 관점이 성장하게 되었다. 보통 견주들은 유전 때문에 반려견을 잃을 수도 있다고는 생각하지 못한다. 깨물어주고 싶을 정도로 귀여운 생후 8주 된 꼬물이를 보면서 그런 생각을 할 정신이 어디 있겠는가. 반려견을 안고 처음 동물병원을 찾아 서류를 작성할 때는 병원에서 새로운 사람 환자들에게 묻는 말들은 보이지 않는다(이를테면 친조부와 친조모가 어떻게 돌아가셨나요? 외조부와 외조모가 어떻게 돌아가셨나요? 가족 중에 암 환자가 있습니까? 형제자매가 어떤 질병을 진단받은 적이 있습니까? 등). 동물 환자들에게 이런 질문들의 답을 얻을 수 있다면 그야말로 수의학계의 혁명이겠지만, 알다시피 그건 불가능하다. 그렇다면 우리 반려견들의 게놈에 (상대적으로) 짧은 시간에 심오하고도 해로운 변화가 나타났다는 사실을 확인할 수 있었을 텐데 말이다.

레지를 덮친 암은 다른 견종보다 특히 골든레트리버에게서 흔한데 교배 방법 때문이다. 현대의 골든레트리버는 특정 암에 취약한 유전자를 가지고 있다. 마찬가지로 초콜릿 색 털을 가진 래브라도는 다른 래브라도보다 10퍼센트 정도 수명이 짧다. 이 색깔을 얻으려고 열성 유전자를 가진 래브라도끼리 교배시키기 때문이다. 유전학, 유전적 다양성의 부재, 유전적 결손, 유전적 돌연변이가 당신의 사랑하는 반려견의 전반적인 건강 상태와 질병에 어떤 영향을 미치는지는 여러 서적에서 별도로 다뤄지는 주제이고 심오한 과학이 개입된다. 이 책에서는 우리가 개의 유전과 관련해서 겪은 아픔을 피하는 방법을 알려주고 싶을 따름이다. (입양이나 구조가 아니라) 돈을 주고 강아지를 사는 사람이라면 지갑을 열기 전에 반드시 사육사들에게 답을 들어야만 할 질문이 산더미처럼 많다. 꼭 돈을 주고 반려견을 살 거라면 훌륭한 유전자에 돈을 쓰기 바란다.

반려견의 게놈에 대해 전혀 모르는 사람이거나 강아지 공장에서 유전자가 손상된 녀석을 데려와 키우는 사람이라도 당황하지 말자. 우리는 세계 최고의 개 유전학자들을 인터뷰했는데 모두 같은 답을 들었다. 유전자가 손상된 개들이라도 건강 수명이 최대한 길어지도록 '후생 유전적으로' 도와줄 수 있다고 말이다. 개의 DNA를 바꿀 수는 없지만 **유전자 발현을 제어하고 긍정적인 영향을 미칠 수 있다는 사실이 수많은 연구로 증명된다.** 그게 바로 이 책의 내용이다. 잠시 후 본격적으로 후생 유전학의 마법으로 들어가보자.

우리가 보호자로서 할 일은 개들의 건강을 최대한 끌어올리고 가능한 모든 장애물을 제거함으로써 수명을 연장시키는 것이다. 녀석들이 매일 최고의 삶을 누릴 수 있게 해주는 것이 목표다.

수의학이 그 어느 때보다 발달한 21세기에도 개들은 왜 질병과 장애로부터 자유로운 삶을 살지 못할까? 일반적으로 인간의 수명이 개보다 훨씬 더 길긴 하다. 그러나 그렇다고 해서 사랑하는 반려견을 먼저 떠나보내는 아픔을 살면서 한 번이 아니라 여러 번씩이나 겪어야 한다는 사실을 당연하게 받아들여선 안 된다. 바꿀 수는 없을까? 개가 인간과 함께할 수 있는 시간 자체를 늘릴 수는 없더라도, 개들이 우리 곁에 머무는 동안만이라도 편히 살다 가도록 삶의 질을 극적으로 높일 순 없을까? 녀석들이 역경을 거스르도록 만들 순 없을까? 가능하다. 거의 확실하게 가능하다. 질병이나 장애를 불러오는 기저 유전자가 없는 이른바 복권에 당첨된 개들도 오늘날 이른 죽음의 위험에 노출되어 있다. 이 문제도 이유를 알면 해결할 수 있다. 우선, 개들이 가장 사랑하는 존재의 수명 상황은 어떤지 살펴보자. 우리 인간 말이다.

건강한 개의 멸종

고대 그리스의 철학자이자 과학자인 아리스토텔레스는 시대를 앞서갔다. 세상은 그를 윤리와 논리, 교육, 정치에 관한 심오한 지혜를 전해준 사람으로 기억하지만, 사실 그는 자연과학과 물리학에 뛰어났으며 관찰 및 이론 동물학 연구의 선구자이기도 했다. 심지어 개와 그 다양한 성격에 대한 글을 쓰기도 했다. 호메로스의 대서사시에 나오는 오디세우스의 충실한 개 아르고스가 장수한 사실에 감탄하기도 했다. 트로이에서 10년을 싸우고 집으로 돌아가기 위해 또 10년 동안 고군분투한 끝에 마침내 이타카 왕국으로 돌아간 오디세우스는 가족과 친구들의 충성심을 시험하기 위해 거지로 변장했다. 오직 늙은 개 아르고스만이 주인을 알아보았다. 마구 꼬리를 흔들며 반갑게 맞이했고 곧이어 행복한 죽음을 맞이했다. 아르고스는 무려 20세까지 건강하게 살았다.

노화의 신비는 이천 년 이상 논의되어온 주제이다. 노화가 습기와 관련 있다는 아리스토텔레스의 주장은 틀렸지만(그는 코끼리가 체액이 더 많고 마르는 데 오래 걸리기 때문에 쥐보다 오래 산다고 생각했다),

다른 많은 것들에 대해서는 옳았고 현대 사상을 위한 발판을 마련했다.

젊음을 유지하고 병으로부터 자유로우며 노화로 인한 원치 않는 부작용을 피할 수 있는 건강한 삶을 살기 위해 어떻게 해야 하는지 묻는다면 당신은 뭐라고 답하겠는가? 분명 대부분은 다음을 언급할 것이다.

- 충분한 영양 섭취와 규칙적인 운동을 우선하여 이상적인 체중과 신진대사 그리고 신체 적성을 유지
- 숙면으로 원기 회복
- 스트레스 및 불안 관리(반려견의 도움으로)
- 사고, 발암물질 같은 독소 및 치명적인 감염 주의
- 적극적인 사회 활동과 인지 자극 유지(예: 평생 학습)
- 장수 유전자를 가진 부모

당연히 마지막은 우리가 통제할 수 없다. 하지만 완벽한 유전자(완벽한 유전자란 없다)를 갖고 태어나지 않은 사람이라면 유전자가 수명에서 차지하는 비중이 생각보다 적다는 사실에 안심할 것이다. 과학자들은 최근에야 가능해진 대규모 조상 데이터베이스 분석 덕분에 마침내 이 사실을 알아냈다. 새로운 계산법에 따르면 유전자가 인간의 수명에 미치는 영향은 7퍼센트도 되지 않는다. 예전의 추정치는 20~30퍼센트나 되었다. 한마디로 장수는 우리의 손에 달려 있다는 이야기다. 즉, 우리가 우리의 생활 방식에 관하여 내리는 선택들 말이다. 무엇을 먹고 마시는지, 운동을 얼마나 자주 하고 얼마나

잠을 잘 자는지, 평소 어떤 스트레스를 받는지(또 어떻게 대처하는지) 같은 것들이 그것이다. 심지어 인간관계와 사회적 관계망의 질이나 강도, 배우자 유형, 의료 서비스와 교육에 대한 접근성과도 관련이 있다.

배우자 수명에 관한 2018년 연구에서 19세기부터 20세기 중반에 태어난 4억 명이 넘는 사람들의 가계도를 조사한 미국유전학회Genetics Society of America 과학자들은 새로운 계산을 내놓았다. 그들은 부부의 수명 패턴이 형제자매의 수명 패턴보다 더 비슷하다는 사실을 발견했다. 이 결과는 비유전적 요인의 강한 영향력을 시사한다. 알다시피 배우자들은 같은 유전적 변이체를 갖고 있지 않으니까. 대신 부부에게 공통으로 나타날 법한 요인에는 식이요법, 운동 습관, 질병 발생지로부터의 거리, 깨끗한 물에 대한 접근성, 문해력, 금연 상태 등이 포함된다. 말이 되는 이야기이다. 사람은 생활 방식이 비슷한 파트너를 고르는 경향이 있다. 담배를 피우고 소파에 앉아서 TV 보기를 좋아하는 사람이 경쟁을 즐기고 담배를 멀리하는 운동광과 사귀는 일은 드물다. 우리는 이데올로기, 가치관, 취미, 습관 등 자신과 비슷한 사람과 일생을 보내는 것을(아이를 낳는 것을) 선호한다. 사실 이 현상에는 '동류 교배assortative mating'라는 이름도 있다. 사람들은 자신과 비슷한 짝을 고르는 경향이 있다.

누구나 가능하면 건강한 상태로 오래 살기를 원한다. 항노화 연구자들은 불멸을 추구하지 않는다. 아마 당신도 마찬가지일 것이다. 우리가 모두 원하고 열망하는 것은 건강 수명의 연장이다. 활기차고 즐겁게 살아가는 시간을 10년 또는 20년 늘리고 이른바 '늙은이'로 사는 시간을 줄이는 것. 마지막 춤을 즐기고 잠자는 도중에 평화롭

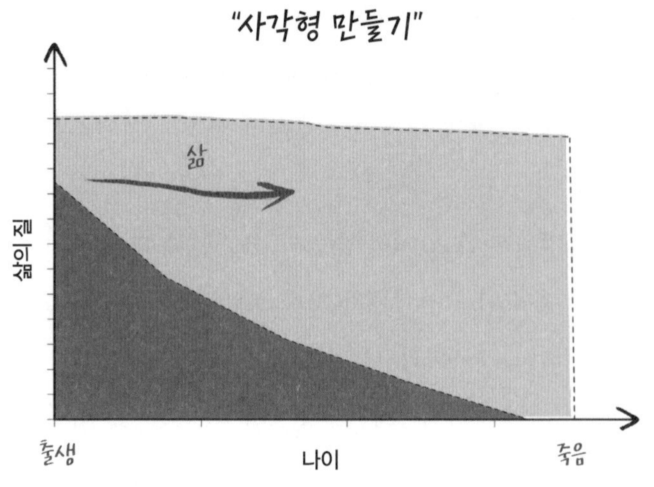

게, 아무런 고통 없이 '자연사'하는 것이 모두의 꿈이다. 몇 년 혹은 몇십 년 동안 만성 질환을 앓지 않고, 하루를 버티기 위해 독한 약에 의존하지 않기를. 우리는 반려견도 그러기를 바란다. 좋은 소식이 있다. **노화의 생물학에 대한 과학적 지식은 이미 충분히 밝혀져 있어서 실행에 옮기기만 한다면 반려견의 건강 수명을 3~4년 늘려줄 수 있다.** 견생으로 보면 꽤 긴 시간이다. 장담할 수는 없지만, 검증된 전략을 실천에 옮기면 반려견이 수명 보너스를 얻을 가능성이 커진다는 것만큼은 확실하다.

'사각형 만들기'(사망률 곡선을 사각형으로 만들기)는 수명 연장을 바라보는 한 방식이다. 이것은 질병 발병률(사망률)이 나이가 들어감에도 불구하고 낮게 유지된다는 뜻이다. 나이가 들면서 점점 쇠약해지는 것이 아니라 죽기 직전까지 양호한 건강 상태가 지속된다. 우리는 '행복하고 건강하게, 행복하고 건강하게, 행복하고 건강하게' 살다가 죽고 싶다. 이 그래프는 사람들이 보통 생각하는 노화(점선이

가파르게 내리막을 이루는 모양)와 전혀 다르다. 중년에 이르거나 은퇴할 때쯤이면 운동 능력이나 뇌 기능에 영향을 미치는 무수한 신체적 증상이 나타날 것이다. 퇴화하는 몸을 관리하기 위해 먹어야 하는 약이 점점 늘어난다. 그러다가 암이나 알츠하이머에 걸리고 심장마비, 뇌졸중, 장기 부전이 나타나고 한동안 병을 앓다가 죽는다. 이크. 과학에 따르면, 우리는 생활 방식을 통해 두 가지 시나리오 중 어떤 것이 실현될지에 큰 영향을 미칠 수 있다. 하지만 우리 개들은 어떤가? 녀석들은 우리의 통제에 놓여 있고 스스로 가장 좋은 선택을 할 수 없다. 그리고 현재로서는 건강하게 장수하는 반려견의 삶을 보여주는 청사진도 없다. 우리가 이 일에 이토록 열정적인 것도 이 때문이다.

우리는 세계 최고령 개들을 연구한 내용, 최신 장수 연구 결과와 떠오르는 중개 과학* 자료를 뒤져서 보석 같은 지혜를 모았다. 이 책에서 우리는 반려견을 위해 현명한 결정을 내리는 데 필요한 지식을 알려주고자 한다. 양질의 정보에 입각한, 일관된 생활 방식은 당신의 개를 위험한 변수들과 이른 퇴행으로부터 멀어지게 만들 것이다. 통계적으로 볼 때 이렇게 하면 건강 수명이 늘어난다.

물론 인간의 수명과 관련된 요소가 개에게 전부 적용되지는 않는다. 개들은 학위를 따려고 공부하지도 않고 담배도 피우지 않고 결혼도 하지 않으니까. 나중에 자세히 살펴보겠지만 어떤 개들은 유전자가 수명에 좀 더 큰 영향을 미친다. 하지만 유전적인 요소는 잠시

---

* 특히 의학 분야에서 기초과학의 연구 결과를 실제 현실에서 사용할 수 있도록 연결(중개)해주는 연구를 뜻한다 — 옮긴이주.

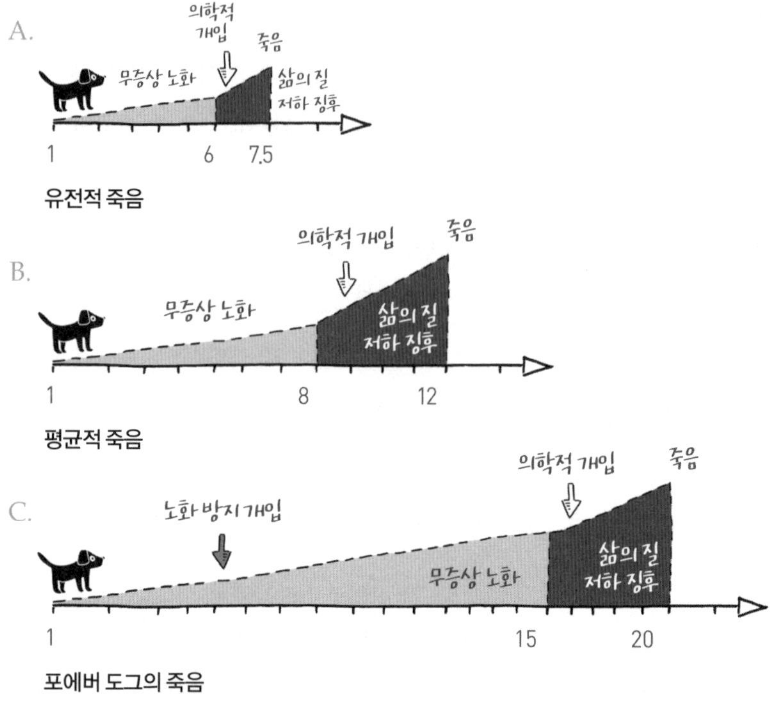

제쳐두자. 왜냐하면 환경은 유전의 힘을 압도하기 때문이다. 나중에 더 다루겠지만, 결국 **유전자는 환경의 맥락 안에서 작동**한다. 개는 정말로 사람과 비슷한 점이 많다. 개는 사람의 집에 살고 사람과 똑같은 공기를 마시고(간접 흡연도) 똑같은 물을 마시고 사람의 지시를 따르고 사람의 감정을 감지하고 사람의 음식을 먹고 같은 침대에서 잠을 자기도 한다.

개보다 사람과 환경을 더 많이 공유하는 동물은 없을 것이다. 당신이 누군가의 반려동물이고 모든 것이 주인 하기에 달려 있다면(긍정적인 의미에서) 어떨지 잠시 상상해보는 것도 도움이 된다. 주인이 규칙적으로 먹이를 주고 산책을 데리고 나간다. 목욕도 시켜주고 털도 빗겨주고 뽀뽀도 해주고 껴안아준다. 집 안에는 당신이 낮잠 잘 때 제일 좋아하는 장소도 있다. 가장 좋아하는 장난감도 있고 코를 킁킁거리거나 응가하기 좋은 장소도 있다. 공원에 나가면 친구들도 있고 주인과 노는 것만큼 멍멍이 친구들과 노는 것도 즐겁다. 특히 온몸이 잔뜩 지저분해지도록 여기저기 새로운 곳을 탐험하고 다른 개의 엉덩이 냄새를 맡고 새로운 친구들을 만나는 게 좋다.

이런 모습은 우리의 어린 시절을 떠올리게 하기도 한다. 그 시절엔 그저 모든 것을 어른에게 의존하면 되었다. 어른들이 알아서 돌봐주고 씻겨주고 안전하게 지켜준다. 어떤 식으로든 항의할 수도 있지만, 식사로 무엇을 먹고 언제 목욕하고 공원이나 놀이터에 몇 번이나 나갈지는 당신에게 결정 권한이 거의 없었다. 하지만 당신은 군말 없이 어른들을 따랐다. 그들이 당신이 아는 세상의 전부였으니까. 부모나 보호자에 대한 본능적인 신뢰가 있었다. 자라면서 부모에 의해 형성된 습관도 생긴다. 현재 어른이 된 당신의 건강 상태는 일상적인 습관과 깊이 연결되어 있을 것이다. 습관은 당신이 건강하게 장수하는 삶을 살도록 도울 수도, 만성 질환의 방향으로 이끌 수도 있다.

대부분의 사람은 독립을 목적으로 성장하며 나이가 들면서 개인의 필요와 선호에 맞게 습관을 고치는 것을 선택할 수 있다. 그렇지만 개들은 평생 우리에게 의지한다. 우리는 삶의 모든 영역에서 개들에게 선택권을 거의 주지 않는다. 그래서 반려견이 병에 걸렸을 때 우리는 자문한다. "뭐가 잘못된 거지?"

점점 많은 사람이 당뇨, 심장 질환, 치매 같은 소위 문명 질병으로 고통받고 있다. 이 질병들은 주로 생활 방식에 따른 선택(건강에 나쁜 식단, 운동 부족 등)이 오랫동안 쌓여서 생긴다. 느릿느릿 움직이는 쓰나미가 수년 또는 수십 년에 걸쳐 점점 커져서 우리의 몸이라는 해안에 도달한다. 우리는 영양과 위생의 개선, 약물 개발로 한 세기 전보다 더 오래 살게 되었지만, 과연 '더 건강히' 살고 있는가?

세계보건기구(WHO)에 따르면 1900년에 전 세계의 평균 수명은 고작 31세였다. 가장 부유한 국가에서도 50세 미만이었다(미국은 약 47세). 하지만 이 숫자에 큰 중요성을 부여하지는 말아야 한다. 20세기 초에는 특히 아이들 사이에 퍼진 전염병이 조기 사망으로 이어져서 '평균' 수명을 떨어뜨렸다. 항생제가 널리 사용 가능해지고 수많은 질병의 치료법이 발견된 후로 평균 수명은 크게 증가했다. 21세기에 이르러 죽음과 장애의 주요 원인은 전염병과 유아 사망에서 비전염성 성인 질병 또는 만성 질환으로 옮겨갔다.

팬데믹으로 수치가 왜곡되기 전인 2019년 미국의 평균 수명은 79세에 가까웠고 일본은 84.5세로 더 높았다. 하지만 이 사실을 알아야 한다. 오늘날 미국에서 80세를 넘기는 이들은 50퍼센트 미만이고 그중 3분의 2가 암이나 심장 질환으로 죽는다. 80세를 넘기는 '절반의 행운아들'은 다수가 근감소증(근육 조직의 손실)이나 치매, 파킨슨병에 걸린다. 더군다나 최근에는 COVID-19의 세계적인 유행 때문에 평균 수명의 이득이 사라졌다. 삶의 질을 높이는 능력이 둔화되었음을 보여주는 수치들이 있다(일부 기준에 따르면 완전히 정체되었다). 지난 세기 동안 우리는 평균 수명 연장에서 큰 성과를 보였지만, 오늘날 우리는 건강한 삶을 연장하기 위한 노력에서 우리 스스로가 만든 더 높고 거대한 장벽을 마주하고 있다. 나이가 들면 몸에 손상과 소모가 일어나는 것이 당연하다. 하지만 우리는 충분히 피할 수 있는 조건들에 점점 더 많이 굴복함으로써 결국에는 치료가 힘든 만성 질환이 우리를 옭아매도록 만든다.

이 상황은 달라질 수 있다. 현대화된 국가의 일부 지역을 포함해 세계 곳곳에는 암, 심장 질환, 대사 장애(인슐린 저항과 당뇨), 파킨슨병이나 알츠하이머와 같은 신경 퇴행성 질환이 드물게 나타나는 지역들이 있다. 블루 존Blue Zones이라고 불리는 이 '장수 지역'에는 기억력과 건강 상태를 보통 사람들보다 훨씬 오래 유지하면서 100세 이상 사는 사람이 3배나 많다.* 2019년, 가장 권위 있는 의학 저널 중 하나인 『랜싯*The Lancet*』은 현재 전 세계적으로 5명 중 1명의 사망 원인이 건강하지 못한 식단 때문이라는 경각심을 일으키는 연구 결과를 발표했다. 사람들이 당, 정제 가공식, 가공 육류를 너무 많이 먹어서 현대의 문명 질병들에 걸린다는 것이다. 재료만 중요한 게 아니라 양도 중요하다. 오늘날의 식품은 과잉 섭취를 목적으로 고안된 경우가 많다. 앞서 언급했듯이, 현대인은 과식하지만 영양은 부족하다. 곧 알게 되겠지만 우리의 개들도 똑같다. 영국에서 처음으로 '건강 검진'을 위해 수의사를 방문한 개 3,884마리를 대상으로 한 연구

---

* '블루 존'이라는 말은 2005년 11월 『내셔널 지오그래픽』 표제 기사로 실린 댄 뷰트너Dan Buettner의 「장수의 비밀The Secrets of a Long Life」에 처음 등장했다. 이 개념은 지아니 페스Gianni Pes와 미셸 풀랭Michel Poulain의 인구통계학적 연구에서 나왔고 2004년 『실험 노인학*Experimental Gerontology*』 저널에서 요약되었다. 페스와 풀랭은 사르데냐의 누오로 주(州)가 100세 남성 인구가 가장 많이 밀집된 지역이라는 사실을 확인했다. 두 인구학자는 지도에서 최고령자가 가장 많은 지역에 파란색 동심원을 그리고 동그라미 안 지역을 '블루 존'이라고 부르기 시작했다. 그 후 뷰트너는 페스, 풀랭과 함께 그리스의 이카리아, 일본의 오키나와, 캘리포니아의 로마린다, 코스타리카의 니코야 반도 등 세계의 여러 다른 장수 지역을 발견함으로써 이 용어를 확장했다.

에서, 75.8퍼센트가 하나 이상의 건강 장애 진단을 받았다.

알다시피 비만은 세계의 수많은 곳에서 심각한 문제로 자리 잡았다. 특히 고소득 선진국에서 그렇다. 이 책에서는 비만이라는 단어를 조심스럽지만 좋은 의도로 사용하고자 한다. 의식은 행동으로 이어질 수 있다. 연구와 약물 개발에 수조 달러가 들어가는데도 암과 심혈관 질환, 신경 퇴행성 질환의 발병률은 계속 증가한다. 이는 위험한 과체중과 관련이 있다. 우리 개들은 어떤가? 녀석들도 살이 찌고 있다. 미국 반려동물의 절반 이상이 과체중이거나 비만이다. 반려동물의 비만에는 여러 가지 원인이 있지만 펫푸드(반려동물 사료) 산업이 60년이 채 안 되어 600억 달러 규모의 패스트푸드 산업으로 탈바꿈했다는 사실이 이 문제의 상당 부분을 밝혀줄 것이다.

개들의 과체중(비만 포함)에 대한 연구는 이미 오랫동안 이루어져왔다. 밝혀진 바에 따르면, 개에게 체중 문제가 발생하는 가장 큰 두 원인은 (1) 우리가 무엇을, 어떻게 먹이는지와 (2) 운동을 얼마나 많이 하는지인 것으로 보인다. 흥미롭게도 2020년에 네덜란드에서 2,300명 이상의 견주를 대상으로 시행된 연구에서는 '관대한 양육'이 개의 과체중과 비만으로 이어진다는 사실이 드러났다. 부모의 관대한 양육이 과체중 (그리고 버릇없는) 아이를 만드는 것과 다르지 않다. 이 연구에 따르면 과체중 반려견의 견주일수록 반려견을 '아기'로 생각하고 침대에서 재우지만 식습관과 운동을 우선시하지는 않았다. 또한, 과체중 개들은 짖거나 으르렁거리거나 낯선 사람에게 입질하거나 밖을 두려워하고 명령을 무시하는 등 '다수의 바람직하지 않은 행동'을 보였다.

일반적인 통념과는 반대로 **개는 탄수화물을 필요로 하지 않는다.*** **그런데 보통 곡물 기반 사료 한 봉지는 인슐린 수치를 높이는 옥수수나 감자에서 비롯한 탄수화물을 50퍼센트 이상 포함한다.** 한마디로 반려견의 밥그릇에 각종 '~제(살충제, 제초제, 살균제)'가 들어간 당뇨 폭탄을 넣어주는 것과 마찬가지다. 옥수수는 탄수화물이 풍부한 것에 더해서 개의 혈당 수치를 빠르게 높이고 농약도 많이 사용한다. 미국에서 사용되는 농약의 30퍼센트가 옥수수에 사용된다. 무곡물 사료도 결코 더 낫지 않으며 평균적으로 약 40퍼센트가 당류와 녹말이다. '건강에 좋다'고 외치는 '무곡물(그레인 프리)' 라벨에 속지 말라. 일부 무곡물 사료에는 그 어떤 사료보다 녹말이 많이 들어 있다. 곧 알게 되겠지만 반려동물 사료의 라벨 표시 관행은 우리가 슈퍼마켓에서 흔히 볼 수 있는 속임수와 똑같다. 고녹말 식단은 대사적으로 스트레스가 적은 음식을 선택하면 피할 수 있는 여러 퇴행성 질환을 일으킨다.

우리는 당신도 먹고 싶어 할 만한 최소로 가공된 신선하고 다양한 홀푸드 식단(정확히 무슨 뜻인지는 나중에 설명하겠다)을 추천한다. 반려견이 하루에 먹는 가공 식품(사료)의 10퍼센트만 신선한 식품으로 대체해도 반려견의 몸에 긍정적인 변화가 생긴다. 완전한 변화가 아니면 소용 없다는 생각은 버려라. 간식만 바꿔도 그 10퍼센트가 충족될 수 있다. 시판 반려견 간식을 당신도 기꺼이 먹을 수 있는 것

---

* 미국국립연구협의회(NRC)나 미국사료관리협회(AAFCO)에서 제시하는 개의 필수 영양소에는 탄수화물이 포함되어 있지 않다. 그러나 이 말이 '탄수화물은 적어야 한다' 혹은 '탄수화물은 하는 일이 없다'는 의미는 아니다. 개에게 약간의 탄수화물은 필수적이라는 주장도 있다. — 감수 주.

으로 바꾸자. 블루베리나 생당근 조각 같은 것으로. 이렇게 작은 한 걸음이라도 건강에 큰 도움이 될 수 있다. 우리는 이 과정을 실용적이고 경제적이며 시간적으로도 실행 가능한 방법으로 만들 것이다. 일단 음식의 힘을 알면 변화의 동기가 마련될 것이다. 나중에 단계적인 방법이 잔뜩 소개될 예정이다.

음식은 반려견의 (그리고 우리의) 건강을 지키거나 파괴하는 가장 강력한 방법 중 하나다. 음식은 치유할 수도 있고 해칠 수도 있다. 음식으로 건강을 해치면서 다른 방법으로 벌충하는 것은 불가능하다. 그것은 마치 매일 패스트푸드를 먹으면서 종합 비타민을 챙겨 먹는 것과 같다. 당이 가득한 탄산음료를 잔뜩 먹고 해독 주스를 마신다고 건강해지지 않는다.

의대생들과 마찬가지로 수의대생들도 대체로 영양학 교육을 제대로 받지 않는다. "암 투병 중인 개에게는 먹기만 한다면 뭐든 줘도 된다"던 많은 수의사들이 이제는 어떤 음식을 선택하는가가 면역 반응과 질병 회복에 중대한 역할을 한다는 사실을 인정하는 것으로 생각의 변화를 보였다. 특히 질병 예방과 치료의 관점에서 영양과 유전자의 상호 작용을 연구하는 영양유전학은 모든 개의 건강에 중요한 열쇠이다. 영양유전학은 반려견의 운명이 바뀔 수 있다는 가능성을 제시한다. 우리 저자들은 반려동물의 영양 문제를 탐구하다가 만나게 되었다. 로드니의 셰퍼드견 새미는 첫 생일도 맞이하기도 전에 목숨을 잃을 뻔했다. "관절을 튼튼하게 하고 면역력을 키우고 털 건강에도 좋다"고 선전되던 육포가 새미의 신장을 망가뜨렸다. 안락사를 진행하기 전에 다른 수의사에게 진단을 받아본 것이 새미의 목숨을 구했다. 신장을 살리기 위해 특별 홈메이드 식단을 시도한 것이다. 그 경험은 음식이 가진 약으로서의 힘을 증명했다. 몇 년 후, 새미가 암에 걸리면서 우리는 힘을 합쳤다. 식이요법으로 반려견의 건강을 최적화할 방법과, 영양과 장수의 연관성을 찾기 시작했다. 그때부터 본격적으로 함께 소매를 걷어붙였다. 의학과 수의학 저널에 담긴 과학 정보를 전부 파헤쳐서 세상에 알려줄 때가 왔다.

우리의 시작

나(로드니)는 유난히 힘들던 시기에 악몽을 달래고 위안을 얻기 위해 새미를 키우기 시작했다. 캐나다 이민자 1세대인 나는 비닐로 덮인 가구가 있고 반려동물이라곤 한 마리도 없는 전통적인 레바논인 대가족 안에서 자랐다. 가난한 학생이었지만 풋볼 선수로서 가능성을 발견했고, 언젠가 캐나다 풋볼 리그에서 뛰기를 꿈꿨다. 무릎을 다치기 전까지는 그랬다. 그리고 내 인생을 바꿔놓은 두 가지 일이 일어났다. 축구 선수의 꿈을 접은 것과 부상을 회복하는 기간에 영화 「나는 전설이다」를 본 것이다. 그 영화에서 윌 스미스는 멸망한 지구에서 살아남기 위해 고군분투하는 남자를 연기한다. 그의 동반자이자 보호자, 유일한 친구는 새미라는 이름의 저먼 셰퍼드이다. 둘은 긴밀하고 활기찬 공생 관계를 맺는다. 영화를 보면서 내 안에 뭔가가 움직였다. 그때까지만 해도 '인간과 동물의 유대'라는 말은 나에게 아무 의미가 없었다. 하지만 내가 놓치고 있는 새로운 연결의 세계가 있다는 것을 느꼈다. 사람과 동물의 관계가 삶을 풍요롭게 해줄 수도 있다는 것을. 무릎은 나았지만 풋볼 선수의 꿈은 사라졌다. 그래서 합리적인 선택을 했다. 나도 저먼 셰퍼드를 입양한 것이다. 암컷인 녀석의 이름은 당연히 새미로 지었다. 새미가 나에게 온 2008년 그날 이후로 내 인생은 통째로 바뀌었다.

동물에 대한 나의 사랑은(닥터 베커) 먼 옛날로 거슬러 올라간다. 내가 동물을 돕고 싶어 하는 마음이 확고하다는 사실을 부모님이 처음 눈치챈 것은 1973년경 오하이오 주 콜럼버스의 비 오는 어느 날이었다. 당시 세 살이었던 나는 어머니에게 집 근처 인도에 '꼼짝없이 발이 묶인' 지렁이를 구조하는 것을 도와달라고 간청했다(어머니가 도와주셨다). 그날부터 부모님은 동물에 대한 나의 열정을 지지해주었다. 하지만 확실한 조건이 하나 있었다. 현관문으로 들어올 수 있는 크기의 동물만 집으로 데려올 것. 세상에서 나의 자리를 찾는 데는 그리 오랜 시간이 걸리지 않았다. 열세 살 때는 지역의 동물 보호소(Humane Society)에서 자원봉사를 했고 열여섯 살 때는 연방정부 공인 야생 동물 재활 치료사 자격증을 땄다. 몇 년 후에는 열정을 직업으로 바꾸고자 수의대에 입학했다. 동물 보호에 대한 예방적이고 통합적인 접근법이 내 신념과 관심사, 성격과 잘 맞았다. 독성과 침습성이 가장 적은 치료법을 선택하는 것은 나에게 당연한 일이었다. 논리적으로 애초에 몸이 침입당하는 것을 막는 일이 더 중요하니까. 그 후 몇 년 동안 재활 치료(물리 치료)와 동물 침술 자격증을 취득했고 반려동물을 위한 요리책을 썼고 결국에는 미국 중서부에 능동적 예방 치료 동물병원을 최초로 설립했다.

하지만 어린 시절 집에서 키운 반려견들을 통해 배운 교훈은 내 커리어 내내 최고의 관심사였다. 예를 들어, 우리 집 개 수티는 열아홉 살까지 살았다. 녀석은 생활 방식이 정말 중요한 요인이라는 사실을 증명했다. 경제적인 문제 때문에 수티의 기본 식단은 시판 사료였지만 생활 방식과 관련된 다른 선택들은 평생 탁월했다. 내가 의과대학 1학년 때 구조해서 입양한 로트와일러는 음식이 대단히 중요하다는 사실을 증명했다. 내가 직접 만든 홈메이드 식단은 제미니Gemini를 죽음의 문턱에서 데려왔다. 제미니는 나의 첫 번째 포에버 도그였다. 입양한 순간부터 실행한 예방 전략 덕분에 녀석은 모두의 예상보다 훨씬 더 오래 살았다. 지금까지 양서류, 파충류, 새를 포함해 스물여덟 마리가 넘는 반려동물을 키웠지만 제미니와의 여정은 나에게 질병과 건강에 대해 가장 많은 것을 가르쳐 주었다.

반려동물의 건강은 단순히 무엇을 먹이는지로 좌우되지 않는다. 음식보다 좋은 약은 많다. 개가 사람과 똑같은 오염물질과 발암물질에 노출되어 있다는 사실은 다시 강조할 이유가 충분하다. 일반적으로 사람을 더 오래 살게 해주는 것이 개에게도 같은 효과를 낸다.

그렇다면 두 가지 좋은 질문이 있다. 오늘날 개들은 조상들보다 더 오래 사는가? 더 '건강하게' 살고 있는가?

정상 체중을 유지해서 1~2년을 더 사는 것이 별것 아닌 것처럼 보일지도 모르지만, 견생에는 엄청나게 긴 시간이다. 인간과 마찬가지로 개도 평균 수명이 늘었음은 분명하다. 우리가 조상보다 오래

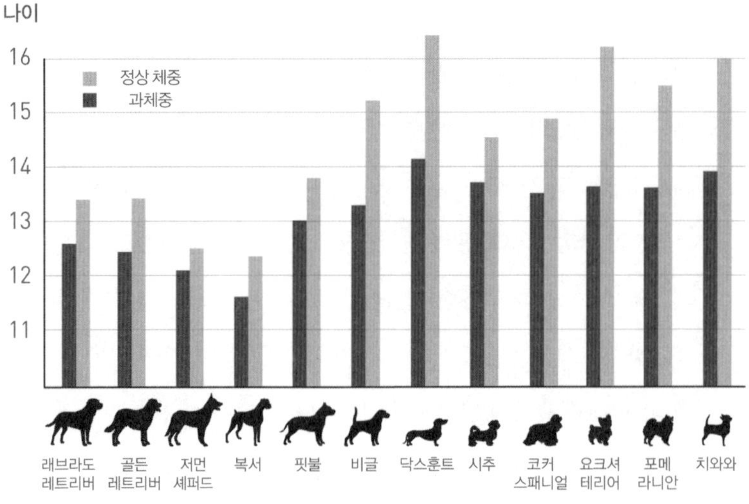

살게 되었듯, 개의 평균 수명도 조상인 늑대로부터 진화한 이후 계속 연장되었다. 하지만 수명의 상승 추세가 역행하고 있다. 개의 건강 수명은 확실히 줄고 있다. 개의 인생은 예전보다 덜 행복하다. 최근 몇 년간 개들의 수명이 줄었다는 과학적인 종적 연구 결과는 없지만, 새롭고 놀라운 추세를 지목하는 일화적 증거가 많고 관련 연구도 점점 늘어나고 있다. 예를 들어, 영국에서 2014년에 시행된 연구에 따르면 지난 10년 동안 혈통 있는 개들의 수명이 현저하게 줄어들었다. 스태퍼드셔 불테리어는 수명이 평균 3년 줄었다. 영국에서 순종견의 평균 수명은 불과 10년 만에 무려 11퍼센트나 감소했다. 캘리포니아 대학교 연구진이 5년에 걸쳐 수의학 사례를 연구한 결과, 잡종견이 유전적 질환에 대한 이점을 자동적으로 갖지는 않았다. 9만 건의 기록을 검토한 결과, 27,254마리가 다양한 종류의 암, 심장 질환, 내분비계 기능 장애, 정형외과 질환, 알레르기, 붓기, 백내장, 안구 수정체 문제, 뇌전증, 간 질환을 비롯한 24가지 유전 질환

가운데 적어도 하나를 가지고 있는 것으로 나타났다. 이 연구에 따르면, 유전 질환 24가지 중 13가지의 발병률이 순종과 잡종견에서 거의 같게 나타났다(속보: 보통 알려진 것과 달리 잡종견이 무조건 더 오래 사는 것은 아니다).

개와 인간은 이른바 실존의 벽에 부딪힌 것 같다. 일부 전문가들은 개의 수명 변화에 대해 폐쇄적인 유전자 풀과 인기 부견(父犬) 현상, 건강보다 미학(외모)을 선호하는 추세를 탓하지만, 과학은 다른 말을 하고 있다. 평생 패스트푸드를 섭취하는 것을 포함해 환경적 영향, 여러 신체적·정서적·화학적 스트레스 요인이 (오래전부터 알려졌듯이) 수명에 중대한 영향을 미친다. 많은 요인이 인간의 조기 사망 위험에 영향을 주지만 인간은 비교적 단일체에 속하는 생명체이다. 즉, 근본적으로 서로 거의 비슷하다. 반대로 개들은 종과 크기가 무척 다양하다. 결과적으로 건강 위험 요소도 워낙 복잡해서 압축적으로 이해하기가 힘들다. 게다가 건강하게 오래 사는 것과 온갖 병을 앓으면서 비참하게 오래 사는 것의 차이를 구분할 필요가 있다.

영국의 블루멀 콜리견 브램블Bramble은 25세에 현존하는 최고령견으로 기네스에 등재되었다. 인간으로 치면 100세가 넘은 것이다! 브램블은 건강에 좋은 질 좋은 홈메이드 식단을 섭취하면서 매우 활동적이고 스트레스 적은 삶을 살았다. 브램블의 장수 비결을 책으로 담아서 내기도 한 주인은 이렇게 말했다. "개는 훈련하는 것보다 교육하는 것이 더 효과적이다. … 개와 의사소통하는 법을 배우는 것이 첫 단계이다." 우리도 전적으로 동의한다. 반려견과의 돈독한 관계는 신뢰, 훌륭한 쌍방향의 의사소통, 서로에 대한 이해를 바탕으로 한다(사실 모든 관계가 그렇다!). 그렇다면 이런 질문을 던질 수 있다. 우리는 개에게 얼마나 잘 귀 기울이는가? 브램블의 주인은 또 예리한 한마디를 던진다. "주인이 아무리 의도가 좋고 아무리 친절해도 반려견은 선택의 여지 없이 우리가 원하기 때문에 우리와 같은 집에 사는 것이다."

평균 수명이 아니라 건강하게 사는 수명을 나타내는 통계는 없다. 세계보건기구는 이 격차를 해소하고자 HALE(건강 수명, 헤일리라고 발음)라는 지표를 만들었다. 이것은 신생아에게 예상되는 질병과 부상을 제외한 '완전한 건강' 연수를 계산한다. 다시 말해서 이 계산법은 질병과 장애가 삶의 질을 앗아가기 전까지 개인이 평균적으로 얼마나 오래 건강하게 살 수 있는지 알려주는 것을 목표로 한다.

이 복잡한 계산법을 자세하게 알 필요는 없고(통계학자와 인구학자들에게 맡기자), 다음만 알아도 충분하다. 마지막으로 계산된 2015년의 헤일리 수치(남녀 세계 평균)는 63.1세로 출생시의 기대 수명보다 8.3세 적었다. 다시 말해서 나쁜 건강이 건강한 삶을 거의 8년이나 빼앗아 갔다. 전 세계적으로 우리는 건강하지 않은 상태로 인생의 평균 20퍼센트를 산다. 아주 긴 시간이다. 반대로, 건강한 삶을 20퍼센트 더 얻는다고 생각해보라. 개에 관해서는 다음 사항을 고려해보자. 개가 보통 여덟 살쯤에 병에 걸린다면, 개의 평균 수명은 11세이므로, 삶의 27퍼센트를 건강하지 않은 상태로 살아가는 것이다. 평균 수명이 11세를 넘는 견종들을 생각하면 그 비율은 30퍼센트에 가까우리라 감히 추측된다.

'현대' 수의학은 사람을 치료하는 의대생들이 배우는 것과 마찬가지로 대응 의학을 따른다. 즉, 반려동물의 퇴행성 질병은 피할 수 없고, 중년에 나타나며, 나이를 먹으면서 예후가 좋지 않은 진단으로 절정에 달한다고 말이다. 수의사들은 동물들이 병에 걸렸을 때 처방을 내리는 프로토콜을 배운다. 하지만 체중 관리를 제외하면 예방 전략은 단 하나도 없으며 수의학을 공부하는 몇 년 동안 배우지도 않는다. 중년의 관절염과 근육 위축을 어떻게 예방해야 하는지, 나이 드는 반려동물의 장기를 어떻게 하면 건강하게 유지할 수 있는지, 암이나 인지 능력 저하를 어떻게 줄일 수 있는지에 대해서도 커리큘럼은커녕 토론도 존재하지 않았다.

유전학과 노화 생물학을 연구하고 건강하게 장수하는 비결에 대해 광범위한 논문을 쓴 하버드 의과대학의 데이비드 싱클레어David Sinclair 박사는 노화 자체를 질병으로 생각한다고 말했다. 이런 식으로 생각하면 노화를 '치료'하고자, 적어도 통제하고자 노력할 수 있다. 싱클레어 박사는 노화 치료가 암이나 심장병 치료보다 더 쉬울지도 모른다고 생각한다. 그의 존경스러운 관점과 야망은 노화 방지 연구에 박차를 가했다. 한 번도 담배를 피워본 적 없는 사람이 마흔 살에 갑자기 폐암을 진단받거나, 5년 차 권투 선수가 선천적인 심장 결함으로 갑자기 사망하는 것처럼 질병이 터무니없이 퇴화를 가속하지 않는 이상, 노화 자체는 자연스럽고 불가피하며 삶의 아름다운 일부분이다. 모든 동물에게 노화는 삶의 일부이다. 하지만 이른 노화나 젊은 죽음은 21세기에 삶의 일부가 되어서도 안 되고 그럴 필요도 없다.

행복 테스트

우리 저자들이 견주들을 대상으로 시행한 설문 조사에 따르면 개가 말을 할 수 있다면 그들이 가장 물어보고 싶은 질문은 이것이다. "행복하니?" 그다음은 "어떻게 하면 내가 너를 더 행복하게 해줄 수 있을까?"이다. 이 훌륭한 질문들을 보노라면 세 번째 질문이 떠오른다. "반려동물의 건강은 사람의 건강 상태를 반영하는가?"

우리는 주인과 똑같은 건강 문제를 가졌거나, 주인의 건강 문제에 대한 초병 역할을 하는 반려견들을 많이 본다.

반려견이 불안해하면 당신도 불안한가? 반려견이 과체중이고 몸매가 망가졌으면 당신도 그런가? 반려견이 알레르기가 있으면 당신도 마찬가지인가? 반려동물의 건강은 종종 사람의 건강을 반영한다. 견주와 반려견은 불안, 비만, 알레르기, 장염, 심지어 불면증까지 다양한 질병을 똑같이 앓을 수 있다.

주인과 반려동물의 관계에 관한 연구는 비교적 새로운 연구 분야인데, 현존하는 연구 가운데 흥미로운 초기 연구 결과가 두드러진다. 네덜란드 연구진은 과체중 반려견일수록 견주도 과체중일 가능성이 크다는 사실을 발견했다(그리 놀라운 일은 아니다. 부모와 자녀에게서도 똑같은 현상이 나타나니까 말이다). 연구진은 주인과 반려견의 산책 시간이 둘의 과체중 여부를 말해주는 가장 큰 예측 변수라는 결론을 내놓았다. 독일 연구진이 시행한 또 다른 연구에서는 인간이 자신의 간식 패턴 또는 간식의 양이나 가공 식품에 대한 태도를 반려동물에게도 그대로 적용하는 경향이 있어서 반려견의 하루 섭취 칼로리에 영향을 미친다는 사실이 드러났다.

2018년에 이루어진 핀란드의 주목할 만한 연구에서는 특정 질환의(알레르기) 진단 기록에서 주인과 반려견의 패턴을 찾으려 했다. 도시 환경에서 자연이나 다른 동물들과 단절된 사람/반려견일수록 농장이나 다른 동물과 아이들이 있는 가정에 살면서 숲을 자주 거니는 사람/반려견보다 알레르기 위험이 더 크게 나타났다. 개의 알레르기는 종종 개 아토피 피부염canine atopic dermatitis으로 나타나는데, 이것은 사람의 습진과 비슷하며 개들이 동물병원을 찾는 가장 흔한 이유 중 하나다. 같은 연구자들이 일부 참여한 핀란드의 다른 연구에서는 개 알레르기의 또 다른 중요한 위험 요인을 분석했다. 바로 탄수화물 기반의 초가공 식단이다. 2020년에 『플로스 원*PLOS One*』에 발표한 논문에서 연구진은 초가공 탄수화물 식단이 아토피의 위험 요소인 반면, 일찍부터 가공되지 않은 신선한 육류 기반의 식단을 먹이는 것이 개의 아토피를 막아준다고 결론지었다. 또한 연구진은 개 아토피 피부염 위험이 현저하게 낮아지는 다른 중요한 변수들도 찾아냈다. "임신 중 어미견이 구충제를 먹는 것, 산후 햇빛 노출, 산후 정상적인 신체충실지수,* 강아지가 처음 태어난 가정에서 계속 머무르는 것, 생후 2~6개월에 흙이나 풀 위에서 시간을 보내는 것 등." **즉, 가공 탄수화물을 줄이고 흙에의 노출을 늘리는 것이 핵심이었다.**

이 현상 — 농경 생활 방식과 토양 노출이 알레르기를 막아준다는

* Body Condition Score. 간단하게 비만지수라고도 부른다. 지방 축적, 갈비뼈, 허리 모양 등의 외형으로 개의 비만 여부를 평가하는 지표로, 두 가지 방식(5-point system, 9-point system)이 있다 — 옮긴이주.

사실 — 은 '농장 효과'로 불리기도 한다. 실제로 흙에 더럽혀지는 것은 몸에 이롭다. 흙은 단순히 우리의 발을 받쳐주기만 하는 것이 아니다. 시골과 자연의 흙 속에는 우리를 병원균으로부터 지켜주고 신진대사를 지원하고 알레르겐*에 과민 반응하지 않도록 면역계를 교육하는 중요한 역할을 하는 미생물 집단이 들어 있다. 흙은 반려견의 몸에게 친구와 적을 구분하는 법을 가르쳐준다. 강아지가 일찌감치 건강한 토양 미생물에 노출되면 조상의 것과 똑같은 미생물 군집이 재건되어 건강 수명이 늘어난다는 '생물 다양성 가설'이라는 것이 있다. 다행스럽게도, 개 건강 토양 프로젝트Canine Healthy Soil Project를 비롯해 이 가설을 검증하는 것에 초점을 맞춘 새로운 연구 프로젝트들이 잔뜩 진행되고 있다.

책의 다음 장들에서 이 현상에 대해 자세히 알아볼 것이다. 이것은 과학계에 혁명을 일으키고 있으며, 이로운 미생물(그리고 그 대사산물)에 대해 더 많이 알게 되는 것은 반려견뿐만 아니라 우리 자신의 생리와 건강에도 이롭다. 전 세계 면역학자들은 우리 몸에 살면서 대체로 우리와 공생 관계를 유지하는 미생물 군집 — 미생물 집단 전체(박테리아가 지배적) — 의 비밀을 해독하기 위해 바쁘게 경주하고 있다. 이 공생체들은 수백만 년 동안 우리의 생존에 기여했고 함께 진화해왔다.

사람과 개의 신체 조직과 체액에는 독특한 미생물 군집이 살고 있다. 미생물은 어디에나 있다. 내장, 입, 성기, 체액, 폐, 눈, 귀, 피부 등 어디에나 산다. 인간이든 개든 신체 생태계의 주도적 구성원은 미생

---

* allergen. 알레르기 유발 항원 — 옮긴이주.

물이다. 연구자들이 알레르기로 고통받는 개/인간과 알레르기가 없는 개/인간의 미생물 군집에 엄청난 차이가 나타난다는 사실을 발견한 것은 놀라운 일이 아니다. 그들은 또한 건강한 개와 만성 또는 급성 장염으로 고통받는 개의 장내 미생물에 나타나는 중대한 차이도 연구했다. 개의 미생물 군집의 건강과 위장 질환 위험 사이에는 밀접한 관계가 있다. 일부 연구는 사람과 반려견의 미생물 군집 사이의 연관성도 규명하기 시작했다. 예를 들어, 2020년에 핀란드의 과학자들은(이전에 언급된 연구에 참여한 과학자들도 포함) 도시 환경에 거주하면서 유익한 환경 미생물에의 노출이 제한될수록 개와 주인 모두 알레르기 증상을 보일 가능성이 더 크다는 사실을 발견했다. 또 피부 건강에 강력한 영향을 미치는 피부 미생물 군집 역시 개와 사람 모두 생활 환경에 따라 형성된다는 사실도 발견했다. 나중에 살펴보겠지만, 미생물 군집은 환경 노출부터 식단 선택에 이르기까지 다양한 요인에 따라 발달하고 번창한다. 당신과 당신의 개가 먹는 음식은 미생물 군집의 힘과 기능, 진화에 강력한 영향을 미친다. 결론적으로, 미생물 군집은 몸속에서부터 질병과 장애 위험에 영향을 미치는 것이다.

세계적으로 가장 권위 있는 과학 저널 중 하나인 『네이처*Nature*』지에 게재된 바와 같이, 미생물 군집의 영향을 받는 반려동물의 감정 상태는 또한 인간의 감정 상태를 반영한다. 개를 키우는 사람이라면 개와 인간이 서로를 매우 잘 읽는다는 사실을 알 것이다. 이 능력은 두 사회적 포유동물이 가축화 과정에서부터 오랫동안 유대 관계를 맺어온 것과 관련이 있는 것으로 보인다. 이러한 공유 감정은 강하고 지속적인 사회적 유대감을 형성하고 유지하는 '사회적 접착제' 역할을 한다. 우리가 인터뷰한 연구자 리나 로스Lina Roth 박사는 2019년 『네이처』에 발표한 연구에 관해 이야기하면서 개와 주인의 체모 코르티솔(만성 스트레스의 지표) 수치를 언급했다. 개와 주인에게서 '종간 동기화'가 매우 강하게 나타난다는 것이다. 일반적으로 이 '감정 전염'은 사람에게서 개로 흘러가는 것이지, 그 반대는 아니다. 이러한 연구 결과는 우리의 스트레스가 종종 우리가 모르는 사이에 반려견에게 해로운 영향을 준다는 주장에 신빙성을 부여한다. 개가 정말로 우리의 감정적·정신적 상태를 이해할 수 있다면, 우리가 심각한 트라우마로 만성 스트레스나 극심한 불안 상태에 놓여 있으면 어떻게 될까? 개들도 바로 옆에서 큰 고통을 받을 것이다. 전 세계 연구자들이 팀을 이루어 시행한 경각심을 일으키는 연구 결과가 있다. 감정을 회피하는 경향('회피형 애착 유형'이라고 한다)이 있는 사람일수록 그 반려견 역시 스트레스 요인과 마주했을 때 주인과 감정적인 거리를 두려 할 가능성이 크다는 것이다.

우리 저자들은 이탈리아 나폴리 페데리코 2세 대학교에서 행복하거나 두려운 감정 상태일 때 수집된 사람의 땀 표본을 1초 이내에 식별하여 반응하는 개들을 관찰했다. 비아지오 다니엘로Biagio D'Aniello 박사는 그의 연구에서 가장 놀라운 측면이 개가 코에 있는 화학 수용체를 통해 인간의 감정을 구별한다는 사실이 아니라, 개들의 생화학적 표지가 영향을 받는다는 사실 그 자체라고 말했다. 개와 인간은 감정적으로 얽혀 있어서 서로의 감정 상태가 생리에 영향을 끼친다. 혈압 오르는 직장에서의 열띤 논쟁은 당신의 호르몬 화학 반응에 변화를 일으켜 모공에 감지할 수 있는 스트레스 호르몬 흔적을 남긴다. 그래서 당신이 집에 돌아오면 개가 그 스트레스 호르몬을 알아차린다(그리고 반응한다). 밖에서 돌아왔을 때 개가 코를 킁킁거리며 당신의 냄새를 맡은 적이 있는가? 당신의 하루가 어땠는지, 당신이 괜찮은지 알아보려고 그러는 것이다.

우리는 다니엘로 박사에게 개들이 인간의 혼란스러운 삶에 대처하도록 어떻게 도울 수 있는지 물었다. 그의 대답은 우리를 깊은 생각에 잠기게 했다. "일이 끝나고 집에 가자마자 샤워를 하세요." 그가 미소를 띠고 말했다. 더 실용적인 방법은 스트레스를 줄이는 습관과 도구를 마련해 매일 실천하는 것이라고 했다. **결국 운동, 요가, 명상을 포함해 긴장을 풀고 균형 잡힌 항상성 상태로 돌아가는 자기 관리는 당신의 몸과 마음, 영혼 그리고 당신의 개를 위한 선물이다.**

개도 인간과 마찬가지로 사회적 동물이다. 앞으로 알게 되겠지만 개들은 아주 오래전 우리에게 다가와 험난한 세상을 함께 헤쳐나가고 즐거운 일도 함께 나누는 동반자가 되었다. 개와의 관계는 우리의 습관과 스트레스 수치에서부터 미생물 군집에 이르기까지 우리 삶의 매우 많은 측면에 의해 형성된다. 개와 함께하는 우리의 진화 이야기는 너무도 따뜻하기 때문에 우리를 미소 짓게 만든다. 레지, 새미, 제미니 등 먼저 천국으로 간 모든 개가 우리와 함께 미소 짓는 모습이 그려진다.

건강 지킴이를 위한 교훈

- 종과 유전자에 상관없이 건강 수명 목표는 똑같다. 질 높은 삶을 가능한 한 오래 사는 것. 이것이 바로 포에버 도그가 뜻하는 바이다.

- 환경을 바꿈으로써 반려견의 유전자 발현에 긍정적인 영향을 주고 제어할 수 있다는 것이 수많은 연구로 입증된다. 이것이 바로 후생 유전학이다.
- 장수의 가장 효과적인 약은 음식이다. 반려견이 매일 먹는 가공식품(사료와 간식)의 10퍼센트만 가공되지 않은 신선한 식품으로 바꿔도 반려견의 몸에 긍정적인 변화가 일어날 수 있다. 우선 간식부터 바꿔보자.
- 인간의 수명을 위태롭게 하는 것들이 개들의 목숨도 위태롭게 만들었다. 초가공 식단, 과식, 좌식 생활(운동 부족), 나쁜 화학 독소와 만성 스트레스 같은 환경 노출이 그렇다.
- 우리의 스트레스는 개에게 옮겨간다. 스트레스를 줄이고 정서적 웰빙을 추구하는 우리의 건강한 습관과 활동이 반려견에게도 긍정적인 영향을 준다.

2장 인류와 함께 진화해온 개

— 야생 늑대에서 반려동물로

모든 개에게 주인은 나폴레옹이다. 그래서 개의 인기가 식지 않는 것이다.

— 올더스 헉슬리

이 사진에서 여성의 해골은 태아 자세로 누워서 애정 어린 손길로 강아지의 머리를 감싸고 있다. 해골은 1970년대 후반 갈릴리 바다에서 북쪽으로 약 16마일(약 25킬로미터) 떨어진 한때 소규모 수렵

채집 공동체가 살았던 훌라 호숫가의 12,000년 된 매장터에서 발견되었다. 인류가 돌로 간단한 도구를 만들고 돌담과 초가지붕이 있는 반영구적인 구덩이에서 살았던 시대임을 감안할 때, 이 사진은 인간과 개가 역사상 가장 이른 시기부터 이미 깊은 교감을 나누었음을 시사한다.

좀 더 최근인 2016년에 고고학자들은 26,000년 전의 것으로 추정되는 약 137센티미터 신장의 8~10세 아이 발자국과 나란히 찍힌 개의 발자국을 발굴했다. 장소는 프랑스 남부의 구석기 시대 유적지인 쇼베 동굴이었다. 학자들은 맨발의 아이가 걷다가 어느 순간 부드러운 찰흙에 미끄러졌다고 추측했다. 그 아이가 횃불을 들고 있었다는 사실도 알 수 있다. 남자아이인지 여자아이인지 모를 그 아이가 횃불을 청소하기 위해 멈췄고 거기에 숯 얼룩을 남겼기 때문이다. 세계에서 가장 오래된 그림이 있는 이 동굴을 구석기 시대의 어린아이가 개와 함께 탐험하는 모습을 상상해보면 무척 놀랍다. 약 32,000년 전에(인류가 동굴에서 생활하던 때) 이미 400개가 넘는 동물 이미지가 만들어졌다.

이 발견은 개가 겨우 12,500~15,000년 전에 길들여졌다는 기존의 생각을 깨트린다. 더 중요한 건, 이 새로운 시대 정보가 개들이 어떻게 인류의 가장 좋은 친구가 되었는지에 대한 답을 근본적으로 바꾼다는 사실이다. 일부 연구자들은 개가 우리 조상들이 농경 사회로 정착하기 훨씬 전인 무려 13만 년 전부터 인류와 섞여 살기 시작했을 것이라고 생각한다. 그러나 이 주장은 여전히 열띤 논쟁거리로 남아 있고 앞으로의 연구로 밝혀져야 할 것이다(우리가 이 글을 쓰는 지금 '빙하기의 잉여 육류가 개의 가축화를 가져왔다'는 주장이 나오고 있다. 개의 가축화 기원에 대한 논란은 앞으로도 계속될 전망이다). 애초에 '가축화'라는 단어를 정의하기조차 쉽지 않다. 그 현상이 아시아와 유럽을 통틀어 한 번 일어났는지 두 번, 혹은 여러 번 일어났는지도 알기 어렵다. 그러나 어떤 이론(또는 이론들의 조합)이 옳은지에 상관없이 논쟁의 여지가 없는 사실이 있다. "개가 현재 지구에서 가장 개체 수가 많은 육식 동물이 되었다는 점을 감안하면, 가축화는 인간과 개 두 종 모두에게 성공적이었다"는 점이다. 2021년 『네이처』에 실린 핀란드 연구진의 논문에서 인용한 문구이다.

인류의 진화에 약간의 수수께끼가 남아 있다는 사실도 주목할 필요가 있다. 인류의 타임라인과 이동 경로가 (아직) 완벽하게 뒷받침되지 않음을 보이는 새로운 증거들이 나오고 있다. 흥미롭게도, 우리 자신의 DNA는 우리가 개의 게놈으로 볼 수 있는 선사시대의 일부분을 항상 보여주지는 않는다. 2020년에 발표된 개의 진화 연구를 공동으로 이끈 런던 프랜시스 크릭 연구소의 인구유전학자 폰투스 스코글런드Pontus Skoglund는 말한다. "개는 인류 역사를 살피는 별도의 추적 염료tracer dye입니다." 정말로 인류의 과거와 이동 경로를 상세하게 밝히려면 개의 게놈을 더 많이 파고들어야 할지 모른다.

래브라두들, 그레이트데인, 치와와, 어떤 종이든 모든 개에게는 한 가지 공통점이 있다. 모두 회색늑대*Canis lupus*의 후손이라는 점이다. 견종마다 닮은 점이 거의 없어 보이지만(털, 다리 네 개, 짖는다는 사실을 제외하고) 알려진 것만 400종이 넘는 지구상의 모든 개는 회색늑대를 포함한 멸종된 늑대로 거슬러 올라간다. 이는 유전자 연구를 통해 증명할 수 있다. 하지만 개는 분명 늑대가 아니다. 인간과 개의 파트너십은 아주 오래되었다. 개는 인간과 깊은 유대감을 형성한 최초의 종이었다(인간은 약 만 년 전에 양, 염소, 소와 같은 가축을 길들이기 훨씬 전부터 동물을 동반자로 옆에 두었다. 반면 말을 길들인 것은 불과 약 6천 년 전 유라시아에서였다. 말은 집 안에서 기르는 동물은 아니지만 주인들에게 강렬한 감정을 불러일으켰다).

이름이 알려진 초기의 반려견은 기원전 3,000년대 초 이집트의 파라오가 기르던 아부티우(아부티유라고도 한다)이다. 아부티우는 그레이하운드와 비슷한 체격에 귀가 곧게 서고 꼬리는 곱슬곱슬한 사냥개인 사이트하운드로 알려졌다. 아부티우가 죽자 파라오는 슬퍼하며 성대하게 장례를 치러주었다. 석관에 새겨진 명문은 이렇게 되어 있었다. "위대한 신 아누비스 앞에서 잘 대우받을 수 있도록 폐하께서 친히 식을 치르셨다."

선택적 교배의 기원도 아직 과학적으로 밝혀지지 않았다. 특히 특정 견종이 어디에서 언제 유래했는지에 대해서가 그렇다. 예를 들어, 미국 국립건강연구소National Institutes of Health 연구자들은 여러 목축견을 연구해 놀라운 사실을 발견했다. 대표적인 목축견들의 유전자를 비교해보니 한 그룹은 영국에서 기원했고 또 다른 그룹은 북유럽, 또 다른 그룹은 남유럽에서 왔다. 연구진은 그 개들이 좀 더 가까운 관계일 것으로 생각했다. 2017년에 발표된 연구 결과는 그들의 생각과 달랐다. 좀 더 자세히 들여다본 결과 연구진은 각 그룹이 무리를 짓기 위해 서로 다른 전략을 사용했다는 것을 알아냈다. 유전 자료로 입증되는 행동 패턴이었다. 이 연구 결과는 여러 인간 집단이 서로 독립적으로 목적의식을 갖고 개의 교배를 시작했다는 이론을 뒷받침한다.

오늘날 우리가 아는 견종 대부분은 빅토리아 시대의 폭발적 교배의 영향으로 지난 150년 동안 만들어졌다. 이 기간에 영국에서는 개 브리딩이 과학적 취미와 스포츠로서 널리 자리 잡았다. 결과적으로 오늘날 400종이 넘는 개가 생겼다(참고: 모든 현대 견종이 영국에서 온 것은 아니다. 개 브리딩은 전 세계를 휩쓸었다). 개에 관한 심미적 선호의 변화는 개의 건강에 해로운 결과를 초래했다. 이 모든 변화가 다윈의 대표적인 연구 및 저술과 때를 같이했다. 다윈 역시 브리딩에 집착했고 애견가들과 친분을 쌓았다. 하지만 19세기에 교배된 개들의 사진을 쭉 내려보면서 오늘날의 개들과 비교해보면 극적인 변화가 일어났음을 알 수 있다. 20세기 내내 특정한 신체적 특징을 얻고자 엄격한 선택적 교배가 이루어져서 닥스훈트는 다리가 더 짧아졌고, 저먼 셰퍼드는 더 다부진 체격에 더 경사진 등을 갖게 되었고, 불도그는 얼굴 주름이 뚜렷해지고 몸이 더 두툼해졌다(사실, 잉글리시 불도그만큼 교배로 인해 인공적으로 모양이 잡힌 개도 드물다). 이러한 변화에 단점이 따르지 않은 것은 아니어서 건강에 해로운 영향이 나타났다. 그것도 두 가지나. 유전적 다양성의 엄청난 손실과 바람직하지 않은 유전병이 바로 그것이다.

잡종이 순종 개보다 건강하다고 생각하는 사람이 많지만 앞에서 말했듯이 항상 그런 것은 아니다. 현재 인터내셔널 파트너십 포 독스International Partnership for Dogs의 CEO인 동물유행병학자 브렌다 보넷Brenda Bonnett 박사는 말한다. "많은 유전 질환이 고대 돌연변이의 결과이며 모든 개에게 널리 분포되어 있습니다. 몇몇 유전 질환은 종을 만들기 위한 근친 교배로 빈도가 증가했지만 견종마다 질환의 종류도 그 정도도 다를 수 있습니다." 보넷 박사는 적절한 예를 제시한다. 만약 가장 건강하고 질병이 없고 유전적으로 튼튼한 푸들과 역시나 완벽한 래브라도의 품종 간 교배가 이루어지면 그 자손은 건강할 가능성이 높다(물론 세상에 100퍼센트 확실한 것은 없지만). 하지만 임의의 두 견종을 교배하면 더 건강한 잡종견이 나온다고 가정할 수는 없다(따라서 건강 문제를 고려하지 않고 '디자이너 믹스견'을 만드는 강아지 공장과 개인 사육자들이 문제가 된다). 고대로부터 내려오는 아주 흔한 질병 돌연변이의 경우 특히 그렇다. 우리는 보넷 박사에게 반려견이 걸릴 수 있는 유전병을 미리 알고 조심할 수 있도록 DNA 검사를 시행하는 것이 가치 있는 일인지 물어보았다. 그녀는 유전자 검사가 유익할 수도 있지만 개들에게 나타나는 가장 흔하고 중대한 질병 다수가 아직은 유전자 검사로 감지되지 않는다고 답했다.

개를 대상으로 한 유전자 검사는 빠르게 확대되고 있다. 엠바크Embark와 위즈덤Wisdom은 현재 북아메리카에서 반려견의 품종, 혈통, 질병 표지를 파악하기 위해 사람들이 가장 많이 구매하는 DNA 테스트 키트이다. 반려견 유전자 검사의 장점은 특정 유전 질환 표지를 통해 190개 이상의 유전병을 검사할 수 있다는 것이다. 따라서 브리더는 개의 건강을 위해서 반드시 이 검사를 해야 한다. 이러한 검사들은 (강아지 공장에서) 대량 생산된 순종견과 개의 건강 증진에 집중하는 전문 브리더가 제대로 교배한 개들을 구분하는 데 도움이 된다. 순종견이 모두 제대로 교배되는 것은 아니다. 그러므로 돈을 주고 강아지를 데려올 때는 철저히 준비해서 신중한 유전자 결합으로 개의 건강 수명을 늘리기 위해 애쓰는 브리더에게 분양을 받아야 한다. 레지와 새미의 경우에는 이 중대한 단계를 거치지 않았다. 녀석들의 브리더들은 유전적 웰빙과 적합성은 고려하지 않고 그저 제멋대로 오래 살지 못할 예쁘기만 한 개를 탄생시켰다.

구조된 잡종견과 반려동물 가게(동물병원)에서 데려온 개에게 유전자 검사를 할 때는 다음 사실을 꼭 기억해야 한다. 병을 일으키는 유전자 변이가 있다고 해서 무조건 병에 걸린다는 뜻은 아니다. 우리가 만난 수의사들은 반려견이 '나쁜 DNA'를 갖고 있다는 결과만 믿고 끔찍한 선택을 하는 견주들에 대해 말하곤 했다. 수의사들은 유전병 검사 권유를 망설일 때가 많은데, 그 결과가 반려견이 정말로 유전병에 걸릴지를 알려주지는 않기 때문이다.

어떤 사람들은 굳이 알고 싶지 않아서 유전자 검사를 하지 않는다. 또 어떤 사람들은 반려견이 유전병 유전자를 가지고 있다는 사실을 발견하고, 그 유전자가 발현되지 않을 수도 있다는 사실을 잊는다. 그래서 실현되지 않을 수도 있는 일 때문에 내내 불안해하며 살아간다. 검사 결과 반려견이 유전자 변이를 가진 것으로 나와도 절대 당황하지 말자. 유전자 이상이 발견되었다면 반려견을 후생 유전적으로 긍정적으로 변화시키는 것을 목표로 일찌감치 식이요법과 생활 방식 계획을 세워서 실천하는 기회로 삼으면 된다.

우리의 DNA는 사실상 우리에 대한 모든 것을 통제하기 때문에, 우리 몸에 있는 유전적 질병 표지를 식별하는 것은 우리가 우리의 생활 방식에 대해 사전적 예방 조치를 취할 수 있도록 한다. 하지만 DNA를 아는 것이 어떻게 우리의 건강과 수명을 향상시킬 수 있는 방법인지에 관해 말하자면 이것은 시작에 불과하다. 현실적으로 누구나 별로 사랑스럽지 않은 DNA를 얼마간 가지고 있지만, 바로 이 지점에서 후생 유전학과 영양유전학이 힘을 발휘한다. 당신과 마찬가지로, 당신의 개가 먹는 음식, 노출되는 발암물질, 주인이 만들어주는 생활 방식이 유전병이 발현될 가능성을 높이거나 낮출 수 있다.

우리는 건강에 관한 생활 방식상의 장애물들을 인지하고 완화하여 유전자와 상관없이 반려견의 건강 수명과 기대 수명을 최대화하도록 돕기 위해 이 책을 썼다.

우리는 앞으로 우리의 털북숭이 친구들이 어째서 암, 심장 질환, 비만 등 인간을 괴롭히는 것과 똑같은 병에 걸리게 되었는지 탐구할 것이다. 인류의 진화에서 무슨 일이 일어났는지 살펴보기만 하면 된다. 석기시대 이후 인류는 줄곧 삶을 좀 더 편리하게 만드는 데 뛰어난 능력을 보였지만 대가를 치러야 했다. 우선 그 대가에 대해 먼저 살펴보자.

대량 이주와 농업

체중이나 질병 때문에 혹은 단지 더 건강해지기 위해서 팔레오, 케토, 채식, 육식, 부분 채식 등 특정 식단을 실천해본 적 있는 사람은 손들어보자. 저자들 역시 다양한 식이요법에 열광한 적이 있고, 현재는 간헐적 단식과 함께 주로 고기가 없는 식단을 실천하고 있다. 식단은 질병의 근원이며, 반대로 건강의 초석이다. "내가 먹는 것이 곧 나다"라는 옛말이 맞다. 우리 개들은 어떨까? 개들에게는 무엇이 최선일까? 매일 똑같은 사료를 먹이는 것이 과연 이상적일까? (잠깐 생각해보자. 당신이라면 배고플 때마다 똑같은 걸 먹겠는가? 세 개의 그릇에 세 가지 음식을 담아서 주고 한 번 지켜보라. 반려견은 똑같은 그릇에 담긴 음식을 계속 먹으려 하지 않을 것이다. 파블로프의 개도 다양성이 필요했다.) 자세한 내용은 2부에서 다루겠지만, 여기서는 일단 음식을 통한 생명 유지의 방식이 시대에 따라 어떻게 변했고 우리에게 어떤 영향을 끼쳤는지를 주로 농업의 발전과 관련하여 살펴봄으로써 그 대화의 토대를 마련할 것이다.

약 12,000년 전, 우리가 '파괴적인 기술'이라고 부르는 것이 문자 그대로 뿌리를 내렸다. 인류는 농업에 기반을 둔 사회로 나아가면서 수렵 채집 생활 방식을 버리고 서로 힘을 합치고 체계적인 조직을 만들고 공동체로 정착했다. 이러한 변화는 인구를 성장시켰지만, 식단의 질을 떨어뜨린 원인이 되었다. 인류는 특히 옥수수와 밀 같은 곡물을 농사짓고 저장하는 방법을 배우면서 필요한 것보다 더 많은 칼로리를 섭취하기 시작했고 몇 가지 종류만 집중적으로 섭취함으로써 식단 다양성이 줄어들었다. 농업이 인간 사회에 끼친 영향을 연구하는 학자들에 따르면 그것은 긍정적인 영향이기도 했지만 농사 기술이 발전하고 정교해질수록 대가도 더욱 커졌다. 마침내, 경작된 밀과 옥수수가 흰 빵, 핫도그, 온갖 정크 푸드 같은 고도로 가공된 식품으로 변모했고 우리를 현대 농업에 사용되는 화학물질(발암물질도 있다)에 노출시켰다.

재러드 다이아몬드Jared Diamond는 세계 최고의 역사학자이자 인류학자, 지리학자이다. UCLA 교수인 그는 퓰리처상을 받은 『총, 균, 쇠』에서 농업이 인간의 건강에 미치는 영향에 대해 광범위하게 다루었다. 그는 오랫동안 대담한 발언을 해왔는데 농업이 "인류 역사상 최악의 실수"라고도 했다. 그에 따르면 수렵 채집 시절의 식단은 농경 사회 초기의 식단(대부분 탄수화물 기반의 곡물)과 달리 다양했다. 그는 농업 혁명으로 촉진된 무역이 기생충과 전염병을 확산시켰을 수 있다는 점도 지적한다. 그에 따르면, 농경 사회로의 전환은 "많은 면에서 우리가 결코 만회하지 못할 재앙이었다." 역사학자 유발 노아 하라리Yuval Noah Harari도 베스트셀러 『사피엔스』에서 비슷한 견해를 내놓는다. "농업 혁명 덕분에 인류가 사용할 수 있는 식량의 총량이 확대된 것은 분명한 사실이지만, 잉여 식량이 곧 더 나은 식사나 더 많은 여가를 의미하지는 않았다. 농업 혁명은 역사상 최대의 사기였다." 이들의 주장에 동의하지 않을 수도 있지만 한 가지는 분명하다. 농업 혁명은 인간의 가장 친한 친구에게도 상당한 영향을 미쳤다.

무엇을 먹을지 선택하는 것은 몸에 어떤 정보를 줄지 선택하는 것과 같다. 음식은 세포와 조직은 물론 분자 구조에까지 전달되는 정보이다. 이것은 인간은 물론이고 꿀벌, 자작나무, 혹은 비글에게 모두 적용되는 사실이다. 데이비드 싱클레어 박사도 노화의 한 가지 원인이 '체내 정보의 손실'이라는 말로 여기에 동의한다.

음식을 이런 맥락에서 생각해본 적이 없다면, 다음 사실을 고려해보길 바란다. 음식은 단순한 에너지원이 아니다. 우리가 섭취하는 영양소는 우리의 환경에서 우리의 인생 코드, 즉 DNA로 신호를 보낸다. 즉, 그 신호들은 유전자가 어떻게 행동하고 DNA가 어떻게 우리 몸의 기능을 좌우하는 메시지로 변환되는지에 영향을 미친다. 좋은 쪽으로든 나쁜 쪽으로든 DNA의 활동을 바꿀 능력이 우리에게 있다는 뜻이다. 외적 영향으로 인한 이러한 변화들은 '후생 유전학'으로 불리는 연구 분야를 포함한다. 다행스럽게도 우리는 어떤 유전자 스위치가 켜지거나 꺼지는 데 적극적으로 영향을 줄 수 있다. 사람과 개 모두에게 적용되는 보기를 하나 들어보자. 정제된 탄수화물을 많이 함유한 염증 촉진 식단은 '뇌유래신경영양인자brain-derived neurotrophic factor', 줄여서 BDNF라고 부르는 뇌 건강과 관련한 중요한 유전자의 활동을 감소시킨다. 이 유전자는 역시 BDNF라고 불리는 뇌세포의 성장과 영양 공급을 담당하는 단백질을 암호화한다. BDNF는 뇌의 비료라고 생각하면 쉽다. BDNF는 보충제나 음식으로 얻을 수 없지만, 나이 든 반려견의 몸에서 계속 BDNF가 만들어지도록 우리가 해줄 수 있는 일이 있다. 제대로 된 음식은 몸이 자체적으로 BDNF를 생성하는 능력을 강화한다. 농경 시대 이전에 우리 조상들이 (그리고 그들의 동반자 개들도) 그랬던 것처럼 건강에 좋은 지방과 단백질을 섭취하면 유전자 경로의 활동이 BDNF 생산량을 증가시킨다. 즉, 본질적으로 뇌의 건강을 돕는 것이다. 운동도 BDNF 수치를 높인다. 스트레스 수치와 수면도 BDNF 생성에 영향을 미친다. 낮은 BDNF 수치는 불면증과 연관이 있다. 연구에 따르면 스트레스가 BDNF 수치를 줄이고 결국 숙면이 어려워지는 악순환이 발생한다. 나아가 인지력 저하와 신경 퇴행성 질환을 겪는 사람들은 BDNF 수치가 낮다는 연구 결과도 있다. 수치가 높게 유지되는 사람들은 뇌 질환 위험이 줄고 학습 능력과 기억력이 향상된다.

개는 특정한 생활 습관이 BDNF 수치와 인지 능력을 증진시키는 효과가 있다는 사실을 보여주는 훌륭한 실험 모델이다. 캐나다 온타리오에 있는 맥마스터 대학에서 2012년에 시행한 연구는 '환경 풍부화environmental enrichment'와 항산화 물질 강화 식단의 조합을 통해 늙은 개들의 뇌 시계를 거꾸로 돌릴 수 있다는 사실을 증명했다. 개를 위한 환경 풍부화 프로토콜에는 정기적인 사교 활동과 운동, 생각과 인지 능력을 요구하는 과제 수행이 포함된다. 연구진은 연구에 참여한 늙은 개들의 BDNF 수치가 증가해서 젊은 개들 수준에 이르렀음을 발견했다. 다시 말해서 간단한 생활 방식 전략이 개들을 젊게(디에이징) 만들었다.

탄수화물은 주로 세 가지로 나뉜다

당류: 포도당, 과당, 갈락토스, 수크로스(개는 '포도당신생합성 gluconeogenesis'이라는 과정을 통해 단백질로부터 포도당을 만들 수 있어서 식단으로 당류를 공급할 필요가 없다).

녹말: 소화계에서 당으로 변환되는 포도당 분자 사슬.

섬유질: 개가 흡수할 수 없지만 건강한 장내 미생물 군집이 만들어지기 위해 꼭 필요한 물질.

탄수화물은 식물(예: 곡물, 과일, 허브, 채소)에서 나온다. 그 식물들에는 저마다 다양한 양의 당('혈당 지수')과 다양한 유형의 섬유질뿐만 아니라 (먹이 사슬에서는 누락될 수 있는) 건강에 좋은 파이토케미컬*도 들어 있다. 개는 최대 수명과 건강 수명을 달성하기 위해 섬유질과 파이토케미컬을 필요로 한다. 당이나 녹말은 많이 필요로 하지 않는다. 목표는 저혈당의 섬유질 풍부한 '좋은 탄수화물'을 공급해 장과 면역 체계에 영양을 공급하는 것이다. 당이 과도한, 대사 스트레스를 유발하는 고혈당의 정제된 '나쁜 탄수화물'은 피해야 한다. 우리는 9장에서 반려견 식단의 '나쁜 탄수화물' 수치를 계

* 채소와 과일에 들어있는 식물성 화학물질로, 세포 손상 억제 및 면역 기능 향상에 도움을 주는 물질로 알려져 있다. 항암 물질인 리코펜, 항산화 물질인 안토시아닌, 살균 물질인 알리신 등 현재까지 밝혀진 종류만 1만여 종에 이른다. — 옮긴이주.

산하는 방법을 소개할 것이다. 이것이 우리가 반려견 식단의 장기적인 대사 스트레스를 평가하는 한 가지 방법이다.

인간의 DNA가 고대 또는 조상들의 식단과 가장 궁합이 좋다는 사실은 탄수화물, 특히 가공 탄수화물을 최소화하고 건강한 지방과 홀푸드 단백질을 최대화하는 식단이 인기를 끌게 된 근본적인 이유였다. 사람과 개가 지구상에 존재했던 시간의 99퍼센트 이상, 우리는 지금보다 정제된 탄수화물이 훨씬 적고 건강에 좋은 지방과 섬유질이 풍부한 식단을 섭취했다. 또 우리는 과거보다 훨씬 더 자주 먹도록 진화했다. 사람과 반려견은 원할 때 언제든지 음식에 접근할 수 있다. 우리는 간식, 24시간 영업하는 음식점, 손가락만 몇 번 움직이면 몇 분 안에 먹을 것을 갖다주는 배달 앱을 사랑한다. 하지만 현대의 편리한 서양식 식단은 DNA의 건강과 장수 능력에 반하는 작용을 한다. 놀라운 기술 진보가 이루어진 21세기에 우리는 이러한 서로 어긋나는 결과를 경험하고 있다. 반려견들도 마찬가지다. 농업혁명이 일어났을 때 인간은 개들에게도 곡물을 나눠주었고 그것이 녀석들의 게놈을 바꾸었다. 개가 췌장 아밀레이스(탄수화물을 분해하는 효소)를 늑대보다 더 많이 생산한다는 것은 과학적으로 잘 알려진 사실이다.

농업이 인류의 궤적을 바꿨다고 생각한다면 그다음 단계인 기업농이 어떤 영향을 미쳤는지 생각해보자. 기업농은 초가공 식품을 잔뜩 만드는 대량 농업을 말한다. 정확히 말하자면, 초가공 식품이 (유전자) 변형 식품은 아니다. 브라질 상파울루 대학교의 영양학자들과 전염병학자들에 따르면 초가공 식품을 가장 잘 정의하는 설명은 다음과 같다. "일련의 공정(초가공)을 통해 대체로 값싼 산업용 원재료에 식이 에너지와 영양소, 첨가제를 넣어서 만든다. 건강에 해로운 지방, 정제 녹말, 유리당과 소금이 많고, 단백질과 식이섬유, 미량 영양소가 부족하다. 초가공 제품은 유통 기한이 길고 감칠맛을 자극하고 언제 어디서든 먹을 수 있도록 만들어진다. 초가공 제품의 제조법과 포장 방식, 마케팅은 과잉 섭취를 부추긴다."

우리 인간이 가공 식품으로 가득한 식단을 향해 달려가는 동안 개들 역시 가공 음식을 점점 더 많이 먹게 되었다. 지난 세기를 기점으로 현대의 개들은 완전히 가공된 음식을 먹게 되었다. 오늘날 무가공 식품이나 홀푸드, 또는 최소 가공 식품을 먹는 개들은 지극히 소수에 불과하다. 수의학과 학생들은 이것이 반려동물이나 식품 생산에 동원되는 동물 모두에게 이상적인 상황이라고 배웠다. 공장(밀집 사육 시설) 사육 동물과 반려동물에게 평생 사료 식단을 먹이는 것은 표준으로 자리 잡았다. (새끼를 포함해서) 동물 대부분이 재료의 원형을 식별할 수 있는 홀푸드 식단을 먹지 못한다. 대부분은 한입 크기로 가공되고, 재배합되고, 재포장된 사료를 먹는다. 우리는 그 사료에 병을 예방할 충분한 영양소가 있기를 바랄 뿐이다.

가공 식품은 당류(녹말), 지방, 소금을 첨가해 섭취 기한을 늘린 제품이다. 초가공 식품은 원재료를 분쇄해 점증제, 색소, 광택제, 향미제, 유통 기한을 연장하기 위한 첨가제를 넣어 공장에서 만들어진다. 사람이 먹는 초가공 식품은 캔이나 포장지에 넣기 전에 튀기기도 한다. 반려동물용 초가공 식품은 압출 과정을 거친다. 고온 고압 상태에서 조리해 바삭바삭한 상태로 만든다는 뜻이다. 둘 다 분리 단백질protein isolates 또는 에스테르화유(현재 널리 금지된 트랜스지방의 대체재)가 들어 있을 수 있다. 건식 사료의 경우 음식점 폐기름이 도포되는 경우도 많다. 반려견용 간식(Snausage)과 치토스의 영양소 함량이 얼마나 비슷한지 알면 누구든 분명 놀랄 것이다!

단순히 건강에 해롭다는 말로는 정크 푸드를 온전히 표현할 수 없다는 사실을 보여주는 연구가 계속 나오고 있다. 정크 푸드는 사람들로 하여금 많이 먹게 만들어서 살이 찌게 한다. 비타민이나 미네랄은 들어 있지 않다. 높은 암 발병률, 조기 사망률과도 관련이 있다. 우리는 정크 푸드의 진실을 잘 알지만 그것을 반려견에는 적용하지 않는다.

개에게 평생 '사료'를 먹이라고 권장하는 수의사들은 사료가 개에게 필요한 영양소를 충족하도록 만들어졌다고 주장한다. 정크 푸드는 그렇게 하지 못하는데 말이다. 우리가 먹는 초가공 식품 중에 '모든 영양소가 골로루 들어 있는' 완전식품이라고 라벨이 붙은 경우는 거의 없다. 시리얼 브랜드인 토털Total은 사람에게 필요한 비타민과 미네랄 일일 권장량을 100퍼센트 충족한다고 주장한다. 엔슈어Ensure나 소일렌트Soylent 같은 일부 음료도 그렇게 주장한다. 그런

데 우리는 과학적으로 제조된 '필요한 영양소가 전부 들어 있는' 반려견 사료를 평생 먹이라는 이야기를 듣는다. 물론 인간은 그런 '필요한 영양소가 전부 들어 있는' 음료를 먹기도 한다. 갓 태어났을 때와 인생의 말년, 혹은 병원에 입원했을 때가 그렇다. 그러나 전문가들은 '영양상으로 완벽한' 이 제품들을 평생 유일한 영양 공급원으로 활용하라고 권유하지 않는다. 심지어 '과학적인 공식에 따라 제조된' 전 세계 수백만 명의 아기들에게 영양을 공급하는 분유도 몇 달 후에는 가공이 덜 되고 다채로운 진짜 음식으로 대체된다. 당신의 가족 중에 평생 초가공 식품만 먹는 것은 반려동물뿐이다.

어떤 사람들은 반려견용 사료가 사람이 먹는 가공 식품과 같은 정도로 '가공'되었다고 생각하지 않는다. 그러나 9장에서 배우겠지만 여러 기준으로 따져보면 개 사료는 사람이 먹는 그 어떤 음식보다 훨씬 더 많은 가공이 이루어진다. 사료가 어떻게 만들어지는지 안다면 차이가 느껴질 것이다. 매주 사람이나 개를 위한 새로운 초가공 제품이 나온다. 이 간편식들은 엄청나게 긴 가공 과정을 거친 재료들로 만들어져 누군가의 간식이 된다. 원래의 모습과 크게 달라져 버린 재료들은 농작물이나 원상품의 그 어떤 역사적인 관계와도 닮은 점이 없다. 마찬가지로 초가공 사료에는 '신선한' 재료와 조금이라도 비슷한 그 어떤 것도 들어 있지 않다. 시판 사료에 사용되는 다량의 재료는 건조 상태의 완제품에 도달하기 전에 이미 광범위한 가공을 거친다(예: 육류, 골분, 동물성 기름, 옥수수글루텐박, 쌀겨 등). 완성된 제품은 실온에서 일 년 이상 보관해도 끄떡없는 것은 물론이다(기업들은 개봉한 사료가 얼마나 오랫동안 안전한지에 관한 연구 결과를 발표하지 않았다). 사람용이든 반려견용이든 가공 식품은 신선함과 완전히 거리가 멀다.

사료 가공 과정은 잔존 비타민의 질에 영향을 줄 뿐만 아니라, 많은 비타민을 손실시킨다. 더 끔찍한 사실은 글리포세이트를 포함한 농업 잔류물들이 시판 사료에서 검출된다는 점이다. 글리포세이트는 라운드업이라는 이름으로 시판되는 제초제의 주성분이고 발암물질일 가능성이 크다. 안타깝게도 전통 농업에서 널리 사용되어 시판 반려견 식품에서도 쉽게 발견되고 있다. 2018년에 코넬 대학교 연구진이 18개의 반려견 및 반려묘 사료 브랜드(GMO 프리 제품도 포함)를 조사한 결과 모두 글리포세이트가 발견되었다. "음식 섭취를 통한 글리포세이트 노출은 사람보다 반려동물이 더 많을 것이다." 연구진은 이렇게 결론지었고 반려동물들이 이 발암물질에 노출될 가능성이 인간보다 체중 1킬로그램 당 4~12배 높다고 계산했다.

반려견의 건식 사료에서 발견되는 또 다른 오염물질은 마이코톡신이다. 마이코톡신은 곰팡이에서 자연적으로 생기는 독성 물질인데 주로 곡물을 오염시킨다. 반려견 식품에 들어가는 곡물도 예외가 아니며 흔한 리콜 사유가 된다. 2020년 12월 미국에서 마이코톡신의 일종인 아플라톡신이 검출된 사료에 대해 리콜이 진행되었다. 70마리 이상의 개가 목숨을 잃고 수백 마리가 아팠다. 장기 질환을 비롯해 면역 억제와 암까지, 마이코톡신이 개의 몸에 대혼란을 일으킨다는 사실은 잘 증명되어 있다. 사료 제조업체들이 완제품의 마이코톡신 수치를 검사하는 것은 필수 의무가 아니다. 미국의 한 연구에서는 12개의 사료 브랜드 중 9개에서 적어도 한 종류의 마이코톡신이 검출되었다. 오스트레일리아, 이탈리아, 브라질에서도 똑같은 결과가 나왔다. 반려견에게 곡물 사료를 먹인다면 분명히 마이코톡신도 먹이고 있는 것이다. 문제는 그 양이 어느 정도이고 얼마나 큰 영향을 미치는지이다. 당황할 필요는 없다. 우리는 마이코톡신을 줄이는 전략도 알려줄 것이다.

평생 초가공 식단을 먹은 개와 가공이 덜된 다채로운 음식을 먹은 개를 출생부터 죽음까지 비교한 연구는 없다. 하지만 시판 사료들이 영양과 관련해 제시해온 청사진이 사실과 다르다는 것은 상식을 통해서도 알 수 있다. **미국인은 하루 칼로리의 50퍼센트를 초가공 식품을 통해 섭취하는 것으로 추정된다. 그리고 많은 반려동물이 하루 칼로리의 85퍼센트 이상을 초가공 식품으로 섭취한다.***

중요하니까 다시 한번 강조하겠다. 반려동물은 무엇을 먹을지 직접 선택할 수 없다. 어린아이와 마찬가지로 우리가 주는 대로 먹는다. 우리는 녀석들의 영양을 결핍시키는 한편 과식하게 만든다. 결국 무수히 많은 건강 문제와 행동 문제를 초래한다. 영양학자들은 사람들에게 저가공 식품을 권하는데, 수의사들은 여전히 가공 식품만 추천한다. 도대체 왜 이런 단절이 생겨났을까?

가공 식단과 신선 식단 또는 최소 가공 식단의 강력한 차이를 실감해보기 위해 최근의 연구 결과를 소개한다. 2019년 스위스와 싱가포르의 연구진은 건강한 비글들에게 두 가지 식이요법을 시험했다. 공정한 조건을 만들기 위해 우선 실험에 참여한 16마리에게 3개월 동안 똑같은 건식 사료를 먹이고 혈중 지방을 측정했다. 그다음

---

* 국내 사료 시장은 미국에 비해 고급 사료 중심이다. 초가공의 저급 이코노미급 사료보다는 가공이 덜 된 프리미엄급, 수퍼프리미엄급 사료가 주류를 이룬다. 휴먼 그레이드 제품군 비율도 높다 — 감수 주.

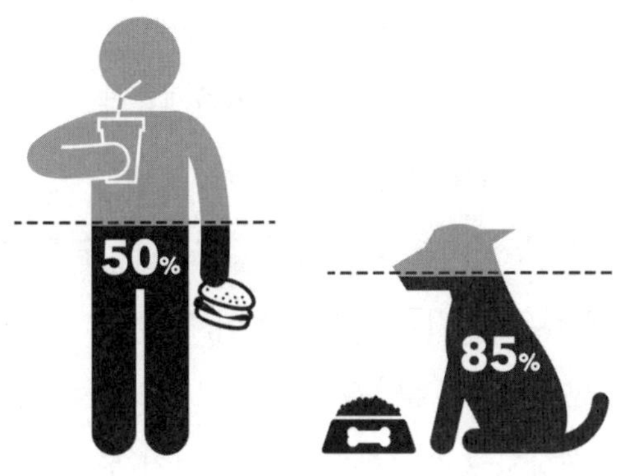

에 무작위로 두 그룹으로 나누었다. 한 그룹은 처음과 비슷한 사료를 3개월 동안 먹었고 다른 그룹은 집에서 만든, 영양학적으로 균형 잡힌 식단을 먹고 아마씨유와 연어 기름을 보충했다. 실험이 끝났을 때 어떤 그룹이 더 좋은 혈중 지방 수치를 보였을까? 답은 안 봐도 뻔했다.

건강한 식단을 섭취한 비글들은 혈액 검사에서 오메가3가 훨씬 더 풍부했고 불포화지방산 수치가 낮았다. 이와 같은 연구는 음식의 원천과 구성이 건강에 커다란 차이를 만든다는 사실을 보여준다. 면역 불균형으로 인해 피부와 귀에 질병이 빈번한 개들에게 이러한 결과가 특히 중요하다.

상자 속에 갇히다

1900년에는 도시에 사는 사람 1명당 시골 지역에 사는 사람은 약 7명이었다. 오늘날, 전 세계 인구의 절반이 도시 중심부에 살고,

2050년에는 거의 70퍼센트가 도시에서 살 것으로 추정된다. 또 우리가 실내에서 보내는 시간은 전체의 90퍼센트나 된다. 생존을 위해 몸을 움직이거나 먹이를 사냥해야 할 필요가 없다. 클릭이나 화면을 터치하는 것만으로 필요한 것을 거의 전부 얻을 수 있다. 현대 사회와의 교류는 거의 전부 일종의 벽 안에서, 인공 조명 아래에서, 통제된 환경에서 일어나 자연적인 일주기(日週期) 리듬을 속이고 우리의 몸과 DNA가 예상하고 요구하는 활동을 하지 못하게 만든다. 야외 환경과의 주된 상호작용은 창문과 온라인 가상 경험, 이따금씩 하는 산책을 통해서만 이루어진다. 이는 많은 개가 자연에 대한 접근이 제한된 건물 안에서 지낸다는 것을 의미한다(신나는 산책 시간을 제외하면). 개들은 온종일 커튼 쳐진 집 안에 남겨져 햇빛을 쬐지 못할 수 있다. 우리는 반려견이 한 번도 땅을 밟아본 적이 없다고 고백하는 소형견 주인들을 많이 보았다. 그 개들은 초록 잔디밭을 거닐며 시원한 바람을 맞고 땅에 똥을 싸거나 단풍 든 나뭇잎을 킁킁거리는 호사를 누려본 적이 없다. 말도 안 되는 일처럼 생각될 수도 있지만 충분히 있을 법한 일이다. 뒷마당이 없고 콘크리트 인도로 둘러싸인 도시의 고층 건물에 산다면 말이다.

과학적으로 증명된 사실도 있다. 평생을 대부분 실내에서 보내는 도시 개들은 시골 개에 비해 불안감이 높고, 혈액 검사에서 높은 생물학적 스트레스가 나타나며(즉 염증과 산화 스트레스 지표가 더 높다), 운동량이 부족하고 심지어 사회성 장애도 보인다(다른 개나 사람들과 자유롭게 놀아본 적이 없기 때문에). 개들은 점점 더 고립되고 있다. 집이나 작은 방, 상자에 갇혀 있고, 밖에 나갈 때는 항상 목줄을 한다. 이 개들은 뒷마당이나 광활한 시골 땅을 자유롭게 돌아다니지 못하고 좁은 공간에 얽매여 자연을 박탈당한다. 우리가 무시하고 있을 뿐, 이런 녀석들은 특정 노출에 더 취약할 수 있다. 예를 들어 개는 전자기장(EMF)에 훨씬 더 민감하다. 광범위하고 강력한 Wi-Fi가 구축된 고도로 네트워크화된 인간 세상은 좋지 않은 징조다. 음모론처럼 들릴지 모르겠지만, 저자들은 우리의 반려견을 포함한 개들이 5G 공유기 주변에 있는 것을 싫어한다는 사실을 잘 알고 있다. 개들의 선호와 고도로 발달한 감각을 존중해야 한다는 뜻이다. 지구의 자기장을 이용해 길을 찾는 놀라운 능력을 비롯해, 개들의 귀와 코의 뛰어난 감각은 인간의 그것을 훨씬 능가한다. 내가(닥터 베커) 어릴 때 새집으로 이사하느라 정신없는 순간을 틈타 반려견 수티 베커가 열린 차고를 뛰쳐나간 일이 있었다. 수티는 다음 날 아침 10마일(약 16킬로미터) 이상 떨어진 예전 집 현관에서 발견되었다. 10마일은 아무것도 아니다.

버지니아에서 사우스캐롤라이나로 이사한 주인을 찾아 500마일(약 804킬로미터)이 넘는 거리를 이동한 래브라도 버키Bucky의 이야기를 들어본 적 있는가? 녀석은 예전에 살던 곳이 더 좋았는지 뒤늦게 주인을 따라갔다. 개는 장내 주자성(走磁性) 세균과의 관련성이 의심되는 '육감'을 가지고 있다. 이 세균은 지구 자기장의 자력선을 따라 방향을 잡는다. 이 사실은 개들이 무심코 먹고 들이마시는 모든 화학물질은 말할 것도 없고, 내장 문제와 장내 미생물 불균형 문제가 있는 불쌍한 개들에 대해 궁금증을 갖게 만든다. 장내 미생물 불균형(한마디로 '형편없는 생활 양식')이란 신체, 특히 장내 유기체들 사이에 건강하지 못한 불균형이 존재하는 상태라는 뜻이다. 개의 예민한 후각(코를 이용하여 멀리 있는 열을 감지하는 탁월한 능력까지 있다)과 레이더 같은 청력을 고려할 때, 우리는 이 질문을 던져야 한다. 어떤 도시 환경이 개들을 해치고 있는가? 이것이 우리와 개들의 삶의 현실이라면, 어떻게 하면 해로운 요소로 가득한 이 환경을 더 잘 관리할 수 있을까?

'구축 환경built environment'에서의 생활이 우리와 털북숭이 친구들에게 끼치는 영향을 연구한 결과는 계속 나오고 있다('구축 환경'이란 인간이 만든 인공적 공간이다. 고층 빌딩부터 주택, 도로, 공원까지 우리가 살고 일하고 노는 공간이 전부 포함된다). 2014년, 메이요 클리닉Mayo Clinic은 웰니스 기업 델로스Delos와의 협업으로 빌딩들이(그리고 그 안에 있는 것들)이 우리의 건강과 복지에 미치는 영향을 알아보기 위해 웰 리빙 랩Well Living Lab이라는 프로젝트를 시작했다. 과학자들은 이미 엄청난 연관성들을 입증했다. 예를 들어, 상대적으로 세균이 적은 현대에 태어난 아이들은 지난 세기에 태어난 아이들보다 천식, 자가 면역 질환, 음식 알레르기 같은 질병에 걸릴 위험이 더 크다. '위생 가설' 또는 '미생물 군집 가설'은 서구화된 국가에서 그런 현상이 증가하는 이유가 부분적으로는 자연과 미생물에 대한 노출 부족 때문이라고 주장한다. 이 가설은 개의 알레르기(주로 아토피 피부염)에 관한 연구에서 극도로 깨끗한 가정일수록 알레르기 위험이 증가하는 상관관계가 나타나는 이유를 설명해준다.

환경 워킹 그룹(EWG)은 반려동물이 집과 야외 환경의 오염물질에 노출되는 정도를 처음으로 조사한 단체였다. 조사 결과는 놀라웠다. 미국의 반려동물들은 신생아를 포함한 모든 사람보다 합성 산업 화학물질에 더 심각하게 오염되어 있다. 이 결과는 과학자들이 야생동물, 가축, 인간 할 것 없이 광범위한 동물에 걸쳐 점점 더 많은 건강 문제 일으키는 것으로 연관짓는 광범위한 화학 오염에 대해 반려동물들이 비자발적인 첨병 역할을 하고 있다는 사실을 보여준다. 2008년에 환경 워킹 그룹은 버지니아 동물병원에서 수집한 개 20마리와 고양이 37마리의 혈액과 소변 표본으로 플라스틱, 식품 포장재의 화학물질, 중금속, 난연제, 얼룩 방지 화학물질을 조사했다. 그 결과 검사한 70가지 산업용 화학물질 가운데 48가지에 개와 고양이들이 오염되어 있다는 사실이 밝혀졌다. 43가지 화학물질의 경우 사람보다 수치가 훨씬 높았다. 미국질병통제예방센터(CDC)와 환경 워킹 그룹이 전국적인 규모로 실시한 연구 결과를 보자. 얼룩 방지제와 기름때 방지제[퍼플루오로케미컬(PFC)] 수치는 개가 사람보다 2.4배 높았고, 고양이의 난연제(PBDE) 수치는 사람보다 23배, 수은은 5배 이상 높았다. PFC는 우리가 생각하는 것보다 더 널리 퍼져 있다. 이것은 표면 코팅, 종이와 판지 포장 제품의 보호제, 카펫, 가죽 제품 그리고 물이나 기름, 토양으로부터 직물을 보호하는 데 사용된다. 또 불을 끄는 소화제에도 사용된다.

우리가 구매하는 물건에 지속적으로 노출되는 개들이 PFC 같은 화학물질에 오염되는 것은 놀라운 일이 아니다. 환경 워킹 그룹의 연구에서 특히 혈액 및 소변 표본에 발암물질, 생식계에 유독한 화학물질, 신경 독소가 들어 있는 것으로 나타났다. 개는 사람보다 각종 암에 걸릴 위험이 훨씬 크므로[피부암 35배, 유방암 4배, 골암(骨癌) 8배, 백혈병은 2배로 높다], 이와 같은 발암물질 수치는 무척 걱정스러운 일이 아닐 수 없다. 책의 뒷부분에서 프탈레이트(플라스틱의 일반적인 성분)와 잔디용 농약이 반려동물에 미치는 영향을 보여주는 최신 연구도 살펴볼 것이다. 우리가 인지하든 못하든, 이 화학물질들은 주변 어디에나 있고 우리의 건강에 영향을 미친다.

산업화된 국가에 사는 사람들과 반려동물들의 몸에는 음식, 물, 공기는 물론 오염된 먼지와 약 뿌린 잔디 등으로 인해 수백 가지 합성 화학물질이 축적되어 있다. 이 화학물질 대부분은 건강에 정확히 어떤 영향을 미치는지 연구가 이루어지지 않았다. 우리는 식품 포장재, 가구, 강아지 침대, 의류, 가정용품, 화장품, 개인 위생용품 같은 일상 제품에 유해물질이 들어 있을 수 있다는 사실을 깨닫지 못한다. 유해물질에는 살충제, 제초제, 난연제 같은 명백한 용의자들은 물론이고 플라스틱을 부드럽게 하는 데 쓰이는 프탈레이트, 방부제 역할을 하는 파라벤, 전기 및 냉각 장비에 널리 사용되어 환경 속에서 여전히 발견되는 폴리염화바이페닐(PCB), 밥그릇이나 물통 또는 반려견 장난감을 비롯해 각종 플라스틱에 흔히 들어 있는 비스페놀까지 포함된다. 일부 가장 지독한 화학물질들은 호르몬을 모방하거나 차단함으로써 중요한 신체 시스템을 교란하는데, 그래서 내분비 교란 물질 혹은 '환경호르몬(EDC)'이라고 불린다.

물병부터 장난감, 식품용 캔의 안쪽 코팅까지 다양한 제품에 들어가는 플라스틱 성분인 비스페놀 A(BPA)에 어렸을 때부터 노출되면 과잉 행동, 불안, 우울증, 공격성 같은 신경 발달 문제와 천식이 나타난다. 성인의 BPA 노출은 비만, 2형 당뇨, 심장 질환, 생식 능력 감소, 전립선암과 관련이 있다. BPA는 비스페놀 S(BPS)와 비스페놀 F(BPF)로 대체되는 경우가 많지만 이들에 관해서는 활발한 연구가 이루어지지 않았으며 역시나 호르몬 교란 효과가 있을 수 있다. 태아기와 유아기에 프탈레이트에 노출되면 천식, 알레르기, 인지 및 행동 장애가 나타날 수 있다. 인간 남성과 개 수컷의 생식 발달에 영향을 미칠 수도 있다. 프탈레이트는 인간과 개 모두의 생식 능력을 저하시킨다. 실제로 연구자들은 중성화한 개의 생식샘에서 PCB와 기타 환경화학물질을 발견했다. 물론 중성화한 개들은 어차피 번식할 수 없지만, 개들의 장기에서 측정 가능한 양의 환경화학물질이 발견된다는 사실을 결코 가볍게 여기면 안 된다.

아이러니하게도 사람의 건강에 관한 정보를 알려주는 연구들은 대부분 반려동물들을 관찰함으로써 이루어졌다. 반려동물의 존재는 가정 환경에서의 화학물질 노출의 위험성을 조기에 경고하는 것일 수 있다. 적절한 사례가 여기 있다. 스톡홀름 대학교 오케 베르그만Åke Bergman 교수는 아이들의 몸에 축적된 여러 화학물질의 혈중 수치를 알아보기 위해 반려동물을 조사하는 새로운 접근법을 채택했다. 그는 부모의 허락을 받아 유아와 아이들의 혈액 검사를 하는 것이 아니라, 똑같은 환경에서 생활하는 반려묘에게서 표본을 채취했다. 아이들과 마찬가지로 고양이들도 기거나 놀면서 집 안 바닥을 돌아다니고 같은 공기를 마신다. 베르그만 교수의 연구진은 집 안 먼지에서 측정된 유기 오염물질의 수치와 반려묘의 혈중 수치에 밀접한 연관성이 있다는 사실을 발견했다.

2020년, 노스캐롤라이나 대학교와 듀크 대학교의 연구진은 인간과 반려견에 축적된 화학물질의 수치를 보여주는 새로운 기술을 도입했다. 이들은 「반려견은 인간 건강의 파수꾼이다Domestic Dogs Are Sentinels to Support Human Health」라는 논문에서 현실을 드러냈다. 특정 환경에서의 화학물질 노출을 측정하도록 설계된 저렴한 최첨단 실리콘 손목 밴드와 목줄을 이용해 개와 주인의 화학물질 노출 수치가 매우 비슷하게 나타난다는 사실을 발견한 것이다. 예를 들어, 주인의 손목 밴드 87퍼센트와 개의 목줄 97퍼센트에서 PCB가 발견되었다. 미국 정부가 1979년에 PCB의 사용을 금지했다는 사실을 고려하면 놀라운 결과다. 그것이 수십 년 동안 남아 멀리까지 뻗어나가서 조용히 영향을 줄 수 있다는 사실이 증명되었다. 이 연구는 말과 고양이 같은 동물을 대상으로 이루어진 이전의 연구들에 기반을 둔다. 손목 밴드 기술 개발을 도운 오리건 주립 대학의 환경 독성학자 킴 앤더슨Kim Anderson은 2019년, 지난 40년 동안 급증하고 있는 내분비 질환인 고양이 갑상샘 항진증과 난연제의 연관성을 발견했다. 고양이가 난연제가 들어가는 소파나 의자 같은 덮개를 씌운 가구에 앉아 있는 것을 좋아하기 때문인지도 모른다. 앞에서 살펴보았듯 EWG의 연구에 따르면 수십 가지 환경화학물질의 혈중 수치가 사람보다 반려동물에게서 높게 나타난다. 강아지 침대의 화학물질 수치를 살펴보는 연구도 나오기를 희망한다.

그러나 우리 주변을 둘러싼 해로운 화학물질의 영향력을 막는 것은 생각보다 쉽다. 지금 당장 유기농 인증 가구와 소파를 사지 않아도 된다. 집에 있는 면 이불이나 가벼운 천연 섬유 담요를 강아지 침대에 깔아주고 화학물질이 들어 있지 않은 밥그릇을 마련해주는 것처럼 상식적인 전략을 실행하는 것으로 충분하다.

웰 리빙 랩이 현재 특별히 개를 연구하는 것은 아니지만, 개들이 우리와 똑같은 환경에서 생활하는 것을 고려하면 비슷한 결론을 적용할 수 있을 것이다. 소음이나 늦은 밤 스크린에서 나오는 빛도 오염일 수 있다. 건강 생물학의 관점에서는 이 모두가 공격이다. 이것은 미생물 군집의 구성과 활동에도 영향을 미친다. 결국, 환경 요인은 신진대사, 면역 기능, 궁극적으로 건강과 행복에까지 우리의 모든 것에 영향을 미친다. 개들도 마찬가지이다. 비록 모든 개체의 미생물 군집은 고유하지만 함께 생활하는 생물체(사람과 반려동물)는 일종의 패턴을 보인다. 실제로, 우리는 우리의 개들과 미생물 군집상의 특징들을 공유할 수 있고 그 반대도 마찬가지다. 별로 반가운 현실은 아닐지 모르지만, 이것이 사람과 개가 다함께 더 건강해지는 방법일 수 있다.

인간과 개의 관계는 이렇듯 놀라운 양방향성이 특징이다. 그리고 노화는 인간과 개 콤비가 공유하는 일방통행의 길이다. 우선 이것부터 살펴보자.

건강 지킴이를 위한 교훈

- 개와 인간은 수 세기 동안 함께 살아왔다. 개의 가축화가 정확히 언제 이루어졌는지는 여전히 논쟁의 여지가 있다. 모든 개는 회색늑대에서 진화했으며 인간과 특별한 유대 관계를 맺어왔다. 우리는 서로 의지하게 되었고 건강에 관해서도 공통점이 많다.
- 사람들은 특정 형질을 얻기 위해 지난 세기 동안 공격적으로 개를 교배시켰고, 결과적으로 개들의 유전자를 취약하게 만들었다. 그러나 개의 건강은 유전자만으로 결정되지 않는다. 인간의 건강과 마찬가지로 식단, 운동, 노출 환경 같은 요인이 큰 영향을 끼친다.
- 시판 반려견 사료를 이루는 주요 성분이긴 하지만, 개는 당류와 녹말을 필요로 하지 않는다. 물론 가공되고 정제된 탄수화물과 섬유질 풍부한 저혈당 탄수화물은 엄연히 다르다.

- 개들은 유독할 수 있는 실내에 갇혀 점점 더 고립되고 있다. 야외에서 마음껏 뛰어놀며 건강에 좋은 신선한 공기와 미생물 풍부한 흙, 자연을 만날 기회를 빼앗기고 있다.

3장 노화의 과학

— 개에 대한 놀라운 진실과 질병 위험 요인

개에게 뼈를 주는 것은 자선이 아니다.
자선은 당신이 개처럼 배가 고플 때 개에게 뼈를 나눠주는 것이다.
— 잭 런던

"우리 개가 정확히 몇 살이죠?"

저자들이 자주 받는 질문이다. 이렇게 묻는 사람들이 정말로 알고 싶은 것은 이것이다. 유전적 취약성과 지금까지의 전반적인 건강 상태를 고려한다면 사랑하는 나의 반려견이 얼마나 오래 살 수 있을까요? 우리 개가 실제보다 젊은가요, 아니면 늙었나요? 사람도 마찬가지이다. 어떤 사람들은 실제 나이보다 훨씬 젊거나 늙어 보인다(행동도 그렇다). 나이를 거스르는 것처럼 보이는 사람이 있는가 하면 안팎으로 가속화된 노화 징후를 보이는 사람도 있다.

다음 사진은 열여섯 살의 어지Augie가 매일의 습관대로 수영장에 뛰어드는 모습이다. 어지의 아빠 스티브에 따르면 어지는 그 나이에

도 다른 개들이 전부 지친 후에도 수영장에 던진 공을 계속 물어오려고 했다. 골든레트리버의 평균 수명은 열 살쯤이고 그 전부터 신체 퇴화, 근육 위축, 근감소증(근육의 힘과 기능 저하)이 시작된다. 어지는 골든레트리버의 일반적인 인생 경로를 따르지 않은 것이 분명하다. 녀석은 스무 살하고도 11개월을 살고 2021년 봄에 세상을 떠났다. 현재 어지는 역대 19번째 최고령견이고 최고령 골든레트리버이다.

노화라는 개념 자체는 매우 특별하고 수 세기 동안 중대한 논쟁 주제였다. 인문학과 과학적 토론에서 중요한 소재인 것은 말할 것도 없다. 나이는 숫자이고 과정, 정신 상태, 생물학, 건강 상태, 현실, 필연성, 책임, 특권이다. 너무나 많은 것을 의미하지만 만지거나 느낄 수 없다. 노화에 대한 수많은 이론이 존재한다. 늙는다는 것이 어떤 의미이고 어떤 원리인지, 어디에서 시작하고 결국 어떻게 끝나는지에 대해….

노화의 주제를 다룰 때 어떤 사람들은 염색체의 힘과 길이(특히 생명을 지탱해주는 신발 끈 끝부분 같은 염색체의 말단부 텔로미어) 또는 세포 재생 과정의 무결성에 관해 이야기하고, 또 어떤 사람들은 DNA 안정성이나 돌연변이를 추적해서 암을 예방하는 수선 메커니즘에 집중한다. 단백질(구조와 호르몬, 전체적인 신호를 통해 직간접적으로 체내 거의 모든 것을 통제하는 복잡한 분자)의 안정성도 노화 연구 분야에서 주목받는다. 단백질 항상성은 신체가 단백질 및 관련 세포 경로에 대한 '품질 관리'를 하는 것과 마찬가지인데, 이것이 사라지면 문제가 생긴다. 단백질 항상성을 뜻하는 proteostasis 는 'protein'(세포가 기계 또는 비계로 사용하는 분자)과 'stasis'(같은 상태를 유지한다는 뜻)가 합쳐진 말이다.

개든 사람이든 항상성 즉, 평형과 안정성, 동일성을 좋아한다. 그래야 몸이 매일 통제 상태를 유지할 수 있으니까. 하버드 의과대학의 데이비드 싱클레어 교수는 특정 단백질군 '시르투인'에 대한 연구로 흥미로운 사실을 밝혀냈다. 시르투인은 세포 건강의 통제를 돕고 세포 균형 유지(항상성)에 중요한 역할을 하며 스트레스를 처리할 수 있다. 시르투인은 건강한 식단과 운동이 심장 대사에 이로운 이유이기도 하며, 활성화되면 노화의 주요 측면이 지연될 수 있다. 그러나 시르투인의 활성화는 비타민 B의 한 형태인 니코틴아마이드 아데닌 다이뉴클레오티드(NAD+) 같은 다른 중요한 생체 분자의 가용성에 달려 있다. 몸이 시르투인의 효과를 완전히 누릴 준비가 되어 있어야 하는 것이 관건이다. 그렇지 않으면 문제가 발생하고 장수의 방정식도 삭감될 수 있다.

노화에 관련해 거론되는 것들이 또 있다. 염증(염증 노화), 면역 및 미토콘드리아 장애, 줄기세포 고갈, 활성 산소와 산화(생물학적으로 녹이 스는 것), 세포 간의 잘못된 커뮤니케이션, 중추 신경계의 기능 저하 등이 그렇다. 미토콘드리아는 에너지를 생산하는 세포 내부의 소기관이다. 줄기세포는 어떤 세포로든 성장할 수 있는 아기 세포와 같아서 세포와 조직 재생에 필수적이다. 활성 산소(반응 산소종이라고도 한다)는 전자를 잃은 불량 분자들이다. 활성 산소를 제거해준다는 건강 및 웰니스 업체의 광고를 많이 보았을 것이다. 활성 산소는 체내에 문제를 일으키는 선동꾼이다. 일반적으로, 전자는 쌍으로 발견되지만 스트레스, 오염, 화학물질, 음식의 독성 유발 요인, 자외선, 혹은 평범한 신체 활동이 분자로부터 전자를 '풀어줄' 수 있다. 그러면 이 분자가 잘못된 행동을 하고 다른 분자의 전자를 훔치기 시작한다. 이러한 장애 자체가 산화 과정이다. 활성 산소를 증가시키고 염증을 일으키는 일련의 사건이다. 산화된 조직과 세포가 정상적으로 기능하지 않으므로 이 과정은 우리를 다수의 질환에 취약하게 만든다. 이것이 높은 산화(산화 스트레스) 수치를 보이는 사람이 각종 질병으로 고생하는 이유를 설명해준다.

이런 추상적인 개념까지 자세히 알 필요는 없다. 그저 우리가 왜, 어떻게 늙는지를 일반적으로 이해하고 일상생활에서 건강과 활력을 최적화하는 현명한 결정을 내리면 된다. 그리고 사람의 노화는 개의 노화와 똑같다.

어떤 종류의 생명체건 삶은 파괴와 건설의 지속적인 순환 과정이다. 분자가 분리되고 재배열되어 새로운 화합물을 이루는 가장 단순한 화학 작용에서부터, 생명 과정이란 세포의 형성과 성장, 유지, 복제를 포함한다. 이 과정이 효모에서 개, 인간에 이르기까지 단세포와 다세포 생물들을 모두 통제한다. 파괴나 건설 중 어느 한쪽 기능이 너무 많은 방해를 받으면 생명 과정이 제대로 작동하지 않는다. 바로

산화 스트레스가 일으키는 노화와 질병

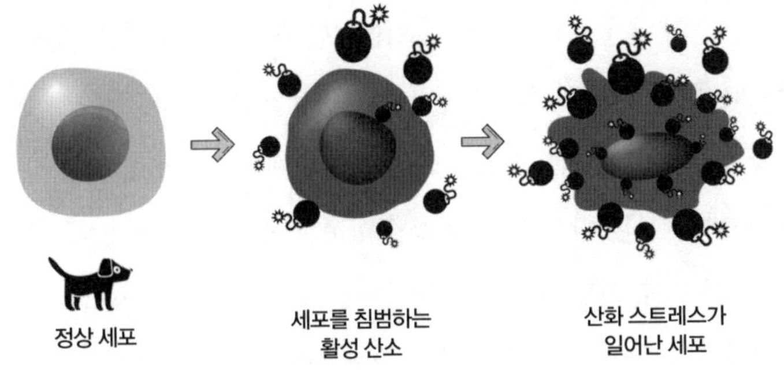

잡지 않으면 결국 생명이 꺼질 것이다.

모두가 아는 사실이겠지만 나이는 질병의 가장 강력한 위험 요인이다(건강 수명의 가장 강력한 예측 변수). 나이가 들수록 질병과 퇴행성 질환의 위험이 커진다. 사람보다 6~7배 정도 빨리 나이를 먹는 개들도 마찬가지이다(통상 개의 나이에 7을 곱하면 '사람 나이'라고 하지만 이것이 잘못된 계산법이라는 사실을 나중에 살펴볼 것이다). 개들은 사람보다 훨씬 빨리 죽으므로 노화가 얼마나 빨리 일어나는지 간과하기 쉽다.

비록 개의 평균 수명이 인간보다 6배에서 12배 정도 짧지만 개의 인구통계학(예: 환경 조건)은 인간과 마찬가지로 나이 들면서 크게 변할 수 있다. **개는 인간과 비슷한 발달 단계를 거친다.** 유아기(생후 6~18개월까지), 청소년기(생후 6~18개월), 성인기(생후 1~3년 사이에 시작), 갱년기(생후 6년~10년 사이에 시작), 노년기(생후 7~11년). 게다가, 개의 영양 필요량도 나이 들면서 변하고 활동량에 좌우된다. 인간의 영양 필요량이 시간에 따라 바뀌는 것과 똑같다. 장황하게 설명할 필요도 없지만, 개의 비만율 증가(2007년 이후 약 20퍼센트 상승했다)가 인간의 높아진 비만율을 반영한다는 사실은 놀랍지 않다. 인지 장애가 나타난 개의 모습을 떠올리기가 쉽지 않겠지만 생각보다 흔하다. 열한 살~열두 살 된 개의 약 3분의 1, 열다섯 살~열여섯 살 된 개의 70퍼센트가 인지 장애를 보인다. 공간 방향 감각 상실, 사회적 행동 장애(예: 가족을 알아보지 못하는 문제), 반복 행동(상동증), 무관심, 과민성, 수면 장애, 요실금, 과제 수행 능력의 저하 등 인간의 노인성 치매에 해당하는 증상들이 나타난다. 이 증상들이 나이 들면서 정신적 능력이 점진적으로 떨어진 개들의 전형적인 모습이다. 보통 개 인지 장애 증후군 또는 개 치매라고 부르는 현상이다.

이처럼 **개는 나이 들면서 사람과 비슷한 변화가 나타나므로 인간의 건강 수명을 시험할 수 있는 좋은 모델이 된다**. 이 사실도 알아야 한다. 설치류보다 개가 더 많은 조상 유래 유전체 서열을 인간과 공유한다. 이러한 관점에서 우리는 개의 조기 사망 원인이 종종 인간과 매우 비슷하다는 사실을 알게 된다. 유전적, 환경적 압력이 합쳐진 것이다. 우리가 인터뷰한 많은 과학자가 개 모델을 이용해 인간의 노화를 연구하고 있는 것은 이 때문이다. 개는 인간 건강의 감시자이자 예측자, 옹호자이다. 우리는 유전과 환경의 압박을 계속 탐구함으로써 어떻게 그것들이 합쳐져서 개의 삶을 정의하는지 알아볼 것이다. 물론 길고 건강한 삶의 기회들도 함께 확인할 것이다.

사람의 집에서 함께 살아가는 다양한 품종의 개들은 평균 수명이 천차만별이다. 다섯 살 반에서 열네 살 반까지 매우 다양하다. 개의 노화 속도는 유전적 구성과 관련이 있고 환경과 트라우마를 포함한 과거 경험에도 영향을 받는다. 나이와 관련된 노쇠화가 일어나는 시점은 품종, 크기, 무게에 따라(크고 몸무게가 많이 나가는 품종일수록 노화가 더 빨리 시작된다), 유전병의 발병률에 따라 다르다. '노쇠화'라는 단어는 세포의 노쇠화나 유기체 전체의 노쇠화를 가리킨다(노쇠화를 뜻하는 'senescence'라는 단어 자체가 '늙은'이라는 뜻의 라틴어 senex로 거슬러 올라가며 'senile', 'senior' 같은 단어도 여기에서 나왔다). 최근 몇 년 동안 의학 논문에는 이른바 좀비 세포, 즉 노쇠한 세포에 관한 연구가 급증했다. 이 세포들은 처음에는 정상이지만 어느 순간 DNA 손상이나 바이러스 감염 같은 스트레스 요인을 마주친다. 그 시점에 세포는 죽을지 아니면 '좀비'가 될지 선택할 수 있다. 좀비가 된다는 것은 말하자면 몸에 전혀 도움되지 않는 가사 상태에 빠져서 암울한 부랑자처럼 어슬렁거리며 문제를 일으킨다는 뜻이다.

문제는 좀비 세포가 근처의 정상 세포에 해로운 화학물질을 방출한다는 것이다. 쥐를 대상으로 한 연구에서는 약물로 좀비 세포를 제거하자 백내장, 당뇨, 골다공증, 알츠하이머, 심장 비대, 신장 질환, 동맥 경화, 노화에 따른 근육 손실(근감소증) 등 수많은 질병이 개선되는 효과가 나타났다. 8장에서 다루겠지만 특정 영양소를 공급하면 좀비 세포를 겨냥할 수 있다. 늙은 쥐를 건강하고 젊게 만드는 데이비드 싱클레어 교수의 연구가 생명공학 선구자들을 사로잡은 이유가 바로 이러한 가능성 때문이다.

동물 연구는 또한 좀비 세포와 노화의 좀 더 직접적인 연관성을 보여주었다. 늙은 쥐에게 좀비 세포를 제거하는 약을 투여하자 보행 속도와 악력, 러닝머신에서의 지구력이 향상되었다. 모두 젊음의 징후이다. 심지어 사람으로 치면 75~90세 정도 되는 늙은 쥐에게 약을 투여하자 수명이 평균 36퍼센트나 늘어났다! 좀비 세포를 젊은

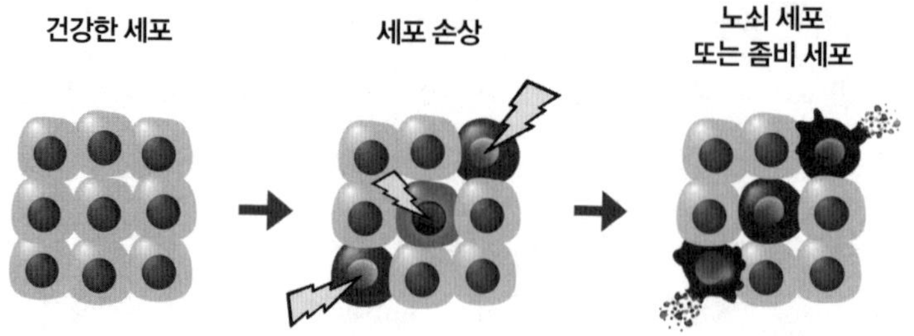

건강한 세포는 병에 걸리거나 손상되면 분열을 멈추고 노쇠한 '좀비 세포'가 되어 염증 유발 분자들을 뱉어낸다. 좀비 세포들이 축적되면 근처의 세포들도 좀비로 변할수 있고 전반적인 노화 과정이 가속된다.

쥐에게 이식하면 늙은 쥐처럼 변한다는 사실도 발견했다. 보행 속도가 느려지고 근력과 지구력이 감소했다. 모두 나이와 관련된 퇴행 징후다. 실험 결과, 이식된 세포들이 다른 세포들을 좀비 상태로 바꾼다는 사실이 드러났다.

간단히 말해서, 세포 노쇠화는 늙은 세포가 죽지 않는 현상을 가리킨다. 좀비가 그렇듯, 움직일 수는 있지만 이성적으로 사고할 수 없고 주변 환경에 적절하게 반응하지 않는다. 모든 세포는 어느 시점이 되면 분열을 멈추고 죽어야만 한다. 그래야 체내 시스템을 혼란에 빠뜨리지 않고 건강한 새로운 세포들이 자리를 잡을 수 있다. 만약 세포가 분열을 멈추었는데 죽지 않는다면 조직, 장기, 체내 시스템에 문제가 생기도록 판을 깔아주는 격이다. 그러면 생물학적 견제와 균형 시스템이 궤도를 벗어남으로써 무수히 많은 기능 장애와 질병 위험 요소가 생긴다. 예를 들어, 길 잃은 줄기세포와 세포 노쇠화의 결합은 신경계의 기능을 떨어뜨린다. 면역 체계는 세포들의 잘못된 의사소통에 상당히 큰 영향을 받을 수 있고, 이것은 체내 염증

노화의 징표

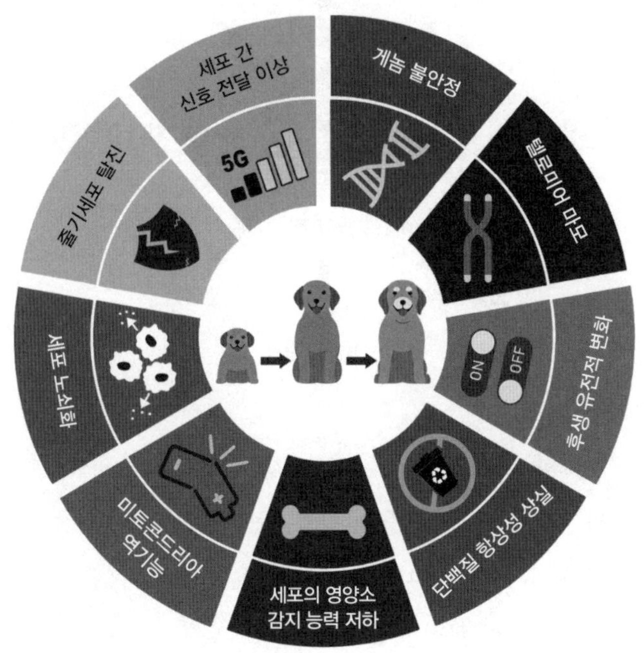

을 증가시켜 '염증 노화'를 일으킨다. 염증 수치는 노쇠화 세포의 숫자가 증가함에 따라 높아질 수 있다.

연구자들은 '피세틴'이라는 천연 식물 화합물(폴리페놀)이 손상된 좀비 세포 수치를 줄여준다는 사실을 발견했다. 늙은 쥐에게 피세틴을 주입하자 건강과 건강 수명이 눈에 띄게 향상되었다. 피세틴은 딸기, 사과, 감, 오이 등 여러 과일과 채소에 들어 있다. 피세틴은 농산물에 밝은 색깔을 더해주기도 한다. 3부에서 다시 다루겠지만, 반려견의 식단에 피세틴이 풍부한 신선한 음식과 간식, 토퍼*를 제공

---

* topper. 사료 위에 추가로 뿌려 먹는 유형의 식품 — 옮긴이주.

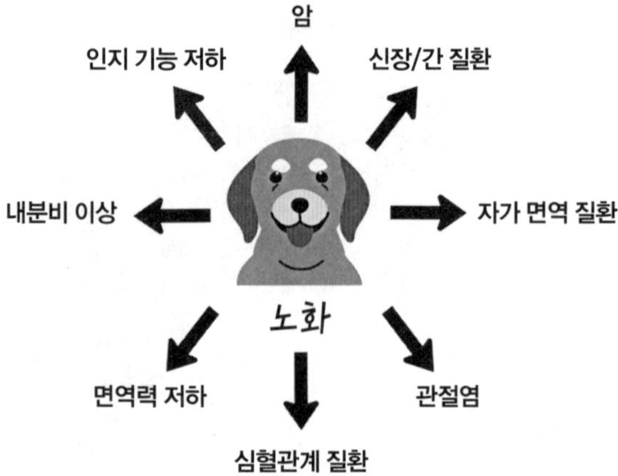

함으로써 노화 방지 효과를 더할 수 있다. 간식으로 피세틴이 풍부한 딸기와 사과를 조금씩 주자. 반려견은 맛있는 간식도 즐기고 강력한 장수 물질과 함께 장내 미생물에 좋은 섬유질도 얻을 수 있다.

그림을 통해 노화 과정이 매우 복잡하고 노화에 영향을 주는 요소들이 서로 밀접하게 엮여 있다는 사실을 알 수 있다. 경로는 하나가 아니다. 다양한 인풋이 노화 과정과 속도에 영향을 준다.

반려견의 노화 징후를 알아채기 위해 과학자가 될 필요는 없다. 일반적으로 견주들은 반려견 인생의 후기 절반을 노화 징후를 진단하고 치료하는 데 보낸다. 노화는 태어나는 순간부터 시작된다고 볼 수 있지만 정점이 있다. 인간은 25세쯤에(개는 세 살쯤) 노화 과정이 두드러진다. 이때쯤 되면 분명한 생물학적 사건들이 일어나고 신체가 피할 수 없는 인생의 내리막길에 놓이게 되며(처음에는 눈에 잘 띄지 않는다), 노화의 특징들이 뚜렷해지기 시작한다. 인간의 경우 세포 처리 과정과 성장 호르몬이 변화하고 신진대사가 떨어지기 시작한다. 뇌가 구조적으로 성숙하고 근육과 뼈의 질량이 정점에 달하는 것도 이때다. 40대까지, 운이 좋으면 50대까지 신체적 변화를 느끼거나 알아차리지 못할 수 있지만 변화는 20대부터 시작된다. 개들도 자연스럽게 신체 기능의 퇴화를 겪지만 그것이 얼마나 빨리 일어나는지는 많은 변수에 달려 있다. 게다가 개의 노화 과정은 약간 기만적인 특징이 있다. 몸 안에서 무슨 일이 일어나든 겉으로는 힘이 넘치고 매우 건강해 보이는 경우가 많기 때문이다.

연구에 따르면 키나 품종보다는 체중이 수명의 효과적인 예측 지표이다. 큰 개일수록 작은 개보다 빠르게 나이를 먹는다. 이것은 다른 포유류들의 경우와 반대이다. 큰 동물일수록 오래 사는 경향이 있는데 포식자를 마주칠 위험이 덜하기 때문이다(예를 들어, 고래와 코끼리는 아무도 공격하지 않으므로 시간을 들여서 천천히 성장할 수 있다. 그래서 오래 살도록 진화했고 심지어 암을 피할 수도 있다. 나중에 자세히 살펴보자).

하지만 개의 경우 크다고 무조건 좋은 것은 아니다. 150파운드(약 68킬로그램)까지 나가는 아이리시울프하운드처럼 큰 개들은 일곱 살까지 살면 운이 좋지만, 9파운드(약 4킬로그램)밖에 안 되는 작은 파피용은 열 살 넘게 산다.

대부분의 견종은 역사가 200년도 되지 않으므로 진화의 압력은 작용하지 않는 게 분명하다. 대신 인슐린 유사 성장 인자-1(IGF-1)가 개를 크게 키우는 데 영향을 미칠 수 있다. 그래서 IGF-1을 전담하는 유전자가 개의 크기를 결정하는 가장 중요한 결정 인자이다. 연구자들은 이 단백질이 다양한 견종의 짧은 수명과 관련 있다는 사실을 발견했지만 그 원리는 아직 불분명하다.

텍사스 개 행동 센터Canine Behavior Studies의 유전학자이며 프레리

뷰 A&M 대학교 교수이자 애견인인 킴벌리 그리어Kimberly Greer 박사는 이미 10년도 더 전에 IGF-1 혈청을 개의 신체 크기 및 나이와 최초로 연관 지은 과학자 중 한 명이었다. 우리와 나눈 대화에서 그녀는 개는 '크기가 중요하다'고 강조했다. 큰 개일수록 일찍 죽는 경향이 있으므로 장수 경쟁에서 이기려면 IGF-1이 통제되어야 한다.

흥미롭게도 IGF-1 경로에 돌연변이가 일어나면 수명이 길어진다(돌연변이가 이로운 드문 경우이다). 간단히 말해서 IGF-1 수치가 낮으면 수명이 길다. 과학자들은 오래전부터 쥐, 파리, 벌레 그리고 심지어 인간에게서도 이 현상을 발견했다. 하지만 이것은 포유류에게 단점으로 작용하기도 한다. 이 돌연변이가 성장 호르몬에 영향을 끼쳐서 종종 왜소증을 일으키기 때문이다. 가장 주목할 만한 점은, IGF-1 돌연변이를 가진 전 세계 특정 지역의 사람들이 신장은 매우 작지만(152센티미터 이하) 암과 당뇨에 걸리지 않는다는 사실이다. 이 왜소증은 1966년에 이스라엘의 소아 내분비학자 즈비 라론Zvi Laron에 의해 처음 보고되어 라론 증후군으로 불린다. 이 특이한 질환을 앓고 있는 사람은 세계적으로 약 300~500명이고 앞으로 계속 연구가 이루어질 것이다.

치와와, 페키니즈, 포메라니안, 토이 푸들 같은 소형견이 다른 견종보다 암으로 죽을 위험이 낮은 것도 이 때문일지 모른다. IGF-1 유전자의 단일 돌연변이로 인해 크기가 왜소해진 품종들은(예: 미니어처 또는 초소형 개나 고양이, 돼지) 보통 크기의 조상들보다 훨씬 오래 산다. 돌연변이가 유익한 효과를 내는 한 예이다.

체중은 암 같은 질병이 걸리는 시점에도 영향을 준다. 인간이나 개 모두 마찬가지이다. 큰 개일수록 더 빨리 성장하는 경향이 있는

데 그래서 개 노화 프로젝트Dog Aging Project 과학자들이 이름 붙인 것처럼 합병증과 질병에 취약한 '날림으로 만든 몸'을 초래할 수 있다. 사춘기 전에 중성화 수술을 하면 건강과 수명에 영향을 미치는 호르몬 변수가 하나 더 늘어난다.

여기서 잠깐, 불임 수술 문제를 한 번 살펴보자. 당신이 호르몬을 분비하는 모든 기관(난소 또는 고환)을 사춘기 이전에 제거한다면 당연히 장기적으로 건강과 질병에 미치는 영향을 걱정할 것이다. 예를 들어 건강상의 이유로 자궁을 제거하더라도 (가능하면) 난소는 그대로 두는 경우가 많다. 난소에서 만들어지는 중요한 호르몬들이 주는 이점이 계속 이어지도록 말이다. 개도 같은 논리가 적용된다. 일반적으로 개의 불임 수술(난소 적출과 중성화)은 현재 연구자들이 개의 전반적인 건강에 꽤 중요하다고 믿는 장기들을 제거한다. 여러 연구들이 강아지가 일찍 난소를 떼거나 중성화 수술을 받을수록 나중에 건강 문제가 발생할 가능성이 커진다는 사실을 보여준다. 비정상적인 뼈 성장과 골암에서부터 백신 부작용 증가, 불안과 공격성 같은 행동 문제가 나타날 수 있다. 나는(닥터 베커) 반려동물에게 아직 중성화 수술을 시키지 않은 사람들에게 자궁 절제술이나 정관 절제술을 고려해볼 것을 권한다. 생리학적 부작용 없이 같은 효과(불임)를 낼 수 있다.*

건강의 방정식에는 호르몬뿐만 아니라 신체 사이즈도 중요한 듯하다. 큰 개는 작은 개보다 건강상 문제가 발생할 가능성이 더 크다.

---

* 주류 수의학에서는 성 성숙 이전의 중성화 수술을 건강상의 이점으로 권장하는 연구들이 더 많다 — 감수 주.

예를 들어, 저먼 셰퍼드는 고관절 이형성증에 걸리기 쉽고 시베리아 허스키들은 자가 면역 질환에 시달린다. 그러나 나중에 다시 살펴보겠지만 이 문제들 중 일부는 근친 교배와 후생 유전학에 영향을 주는 다른 요인들이 초래한 결과일 수 있다.

개 노화 프로젝트는 유전자, 생활 방식, 환경이 노화에 어떤 영향을 주는지 이해하기 위한 수많은 연구 프로젝트 중 하나이다. 이 프로젝트는 빅 데이터를 수집·분석해 개의 노화를 이해하는 데 초점을 맞추며, 워싱턴 대학교와 텍사스 A&M 대학교를 중심으로 전 세계 최고의 연구 기관 소속 과학자들로 구성된 컨소시엄이 주도한다. 우리는 운 좋게도 관계자들을 직접 만나 자세한 이야기를 들어볼 수 있었다. 이 장기 생물학 프로젝트는 수집한 정보를 바탕으로 반려동물은 물론 사람의 건강 수명을 늘리는 것을 목표로 한다.

프로젝트 내의 한 작은 그룹은 개의 수명을 늘리는 방법 중 하나로 약물 사용에 대해서도 연구하고 있다. 일반 대중이 자신의 반려견을 연구에 등록해서 참여시킬 수 있는 이 프로젝트는 사상 최대 규모의 개 노화 연구이며 미국 국립보건원의 후원을 받는다. 매사추세츠 주에 있는 MIT와 하버드의 브로드 연구소에서 척추동물 유전체학 그룹을 이끌고 있는 엘리너 칼슨Elinor Karlsson 박사도 이 연구에 참여하고 있다. 그녀가 이끄는 다윈의 개Darwin's Dogs 프로젝트 역시 일반인들이 반려견 정보를 제공함으로써 과학자들이 개의 DNA와 행동 사이의 연관성을 알아내도록 도와준다. 보스턴에 있는 사무실을 방문했을 때 그녀는 그녀의 팀이 암부터 정신질환, 신경퇴행성 질환에 이르기까지 개들의 유전자에 들어 있는 질병과 장애의 원인을 밝히기를 희망한다고 설명했다. 이 단서들은 사람의 질병을 치료하는 돌파구로 이어질 수 있다(이 연구에 동참하고 싶으면 반려견의 침 표본을 제공하고 기본적인 질문에 답하기만 하면 된다).

메릴랜드에 있는 국립인간게놈연구소National Human Genome Research Institute에서는 일레인 오스트랜더Elaine Ostrander 박사와 전 세계 과학자들이 협업으로 진행 중인 개 게놈 프로젝트가 개의 유전자와 건강의 상관성을 알아보는 데이터베이스를 구축하고 있다. 지금까지 연구진은 망막 색소성 망막염, 뇌전증, 신장암, 육종, 편평세포암을 유발하는 유전자를 찾는데 기여했고, 원 헬스 의학의 개념은 물론 수의학 및 의학 논문 모두에 큰 공헌을 했다. 어떻게 그렇게 했을까? 개의 질병 유전자는 사람에게 질병을 일으키는 유전자와 같거나 연관이 있을 때가 많은 덕분이다. 과학자들의 협업으로 이루어진 개 연구를 통해 두개골 모양과 신체 사이즈, 다리 길이, 털 길이, 색깔, 곱슬모의 변화에 관여하는 유전자가 이미 확인되었다. 이 과정에서 과학자들은 포유류의 발달에 필요한 게놈 정보를 수집했다. 이는 앞으로 계속 발전이 이루어질 혁명적인 과학 분야이다.

이 프로젝트들을 진행하는 연구자들은 자료를 공유하고 파트너십을 맺는다. 한마디로 다 같이 힘을 합치는 것이다. 현재 유전자 염기서열 분석이 빠르고 효율적이고 상대적으로 저렴해짐으로써 과학적 발견의 속도가 빨라졌다. 예를 들어, 연구자들은 인간과 개 모두에게서 발생하는 360개 이상의 유전 질환을 확인했다. 그중 약 46퍼센트는 하나 또는 소수 견종에서만 발생한다. 사람과 개의 상관관계를 더 잘 뒷받침해주는 사례는 과학자들이 개에게서 기면증을 일으키는 유전자 돌연변이를 발견한 것이다. 이 발견으로 사람의 같은 유전자 돌연변이에 대한 연구가 이루어질 수 있었다. 개 유전학이 인간에게도 이롭다는 한 증거다.

놀랍지 않은 사실이지만 개의 가장 큰 사망 위험은 나이와 품종이다. 나이와 유전자 카드는 마치 쌍둥이처럼 수명을 규정하는 똑같은 힘을 발휘한다. 하지만 사람들이 모르는 게 있다. 미묘하지만 영향력 있는 다양한 힘의 협동이 조기 사망 확률에 미치는 영향이 그것이다. 생체 리듬, 신진대사와 미생물 군집의 상태, 면역계의 상태, 게놈에 작용하는 환경의 영향이 이 힘들에 포함된다.

RAGE: 노화를 부추기는 끈적한 물질

당신의 반려견이 먹는 사료의 재료들이 몇 번이나 가열되었을까? 한 번? 두 번? 셀 수 없을 정도로 많이? 이 중요한 질문의 답은 사료의 건강함을 평가하는 한 방법이다. 3부에서 자세히 살펴보도록 하고 여기에서는 이 질문이 왜 중요한지에 집중해보자.

조금 전에 살펴본 인슐린 유사 성장 인자-1(IGF-1)은 중요한 단백질이다. 이 단백질의 활동은 두 가지 핵심 호르몬인 성장 호르몬 그리고 인슐린과 친밀한 관계를 맺고 있다. 알다시피 인슐린은 개든 사람이든 신체에서 분비되는 가장 영향력 있는 호르몬 가운데 하나이다. 신진대사에 중요하게 관여하면서 음식물로부터 얻는 에너지가 세포로 이동해 사용되도록 도와준다. 세포는 혈류를 통과하는 포도당을 자동으로 가로채지 못하므로 췌장에서 생산되는 인슐린이 운반체로서 도와주어야 한다.

인슐린은 포도당을 혈류에서 근육, 지방, 간세포로 전달하여 연료로 사용될 수 있도록 해준다. 건강한 세포에는 인슐린 수용체가 풍부하므로 인슐린에 반응하는 데 문제가 없다. 하지만 포도당이 끊임없이 공급되어(일반적으로 정제 설탕과 가공 식품에 든 단순 탄수화물을 너무 많이 섭취한 결과로) 인슐린 수치가 높게 유지되면 세포는 인슐린 수용체의 숫자를 줄이는 방식으로 적응하게 된다. 이렇게 되면 세포가 인슐린에 둔감해지거나 '저항'하게 되어 결국 인슐린 저항성이 생기고 2형 당뇨 또는 생활 습관성 당뇨가 된다(우리는 선천적으로 췌장 결함을 갖고 태어나지 않았다).

당뇨가 있는 개들도 대부분 문제 없는 췌장을 갖고 태어난다(췌장에 문제가 있다면 강아지 때 곧바로 당뇨 진단을 받을 것이다). 해로운 습관이 계속되면 췌장은 적정치의 인슐린을 만드는 것을 중단한다. 그리고 인슐린을 만드는 세포가 일단 번아웃에 빠지면 끝장이다. 결과적으로 에너지를 만드는 세포 내부가 아니라 세포 밖의 혈당 수치가 너무 높아진다. 혈류에 남아 있는 당(글루코스)이 너무 많으면 최종당화산물(advanced glycation end product, 줄여서 AGE) 생성을 포함해 큰 피해가 일어난다. 이 과정에서 '끈적끈적한' 포도당 분자가 단백질(내부 혈관을 구성하는 단백질 등)에 들러붙음으로써 기능 장애를 유발한다. AGE의 주요 수용체로 알려진 최종당화산물 수용체는 줄여서 RAGE인데 '분노'라는 뜻이므로 어쩐지 적절한 이름이다!

당화 반응(AGE 과정)은 열, 포도당, 단백질이 함께 발견된다면 언제든지 발생한다. 이 화학 반응은 몸 안팎에서 모두 일어난다. 체내에서 발생하면 개와 사람 모두에게 조기 노화와 염증을 촉발한다. 이것에 대해서는 나중에 더 자세히 살펴보기로 하자. AGE는 체내에서 만들어지는 것뿐만 아니라 열을 사용하여 가공한 식품에서도 발견된다. 앞으로 반려견의 사료를 고를 때 고려해야 할 부분이기도 하다. **식품의 가공 과정에서 일어나는 당화 반응을 마이야르 반응이라고 하고 그 반응으로 생겨난 것을 마이야르반응생성물(Maillard reaction product, MRP)이라고 한다.** MRP가 든 음식을 먹으면 독성 물질을 처리할 부담을 가중시키는 것이다. 그것이 음식으로도 섭취되고 체내에서도 만들어지기 때문이다. 설상가상으로 식이성 지방을 단백질과 함께 가열하면 지질 과산화가 일어나 '최종지질산화생성물(advanced lipoxidation end product, ALE)이라고 불리는 독성 물질이 생산되고 두 번째 유형의 MRP가 만들어진다. 이것은 같은 수용체와 결합하여 더 많은 RAGE를 유발한다.

사람들은 지방을 두려워하게 되었다. 지방은 나쁘니까. 하지만 탄수화물과 마찬가지로 지방도 좋은 지방과 나쁜 지방이 있다. 부패하고 산화되고 가열된 지방은 세포 독소와 세포를 파괴하는 화합물을 만들어 건강을 크게 해친다. 그런 화합물은 췌장염부터 간 기능 장애, 면역 기능 조절 장애까지 우리 몸의 무수히 많은 기능을 떨어뜨린다. 개들은 생존을 위해 깨끗하고 순수한 지방과 지방산 공급원이 필요하며, 병을 피하고 건강을 유지하려면 적당량을 섭취해야 한다. 뇌의 건강한 화학 작용을 돕고, 최적의 피부와 털 건강을 유지하고, 특정 영양소를 흡수하고, 중요한 호르몬을 생산하는 등 수많은 기능을 위해 개는 지방이 필요하다. 고열에서 가공된 사료의 산화 지방은 개에게 해로운 ALE를 너무 많이 섭취하게 만든다. 2018년 네덜란드 연구진이 시행한 연구에서는 개들이 식단을 통해 **인간보다 122배나 많은 AGE를 섭취**하는 것으로 나타났다. 나는(닥터 베커) 그 사실을 알고 예방적 접근법을 지지하는 수의사로서 너무 심란해서 잠을 설칠 정도였다. 나는 동물 영양학자인 도나 래디틱Donna Raditic 박사에게 가장 대중적인 반려동물 사료(생식, 캔, 건식 등)들의 AGE 수치를 측정하는 연구를 설계해서 펀딩이 가능할지 의견을 구했다. 우리는 대학 기반의 편파적이지 않은 반려동물 영양 연구를 시행하는 비영리 기구인 반려동물 영양 및 웰니스 연구소Companion Animal Nutrition and Wellness Institute를 함께 설립했다. 이런 단체가 그때까지 없었기 때문이다. 5대 반려동물 사료 업체들은 내부적으로 연구를 시행하지만 결과를 대중에 공개하지 않는다. 정부의 지원을 받는 국립반려동물건강연구소 같은 것은 존재하지 않는다. 음식이 건강과 질병에 끼치는 영향에 대해 수의사들이 더 많이 알도록 돕고, 수십 년 동안 반려동물들에게 초가공 '패스트푸드'를 먹이는 것이 최고의 선택이라고 주장하는 등의 전혀 과학적이지 않은 임의적인 식단 트렌드의 결과 또는 장점을 볼 수 있게 하는 기초적인 영양 연구 지원은 전혀 이루어지지 않고 있다. 그런 식단이 정말 건강에 좋은지는 알 수 없다. 평생 진짜 음식을 먹은 개들과 평생 초가공 음식만 먹은 개를 비교하는 연구가 단 하나도 존재하지 않기 때문이다. 많은 반려동물 엄마, 아빠들이 품는 상식적인 질문에 답해주는 기초 연구가 없다는 이야기이다. 어쩌면 펫푸드 시장이 이편을 선호하는 듯하다. 펫푸드의 AGE, 마이코톡신, 글리포세이트, 중금속 수치를 측정했을 때 사람에게 안전한 수준을 훨씬 초과한다고 나온다면 어떨까? 몇몇 민간 단체들이 인기 브랜드들을 대상으로 오염물질 테스트를 소규모로 시행한 적이 있는데, 너무 끔찍한 결과가 나와서 리콜 조치로 이어지기도 했다.

음식 싸움

2012년부터 2019년까지 시행된 펫푸드 리콜(파운드 단위)을 나타내는 오른쪽 그림을 한번 살펴보자.

리콜된 펫푸드 전체 중량에서 사료와 간식이 80퍼센트를 차지한다. 리콜의 가장 큰 네 가지 원인은 세균 오염(살모넬라균), 위험한 합성 비타민 수치, 승인되지 않은 항생제, 펜토바르비탈(동물 안락사에 사용되는 성분) 오염이다. '기타'에는 동결 건조, 화식, 냉동, 토퍼가 포함된다. 리콜 대상에는 합성 비타민이나 미네랄의 과도한 수치나 잠재적인 병원성 세균처럼 널리 수용된 일부 문제들에 대하여 검사가 이루어진 제품들만 포함된다. 미국식품의약국(FDA)은 기업들에게 그밖의 음식물 매개 독소 검사를 요구하지 않는다. 펫푸드는 글리포세이트(제초제 성분)나 AGE가 충격적으로 많이 들어 있다는 이유로 리콜되지 않는다.

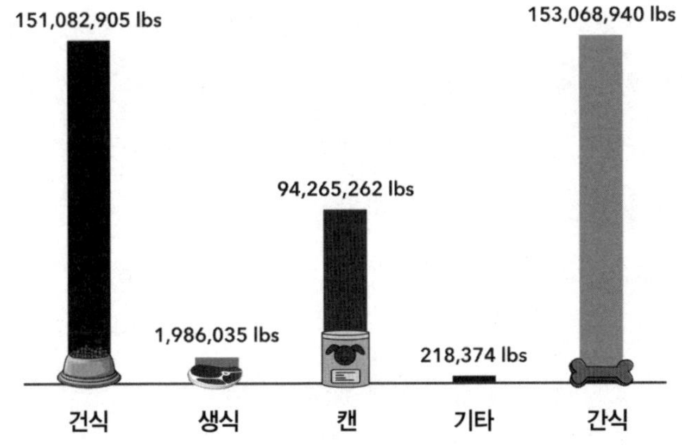

스포일러 아님!: 가공이 덜 된 음식일수록 반려견의 건강에 좋다. 여러 유형의 펫푸드의 AGE 수치를 비교했을 때 캔이 가장 높았고 건조 사료가 그 뒤를 따랐다. 놀랄 것도 없지만 최소 가공한 생식 제품의 AGE가 가장 낮았다. MRP(AGE)를 많이 섭취하면 건강에 해롭다는 연구 결과는 반박할 수 없다. 이러한 이유로, 펫푸드를 선택할 때 열처리 횟수는 반드시 고려해야 할 사항이다.

사람의 경우 '올인원' 식품의 가장 대표적인 예는 아기를 위한 대용유이다. 이론적으로, 펫푸드와 분유는 모두 '영양적으로 완전한' 식단이다. 1970년대에 네슬레(퓨리나의 모기업)는 분유가 모유보다 더 건강하다고 주장하면서 아기들에게 모유 대신 자사의 분유를 먹이라고 수백만의 여성들을 설득했다. 그래서 많은 여성이 아기에게 모유 대신 완벽한 영양식인 조제 분유를 먹였다. 네슬레의 마케팅은 전 세계 건강 옹호자들을 부글부글 끓게 만들었고 대중의 엄청난 항의와 보이콧, 소송, 모유의 장점에 대한 세계적인 교육 캠페인이 이어졌다. 현재 펫푸드 산업에도 똑같은 혁명이 일어나고 있다. 동물권 옹호자들은 합성 비타민과 미네랄을 섞은 식품 분말로 만든 알갱이가 아닌 자연식 제품을 요구하고 있다.

필요한 영양소가 다 들어 있다는 올인원 펫푸드가 처음부터 대중적이었던 것은 아니다. 실제로 펫푸드 산업은 비교적 최근에 매우 의욕적인 한 기업가에 의해 시장에 등장했다.

도그 케이크와 우유 맛 개껌

도그 비스킷이나 우유 맛 개껌이 존재하지 않던 시절도 있었다. 그것들을 발명한 사람이 있다. 1860년에 제임스 스프랫James Spratt은 처음으로 건조된 도그 비스킷을 만들었다. 오하이오 출신의 전기 기사이자 피뢰침 판매원이었던 그에게 도그 비스킷은 전혀 무관한 분야처럼 보인다. 하지만 영업 기술이 뛰어났던 그는 우연한 관찰에서 얻은 아이디어로 처음에는 주로 상류층을 끌어들여 큰돈을 벌었다. 스프랫은 영국으로 떠난 출장길에 거리의 개들이 하드택을 먹는 것을 보았다. 하드택은 선원들이 기나긴 항해에서 먹었던 곡물로 만든 크래커 같은 것이었다(벌레가 끓는 일이 많아서 미국 남북전쟁 당시 군인들에게 '웜캐슬wormcastle'이라는 별명을 얻기도 했다).

그렇게 상업적인 펫푸드 아이디어가 탄생했다. 스프랫은 자신이 만든 비스킷을 '전매특허 육섬유 개 케이크Patented Meat Fibrine Dog Cake'라고 불렀다. 밀과 비트, 다양한 채소에 소의 피를 넣고 섞어 구워서 만들었다. "대초원 방목우의 무염 건조 젤라틴"을 포함했다고 하는 최초의 비스킷에 무엇이 들어갔는지는 절대 알 수 없을 것이다. 흥미롭게도 스프랫은 평생 도그 비스킷에 어떤 고기가 들어가는지 굳게 입을 다물었다.

도그 비스킷은 비쌌다. 50파운드(22킬로그램) 한 봉지 가격이 숙련된 장인의 하루 일당과 맞먹었다. 현명하게도 처음에 스프랫은 비싼 가격대를 감당할 수 있는 '영국 신사들'을 겨냥했다. 그의 회사는 1870년대에 미국에서도 영업을 시작했다. 스프랫은 『미국애견협회*American Kennel Club*』 창간호인 1889년 1월호의 전면 표지 광고를 통해 건강에 신경 쓰는 견주들과 도그쇼 참가자들을 겨냥했다. 미국 사람들은 홀딱 빠져버렸다. 그들은 당장 개들에게 음식 찌꺼기 대신 스프랫의 비스킷을 먹이기 시작했다. 스프랫은 단계별로 적절한 음식을 먹이는 '동물 인생 단계' 개념의 선구자이기도 하다. 익숙하게 들리는가? 스프랫은 마케팅 능력도 뛰어났으며(그의 회사는 최초로 런던에 광고판을 설치했다) 사람들의 속물근성을 자극하는 요소도 현명하게 활용했다(부자 친구들에게 도그 케이크의 장점을 증언해달라고 부탁해 제품을 홍보했다).

스프랫이 1880년에 세상을 떠난 후, 상장된 그의 회사는 스프랫스 페이튼트Spratt's Patent, Limited, 그리고 스프랫스 페이튼트 아메리카로 불리게 되었다. 회사는 승승장구했다. 스프랫스는 로고와 라이프스타일 광고, 담배 카드 같은 장치 등을 통해 20세기 초 가장 인지도 높은 브랜드가 되었다. 1950년대에 제너럴 밀스General Mills가

CAUTION.—It is most essential that when purchasing you see that every Cake is stamped SPRATT'S PATENT, or unprincipled dealers, for the sake of a trifle more profit, which the makers allow them, may serve you with a spurious and highly dangerous imitation.

SPRATT'S PATENT

MEAT FIBRINE DOG CAKES.

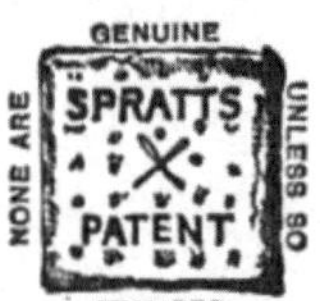

From the reputation these Meat Fibrine Cakes have now gained, they require scarcely any explanation to recommend them to the use of every one who keeps a dog; suffice it to say they are free from salt, and contain "dates," the exclusive use of which, in combination with meat and meal to compose a biscuit, is secured to us by Letters Patent, and without which no biscuit so composed can possibly be a successful food for dogs.

Price 22s. per cwt., carriage paid; larger quantities, 20s. per cwt., carriage paid.

"Royal Kennels, Sandringham, Dec. 20th, 1873.

"To the Manager of Spratt's Patent.

"Dear Sir,—In reply to your enquiry, I beg to say I have used your biscuits for the last two yearr, and never had the dogs in better health. I consider them invaluable for feeding dogs, as they insure the food being perfectly cooked, which is of great importance "Yours faithfully, C. H. JACKSON."

"36, North Great George Street, Dublin, June 9th, 1874.

"Gentlemen,—Please to forward to my private residence, as above, 4 cwt. of Dog Biscuits as before; let them be precisely the same as those supplied on all former occasions I have much pleasure in bearing personal testimony to their suitability and general efficiency for greyhounds, and in adding that my greyhound, Royal Mary, winner at Altcar of last year's Waterloo Plate, was almost entirely trained for all her last year's engagements upon them. "Yours obediently, WILLIAM J. DUNBAR, M.A."

"Rhiwlas, Bala, 21st June, 1873.

"Sir,—I have now tried your Dog Cakes for some six months or so in my kennels, and am happy to be able to give a conscientious testimonial in their favour. I have also found them valuable for feeding horses on a long journey, when strength and stamina are important objects. It was the opinion of my brother judges and myself that dogs never appeared at the close of a week's confinement in better health and condition than the specimens exhibited at the Crystal Palace Show, and I understand that your Cakes are exclusively used by the manager. "R. J. LLOYD PRICE."

스프랫스의 미국 지사를 매입했다. 제임스 스프랫의 이야기는 미국의 기업가 정신을 보여주는 고전적인 이야기처럼 들릴 수도 있다. 개의 건강을 신경 쓰는 사람들을 위해 훌륭한 강아지용 간식을 공급한 그가 영웅처럼 보이기도 한다. 하지만 속지 말라. 근본적으로 스프랫은 돈을 목적으로 움직인 능숙한 세일즈맨이었고 시기와 운이 잘 맞아떨어진 것뿐이었다. 그는 반려동물용 식품의 쉽고 편리한 해결책이 전혀 없는 상황에서 기회를 포착해서 이용했다. 그의 아이디어는 수십억 달러 규모의 펫푸드 산업으로 성장했다. 한 세기도 전에 사용된 마케팅이 지금도 여전히 (효과적으로) 사용되고 있다. 실제로 경쟁업체들은 스프랫의 공식을 똑같이 가져와 소비자들

에게 훨씬 다양한 제품을 제공했다. 그들은 반려동물에 대한 사랑과 헌신을 내세워 제품을 마케팅했고 소비자들도 그런 생각으로 제품을 구매했다.

1948년, 수의사 마크 모리스Mark Morris 박사는 힐 렌더링 웍스Hill Rendering Works와 파트너십을 맺고 최초의 '처방' 사료를 만들었다. 지금까지도 '처방 사료'라는 용어에는 오해의 소지가 있다. 이 제품에는 약물이나 특별한 물질이 전혀 들어가지 않는다. '처방'이라는 말이 붙은 이유는 오직 수의사들을 통해서만 판매되기 때문이다.* 그러나 이 제품이 처음부터 인기 있었던 것은 아니었다. 사실, 힐스 사이언스 다이어트Hill's Science Diet 제품은 수익을 내기 위해 줄곧 고전했다. 그러다가 1970년대에 치약을 만드는 대기업 콜게이트-팜올리브가 인수해 그들만의 홍보 대사 마케팅 전략으로 소비자들을 겨냥하면서 상황이 바뀌었다. 콜게이트-팜올리브는 치과 의사들이 치약을 들고 웃으면서 '치과 의사들이 가장 추천하는 브랜드'라고 주장하는 광고로 대박을 터트렸다. 마케팅팀이 이 새로운 마케팅 방식을 시도하자마자 콜게이트 치약은 판매 1위가 되었다. 이렇게 콜게이트는 대박 터트리는 방법을 깨우쳤다. 치약과 치과 의사가 먹힌다면 사료와 수의사도 먹히지 않을까?

머지않아 사이언스 다이어트는 콜게이트 치약과 똑같은 성공을 재현해냈다. 수의대와 계약을 맺었고 영양학 교수들을 지원하기도

---

* 힐스 처방 사료는 상업적인 측면 외에도 질병 상태의 동물들을 위해 고안된 최초의 처방식이라는 임상적인 의미가 크다. 현재 결석이나 신장 질환, 간 질환, 피부 질환 등의 질병들을 관리하는 식이요법 수단으로써 반려동물의 건강 관리에 기여한 바가 널리 인정되고 있다 — 감수 주.

했다. 오늘날 모든 수의대는 5대 인기 펫푸드 브랜드 중 한 곳과 파트너십을 맺고 있다. 그렇다면 몇 가지 의문이 떠오른다. 만약 의대와 수의대가 제약 기업과 식품 제조업체와 독점적인 제휴를 맺으면 어떻게 될까? 명백한 이해관계 충돌이 아닐까? 그러한 동맹이 대학의 연구와 학생들의 교육에 편견을 심어주지 않을까?

반려동물 영양 연구는 사람의 영양 연구와 여러모로 다르다. 반려동물의 경우, 영양소 최소 필요량 자료가 처음 공개된 것은 미국 국립연구협의회(National Research Council, NRC)가 1974년에 내놓은 책 『개와 고양이의 영양소 필요량*Nutrient Requirements for Dogs and Cats*』을 통해서였다. 이것은 20세기 중반의 건식 사료를 먹고 산 실험용 개와 고양이를 이용한 소규모 연구들을 집대성한 것이다. 더 이상 어떤 대학 윤리 위원회도 통과하지 못할 연구 디자인으로 가득 차 있었다. 이 책은 지금까지도 미국사료관리협회(Association of American Feed Control Officials, AAFCO)가 펫푸드 제조업체의 영양 기준을 설정하는 결정적인 지침으로 사용된다. 2006년에 한 차례 개정되었다.

펫푸드 산업이 지금으로부터 약 100년 전에 처음 등장한 이후로 수많은 기업이 등장했다가 사라졌다. 네슬레는 2001년에 퓨리나를 인수해 알포Alpo, 베네풀Beneful, 도그 차우Dog Chow, 캐스터 & 폴룩스Castor & Pollux 등 20개가 넘는 소비자 브랜드를 만들었다. 펫푸드 산업 부동의 1위 자리는 마스 펫케어Mars Petcare Inc.가 차지하고 있다(할로윈 캔디를 만드는 그 회사가 맞다). 이 업체는 치료용 사료인 로열 캐닌Royal Canin과 28개의 대중 시장 펫푸드 브랜드(페디그리Pedigree, 아이앰스Iams, 유카누바Eukanuba 등)를 거느리고 있다. 힐

미국 10대 펫푸드 기업의 2019년 매출

1. **마스 펫케어:** 18,085,000,000달러(미국 달러)
   브랜드: Pedigree, Iams, Whiskas, Royal Canine, Banfield pet hospitals, Cesar, Eukanube, Sheba, Temptations
2. **네슬레 퓨리나 펫케어:** 13,955,000,000달러
   브랜드: Alpo, Bakers, Beggin', Beneful, Beyond, Busy, Cat Chow, Chef's Michael's Canine Creations, Deli-Cat, Dog Chow, Fansy Feast, Felix, Friskie's, Frosty Paws, Gourmet, Just Right, Kit& Kaboodle, Mighty Dog, Moist & Meaty, Muse, Purina, Purina ONE, Purina Pro Plan, Pro Plan Veterinary Diets, Second Nature, T-Bonz and Weggin' Train, Zuke's, Castor & Pollux
3. **J. M. 스머커:** 2,822,000,000달러
   브랜드: Meow Mix, Kibbles 'n Bits, Milk Bone, 9Lives, Natural Balance, Pup-Peroni, Gravy Train, Nature's Recipe, Canine Carry Outs, Milo's Kitchen, Snausages, Rachel Ray's Nutrish, Dad's
4. **힐스 펫 뉴트리션:** 2,388,000,000달러
   브랜드: Science Diet, Prescription Diet, Bioactive Recipe, Healthy Advantage
5. **다이아몬드 펫푸드:** 1,500,000,000달러
   브랜드: Diamond, Diamond Naturals, Diamond Naturals Grain-Free, Diamond Care, Nutra-Gold, Nutra-Gold Grain-Free, Nutra Nuggets Global, Nutra Nuggets US, Premium Edge, Professional and Taste of the Wild, Bright Bites 간식류.
6. **제너럴 밀스:** 1,430,000,000달러
   브랜드: Basics, Wilderness, Freedom, Life Protection Formula, Natural Veterinary Diet
7. **스펙트럼 브랜드/유나이티드 펫 그룹:** 870,200,000달러
   브랜드: Iams(유럽), Eukanuba(유럽), Tetra, Dingo, Wild Harvest, One Earth, Ecotrition, Healthy Hide
8. **시먼스 펫푸드:** 700,000,000달러
   브랜드: 3,500종에 이르는 주로 습식 사료 제품 생산
9. **웰펫:** 700,000,000달러
   브랜드: Sojos, Wellness Natural Pet Food, Holistic Select, Old Mother Hubbard Natural Dog Snacks, Eagle Pack Natural Pet Food, Whimzees Dental Chews
10. **메릭 펫 케어:** 486,000,000달러
    브랜드: Merrick Grain Free, Merrick Backcountry, Merrick Classic, Merick Fresh Kisses All-Natural Dental Treats, Merrick Limited Ingredient Diet, Merrick Purrfect Bistro, Castor & Pollux ORGANIX, Castor & Pollux PRISTINE, Castor & Pollux Good Buddy, Whole Earth Farms, Zuke's

스 펫 뉴트리션은 현재 업계 3위이고 밀크-본Milk-Bone, 스나우세지Snausages, 펍-페로니Pup-Peroni 같은 제품을 선보이는 J. M. 스머커J. M. Smucker와 거의 점유율이 비슷하다. 펫푸드 시장은 규모가 큰 만큼 수익을 노리는 다국적 기업들의 중요한 관심사이므로 이 책이 세상에 나올 때쯤이면 더 많은 변화가 있을 것이다.

흥미롭게도 그동안 많은 영양 옹호자들이 올인원 사료에 반대하는 목소리를 내고 의식 향상 캠페인을 벌여왔다. 분유의 경우와 비슷하다. 신선한 펫푸드를 개척한 이들도 나왔다. 줄리엣 드 바이라클리 레비Juliette De Baïracli Levy, 이안 빌링허스트Ian Billinghurst, 스티브 브라운Steve Brown 등 수많은 이들이 건식 사료가 절대로 개들이 진화하면서 먹어온 식단을 대체할 수 없다고 주장했다. 바로 이 개념이 펫푸드 산업에서 가장 빠른 성장세를 보이는 신선식 펫푸드 운동을 일으켰다. 신선식 펫푸드 옹호자들은 펫푸드 산업이 생산하는 초가공 올인원 사료에 '불만'이 엄청 많다.

- 사람이 먹는 제품과 달리 펫푸드 포장에는 영양 성분 표시가 없다. 당류(또는 녹말)가 얼마나 들어 있는지를 비롯해 식품에 함유된 영양소의 수치를 알려주지 않는다.
- 펫푸드 제품에 나열된 성분들의 정의는 AAFCO의 것이다. AAFCO에서 말하는 '닭고기'의 정의를 알려면 공식 출판물을 250달러에 구매해야 한다(경고: 펫푸드에 들어가는 닭고기는 슈퍼마켓에 파는 닭고기와 같지 않다).
- 소화율 연구는 선택 사항이다.
- 영양 적정성, 오염물질, 독소에 대한 생산분 검사batch test는 의무

가 아니다.

- 미국에서는 AAFCO가 영양적으로 완전하다고 간주되는 최소 영양소 기준치를 정한다. 그러나 최대 한계치를 정한 영양소는 소수뿐이다. 무슨 말인가 하면, 장기 손상을 일으킬 만큼 영양소가 과도하게 들어 있는 펫푸드를 생산하는 것이 허용된다는 뜻이다.
- 성분이 정확하게 표시되지 않은 펫푸드 제품이 많다는 사실을 다수의 연구가 입증한다. 비싼 성분이나 단백질 대신 라벨에 표시하지 않는 값싼 성분을 사용한다.

초가공 식품이 인기 있는 이유에는 비결 같은 것이 없다. 무척 편리하기 때문이다. 사람도 간단하다는 이유로 패스트푸드를 즐긴다. 하지만 생각해봐야 할 것이 있다. 편리함을 위해 우리는 얼마나 많이 건강을 희생해왔는가? 인간의 식단에서 최소 가공 자연식을 추구하는 거센 움직임이 있었던 것처럼, 반려견의 식단에도 현재 변화가 일어나고 있다. 영양소가 노화 과정에 강력한 영향을 미친다는 사실이 과학적으로 밝혀지면서 더더욱 그러하다. 더 나은 영양 섭취는 신체의 스트레스를 줄여주고, 신체 스트레스가 줄어들면 수명이 늘어난다.

노화와 퇴화의 세 가지 요인

지구상의 모든 생명체는 노화의 지속적인 압박을 받는다. 우리가 늙는 것은 어떤 관점에서 보더라도 세 가지 강력한 힘에 따른 결과이다. (1) 생물학적 부모에게 물려받은 DNA의 직접적인 유전적 영향, (2) 이 장의 앞부분에서 살펴본 것처럼 DNA의 실제 발현에 따른 간접적인 영향 그리고 (3) 환경의 직간접적 영향(식단, 운동, 화학물질에의 노출, 수면 등)이 그 힘들이다. 이 세 가지 요인은 복잡하고 상호적이고 역동적이다. 이 모든 요인이 결합되어 당신의 건강 상태가 현재와 같은 '이유'를, 그리고 100세까지 살지 아닐지를 설명해준다. 당신의 DNA와 DNA의 행동, 환경 노출은 오직 당신에게만 고유하다. 개도 마찬가지이다.

이 장의 앞부분에서 당신의 DNA와 DNA의 행동이 끊임없이 환경 요인에 영향을 받는다는 사실을 살펴보았다. 이 사실을 이해하는 간단한 방법은 유기견을 구조해 집으로 데려오는 것이다. 개는 저체중이고 허약하고 길에 버려진 탓에 두려움에 떤다. 그러나 당신의 지극한 간호로 건강을 되찾아 몇 달 후에는 활기와 자신감이 넘치고 몸도 튼튼해진다. 개의 DNA는 똑같지만 환경의 급격한 변화로 유전자는 사뭇 다르게 발현된다. 녀석은 음식도 사랑도 잘 제공해줄 집을 찾았다. 이 변화는 양방향으로 작용한다. (개든 사람이든) 어떤 질병에 대한 유전적 위험 요인이 없더라도 습관에 의해 질병이 생길 수 있다. 가족력이 없는데도 암이나 당뇨 같은 병에 걸린 사람들을 본 적 있을 것이다. 개도 유전자에 없는 건강상의 문제가 생길 수 있다.

이때 후생 유전적 요인이 작용한다.

후생 유전학은 오늘날 가장 흥미로운 연구 분야 중 하나다. 당신의 DNA 또는 게놈의 특정 부분이 당신의 유전자들에게 본질적으로 언제 그리고 얼마나 강하게 발현을 지시하는지에 관한 연구이다. 이 극도로 중요한 부분들을 교통 신호라고 생각하면 이해하기가 쉬울 것이다. 이들이 당신의 DNA에 신호를 보낸다. 건강과 장수뿐만 아니라 유전자를 어떻게 미래 세대에게 물려줄지를 리모컨을 들고 결정한다고 보면 된다. 우리의 일상적인 생활 방식은 유전자의 활성에 심오한 영향을 미친다. 이제 우리는 음식이나 스트레스, 운동, 수면, 심지어 인간관계마저도 유전자가 '켜지고' '꺼지는' 데 커다란 영향을 준다는 사실을 잘 알고 있다. 가장 흥미로운 점은 이것이다. **우리는 건강이나 장수와 직접적인 연관성을 지닌 유전자의 발현을 바꿀 수 있다.** 개도 마찬가지지만 한 가지를 주의해야 한다. 개를 위해 현명한 결정을 내리는 것이 주인에게 달려 있다는 점이다. 우리와 마찬가지로 당신도 엄청난 압박감을 느낄지 모른다. 현재 사람이나 동물을 치료하는 의사들이 예방적 의료 코치로서 생물 개별적 건강 프로토콜을 설계하도록 훈련받지 않았기 때문에 더욱 그렇다. 그래서 의학 패러다임이 바뀌기 전까지는 우리 자신과 반려동물을 위한 지혜로운 선택을 내릴 수 있도록 열심히 공부해야 할 책임이 우리에게 있다.

세포의 위험 대응:
노화를 앞당기는 세포 트라우마

살다 보면 누구나 환경화학물질이나 전염병, 신체적 외상 등에 노출되는 손상을 겪는다. 데이비드 싱클레어 박사는 "손상은 노화를 가속한다"고 말한다. 어떻게 그럴까? 손상이 발생하면 손상된 세포는 '세포 위험 대응(cell danger response, CDR)'이라고 불리는 3단계의 치유 과정을 거친다. 개들은 나이 들면서 이 과정의 효율성이 떨어져서 치유가 불완전해진다. 결과적으로 세포 노쇠화가 일어나고 노화가 가속된다. 이러한 이유로 현재의 과학은 이른 연령대에 분자 수준에서의 치유 중단이 노화와 만성 질환을 가속하는 근본 원인이라고 지적한다.

회복의 3단계는 세포 소기관 미토콘드리아가 통제하는데, 세포가 스트레스나 화학적 또는 신체적 공격을 마주한 후에 반드시 성공적으로 이루어져야 한다. 그렇지 않으면 세포가 고장나고 장기 시스템이 제대로 기능하지 못한다. 다시 말해서 부상이 일어났을 때 세포가 완전하게 치유되지 않으면 좀 더 심각한 병이 발생한다. 반복된 부상으로 세포가 계속 완치되지 않으면 만성 질환이 생긴다. 개와 관련된 통계 자료는 아직 없지만, 반려인으로서 당신은 불완전한 세포 회복의 징후를 알아차릴 수 있을 것이다. 그것이 개들에게 전신(全身) 질환, 즉 만성 알레르기, 장기 질환, 근골격계 퇴화, 면역계 불균형(만성 감염에서 암까지) 등을 유발한다. 이것이 개가 겉으로는 아직 어리고 건강해 보여도, 흔하고 조용하고 눈에 보이지 않게 세포 속에서 병이 시작되는 한 방식이다.

세포 스위치

노화 속도나 세포 분열 조절 능력과 관련하여 중요한 것이 또 있다. 체내 신호 경로이다. 최근 연구자들의 관심이 쏠린 유전적 영양소 감지 '스위치'는 포유류 라파마이신 표적mechanistic target of rapamycin의 약자인 mTOR이다. mTOR은 모든 세포의(혈액 세포 제외) 교장

선생이라고 볼 수 있다. 우리 저자들은 부다페스트에 있는 에오트보스 로랜드 대학교에서 시니어 패밀리 도그 프로젝트Senior Family Dog Project를 이끄는 에니쾨 쿠비니Enikő Kubinyi 박사를 인터뷰했다. 그녀에 따르면 인간과 개는 노화의 유전적 경로가 비슷하며 여기에는 mTOR, AMPK(아데노신 모노포스페이트 활성화 단백질 키나아제) 같은 똑같은 생체 분자가 포함된다.

AMPK는 항노화 효소이다. 활성화되면 세포의 집 청소나 마찬가지인 '자가 포식autophagy'이라는 중요한 경로의 통제를 도와서 세포들이 좀 더 젊게 활동할 수 있게 해준다. 이 경로는 체내에서 많은 역할을 하지만 가장 기본적으로 신체가 쓸모없는 좀비 세포와 병원균처럼 위험하고 손상된 부분을 제거하거나 재활용하는 방법이다. 이 과정에서 면역 체계가 증진되고 암, 심장 질환, 자가 면역 질환, 신경 질환의 위험이 상당히 줄어든다. 이 분자는 세포 에너지 균형의 핵심이다. AMPK는 몸 안에서 자연적으로 항산화 물질을 생산하는 '항산화 유전자'를 활성화시킬 수도 있다. 나중에 살펴보겠지만 항산화제 보조제를 먹는 것보다 체내의 항산화 시스템을 활성화하는 것이 훨씬 낫다.

사람과 개 모두에게 이 대사 경로는 성장과 세포 분화의 신호를 보내고(세포가 근육이 될지 눈이 될지), 마치 불의 밝기를 조절하는 스위치처럼 식단, 식사 시간, 운동 같은 생활 양식 요인에 따라 활성화되거나 꺼질 수 있다. 예를 들어 단식할 때 mTOR는 억제되고 AMPK는 집을 청소한다. 이것이 단식의 장점을 부분적으로 설명한다. 반려견들에게는 시간 제한 식사(time-restricted eating, TRE, 4장 참조)가 간헐적 단식에 해당한다. 이것은 혈당 조절을 위해서도 중요하다. 인슐린과 IGF-1 수치가 감소하면 mTOR가 꺼지고 자가 포식이 켜진다. 종일 앉아 있거나 초가공 또는 염증성 식품만 먹으면 인슐린이 생성되고 혈당 수치가 미친 듯이 올라가 세포 속에 쓰레기가 쌓이기 시작한다. 이것이 자가 포식을 설명하는 간단한 방법이다. 자가 포식은 노화 과정(그리고 생명 활동 자체)의 핵심 요소 중 하나다. 세포를 재생하고 성능을 높이기 위해 우리의 몸안에 갖춰진 기술이다. 이 책에서 제시하는 전략을 따른다면 당신도 반려견의 건강에 유익한 스위치를 작동시킬 수 있다.

라파마이신: 미래의 약?

앞에서 언급한 mTOR의 'R'은 세균에 의해 만들어지는 화합물인 라파마이신을 뜻한다. 1970년대에 남아메리카 해안에서 2천 마일(약 3,200킬로미터) 이상 떨어진, 라파 누이Rapa Nui라는 이름으로도 불리는 이스터섬에서 처음 발견되어 그런 이름이 붙었다(오늘날 칠레 소유 세계문화유산인 이곳은 13세기부터 16세기까지 섬 주민들이 만든 거의 9백 개에 이르는 '모아이' 석상이 있는 고고학 유적지로 유명하다). 라파마이신은 강력한 항균성과 항진균성, 면역 억제 효과가 있어서 항생제와 비슷한 작용을 한다. 1980년대 초, 연구자들은 라파마이신을 연구하기 시작했다. 그 후 10년 동안 그것이 효모, 초파리, 회충, 곰팡이, 식물 그리고 가장 중요한 포유류의 세포 성장에 미치는 영향에 관한 논문이 잔뜩 쏟아져나왔다. 그러나 과학자들이 포유류 버전의 TOR을 발견한 것은 1994년의 일이었다. 데이비드 사바티니David Sabatini 박사가 이끄는 볼티모어 존스 홉킨스 의과대학 연구진과 뉴욕 메모리얼 슬론 케터링 암센터의 연구 덕분이었다. mTOR의 기능은 세포 신호 시스템의 중심 허브, 즉 세포의 지휘 통제 본부라고 생각하면 이해하기 쉽다. mTOR이 20억 년에 이르는 진화를 거치는 동안 보존된 데는 이유가 있다. 세포 성장과 신진대사의 주요 조절자로서 세포 안에서 세포 대사가, 즉 생명이 어떻게 조직되는지에 대한 비밀을 담고 있기 때문이다.

오늘날 FDA 승인을 받은 라파마이신은 장기 이식 환자의 거부 반응을 막는 데 사용된다. 항노화제와 항암제 연구에서 가장 큰 관심을 받고 있기도 하다. 개에게 라파마이신을 사용하는 야심 찬 연구가 이미 진행 중이다. 이 흥미로운 연구의 결과는 개뿐만 아니라 사람의 건강도 개선할 수 있을 것이다. 한 가지 분명히 할 것이 있다. 이 책은 당신 또는 당신의 개에게 라파마이신을 '처방'하지 않는다. 하지만 이 최신 연구의 결과를 앞으로 몇 년 후 주류 언론에서 보게 될 것이므로 언급할 가치가 있다. 다행스럽게도 식이요법과 생활 방식을 통해 mTOR에 영향을 줄 수 있다.

암에 관하여

암에 대한 두려움은 사람들의 마음을 무겁게 짓누른다. 개들도 흑색종, 림프종, 골육종, 육종, 전립선암, 유방암, 폐암, 대장암 등 각종 암에 걸린다. 세 마리 중 한 마리가 살아 있는 동안 암 진단을 받는다. 열 살이 넘은 개의 절반이 암에 걸리거나 암으로 죽는다. 알려진 바에 따르면 개가 걸리는 암은 인간의 암과 매우 유사한 부분이 많다.

암은 인간과 개 모두에게 복잡한 질병이다. 유전이기도 하지만 암을 일으키는 모든 돌연변이가 유전되는 것은 아니다. 미토콘드리아 손상이 암에 끼치는 영향을 비롯해 암에 관한 무수히 많은 이론이 존재한다. 일단은 유전적인 측면에 초점을 맞춰보기로 하자. 평생 개의 세포 속 DNA는 자연스럽게 변화할 수 있다. 오랜 세월을 거치면서 유전적 돌연변이가 쌓이거나 중요한 유전자에서 돌연변이가 일어날 수 있다. 만약 단일 세포에 충분히 많은 돌연변이가 축적되거나 중요한 유전자에 변이가 일어나면 세포가 통제 불능으로 분열하거나 성장하기 시작한다. 그러면 세포는 제 기능을 수행하지 않게 되고 암을 유발할 수 있다. 이것을 '체세포 돌연변이설'이라고 한다. 지난 10년간 많은 종양학자가 이 가설에 의문을 제기하면서 암은 미토콘드리아 대사 질환이라고 주장했다. 최근의 연구에 따르면 암세포의 핵을 정상 세포에 이식하면 세포가 정상으로 유지된다. 하지만 암세포의 미토콘드리아를 정상 세포에 이식하면 암세포로 변한다.

이러한 암의 대사성 이론은 암 발병에 영향을 미치는 미토콘드리아와 건강을 위해, 필요하다면 암 치료를 위해, 우리가 뭔가 할 수 있는 일들이 있다는 생각이 들게 한다. 당신이 어떤 이론을 믿든 상관없이 암의 최종 결과물은 DNA 돌연변이이다. 간단한 돌연변이로 암을 일으킬 수 있는 강력한 유전자들이 확인되었다. 유방암에 걸릴 위험을 높이는 BRCA1과 BRCA2가 여기에 속한다. 유전자 누락도 암 감수성을 높일 수 있다. 버니즈 마운틴 도그와 플랫 코티드 레트리버 견종은 중요한 종양 억제 유전자 CDKN2A/B, RB1, PTEN의 결실로 조직구 육종에 걸릴 위험이 크다. 마지막으로, 환경 요인도 암을 유발한다. 사람의 경우 흡연이 폐암을, 개는 잔디용 화학물질이 림프종을 일으킨다.

암을 일으키는 근본적인 원인이 유전인지 환경인지 둘의 조합인지에 상관없이, 보통 암의 진단은 의사들이 '신생물neoplasia'이라고 부르는 비정상적인 세포가 통제되지 않을 정도로 엄청난 숫자로 성장할 때 일어난다. 신생물은 보통 덩어리 또는 종양을 만드는데, 신체에서 일련의 기능 장애가 발생한 결과이다. 그 기능 장애는 치유에 대한 세포의 위험 대응이 실패하는 것으로 시작해서, 미토콘드리아가 제대로 기능하지 못하고 DNA가 영구적으로 손상되는 등 세포가 완전히 혼란 상태에 빠지면서 끝난다. 모든 세포에는 원래의 돌연변이 세포와 똑같이 복제된 돌연변이 유전자가 있다. 종양 세포는 다른 장기로 이동해 자랄 수 있다. 이것을 '전이'라고 한다. 암 치료의 목표는 환자의 몸에 생긴 종양 세포를 전부 죽이는 것이다. 하나라도 남아 있으면 암이 재발할 수 있기 때문이다. 방사선 치료는 '국소 치료법'으로 사용되며 종양 부위의 세포를 죽이는 것을 목표로 한다. 비슷한 방식으로 수술은 종양의 제거를 위해 이루어진다. 화학 요법은 종양 부위는 물론 옮겨간(전이된) 다른 장기에서까지 빠르게 성장하는 암세포를 죽이는 '전신 치료'이다. 하지만 화학 요법 항암제가 건강한 세포도 죽인다는 것이 문제이다.

오늘날 암을 포함한 질병의 치료는 대부분 병이 진단된 이후에 '소급적retrospectively'으로 이루어진다. 특히 개들은 아파도 말을 못하므로 진단이 내려졌을 때는 이미 병이 상당히 진행된 상태일 때가 많다. 유전자 연구의 발전은 이런 대응적인 접근법에 변화를 줄 것이다. 다행스럽게도 북미에서는 Nu.Q 동물 암 검사를 이용할 수 있다. 암 연구의 가장 흥미로운 가능성 중 하나는 유전체를 이용해 돌연변이를 식별해서 큰 문제가 되기 전에 암을 진단할 수 있다는 것이다. 궁극적으로 우리는 개들이 병에 걸리기 전에 해로운 돌연변이를 식별하는 유전자 검사가 나오기를 희망한다. 또한 과학계 역시 사람의 질병 감수성 유전자를 줄이기 위해 개 브리딩 커뮤니티와 협력하기를 원한다. 인터내셔널 파트너십 포 독스의 브렌다 보넷 박사가 그런 노력을 기울이고 있다.

행복하고 건강한 개들

건강 수명은 결국 세 가지 영역의 쇠퇴를 피해야만(적어도 늦춰야) 가능해진다. 인지, 신체, 정서/정신 영역이다. 특히 세 번째 영역의 중요성은 아무리 강조해도 과하지 않다. 그만큼 과소 평가되거나 간과되는 경우가 많다. 우리는 지속적인 스트레스가 건강에 해롭다는 것을 잘 알고 있다. 하지만 반려견의 스트레스 수준에 대해서는 어떤가? 핀란드에서 시행된 한 연구에서는 72.5퍼센트의 개들이 적어도 한 가지 형태의 불안감을 보였다. 강박 행동, 두려움, 공포, 공격성 등, 흔히 우리가 인간에게 나타난다고 여기는 정신의학적 문제였다. 절대 별일 아니라고 생각하면 안 된다. 심리적인 트라우마를 겪거나 어릴 때 사회화가 잘 이루어지지 않은 개들은 건강과 장수에 장기적으로 심각한 악영향을 받는다는 연구도 있다. 역시 사람을 대상으로 한 연구 결과와 일치한다. 트라우마와 불안은 장기적인 웰빙에 심각한 영향을 미친다. 조용하지만 치명적인 문제이다. 생애 초기의 관리되지 않은 경험과 사건에 의해 촉발되고 종종 학대에 가까운 부적절한 '교정' 훈련으로 악화되는 이런 문제들 때문에, 해마다 수백만 마리의 개가 보호소로 보내져 결국 '행동 문제'로 안락사당한다. 해결되지 않은 감정적 트라우마는 사람과 개 모두에게서 활기차고 즐거운 삶을 빼앗아 간다.

많은 반려동물이 정신과 약물을 처방받는다. 미국의 한 시장조사 업체가 2017년에 시행한 전국적인 규모의 조사에 따르면, 그 전해를 기준으로 반려동물이 불안, 진정, 기분 전환을 목적으로 약을 처방받은 적 있다고 답한 반려견 주인이 8퍼센트, 반려묘 주인이 6퍼센트였다. 다시 말하자면 미국의 반려동물 수백만 마리가 행동 문제로 약을 먹는다. 2019년 영국에서 시행한 설문 조사에서는 반려견의 행동을 하나 이상 바꾸고 싶다고 답한 사람들이 76퍼센트나 되었다. 앞서 언급한 핀란드 연구에서 반려동물들이 보이는 불안의 가장 큰 특징은 '소음 민감'이었는데, 23,700마리 중 32퍼센트가 해당되었다. 사람이 복용하는 약 중에는 반려동물의 특정 정신 건강 문제에 투여할 수 있도록 FDA의 승인을 받은 것들도 있다. 분리 불안이 있는 개에게 처방되는 항우울제 클로미프라민(Clomicalm), 소음에 민감한 개에게 처방되는 진정제 덱스메데토미딘(Sileo) 등이 그렇다. 하지만 답답한 사실은 그런 약을 먹는다고 하루아침에 침착하고 차분한 개가 되지 않는다는 것이다. 행동 수정 처방약은 반려견의 성격을 바꿔주지 않는다. 반려견의 스트레스 반응을 관리할 수 있도록 행동 중재behavioral intervention를 조직하고 실행해야만 한다.

안타깝게도 이런 개들은 정신적·환경적 자극이 부족한 경우가 대부분이다. 두려움 없는, 관계 중심적인 훈련과 사회적 관계가 부족하다는 말이다. 사실 윤리적으로 끔찍한 일이다. 개는 그들의 마음에 대해 말할 수 없고, 행동이 오해받기 쉬운데다, 주인의 뜻을 알기 위해 외국어나 다름없는 언어를 깨우쳐야 하니까 말이다.

지금 이 책을 읽는 반려견 훈련사와 행동 전문가들은 다음에 동의할 것이다. 오늘날 개들에게 나타나는 많은 행동 문제는 집 안에서만 자라면서 운동량도 부족하고 사회화도 제대로 이루어지지 않기 때문이다. 또 효과적이지 않은 양방향 소통(반려견을 이해하려는 노력 부족)과 개가 직접 선택한 취미나 관심사('할 일')가 없기 때문이기도 하다. 1977년부터 동물들과 함께 일한 유명한 강아지 훈련사이자 행동학자인 수잰 클로지어Suzanne Clothier는 말한다. "감수성이 예민한 어린 시절의 경험이 평생 우리에게 막대한 영향을 미치지요. 개도 마찬가지입니다." 어린 시절이 안전하고, 예측 가능하고, 즐거운 경험들로 가득한가? 아니면 무섭고 불확실하고 외롭고 고통스러웠는가? 이 질문에 대한 답은 매우 중요하다.

나는(닥터 베커) 어릴 때 문제 많은 가정에서 자라서 절대로 자기 아이들에게는 같은 실수를 되풀이하지 않겠다고 결심하면서도 자신이 어릴 때 겪은 것과 똑같은 방식으로 반려견을 대하는 사람들을 많이 본다. 신체적으로 거칠게 대하거나, 갈등이나 행동 문제를 인내하지 못하고, 답답하면 소리를 지른다. 개는 어린 시절의 우리처럼 무력하고 의존적이다. 상처받기 쉽고 상황을 바꿀 수 없으며 혼란스러운 언어 장벽에 가로막혀 감정을 효과적으로 전달하지 못한다. 아직 어려서 생각이나 감정을 말로 표현하지 못한다 해도, 나에게 필요한 것을 보호자가 그냥 지나치거나 알아채지 못하면 강렬한 감정을 느낄 것이다. 두려움, 불안, 좌절, 혼란. 개도 이런 감정을 느낀다.

겁을 먹거나 위협받는다고 느낄 때 개가 으르렁거리는 것은 완전히 정상적인 행동이다. 그것은 소통이다. 하지만 사람들은 개가 으르렁거리면 야단을 친다. 주인이 무엇을 원하는지 개가 알 수 있도록 하고 싶은가? 훈련과 교육은 서로 완전히 다른 접근법이다. 훈련은 동물의 정서적 경험을 고려하지 않지만, 교육은 학생이 가장 효과적으로 배우는 방법을 고려한다. 아이들이 학습하고 정보를 처리하는 방법이 제각각인 것처럼 개도 마찬가지이다. 선생으로서 우리의 임무는 학생들이 이해하고 반응할 수 있는 방식으로 지도하는 것이다. 외국에 입양된 아이가 무언가를 빼앗기지 않으려고 한 것뿐인데 부모가 낯선 언어로 소리치거나 신체적 체벌을 가한다고 생각해보라. 반려견들은 바로 그런 혼란스러운 환경에서 살아간다. 그런데 우리는 반려견이 완벽한 매너를 가르치는 학교를 우수한 성적으로 졸업하고 의젓한 행동으로 박사학위라도 받은 사람처럼 행동하기를 기대한다. 강아지 유치원이라도 졸업한 수준이 되도록 열심히 가르치거나 귀를 기울이지도 않았으면서 말이다.

매주 한 시간 유치원에 보낸다고 아이가 세상에 대해 알아야 할 모든 것을 배우지는 못한다. 부모가 집에서 매일 따로 열성을 다해 가르치는 것이 아니라면, 아이들은 부모의 말에 귀 기울이고 상호 소통하는 법을 배우지 못할 것이다. 마찬가지로 반려견도 주인이 정성을 다해 가르치지 않는다면 1~2년 안에 개 나름의 문화에 따라 자기만의 규칙을 만들고, 우리가 사회적으로 용납할 수 없는 행동들을 고착시킬 것이다. 반려견과 탄탄한 관계를 구축하려면 시간과 신뢰, 일관성, 탁월한 쌍방향 의사소통이 필요하다. 그 보상은 엄청나다. 더 올바르게 행동하는 반려견은 스트레스를 덜 받고, 결과적으로 수명이 길어질 것이다.

제대로 훈련하는 방법은 나중에 더 자세히 알아볼 것이다. 일단은 노화, 특히 '나이'와 관련된 또 다른 고정관념을 타파해야 한다. 개의 1년이 사람의 7년과 똑같다는 고정관념 말이다. 세상 모든 것이 그렇지만 그리 간단한 문제가 아니다.

우리 개는 몇 살일까: 새로운 시계로 판단하기

사람들은 수 세기 전부터 사람의 나이와 개의 나이를 비교했다. 1268년에 웨스트민스터 사원 바닥에 새겨진 비문은 심판의 날을 예언했다. "읽는 이가 정해진 모든 것을 현명하게 고려한다면 여기에서 제1동자*의 끝을 발견할 것이다. 산울타리는 3년을 살고 개, 말, 사람, 수사슴, 까마귀, 독수리, 거대한 고래, 그리고 세계가 그 뒤를 따른다. 모든 것은 바로 앞의 것보다 3배 더 오래 산다." 이 계산에 따르면 인간은 80년을 살고 개는 9년을 산다. 다행스럽게도 현명한 선택을 한다면 사람과 개 모두 더 오래 살 수 있다.

---

* primum mobile(first moved). 지구 중심적 천문학 모형에서 가장 바깥쪽을 움직이는 구체를 말한다. 지구 주위의 천체가 매일 움직이는 것을 설명하기 위해 프톨레마이오스에 의해 도입되었다 — 옮긴이주.

사람의 7년은 개의 1년이라는 방정식은 사람이 평균적으로 70년 정도 살고 개는 10년 정도 산다는 일반적인 관찰에서 나왔을 가능성이 있다. 하지만 일부 전문가들은 이것이 개가 사람보다 훨씬 빨리 늙는다고 생각하게 만들어서 일 년에 한 번 이상 개를 수의사에게 데려가도록 만드는 방법이었을 것이라고 생각한다. 개가 우리보다 빨리 늙는 것은 사실이지만, 사람과 개의 유사점을 찾는 더 정확한 방법은 다음 공식을 사용하는 것이다. 중형견의 생후 첫 1년은 사람의 약 15년에 해당하고, 생후 2년은 인간의 9년이며, 그 후의 매해는 사람의 5년이다.

개의 나이를 보여주는 차트는 대부분 사이즈를 공식에 반영한다. 그러나 이런 차트들은 끊임없이 도전받고 새로운 과학을 반영해서 수정된다. 개의 첫 1년이 사람의 30년이고 네 살부터는 1년이 사람의 14년이며 개의 열네 살은 사람의 70대 중반과 비슷하다고 말하는 연구들도 있다. 하지만 큰 문제가 있다. '사람 나이'를 어떻게 정의할 수 있는가? (게다가 왜 우리는 제멋대로 개의 나이를 '사람 나이'와 비교하고 맞추려고 할까?)

개의 나이, 아니 모든 동물의 나이를 계산할 때는 실제 나이와 생물학적 나이가 구분되어야 한다. 나이를 거꾸로 먹는 것 같은 사람들을 본 적 있을 것이다. 열 살 이상 젊어 보이는 70세 노인이나, 4살처럼 행동하는 9살 저먼 쇼트헤어 포인터가 있다. 나이 개념은 상대적이다. 신체 기능이나 자기 관리, 행동 방식 등에 따라 달라진다. 몇 해 전에 나온 리얼에이지RealAge 검사라는 특수 계산기에 대해 들어본 적이 있을 것이다. 현재 클리블랜드 클리닉의 최고 웰니스 책임자인 마이클 로이젠Michael Roizen 박사가 발명한 검사로서 운동량,

흡연 여부, 식단, 여러 검사 결과(예: 콜레스테롤 수치, 혈압, 체중 등), 병력 등을 바탕으로 (비과학적인) 수명을 예측한다. 물론 실제로 수명을 예측할 수 있는 검사는 존재하지 않는다. 그러나 이 검사는 건강을 위해 우리가 어느 부분에 노력을 기울여야 하는지 알려준다.

과학자들은 진정한 생물학적 나이를 측정하는 데이터 중심적인 방법을 찾고자 노력해왔고 지금까지 다양한 방식이 등장했다. 완전히 정확한 검사는 없지만 그래도 살펴볼 가치가 있다. 한 예로, 텔로미어의 길이는 우리가 얼마나 잘 늙어가고 있는지를 말해준다고 알려져 있다. 이것은 마치 신발 끈 끝부분의 플라스틱 같은 염색체의 말단 부위이며 세포를 노화로부터 보호해준다. 텔로미어는 시간이 지남에 따라 자연적으로 짧아진다. 텔로미어가 빨리 짧아지는 것이 좋은 징조가 아님은 당연하다. 텔로미어는 나이를 측정하는 흥미로운 최첨단 방법이자 후생 유전학 시계로서 사람과 개의 노화 과정에 차이가 나타나는 이유를 다시 확인시켜준다. UCLA의 유전학자 스티브 호바스Steve Horvath 박사가 개척한 후생 유전학 시계는 DNA에 꼬리표를 붙이는 화학적 변이를 포괄하는 우리 몸의 후생 유전체를 이용한다. 살아가는 동안 변화하는 이 꼬리표들의 패턴이 개인의 생물학적 나이를 추적한다. 생물학적 나이는 실제 나이보다 뒤처지거나 앞설 수 있다.

이러한 후생 유전학적 표지는 건강과 장수에 무척 중요하고 이 특징들이 미래 세대에 어떻게 전해지는지도 중요하다. 당신이 먹는 음식, 반려견이 숨 쉬는 공기, 당신과 반려견이 받는 스트레스가 전부 후생 유전체(어떤 유전자가 활성화될지 결정하는 소프트웨어)를 통해 당신의 DNA(하드디스크 드라이브)에 영향을 준다.

비싼 돈을 들여 유전적으로 뛰어난 개를 입양해놓고 후생 유전체에 부정적인 영향을 미치는 환경화학물질에 노출시키는 사람이라면 꼭 알아야 할 사실이다. 후생 유전적 촉발 요인은 개의 건강을 좌우할 수 있다. 마찬가지로, 반려견에게서 유전적 변이나 어떤 질병의 유전적 소인이 발견된다고 해서 병에 꼭 걸리는 것은 아니다. 당신은 반려견의 후생 유전자에 극적이고 긍정적인 영향을 미칠 수 있다. 반려견의 유전자가 엉망진창일 수 있지만, 절대로 병이 나타나지 않을 수도 있다. 이 모든 것이 생활 방식과 주변 환경이 반려견의 DNA에 말을 걸고 있다는 증거이다.

후생 유전자에 영향을 미칠 수 있다는 사실은 견주들에게 매우 강력한 지식이 된다. 나의 개가 근친 교배로 태어났거나 날 때부터 유전적 결함이 크더라도 후생 유전학으로 삶의 질을 올려서 질병 진행을 늦출 수 있다는 희망을 품을 수 있으니까 말이다. 지금까지 알려진 모든 후생 유전적 요인을 다루는 것이야말로 노화를 늦추는 유일한 방법이고 반려동물의 장수 가능성을 월등히 높일 방법이다. 이 책에서 견종에 따른 후생 유전적 문제를 전부 다루는 것은 불가능하지만, 우리가 추천하는 전략을 실행한다면 후생 유전자가 긍정적으로 발현될 가능성이 커질 것이다(좀 더 자세한 정보는 www.forever-dog.com을 참고하기 바란다).

대표적인 후생 유전자 방아쇠

- 음식의 영양소 수준

- 음식의 폴리페놀 수준
- 음식의 화학물질
- 신체 활동
- 스트레스
- 비만
- 살충제
- 금속
- 내분비 교란 화학물질
- 미세먼지(간접 흡연)
- 대기 오염물질

캘리포니아 대학 샌디에이고 캠퍼스(UCSD) 연구진이 2019년에 시행한 연구는 시간이 지남에 따라 사람과 개의 DNA에 일어나는 변화에 기초하는 새로운 시계를 제안했다. 품종에 상관없이 모든 개가 비슷한 성장 단계를 따른다. 생후 10개월 정도에 사춘기에 도달하고 20세가 되기 전에 죽는다. 연구진은 개의 노화와 관련된 유전적 요인을 찾을 때 오로지 래브라도레트리버 단일 종만 이용했다.

생후 4주~16세에 이르는 104마리의 게놈에서 DNA 메틸화 패턴을 스캔해서 분석한 결과, 개(적어도 래브라도레트리버들은)와 사람의 나이에 따른 메틸화 패턴이 비슷하게 나타났다. 가장 중요한 사실은 개와 사람 모두 성장에 관여하는 특정 그룹의 유전자들이 노화 과정에서 비슷하게 메틸화된다는 것이었다. 이 결과는 적어도 노화의 일부 측면은 별도의 과정이 아닌 성장의 연속이며, 포유동물은 그 변화의 일부분이 진화적으로 보존된다는 것을 암시한다.

연구진은 개의 노화를 측정하는 새로운 시계를 만들었다. 그 결과로 나온 개-사람 나이 변환법은 단순히 '사람 한 살=개 열 살'이 아니라 훨씬 복잡하다. 생후 1년 이상의 개들에게 적용되는 새 공식은 다음과 같다. 개의 나이를 대략 비슷한 사람 나이로 바꾸는 공식은 16×ln(개의 나이)+31이다. 공학용 계산기에 먼저 개의 나이를 입력하고 ln(로그)을 누른다. 그 숫자에 16을 곱하고 마지막으로 31을 더하면 된다.

사람의 인생 단계는 개와 일치한다. 예를 들어, 생후 7주 된 강아지는 생후 9개월의 아기와 비슷하다. 둘 다 이가 나기 시작한다. 이 공식은 래브라도레트리버의 평균 수명(12세) 그리고 사람의 평균 수명(70세)과도 꽤 일치한다. 전반적으로, 개의 시계는 처음에는 인간의 시계보다 훨씬 빨리 흐른다. 두 살 된 래브라도는 아직 강아지처럼 보일지라도 사실은 무증상 노화 과정에 있고, 그 후로는 노화가 느릿하게 계속된다.

당연하겠지만 애견인들은 이 연구 결과를 별로 반기지 않는다. 그러나 이 발견은 바이오 해킹 분야에서 텔로미어 측정이 혈액 검사와 마찬가지로 인기를 얻는 계기를 마련했다. 이미 개의 텔로미어 측정 검사를 제공하는 연구실도 있다.

물론, 이 공식으로 계산한 반려견의 '사람 나이'가 잘 맞지 않을 수도 있다. 잘 알려진 사실처럼 개는 품종마다 노화 속도가 다르고 사이즈 역시 중요하다 보니 UCSD 연구진의 공식이 결정적인 결과를 제공할 만한 변수가 부족할 수 있다. 하지만 최신 과학 연구에 근거

반려견의 나이를 사람 나이로 변환하기

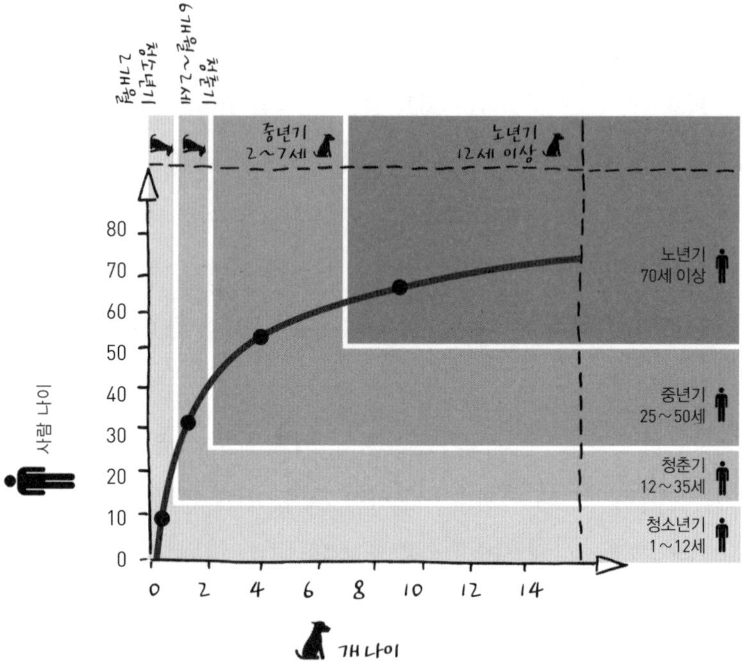

한 공식이며, '반려견 나이×7=사람 나이'라는 잘못된 계산법보다는 훨씬 유용하다.

그림은 개와 사람의 나이 먹는 과정이 다르다는 것을 보여준다. UCSD의 트레이 이데커Trey Ideker 박사가 주도한 몇 가지 복잡한 계산과 연구를 토대로 한다. 윤곽선이 들어간 음영 상자는 일반적인 노화 생리학에 기초한 주요 인생 단계의 대략적인 나이 범위를 나타낸다. 청소년기는 유아기와 사춘기 사이의 기간(개는 2~6개월 사이, 사람은 1~12세), 청춘기는 사춘기부터 성장이 끝나는 시점까지이며(개는 6개월~2세, 사람은 12~25세) 중년기는 개의 경우 2~7세, 사람은 25~50세이다. 노년기는 평균 수명까지를 말하며 개 12세, 사람 70세까지이다. 개의 인생 단계는 수의학계의 지침과 개의 사망률 자료에 기초한다. 사람의 인생 단계는 수명 주기와 평균 수명을 요약한 논문에 기초한다.

아밀로이드와 노화

잘 알고 있겠지만 나이가 들면 경직, 관절염, 관절 이상이 나타난다. 나이 든 개들도 다리가 대나무라도 된 듯 걸음걸이가 무척 뻣뻣해진다. 개의 퇴행성 변화는 겉에서만이 아니라 뇌에서도 일어난다. 아밀로이드 형성과 노화의 연관성이 차츰 알려지고 있다. 뇌의 베타 아밀로이드 단백질에 대해 들어본 적이 있을지 모른다. 이 단백질이 잘못 접히면 서로 뭉쳐서 끈적끈적한 '플라크plaque'가 침착되는데 알츠하이머의 특징으로도 알려져 있다. 개들도 알츠하이머 비슷한 베타 아밀로이드가 생긴다. 이것이 인지력 저하와 관련 있다. 과학자들이 알츠하이머에 대해 더 알아내고 치료법을 찾기 위해 개를 연구하는 건 이 때문이다. 사람뿐 아니라 개에게서도 뇌 건강과 심혈관 건강의 연결 고리가 나타난다. 노인 환자의 경우 치매가 없더라도 동맥의 경직도가 높을수록 뇌에 베타 아밀로이드가 점진적으로 축적된다. 이러한 사실은 혈관 질환이 심할수록 신경 퇴행성 질환의 특징인 플라크가 많다는 것을 시사한다. 심혈관 건강을 지키는 것이 뇌와 이동성(뻣뻣함을 피하는 것!)을 지키는 열쇠라는 뜻이다. 결국, 개든 사람이든 심장에 좋은 것이 뇌 건강에도 좋다.

메틸화 과정은 DNA를 계속 복구한다. 인간이든 개든 몸에 메틸기가 늘어나거나 줄어들면 DNA가 활성화하거나 비활성화하여 핵심 생명 과정에 영향을 주므로 커다란 생화학적 변화가 일어난다. 따라서 메틸화가 잘못되거나 불균형해지면 문제가 발생할 수 있다. 개를 대상으로 한 연구에 따르면 메틸화 결손은 심혈관계 질환, 인지 능력 저하, 우울증, 암과 관련이 있다. 하지만 많은 의문점이 남아 있다. 메틸화의 변화가 노화의 원인 또는 결과인가? 혹은 노화와 다른 방식으로 연결되어 있는가? "아무도 확실히 모르고 추측만 할 뿐이지요." 메틸화 연구를 이끈 UCSD의 트레이 이데커 교수는 말한다. 2020년 8월에 테네시에 사는 개 어지가 스무 살의 나이로 세계 최고령 골든레트리버 신기록을 세우자 전 세계의 수많은 사람들이 어지의 장수 비결을 알고 싶어 했고 이데커 교수의 통찰이 반향을 일으켰다. 이제는 무엇이 메틸화 속도를 설정하는지, 왜 어떤 동물은 다른 동물보다 메틸화가 빨리 일어나는지 알아내는 것이 연구자들의 목표다. 이 유전자 시계를 이해하면 사람과 개의 노화 과정을 제어할 수 있게 될지도 모른다.

DNA 변이는 슈퍼 사이언스

단일 염기 다형성(single nucleotide polymorphism, SNP)은 DNA 염기서열에서 변이가 나타나는 것을 뜻한다. SNP는 질병과 환경 요인(식품 포함), 약물에 대해 반응하기 위해 유전자 표지를 제공하는 것으로 여겨지는 유전적 명령 집합에 변이가 일어난 것이다. DNA

코드가 특정하게 편집된 변이이며 개의 경우 털 색깔이나 높은 암 감수성, 히스타민 제거 불능 같은 특징으로 나타날 수 있다.

일부 SNP와 유전자 변이의 조합은 염증을 줄이고 정상적인 해독 작용과 면역을 촉진하고 건강한 신경 전달 물질을 생산하는 데 중요한 여러 영양소를 만들고 사용하는 신체 능력에 큰 영향을 미칠 수 있다. 특정 유전자 변이는 몸이 세포로부터 원래와 다르거나 잘못된 명령을 받게 만들기도 한다. 예를 들어, 단백질 합성 과정에서 대체 아미노산 선택은 단백질의 모양을 변화시킨다. 체내 하류에서 일어나는 일이 다른 세포나 장기 혹은 조직의 기능을 바꾸거나 영향을 줄 수 있다는 뜻이다. 유전자 때문에 말이다. 하지만 만약 첫 번째, 두 번째, 세 번째 아미노산 선택에 필요한 아미노산이 식단에 충분하게 들어 있지 않다면? 이때 영양이 DNA에 영향을 미친다. 우리는 초가공 펫푸드에 아미노산(단백질)을 비롯한 중요한 영양소들이 양과 질 모두 부족하다는 사실을 뒤에서 살펴볼 것이다. 질 낮은 영양소는 유전자 변이와 더불어 개들이 중년 또는 10세 이전에 퇴행성 질환에 걸리는 부분적인 이유가 된다.

DNA 변이가 꼭 병을 일으키지는 않지만 상대적인 위험 지표가 될 수 있다는 사실을 아는 것이 중요하다. 마찬가지로 반려견에게 어떤 질병의 위험 지표로 알려진 유전자가 없다 해도 그 병에 걸리지 않는다는 뜻이 아니다. 발병률이 다른 개들보다 낮다는 뜻일 뿐이다. 휴먼 게놈 프로젝트가 완료된 이후 SNP와 특정 질병, 형질 및 질환의 연관성을 설명하는 연구가 쏟아졌다. 개를 대상으로 하는 똑같은 유형의 연구도 진행 중이다. 음식이 게놈에 영향을 미치므로 과학자들은 사람과 개의 메틸화 경로를 좌우하는 SNP 패턴을 찾아 전반적으로 건강에 유익한 영양 정보를 알아내려 한다. 이 새로운 연구 분야를 메틸유전영양학methylgenetic nutrition이라고 부른다.

개의 DNA는 개의 생리를 제어한다. 몸이 영양소와 효소를 얼마나 잘 만들고 독성 물질을 얼마나 효과적으로 제거하는지 같은 것이 여기에 포함된다. 당신이나 반려견에게 정상적인 생리 작용과 신진대사, 해독 메커니즘을 막는 변이(SNP)가 있다면, 중요한 영양소를 공급(개입)하지 않으면 몸이 망가지기 쉽다. 두려움을 포함해 개의 행동 전반에 영향을 미치는 유전적 변이가 있다는 사실도 연구로 밝혀지고 있다.

다행히 의학은 유전자 진단에 빠른 속도로 대응하고 있다. 메틸유전영양학과 기능적 게놈 영양 분석이 벌써 바이오 해커들, 운동 선수들, 맞춤형 영양과 보충으로 건강을 최적화하려는 사람들 사이에서 인기를 얻고 있으니 말이다. 간단한 DNA 타액 검사로 개인의 고유한 유전자 변이를 알 수 있다. 이 원자료를 혈액 검사 결과와 함께 전문 소프트웨어에 입력하면 의사와 영양학자가 추가 지원이 필요한 신진대사 경로를 확인한다. 환자 개인의 유전자 프로필에 완전히 맞춤화된 방식이다. 이 다음 과정으로 개인의 신진대사에 필요한 보조 인자 또는 영양소를 권해줄 수 있다.

한마디로 맞춤형 약 + 영양이다! 게놈을 이용해 어떤 약과 화학요법이 적절한지, 어떤 비타민과 미네랄, 보충제가 좋고 또 무엇을 피해야 하는지 알 수 있어서 효과도 더 좋아진다. 개의 경우 지금은 유전병 표지만 검사하지만, 다행히 수의학도 맞춤 약과 영양의 방향으로 나아가고 있다. 앞으로 몇 년 안에 수의사들이 게놈 영양 분석을 이용할 수 있게 되면 다양한 동물들이 맞춤 영양과 보충의 혜택을 받을 것이다. 동물의 독특한 유전적 구성을 바탕으로 한 의학과 약물 프로토콜도 나올 것이다. 이미 웰니스 기업들은 개의 DNA 검사 결과와 품종에 따른 질병 소인, 생활 방식과 인생 단계에 맞춘 뉴트라수티컬* 프로토콜을 만들고 있다.

건강 지킴이를 위한 교훈

- 삶은 파괴와 재건의 끝없는 순환이다. 노화는 정상적이고 지속적인 과정이며 유전적 요인과 환경적 요인을 모두 반영하는 신체 내의 여러 행동이 포함된다.
- 노화의 다양한 경로나 특징은 (그리고 세포와 장기, 전신의 기능 장애로 이어지는 무수한 길은) 사람이나 개나 똑같다. 사람과 비슷한 발달 단계를 거치지만 훨씬 더 빨리 늙는 개는 최적의 노화 프로그래밍 단서를 찾는 연구 기회를 제공한다.
- 유전자 돌연변이와 영양 결핍은 개의 메틸화 속도를 높이거나 낮춰서 노화를 가속하거나 늦춘다.
- 사이즈가 중요하다. 몸집이 큰 개일수록 작은 개보다 조기 사망 위험이 크다. 부분적으로는 신진대사 능력의 차이, 그리고 체중에 관련된 퇴행성 질병 위험성 때문이다. 나이와 품종이 가장 큰 위험 요소이다.

---

* nutraceutical, 영양을 뜻하는 뉴트리션nutrition과 의약품을 뜻하는 파마수티컬pharmaceutical의 합성어로 질병 치료와 예방에 효과적인 식품 또는 식품 성분을 말한다. 쉽게 말하자면 건강기능식품이다. — 옮긴이주.

- 너무 이른 중성화나 난소 제거는 장기적으로 개의 건강과 행동에 영향을 미칠 수 있다. 사춘기 이전의 강아지라면 성기를 완전히 제거하는 대신 자궁 절제술이나 정관 수술을 고려한다.
- 개의 질병 유전자 지도를 만들기 위한 개 게놈 프로젝트가 진행 중이다.
- 포도당(당류)과 단백질이 따뜻한 체내에서 섞이고 열이 가해질 때 해로운 화학 반응이 일어난다. 결과적으로 MRP(AGE와 ALE 포함)처럼 생물학적 대혼란을 일으키는 해로운 물질이 발생한다. 이 화합물들은 마이코톡신, 글리포세이트, 중금속 같은 또 다른 해로운 성분과 결합하여 시판 펫푸드를 더 건강에 해롭게 만든다.
- 펫푸드가 얼마나 건강한지 측정하는 간단한 방법은 가공 과정에서 몇 번이나 조리/가열되었는지를 체크하는 것이다(자세한 내용은 3부에서 다룬다).
- 사람용 그리고 반려동물용 식품 산업은 연구와 조사 과정, 규정이 서로 다르지만 둘 다 교묘한 마케팅 전략을 사용해 초가공 제품을 강력하게 밀어붙인다.
- DNA는 정적이지만 DNA의 행동이나 표현은 매우 동적이다. 이것이 후생 유전학적 스위치이다. DNA 행동을 바꾸는 가장 중요한 후생 유전학적 방아쇠는 음식의 영양소, 환경 그리고 운동이다.
- 자가 포식은 신체를 청소하고 깔끔하게 유지하기 위한 중요한 생물학적 과정이다. 식단, 식사 시간, 운동을 통해 자가 포식을 활성화할 수 있다.

- 반려견은 어린아이들과 마찬가지로 바람직한 가정 환경, 행동 및 사교성에 대한 일상적인 지침이 있어야만 올바르게 행동하고 스트레스에 강한 명랑한 개로 성장한다.
- 반려견의 나이에 무조건 7을 곱한다고 사람 나이가 되는 것은 아니다. 개의 '나이'를 측정하는 방법이 여러 가지 있지만, 강력한 후생 유전학적 스위치는 개의 건강이나 기능 장애를 결정하는 가장 중요한 요소이다.

2부
세계 최고령견의 비결
— 긴 꼬리

4장 식단을 통한 디에이징

— 음식은 건강 및 장수 유전자에 전달되는 정보

우리가 먹는 것은 곧 우리 자신이 된다.
우리는 무엇으로 나를 구성할지 직접 선택할 수 있다.

— 작자 미상

음식이 곧 약이고 약이 곧 음식이다.
하지만 아플 때 먹는 것은 병에 먹이를 주는 것과 같다.

— 히포크라테스

오스트레일리아 목축견 블루이Bluey는 1910년 오스트레일리아의 빅토리아에서 태어났다. 녀석은 29.5년을 살아 세계 최고령견으로 기네스북에 올랐다. 블루이는 농장에서 생활하며 양과 소들 사이에서 일했다. 매기Maggie라는 이름의 오스트레일리아 목양견은 2016년에 자다가 세상을 떠났다. 당시 알려진 매기의 나이는 30세였다. 매기도 블루이처럼 농장에서 살았다. 매기는 출생일을 증명할 기록이 없어서 기네스북에 오르지는 못했다. 이 두 마리 개는 공통점이 많았다. 둘 다 너른 야외를 뛰어다녀서 운동량이 많았고 자연에 노출되어 있었다. 매기의 주인 브라이언에 의하면 매기는 매일 주인의 트랙터를 따라다녔다. 농장에서 생활한다는 것은 신선한 자연식을 많이 먹을 수 있다는 뜻이기도 했다. 가공 식품이 없고 단백질이 충분하고 지방은 더 많았던 매기의 균형 잡힌 식단은 주로 생식으로 이루어졌다. 그리고 매기와 블루이는 삶의 질이 높고 스트레스가 적었다.

블루이와 매기는 이른바 '므두셀라견'이다. 유난히 오래 산 이 개들은 에니쾨 쿠비니 박사가 이끄는 부다페스트의 연구팀 덕분에 세계의 헤드라인을 장식하고 있다. 므두셀라는 성경에서 가장 오래 산 인물로 장수를 상징한다. 성경에 따르면 969세까지 살았다고 한다. 사람을 대상으로 한 연구에서는 100세 이상 사는 사람들을 므두셀라라고 한다. 개의 경우 17세 이상 살면 므두셀라로 간주한다(하지만 지금까지 살펴본 바와 같이, 견종이나 크기에 따라 차이가 크다). 적어도 22.5년 이상 사는 잡종견은 므두셀라라고 할 수 있다. 연구에 따르면 22~25살까지 사는 1,000마리의 개 중에서 잡종견은 한 마리뿐이다. 개들은 대부분 각종 질병으로 젊은 나이에 죽는다. 그리고 많은 질병이 식단이나 운동처럼 충분히 수정 가능한 위험 요인들에 기인한다.

연구자들이 노화 연구에 개를 이용하는 사례가 점점 늘어나고 있다는 점을 다시 한번 언급할 필요가 있다. 개는 사람으로 하여금 다양한 노화 경로와 생활 방식을 이해하고 변화를 주어 삶의 질과 수명을 늘릴 수 있도록 돕는 좋은 모델이다. 개를 이용한 노화 연구는 공생을 위한 것이기도 하다. 개들이 제공하는 노화의 단서를 통해 그들의 수명을 연장시킬 방법도 알 수 있다.

저자들은 이런 질문을 자주 받는다. 반려견이 오래 살도록 견주가 실천할 수 있는 단 하나의 확실한 행동은 무엇인가요? 그 '단 하나의' 확실한 행동이 사람에게도 똑같은 효과가 있다는 것을 알면 놀랄지 모른다. 그것은 바로 '식단을 최적화하라'이다. 다시 말하자면, **더 잘 먹고 더 적게 먹고 덜 자주 먹어라**. 이론상으로는 간단하지만 실생활에서 실천하기는 쉽지 않다. 건강에 해로운 각종 가공 식품이 매력적인 포장으로 우리를 유혹한다. 자신의 식습관에 대해 생각해보라. 살을 빼거나 만성 질환을 관리하기 위해 유행하는 다이어트를 시도해본 적이 얼마나 많은가? 탄수화물 섭취량을 계산하거나 저녁밥 양을 줄이기도 하고 책에 나오는 엄격한 식단에 따라 매일 먹는 음식을 기록하기도 했을 것이다. 누구나 살면서 건강한 식단을 실천하려고 노력해본 경험이 있을 것이다. 잠깐 동안 열심히 하다가 무너지고 새해를 맞아 또다시 결심을 다진다.

하지만 개들은 식단을 선택할 수 없다. 견주나 보호자가 올바른 선택을 해줄 것이라고 전적으로 믿어야 한다. 잠깐 반려견의 입장이 되어보자. 사랑하는 인간이 매일 당신의 끼니를 챙겨준다. 당신은 아무런 선택권이 없다. 원초적인 배고픔 때문에 그냥 주는 대로 먹는다. 그런데 먹을 게 가공 식품뿐이라면 그 영향이 당신의 몸(허리둘레)은 물론 정신과 면역 체계에 나타나기 시작할 때까지 얼마나 시간이 걸릴까? 별로 오래 걸리지 않을 것이다. 며칠 또는 몇 주면 충분하다. 체중이 야금야금 늘어나고 몸이 나른하고 머릿속도 안개가 낀 것처럼 멍할 것이다. 잠을 깊이 자기도 어렵다. 스트레스 수준과 불안이 커지고 코르티솔 수치가 급증한다. 결국에는 깨끗하고 신선한 자연식을 갈망하게 될 것이다. 우리 조상들은 바로 그런 음식을 먹었다. 자연에서 난 신선한 음식에 든 영양소를 필요로 하는 것은 이미 우리의 유전체에 새겨져 있다. 개의 조상인 늑대들에게 먹이를 찾는 일은 전략과 슬기가 필요한 과제였다. 신체적인 움직임도 많이 필요했다.

고대 늑대와 현생 늑대는 모두 전형적인 육식 동물이다. 사슴, 엘크, 들소, 무스와 같은 크고 발굽이 있는 포유류 먹이를 선호한다. 비버, 설치류, 산토끼 같은 작은 포유류도 사냥한다. 그들의 식단은 주로 가공을 거치지 않은 단백질과 지방으로 이루어진다. 마찬가지로, (글로벌 공급망을 갖춘 현대의 식품 산업이 존재하지 않았던 시절) 우리의 조상들도 수렵과 채집으로 살아갔다. 그들도 야생 동물과 생선, 견과류와 씨앗 등이 풍부한 식단을 섭취했다. 늑대도 열매, 풀, 씨앗, 견과류를 먹었으므로 이 사실은 두 종의 식습관을 잡식성 논쟁에서 취약하게 만든다. 초기 인류는 제철이면 과일을 먹을 수 있어 행운이었다. 연구에 따르면 고대의 과일은 시큼하고 씁쓸한 맛이었을 가능성이 크다. 하지만 우리는 지난 200년 동안 극도로 달콤한 음식을 먹어왔다. 고대의 사과는 오늘날의 사과와 전혀 닮지 않았다. 인간은 미적 욕망에 따라 개를 교배한 것과 마찬가지로 과일도 선호에 따라 교배했다. 오늘날의 과일은 커다란 사탕, 영 시원찮은 종합 비타민제가 되어버렸다.

그리고 조상들은 우리만큼 많이, 자주 먹지 않았다. 식량을 구하려면 큰 노력이 필요했으므로(운동) 아침이 하루 중 가장 중요한 식사는 아니었을 것이다. 식량을 구하려면 온종일 또는 며칠까지 걸렸을 테니까. 굶는 날도 있었겠지만 상관없었다. 인간의 몸은 기아 시기를 견디도록 진화했다. 생존을 위해 꼭 필요한 일이었다. 우리 몸에는 장기간의 식량 부족 문제에 대처하는 생명공학 기술이 갖추어졌다. 하지만 석기 시대의 생명공학 기술과 편리한 가공 식품이 판치는 현대가 만나면 문제가 생긴다. 석기 시대에 우리와 함께 '자라고,' 21세기를 함께 사는 개들도 마찬가지이다. 개는 물론 고양이도 여전히 육식 동물의 정의에 부합한다. 이들은 위장관이 무척 짧고 햇빛으로 비타민 D를 합성할 수 없으며 타액에 아밀레이스(탄수화물 소화 효소)가 들어 있지 않다. 그러나 집에서 기르는 개들은 췌장에서 분비되는 아밀레이스가 늘어났는데 이 때문에 수의사들은 개가 채식주의자가 될 수 있다고 가정한다. 하지만 우리는 그렇게 생각하지 않는다.

식단과 비만을 연구하는 제이슨 펑Jason Fung 박사에 따르면 칼로리라고 다 똑같은 칼로리가 아니다. 펑 박사는 시간 제한 식사의 효과와 칼로리에서의 차이(이를테면 시럽 뿌린 팬케이크 한 무더기와 채소 오믈렛의 차이)에 관한 논문을 여러 차례 발표했다. 현재 인간 영양학에서 널리 받아들여진 그의 통찰은 동물 영양학자들의 거의 모든 권장 사항과 충돌한다. 탄수화물로만 이루어진 식단은 균형 잡힌 단백질과 건강한 지방으로 구성된 식단과 신진대사 측면에서 완전히 다르게 작용한다. 또 모든 탄수화물이 똑같이 만들어지는 것도 아니다. 우리 몸이 탄수화물 풍부한 식사에 어떻게 반응하는지는 체내의 화학적 구성과 탄수화물의 소화 속도에 달려 있다. 구운 채소처럼 혈당이 느리게 상승하는 탄수화물을 소화할 때와 시리얼처럼 혈당이 빠르게 상승하는 탄수화물을 소화할 때 느낌이 다를 것이다. 혈당이 느리게 상승하는(혹은 느리게 연소하는) 탄수화물은 소화가 빨리 되고(빠르게 연소) 계속 먹고 싶게 만드는 탄수화물보다 포만감이 더 오래 간다. 모든 수의사들이 동의하는 사실을 하나 꼽자면, 건강한 개는(고양이와 달리) 진화적으로 기아에 적응되어 있다는 것이다. 개도 새벽과 어스름에 사냥할 때마다 매번 성공한 것은 아니었다. 그러나 사냥에 성공하지 못해도 며칠을 버틸 수 있었다. 신선한 저녁거리를 사냥하지 못하면 고기 찌꺼기, 식물, 도토리, 열매 등 구할 수 있는 것을 먹었다.

암을 연구하는 토머스 사이프리드Thomas Seyfried 박사는 30년 이상 예일 대학교와 보스턴 칼리지에서 암 치료와 관련 있는 신경유전학과 신경화학을 가르쳤다. 그는 우리에게 일리노이 수의대에서 100일 이상 금식한 오스카라는 개의 이야기를 들려주었다. 이것은 실험 동물의 처우를 개선하는 대학의 윤리 이사회가 생기기 전에 이루어진 실험이었다. 사이프리드 박사에 따르면 오스카는 실험이 끝나고 농장으로 돌려보내진 뒤에도 3피트(약 1미터) 높이의 울타리를 뛰어넘어 제집에 들어갈 수 있었다. 이 끔찍한 연구를 언급하는 이유는 건강한 개들이 성공적으로 단식할 수 있다는 사실을 알려주기 위해서이다. 이 책에서 특정한 단식법을 추천하지는 않을 것이다. 단식은 개의 나이와 건강 상태에 맞춰서 이뤄져야 한다. 하지만 반려견들이 실제로 식사를 거르지 않고도 단식의 혜택을 누릴 수 있는 단식 모방 전략을 소개할 것이다.

음식의 힘

음식의 힘을 이해하는 일은 당신과 반려견의 건강을 개선하고 건강 수명을 늘리기 위해 필수적이다. 음식은 생활 의학의 초석이다. 앞에서 말했듯이 음식은 단순히 몸의 연료가 아니라 정보information이다(말 그대로 음식은 '몸에 형태form를 넣는다into'). 음식을 그저 열량 에너지라고, 미량 영양소와 대량 영양소(구성 재료) 덩어리라고 여기는 것은 단순하고 잘못된 생각이다. 반대로 음식은 후생 유전적 표현의 한 도구이다. 식단과 게놈은 상호작용을 한다. 다시 말해서 당신이 먹는 음식은 세포와 소통한다. 이 중요한 의사소통이 DNA에 지시를 내린다. 평생에 걸친 지속적인 영향력 때문에 영양은 건강에 가장 중요한 환경 요인일 것이다. 실제로 음식은 반려견의 건강을 증진하거나 파괴하는 가장 강력하고 영향력 있는 방법이다. 음식은 치유할 수도 있고 해칠 수도 있다. 분자영양학은 이 상호작용을 이해하기 위한 노력이다. 영양게놈학(영양유전학이라고도 함) 또는 영양과 유전자의 상호 작용에 관한 연구(특히 질병 예방 및 치료와 관련하여)는 개의 건강과 수명에 가장 중요한 열쇠이다.

의학이나 수의학에서는 영양을 광범위하게 가르치지 않는다. 적어도 생리학, 조직학, 미생물학, 병리학 같은 과목만큼은 아니다. 물론 이런 과목들은 무척 중요하다. 하지만 영양을 다루는 '학문'이 따로 존재하지 않고 수의대 과정에서 무척 짧게 다뤄질 뿐이다. 현재 그 부족함을 깨닫고 있으니 미래 세대의 의사와 수의사를 위한 변화가 이루어질지도 모르겠다. 하지만 의대와 수의대는 대체로 기존의 방식을 이어가고 있다. 먼저 생물학과 생리학의 기본을 가르치고 그 다음에 질병을 진단하고 치료하는 법을 가르친다. 애초에 질병을 예방하는 방법은 거의 가르치지 않는다. 의학과 마찬가지로 수의학도 예방이 아닌, 질병과 증상을 관리하고 통제하는 고대의 패러다임에 머물러 있다. 수의사가 영양 개입, 생활 방식의 선택, 위험 및 예방 전략 같은 것에 대해 말해주지 않는 이유는 일부러 중요한 정보를 막는 것이 아니다. 수의대에서 배우지 않았기 때문이다.

게다가 수의대생들이 받는 영양 교육은 의대생과 마찬가지로 보통 펫푸드 기업과 연결된 영양학자들이 담당하므로 편파적일 수 있다. 수의사들은 가공 펫푸드 산업 내에서, 즉 동물의 건강을 해치는 식품을 만드는 제조업체들로부터 주로 정보를 얻는다. 여우가 닭장을 지키는 셈이다! 솔직히, 더 나쁘다. 여우가 닭장 안에 들어가 있으니까!

영양 문맹은 세계적인 문제이다. 2016년 유럽의 수의대 학장과 교수진 63명을 대상으로 시행한 설문 조사 결과, 응답자의 97퍼센트가 환자(동물)에 대한 영양 평가가 핵심 역량이라고 생각한다고 답했다. 그러나 수의학과 졸업생들의 동물 영양 분야에 관한 기술과 수행 능력에 만족한다는 답은 41퍼센트 밖에 되지 않았다.

신선식에 대해 잘 아는 수의사들이 빠르게 증가하고 있지만, 수의대에서 최적의 레시피로 직접 만든 음식의 영양소 필요량을 계산하는 법을 가르치기 때문은 아니다. 소형 동물 영양 수업에서 펫푸드 가공 기술(압출, 캔, 오븐 가열, 탈수, 동결 건조, 화식, 생식)이 영양소 손실에 영향을 미친다는 사실을 배워서도 아니다. 이러한 수의사들에 대한 수요는 소비자가 주도한다. 반려인들이 더 신선한 음식을 고집하고 수의사들은 고객을 잃지 않기 위해 스스로 공부해야만 한다. 영양적으로 균형 잡힌 홈메이드 식사 급여에 대하여 수의사와 투명하고 유익한 대화를 나눌 수 없는 경우가 많다. 반려인들은 www.freshfoodconsultants.org 같은 온라인 사이트에서 영양학적으로 완벽한 조리법을 배울 수 있다.

로드니가 운영하는 플래닛 포스Planet Paws 페이스북 페이지가 2012년에 처음 문을 열었을 때, 일반적인 건식 사료의 성분 목록이 하루 만에 50만 회 넘게 공유되었다. 관객들이 빠르게 늘어나면서 지식에 굶주린 사람들이 많다는 사실이 드러났다. 사람들은 반려동물에게 제대로 된 음식을 먹이고, 제대로 돌보는 데 필요한 지식을 간절히 원했다. 가장 인기를 끈 '생가죽 씹기'에 관한 게시물의 조회수는 5억 회가 넘었고, 생가죽이 만들어지는 방법을 설명하는 첨부 영상은 조회수 4,500만 회를 기록했다. 2020년에 이르러 로드니의 플래닛 포스 페이지의 팔로워는 350만 명에 달했고 인터넷에서 입소문을 탄 게시물은 대부분 식단 관련 주제였다.

반려동물을 키우는 사람들은 지도를 원한다. 반려동물의 영양과 건강에 대한 사실 중심적이고 과학적으로 뒷받침되는 지혜를 간절히 원한다. 속임수도 거짓 광고도 아닌 진실을 말이다. 로드니의 TED 강연이 개 관련 강연 가운데 역대 최고의 조회수를 기록했고, 닥터 베커의 TED 강연이 전 세계 수의사 가운데 최초로 견종에 적합한 영양을 다루었다는 사실은 어쩌면 전혀 놀라운 일이 아닐지 모른다. 우리는 현재 펫푸드 산업에 일어나고 있는 변화를 기분 좋게 지켜보고 있다. 반려동물들의 생명과 복지를 위협하는 초가공 식품의 홍수 속에서도 좀 더 투명하고 윤리적인 펫푸드 기업들이 등장하고 있다. 바로 지금 혁명이 일어나고 있다. 아직 그 혁명에 참여하고 있지 않은 사람이라도 이 책을 읽고 나면(또는 이 장을 다 읽고 나면!) 그렇게 될 것이다. 우리만 이런 생각을 하는 것이 아니다. 식품학자 마리온 네슬레Marion Nestle는 "우리는 식품 혁명의 한복판에 서 있습니다"라고 말한다. 이는 사람과 반려견 모두에게 해당한다. 그녀는 이 혁명을 '좋은 펫푸드 운동'이라고 부른다. 사람의 대안 식단과 마찬가지로 반려견의 대안 식단에는 유기농, 자연식품, 신선 식품, 현지 생산, GMO 프리, 인도적 사육 식품 등이 포함될 수 있다.

식품 한 봉지에서 최적의 영양분을 얻는 것이 과연 가능할까? 불가능하다. 단백질 셰이크는 필요한 영양소를 전부 공급해줄 수 없다. 1부에서 살펴본 것처럼 부족한 비타민이나 영양소를 채우기 위해 올인원 음료에 의존하는 경우라도 짧은 기간만 그렇게 할 뿐이다(예: 입원 기간). 가공 식품에 속하는 이런 음료들에는 매일 권장되는 모든 영양소가 들어 있지만 평생 동안 유일한 음식 공급원으로 활용하도록 만들어진 것이 아니다. 사람도 개도 단일 가공 식단으로 건강하게 살아가는 것은 불가능하다.

건식 사료만으로는 반려동물의 몸에 필요한 영양분을 제대로 공급할 수 없다는 사실을 깨닫는 반려인들이 점점 늘어나고 있다. 2020년에 시행된 연구에 따르면 반려동물에게 오로지 초가공 식품만 먹이는 사람들은 13퍼센트밖에 되지 않는다. 87퍼센트가 다른 것도 먹인다는 뜻이므로 무척 반가운 소식이다. 일부 국가는 반려동물의 건강 회복을 위한 경쟁에서 남들보다 앞서 있다. 오스트레일리아는 그 어떤 국가보다 반려동물에게 건식 사료나 캔 사료보다 신선식을 많이 먹인다.

수의사와 반려인들 사이에서 신선식에 대한 의견 차이가 큰 이유가 있다. 음식은 유일하게 DIY 옵션을 제공하는 만큼(집에서는 건식 사료를 만들 수는 없다) 잘못될 가능성이 있기 때문이다. 실제로 잘못하는 사람들이 있다. 사랑이 넘치는 주인들은 좋은 의도로 시작하지만 반려동물을 위한 영양적으로 균형 잡힌 식사가 무엇인지 잘 알지 못해서 재앙을 초래하는 경우가 생긴다. 수의사들은 반려견에게 (부적절한) 신선식을 주면 불운한 결과가 일어날 수 있다고 말한다. 즉, 급성 설사에서부터(음식을 너무 빨리 바꿔서) 치명적인 속발성(續發性) 부갑상선기능항진증(부적절한 칼슘 비율이 수개월에서 수년간 이어지면서 생기는 대사성 골 질환)까지 나타날 수 있다는 말이다. 불균형한 가정식이 영양학적으로 잘못된 결과를 초래할 수 있음을 보여주는 사례는 너무도 많다. 지난 15년 동안 영양학적으로 완전한 생식 펫푸드 시장이 호황을 누린 이유이기도 하다. 5대 펫푸드 업체들에게는 실망스럽겠지만, **반려동물용 신선식은 가장 빠르게 성장 중인 시장 중 하나이다.** 800억 달러 규모에 이르는 초가공 펫푸드 산업을 지배하는 5대 대기업 중에서 현재 식용의 고품질 휴먼 그레이드 재료로 신선한 펫푸드를 생산하는 업체는 하나도 없다[펫푸드 업계에서 부동의 1위를 지키는 마스 펫케어는 현재 세계적으로 가장 잘 팔리는 사료 브랜드 5개 중 3개를 소유하고 있으며(페디그리, 휘스카스, 로열 캐닌) 총 50개에 이르는 브랜드를 거느린 거인이다]. 이 기업들은 현재 휴먼 그레이드 재료로 신선한 펫푸드를 만들며 성장하고 있는 기업들에게 이익을 빼앗길수록 신선식에 대한 공포감을 조장하는 기사들을 내보낸다. 반려견에게 먹일 사료가 영양학적으로 적절한지 확인하는 방법은 나중에 자세히 살펴볼 것이다. 집에서 직접 만든 식사는 영양 적정성(또는 불충분성)에 따라 최고의 음식이 될 수도 있고 최악의 음식이 될 수도 있다.

반려견을 위한 홈메이드 식단이 재앙을 초래하는 이유는 제대로 된 지식 없이 추측에 의존하기 때문이다. 우리는 이 책에서 반려인들이 실행할 수 있는 과학으로 뒷받침되는 청사진을 제공하고자 한다. 흥미롭게도, 영양적으로 완전한 조리법을 올바르게 실천해 반려견의 건강을 직접 회복시킨 견주들의 사례가 수없이 많지만, 정작 여러분은 많이 들어보지 못했을 것이다. 세계적으로 신선식에 해박한 수의사들이 급격히 늘어나고 있는 이유 또한 도저히 가망 없던 반려동물들이 기적적으로 회복된 사례가 대단히 많기 때문이다. 결코 무시하기 어려운 결과이다. 많은 수의사들이 주인이 만든 신선한 식단으로 건강이 개선되거나 병이 호전된 개들을 직접 목격한 후 생각을 바꿨다. 신선식에 찬성하지 않는 수의사들은 끔찍한 부작용 사례들을 들려주겠지만, 그들은 분명히 '대안적 자유 급여'로 반려견의 삶을 변화시킨 수십, 수백 명의 견주 사례 또한 알고 있을 것이다. 동물 영양학자 도나 래디틱 박사는 초가공 펫푸드를 영양 관리 표준으로 권장하는 수의사들은 수의사에 대한 반려인들의 신뢰를 떨어뜨릴 것이라고 지적한다. 2020년에 오스트레일리아, 캐나다, 뉴질랜드, 영국, 미국의 반려인 3,673명을 대상으로 설문 조사를 시행한 결과, 64퍼센트가 반려견에게 홈메이드 가정식을 제공한다는 사실이 드러났다. 아마 그들은 갈등을 일으키기 싫어서 수의사에게 식단 이야기를 꺼내지 않을 것이다.

회의적인 수의사들이 얼마나 많은 신선식 성공 사례를 보아야만 호기심이 생길지, 적어도 마음이 누그러져서 신선식을 실천하는 반려인들과 대화를 나눌런지 의문이다. 그러나 반갑게도 수백만 명의 애견인들이 스스로의 힘으로 지식을 갖춰 반려견의 영양과 생활 방식, 환경을 극적으로 개선하고 있다. 결과적으로, 그들은 반려견의 건강에 긍정적인 영향을 미쳤다. 열린 사고방식으로 동물 건강 분야의 새로운 동향을 공부하는 수의사들도 많다. 전 세계 수천 명의 수의사가 그들이 직접 개입하지 않은 극적인 개선 사례의 비결을 파헤친 덕분이다. 건강에 관한 다른 패러다임 변화와 마찬가지로 옛것과 새것 사이의 균열은 이미 시작되었다. 신선식에 대해 더 배우기를 원하는 수의사들을 위한 단체인 생식수의학회The Raw Feeding Veterinary Society는 반려견 부모들이 업계에 가한 변화의 압력이 이루어낸 결과이다.

전 세계에서 작고 독립적인 신선식 펫푸드 업체들이 생겨나고 있다. 최소한의 가공을 거친 신선한 재료로 제대로 된 먹거리를 만들려는 열정적인 영양 전문가들이 기업을 이끈다. 물론 펫푸드 시장 전체에서 아주 작은 부분을 차지할 뿐이지만, 평생 패스트푸드만 먹는 것이 반려견에게 얼마나 위험한지 알게 된 견주들이 점점 늘어남에 따라 앞으로 더 크게 성장할 것이다. 신선식을 지지하는 수의사와 애견인들은 수십 년 동안 비난을 받았다. 그러나 이제 반려견에게 덜 가공된 음식을 먹여야 한다는 방향으로 반가운 변화가 일어나고 있다. 솔직히 '날 것'을 뜻하는 생식이라는 단어는 잘못 해석되거나 왜곡되기 쉽다. 저자들은 이 단어를 많이 사용하지 않는데, 최소한의 가공을 거치는 펫푸드 범주에 해당하는 한 옵션일 뿐인데다, 일반적으로 동네 정육점이 아니라 오염됐거나 더럽거나 썩어가는 고기를 연상시키기 때문이다. '생식'에 함축된 부정적인 의미는 예방 건강 혁명을 주춤하게 만들고, 견주들이 사랑하는 반려견에게 본능적으로 또는 유전적으로 필요한 음식을 주지 못하게 만들었다(여러 음식이 담긴 그릇 중에 반려견이 무엇을 선택하는지 한 번 시험해보라). 3부에서는 '신선식'에 날것 말고도 다양한 종류의 펫푸드가 있다는 것을 알게 될 것이다. 그리고 날음식에도 살균된 생식을 포함해서 여섯 가지의 선택지가 더 있다.

한때 트랜스지방(마가린)이 최고로 여겨졌고 의사들마저도 대기업의 담배 판매를 거들었다는 사실을 잊어선 안 된다(농담이 아니다. 1946년에 담배 회사 레이놀즈는 "카멜은 의사들이 가장 많이 피우는 담배"라는 문구로 광고를 시작했다). 오늘날의 과학 지식으로는 절대 용납할 수 없는 일이었다. 아직 반려견에게 생식을 먹일 준비가 되지 않았어도 괜찮다. 살짝 조리한 신선식을 만들거나 구입하면 된다. 초가공 식품의 섭취를 줄이면 반려견의 건강에 매우 긍정적인 변화가 일어날 것이다.

우리가 익히지 않은 닭고기나 정수하지 않은 물, 오염된 바다에서 자란 굴을 즐겁게 먹을 일은 당연히 없을 것이다. 반려견에게도 병을 일으킬 수 있는 음식을 절대로 먹여선 안 된다. 반려견의 수명을 늘리려면 건강에 좋고 안전하고 맛있고 영양소가 풍부한 재료를 사용해야 한다. 개들이 우리가 좋아하는 음식을 좋아할 수도 있지만 종의 차이를 존중해야 한다. 그 방법은 나중에 자세히 알려줄 것이다. 참고로 반려견에게 늑대가 먹을 법한 식단을 주어서는 안 된다. 거의 모든 반려견 사료 포장지에는 늑대 이미지가 들어간다. 사람용 초가공 식품 포장에 행복하고 활기차고 건강해 보이는 사람들의 모습이 들어가는 것과 비슷하다. 우리는 모두 초가공 식품이 장기적으로 건강에 도움이 되지 않는다는 것을 안다. 다만, 탁월한 마케팅이 우리의 약점을 파고드는 동시에 혀를 자극할 따름이다. 개들은 건강한 단백질과 순수 지방, 약간의 탄수화물을 갈망한다. 그것이 바로 녀석들의 조상이 선택한 식단이다. 포장지에 늑대가 그려진 겉만 그럴듯한 사료는 절대로 이런 식단을 제공할 수 없다.

개들은 순수한 날것을 먹도록 진화했고, 그 진화의 결과는 지난 백 년 동안에도 이어져왔다. 하지만 초가공 식품을 피하기 위해 반려견에게 무조건 날것만 줄 필요는 없다. 우리의 목표는 당연히 반려견의 가공 음식 섭취량을 최소화하는 것이지만, 가공 기술이 모두 똑같은 것은 아니다. 3부에서는 어떤 식품이 어떤 범주에 들어가는지 알 수 있도록 간단한 기준(식품 변조 공식)과 함께 펫푸드 브랜드를 평가하는 방법을 알아볼 것이다. 기업들이 소비자가 저가공 제품을 찾는다는 사실을 잘 아는 만큼, 관련 용어들이 약간 교묘하다. 펫푸드 산업에도 '자연', '신선', '생식' 같은 용어가 사용된다. 현재 초가공 펫푸드 제조업체들은 '최소 가공'이라는 용어를 사용해 견주들을 기만하고 있다.

최소 가공 식품, 가공 식품 또는 초가공 식품을 구분하기가 꽤 어려울 수 있다. 진실은 이렇다. 반려견이 직접 먹이를 사냥하거나 마당에서 블랙베리를 따 먹지 않는 이상, 당신이 반려견에게 제공하는 모든 시판 제품은 어떤 식으로든 가공을 거친다. 이론적으로는 채소를 직접 수확하고 씻어서 자르기만 해도 가공이지만, 여기에서는 영양학계에서 널리 통용되는 정의를 사용하기로 한다.

미가공(생식) 또는 '신선한, 순간 가공' 식품: 신선한 날것의 재료를 보존 목적으로 살짝 변형해 영양 손실을 최소화한 식품. 최소 가공법에는 분쇄, 냉장, 발효, 냉동, 탈수, 진공 포장, 살균 등이 있다

(NOVA 식품분류시스템에 따름).

'가공 식품': 이전 카테고리, 즉 최소 가공 식품에 추가로 열 가공을 한 것(즉, 열 가공을 포함해 두 가지 가공 단계를 거친다).

'초가공 식품': 가정에서 조리한 음식에는 들어가지 않는 성분(가정에서 재현 불가능한)이 포함된 산업용 식품. 이미 가공된 재료에 맛, 질감, 색깔, 풍미 강화를 위한 첨가물을 넣으므로 여러 가공 단계가 필요하며 오븐, 훈제, 캔, 압출 가공을 통해 생산한다. 압출은 성형 가능한 상품이나 혼합 재료를(이 경우 개 사료) 작은 컨테이너에 넣어 원하는 모양으로 빼내는 가공법이다. 1930년대에 건조 파스타와 시리얼 생산을 위해 개발되었고 1950년대부터 펫푸드 생산에 적용되었다.

이것으로 명확해졌다. 신선한 순간 가공 식품에는 한 번의 변조를 거친 재료가 들어간다. 생식(냉동), 고압 멸균(HPP) 생식, 미가공 생식 재료로 만든 동결 건조 및 건식 사료가 여기에 포함된다. '순간 가공'이라고 불리는 이유는 변조 또는 가공이 순식간에(매우 짧은 시간 동안) 단 한 차례 가해지기 때문이다. 이론상으로 이 범주에 속하는 펫푸드는 초가공 식품과 완전히 정반대이므로 '극도 미가공' 식품이라고 할 수 있다.

가공된 사료는 추가적인 열 가공을 거치거나 열 가공을 거친 재료가 들어간다. 이 범주에는 (날 것이 아닌) 가공된 재료를 이용해서 만든 화식, 동결 건조, 건식 사료가 포함된다. 이들 식품은 원재료가 반

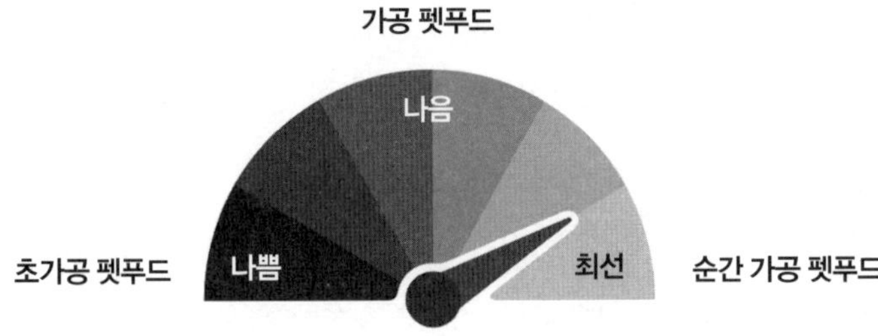

복적으로 가공되거나 가열되지는 않으므로 초가공 식품보다 건강에 좋다.

초가공 사료는 원재료의 열처리를 포함해 여러 번의 열 가공을 거치며 소비자가 일반적으로 구할 수 없는 첨가물이 함유되어 있다. 예를 들어, 고과당 옥수수 시럽이나 닭고기 분말(또는 육분)은 슈퍼마켓에서 살 수 없고 식품 산업계(사람과 반려동물 식품 모두에 해당)만 취급할 수 있다. 사료 제조업체들은 개들이 건식 사료를 먹도록 유혹하기 위해 푸트레신과 카다베린(맛을 강화해주는 첨가제인데 자세히 알아서 좋을 것은 없다) 같은 첨가제를 다수 사용한다. 소비자들은 시중에서 구할 수 없는 것들이다. 다양한 펫푸드에 흔하게 사용되는 옥수수글루텐박은 (슈퍼마켓이 아니라) 원예용품점에서 제초제로 구매할 수 있다. 시판 건식 사료는 집에서 만들 수 없다. 이론적으로 초가공 사료에는 대부분의 '자연 건조' 건식 사료, 일부 탈수 건조 사료(신선한 재료로 만들지 않음), 캔 사료와 오븐 제품, 압출 건조 제품이 전부 포함된다. 3부에서 혼란을 잠재울 간단한 팁을 알려줄 것이다. 어떤 사람들에게는 큰 충격을 안겨줄 것이고 분노가 치밀 수도 있지만 반려견의 건강을 위해 반드시 알아야 할 중요한 정보이다.

세계 최고의 장수 전문가들을 인터뷰하면서 가장 흥미로웠던 점은 그들이 이 주제들 간의 연결 고리를 깨닫고 보인 반응들이었다. 우리는 종종 뛰어난 과학자들에게 그들의 연구가 보여주는 음식의 치유 또는 파괴의 힘, 후생 유전자와 소통하는 방식, 장내 생태계에 미치는 영향 등에 관해 인터뷰한 후에, 그들이 그들의 반려견에게 무엇을 먹이는지 물어보았다. 그들은 자주 "세상에. 이 발견이 다른 포유류에게 어떤 영향을 미치는지는 생각해본 적이 없었어요"라고 답했다. 그리고 "책이 나오면 꼭 보내주세요. 그전에 지금 당장 반려견에게 뭘 먹여야 할지도 알려주시고요!" 같은 반응이 많았다. 이해할 만하다. 우리는 그동안 거대한 패스트푸드 산업이 우리와 반려동물에게 '건강한 음식' 혹은 간식이라고 알려준 것들을 무심코 그대로 믿었다.

의사들은 식습관을 바꾸라고 촉구한다. 이 목표에는 반려견까지 포함해 가족 전체가 들어가야 한다. 3부에서 배울 핵심 장수 토퍼Core Longevity Toppers, 즉 CLT를 식사나 간식에 더하기만 해도 부분적으로 목표를 달성할 수 있다. CLT 슈퍼푸드의 목록은 매우 길지만 어떤 종류의 사료(초가공 사료 포함)에든 첨가해 건강을 전반적으로 개선시킬 수 있다. 한 번에 모든 것을 바꿀 필요는 없다. 반려견의 식단에 전혀 변화를 주지 않아도 괜찮을 수 있다. 대신 간식에 변화를 주면 된다. 비싸기만 한 질 낮은 간식을 CLT로 바꾸면 반려견의 건강을 한 단계 끌어올리는 큰 발걸음을 내딛는 것이다. 이 책을 읽어가면서 당신이 반려견에게 먹이는 사료가 제조업체나 이웃, 수의사의 말처럼 그렇게 대단하지 않다는 사실을 알고 깜짝 놀랄지 모른다. 사료 브랜드의 교체를 고려하는 사람들을 위해, 광고나 인기가 아닌 객관적인 영양학적 기준을 토대로 좋은 브랜드를 선택하는 방법도 알려줄 것이다.

생식, 동결 건조, 화식, 탈수 건조 사료는 모두 초가공 사료나 캔 사료에 비하면 열로 인한 오염이 훨씬 덜하다. 앞으로 이렇게 가공이 덜 이루어진 식품을 전부 '신선 식품' 또는 '순간 가공 식품'이라고 부르기로 하자. 반려견에게 어떤 신선 식품을 얼마나 먹일지는 전적으로 당신의 선택에 달려 있다. 3부에서 여러 다양한 변수를 살펴볼 수 있도록 도울 것이다.

사료에 관한 대화는 혁명을 위한 것이다. 반려견이 (또한 당신이) 먹는 음식에 대해 생각이 바뀌기를 바란다. 반려견의 영양 상태를 개선하기 위해 한 번에 하나씩 실천할 수 있는 방법들이 많다. 반려견의 식단에 아주 간단한 변화만 주어도 뇌 기능, 피부와 털 건강, 호흡, 장기 기능, 염증 상태, 미생물 군집의 균형이 크게 향상될 수 있다. **'패스트푸드(여러 차례 가공을 거친 사료)'를 신선하고 살아 있는 음식으로 바꿀 때마다 반려견의 노화를 늦추는 올바른 방향으로 조금씩 걸음을 내딛는 것이다.**

2T: 유형과 타이밍

'모범적인' 반려견 식사 급여는 다음의 2T로 요약할 수 있다.

유형(Type): 어떤 영양소가 이상적인가?

타이밍(Timing): 식사가 언제 이루어져야 하는가?

유형: 단백질과 지방 50/50

앞에서 언급했듯이 일반적으로 알려진 것과 달리 개의 탄수화물 필요량은 0이다. 현대인의 식단에 탄수화물이 넘쳐나고 반려견용 사료도 대부분 탄수화물로 이루어진 걸 고려하면 터무니없는 말처럼 들릴지 모른다. 1부에서 설명한 것처럼 개는 농업 혁명으로 인류가 수렵 채집자에서 농부로 변했을 때부터 녹말 소화 능력을 끌어올려서 새로운 식생활에 적응했다. 농경 사회로의 변화 이후 진화의 측면에서 꽤 주목할 만한 일이 벌어졌다. 곡식을 재배하기 시작하고 개들과 음식을 나눠 먹은 지 얼마 되지 않아 우리가 녀석들의 유전체를 바꿔놓았다. 개는 탄수화물을 분해하는 효소인 아밀레이스를 늑대보다 더 많이 생산한다. 이 변화는 실제로 늑대가 개로 진화하는 과정에서 매우 중요한 단계였다. 자연 세계는 때때로 가혹하다. 진화하지 않으면 죽는다. 동물들은 식단과 환경 변화와 시련에 적응해야만 살아남아서 DNA를 물려줄 수 있다. 고대 개들은 인간이 던져주는 음식을 먹으며 점차 증가하는 탄수화물 섭취량에 적응했다. 췌장에서 만들어지는 아밀레이스의 양을 늘림으로써 말이다. 그래서 계속 인간과 함께 진화할 수 있었다.

흥미롭게도, 펫푸드 배합 전문가인 리처드 패튼Richard Patton 박사에 따르면 불과 150년 전만 해도 개의 탄수화물 섭취는 총칼로리의 10퍼센트에 못 미쳤다. 활동적인 생활을 하는 개라면 충분히 감당할 만한 수준이었다. 그러나 탄수화물이 풍부한 초가공 사료의 발명 이후 지난 100년 동안 탄수화물 섭취가 급증해서 개들의 신진대사에 좋지 못한 영향을 미쳤다. 개는 탄수화물을 소화할 수 있지만 문제는 그게 아니다. 정제된 탄수화물의 장기적인 섭취는 인간뿐만 아니라 개들의 건강에도 나쁜 영향을 미친다. 췌장에서 탄수화물 분해 효소가 생산되기는 하지만 그렇다고 개의 칼로리 섭취량이 대부분 녹말로 이루어져야 한다는 뜻은 아니다. 그렇게 되면 건강에 문제가 생긴다. 특히 대사 문제가 생겨서 전신 염증 반응과 비만이 초래된다. 마스 Inc. 소유로 미국과 멕시코, 영국에서 수많은 지점을 운영하는 밴필드 동물병원은 지난 10년 동안에만 개들의 비만이 150퍼센트 증가했다고 보고했다.

우리는 늑대와 길든 개의 대량 영양소 연구에 관해 마크 로버츠Mark Roberts 박사에게 흥미로운 이야기를 들을 수 있었다. 뉴질랜드 매시 대학의 수의학 및 동·생물의학 연구소 소속 과학자인 로버츠 박사는 선택권이 주어졌을 때 개가 본능적으로 어떤 음식을 선택하는지에 관한 연구로 유명하다. 개들은 탄수화물을 선택하지 않는다. 오히려 늑대와 마찬가지로 지방과 단백질 공급원을 우선적으로 선택하고 탄수화물을 선택할 확률은 가장 낮았다. 신선식 배합 전문가들이 칼로리(음식의 부피가 아니라)의 약 50퍼센트는 단백질에서, 나머지 50퍼센트는 지방에서 얻어야 한다고 주장하는 건 이 때문이다. 이것이 길든 개와 야생 개가 선호하고 필요로 하는 이른바 '선조들의 식단'이다.

다시 말하지만, 개는 늑대가 아니다. 식단 선택 연구에서 탄수화물을 더 많이 섭취하는 쪽을 선택하는 개들도 있다(농업 혁명 동안 탄수화물에 대한 기호가 생긴 것일까?!). 두 그룹의 개들이 선택하는 단백질, 지방, 탄수화물의 범위를 '생물학적으로 적절한 대량 영양소 범위'라고 한다. 반려견의 장수에 집착하는 반려인들은 바로 이 범

바람직한 열량 구성

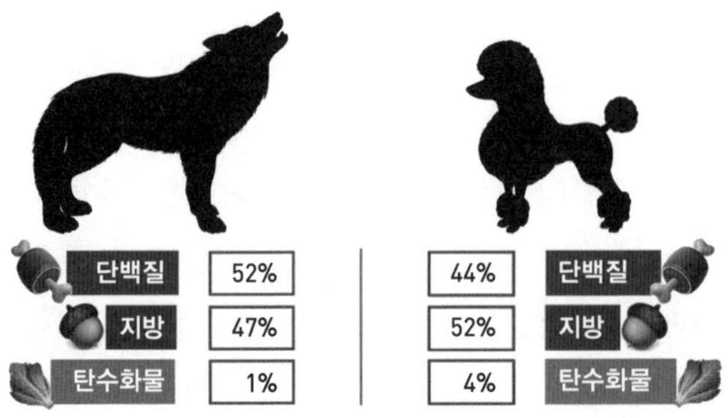

위를 목표로 삼아야 한다.

반려견에게 먹이는 건식 사료에 든 탄수화물을 계산해보자. 사료 봉지를 뒤집어 성분 분석표를 찾아서 다음과 같이 연산하면 된다. 단백질 + 지방 + 섬유질 + 수분 + 조회분(수치가 보이지 않으면 약 6퍼센트, 미네랄 함량의 추정치로 계산)을 계산한 후 100에서 그 값을 뺀다. 계산에는 소화되지 않는 섬유질도 포함되므로 최종적으로 나온 숫자가 사료에 든 녹말 탄수화물(당으로 분해)의 양을 나타낸다. 생물학적으로 적당한 양은 10퍼센트 미만이다. 수의사인 나는(닥터 베커) 활동적인 개들의 경우 식단에 녹말(당류)이 최대 20퍼센트까지 포함되어도 심각한 피해가 없는 경우를 많이 보았다. 하지만 탄수화물이 필요치 않은 개들에게 평생 식단의 30~60퍼센트를 탄수화물로 제공하면 의도하지 않은 결과가 초래될 수밖에 없다.

정제 밀가루와 탄수화물을 주로 먹는 사람들은 염증과 관련된 각종 건강 문제와 씨름하는데, 건강한 단백질과 지방을 포함한 신선식 식단으로 바꾸면 안도감을 얻을 수 있다(체중 감량은 물론이고). 일반적으로 퍼져 있는 생각과는 달리 **탄수화물은 필수 영양소가 아니다.** 신체에(특히 뇌에) 필요한 포도당은 '포도당신생합성gluconeogenesis'이라는 과정을 통해 아미노산(단백질로부터)으로부터 합성된다. 지방은 '케톤체ketone bodies'라고 불리는 슈퍼연료를 만든다. 개도(사람도) 포도당보다 케톤체가 더 효율적으로 뇌에 에너지를 공급한다. 그래서 개와 인간은(다른 많은 종도) 탄수화물을 섭취하지 않고도 영양 필요량을 충족할 수 있다. 물론 탄수화물을 적당히 섭취해도 괜찮다. 인류의 진화에서 탄수화물이 열쇠였다는 사실도 짚고 넘어가야 한다. 인간은 옆으로 움직이는 큰 턱과 평평한 어금니가 있어서 곡물을 씹을 수 있는 반면, 개들은 그렇지 않다. 질 좋은 지방, 단백질과 더불어 탄수화물이 없었더라면 우리 뇌가 이토록 크게 발달하지 않았을 것이다. 식단에서 탄수화물을 완전히 없애라는 뜻이 아니다. 하지만 신진대사와 수명 최적화가 목표라면 반려견의 녹말(당류) 섭취에 관심을 기울여야 한다.

사료와 돈

소비자는 매달 반려견 사료에 평균 21달러를 쓴다. 질 좋은 육류와 건강한 지방 식단을 뒷받침하기에 충분치 않은 금액이다. 펫푸드 제조업체는 저렴한 가격으로 개들을 먹일 수 있도록 저품질의 육류, 지방, 사람이 먹을 수 없는 값싼 탄수화물을 사용한다. 탄수화물이 펫푸드에 흔하게 사용되는 재료인 이유는 건강에 좋아서가 아니라 값이 싸기 때문이다. 반려견을 제대로 먹이려면 큰 비용이

들 수 있어서, 펫푸드 산업은 개가 준잡식 동물이라고(이제는 완전한 채식주의자가 될 수 있다고) 사람들을 설득시켰다. 하지만 여기에는 대가가 따른다. 반려견의 건강은 물론이고 병원비까지!

이제는 가공 식품이 사람뿐만 아니라 개들에게 미치는 영향을 알아보는 연구들도 많다. 건식 사료를 먹는 개일수록 신선식을 먹는 개보다 염증과 비만 확률이 높게 나타난다. 2020년 초에 신선식 펫푸드 제조업체와 플로리다 대학교가 개 4,446마리를 대상으로 신체 충실지수, 인구통계학적 특성, 식단, 생활 양식 자료를 수집한 연구에서도 마찬가지의 결과가 나왔다. 이 중에서 1,172마리(33퍼센트)가 과체중이거나 비만이었고, 356마리(총 8퍼센트)가 비만에 준하는 점수를 받았다. 이 연구에서 신선식 펫푸드는 시판 신선 식품, 냉동제품, 집에서 만든 음식을 포함했다. 연구를 이끈 리앤 페리LeeAnn Perry는 말한다. "보통 신선 펫푸드는 냉동 또는 냉장 이전에 가볍게 조리되거나 최소한의 가공을 거친 자연 재료를 사용한다는 특징이 있습니다. 우리 연구에 참여한 4,446마리 중에서 22퍼센트는 신선식만 먹었고, 추가로 17퍼센트가 신선식과 함께 다른 유형의 음식을 먹고 있었습니다."

이 연구가 말해주는 바는 명확하다. 건식 사료 및 캔 제품을 먹는 개일수록 과체중이거나 비만일 가능성이 더 크다. 예상 가능하지만, 연구자들은 주당 운동량을 늘리면 과체중과 비만 가능성이 줄어든다는 사실도 발견했다.

우리는 개의 대사체학*을 연구하는 핀란드 헬싱키 수의대의 안나 히엘름 비요크먼Anna Hielm-Björkman 교수를 만날 수 있었다. 그곳은 도그 리스크DogRisk라는 이름의 프로그램을 통해 여러 종류의 사료가 개의 건강에 미치는 영향을 평가하는 몇 가지 혁신적인 연구들을 주도하고 있다. 연구진은 생식이 건식보다 대사 스트레스가 덜하고, 생식하는 개일수록 염증 수치나 호모시스테인 수치를 포함한 질병 표지가 낮다는 사실을 발견했다. 외형적으로 날씬하고 건강해 보이는 개들에게서도 결과는 마찬가지였다. 겉모습이 전부는 아니다. 내부에서 대사적으로, 생리적으로, 후생 유전적으로 무슨 일이 일어나고 있는지 겉으로는 알 수 없다. 분명 멀쩡해 보이는 수백만의 사람들과 그들의 반려견이 속으로는 만성 염증에 시달리고 있다는 것이 우리의 경험에서 우러난 추측이다. 우리가 인터뷰한 전문가들의 생각도 같았다. 만성적인 염증은 모든 질병의 시작이다.

개들의 염증은 어떻게 나타날까?

염증 요소가 포함된 질병은 이름으로 알 수 있는데 '~염(itis)'로 끝난다(모든 염증성 질환에는 이 접미사가 붙는다). 염증은 개들이 병원을 찾는 가장 큰 이유인데 보편적인 염증 질환은 다음과 같다.

---

* 세포, 조직, 체액과 같은 생물학적 시료 내에 존재하는 대사 물질들의 총체를 의미하는 대사체metabolome의 기능 및 상호 작용을 연구하는 학문 — 옮긴이주.

병명	위치	증상
치은염 Gingivitis	잇몸 염증	구취가 구강 질환과 침 흘리기로 이어짐
포도막염 Uveitis	눈에 생긴 염증	눈을 가늘게 뜸, 눈의 통증, 문지르기
이염 Otitis	귀에 생긴 염증	귀 감염, 붉게 변함
식도염 Esophagitis	식도에 생긴 염증	메스꺼움, 입술 핥기, 지나친 삼키기, 먹는 것을 꺼림
위염 Gastritis	위장에 생긴 염증	GERD(위-식도 역류), 구토, 메스꺼움, 식욕 저하
간염 Hepatitis	간에 생긴 염증	구토, 메스꺼움, 무기력증, 갈증 증가
장염 Enteritis	장에 생긴 염증	메스꺼움, 구토, 설사[염증성장질환(IBD), 과민성대장증후군(IBS)], 가스, 복부 팽창
대장염 Colitis	대장에 생긴 염증	설사(피가 있든 없든), 변비, 항문샘 문제, 변 볼 때 안간힘
방광염 Cystitis	방광에 생긴 염증	요로감염증, 요중결정, 소변 볼 때 안간힘
피부염 Dermatitis	피부에 생긴 염증	열점, 발진, 딱지, 피부 감염, 가려움, 씹기, 핥기
췌장염 Pancreatitis	췌장에 생긴 염증	구토, 메스꺼움, 무기력, 식욕 부진
관절염 Arthritis	관절에 생긴 염증	뻣뻣함, 관절통, 절뚝거림, 움직임 감소
건염 Tendonitis	힘줄에 생긴 염증	무릎, 어깨, 팔꿈치, 손목, 발목의 통증과 붓기, 절뚝거림

이 증상들의 공통점은 무엇일까? ~염 질환은 특히 정제 탄수화물에 들어 있는 당을 비롯한 친염증성 식품에 의해 촉발된다. 사료에

든 과도한 녹말이 지속적으로 혈당 수치를 높이고 그 자체로 친염증 상태를 만든다. 옥수수, 밀, 쌀, 감자, 타피오카, 귀리, 렌틸콩, 병아리콩, 보리, 퀴노아, '고대 곡물' 및 기타 탄수화물도 체내에서 AGE를 만들어 영구적이고 점진적인 전신 염증을 일으킨다.

우리는 다큐멘터리 「개와 암 시리즈Dog Cancer Series」를 찍을 때, 수십 마리의 개를 대상으로 건식 사료에서 생식 및 케토제닉으로 식단으로 바꾸면서 일어나는 혈당 수치의 변화를 추적했다. 식단을 바꾸면서 개들의 공복 혈당 수치가 크게 떨어졌다. 어떤 개들은 수치가 너무 많이 줄어서 나중에 동물병원을 찾았을 때 수의사가 저혈당 문제가 심각할 수 있다고 우려했을 정도였다. 운동 선수들이 무기력한 사람들보다 휴지 심박수가 훨씬 낮은 것처럼, 생식하는 개들도 탄수화물을 많이 먹는 개보다 공복 혈당 수치가 훨씬 낮을 수 있다.

낮은 혈당 수치는 문제가 아니라 혜택이다. 명심하자. **인슐린과 혈당 수치를 낮게 안정적으로 유지해야 한다.** '생물학적으로 올바른' (저녹말) 음식을 먹으면 대사 스트레스가 줄어들기 때문이다. 개는 포도당이 110mg/dl(6mmol/dl) 이상일 때 인슐린을 더 많이 분비한다. 우리가 살펴본 결과 건식 사료를 먹은 후 혈당이 250mg/dl을 초과하는 경우가 많았다. 더 걱정스러운 부분은 개들이 탄수화물 범벅의 식사를 한 후에 인슐린이 몸 안에서 얼마나 오래 머무르느냐이다. 한 연구에 따르면 이러한 식사를 한 개의 인슐린 수치는 8시간 이후까지도 계속 상승했다. 반면 저탄수화물 식사 전후의 인슐린 차이는 무시할 수 있는 정도였다. 탄수화물 위주의 식사가 매일 이어지고 탄수화물 가득한 간식까지 먹으니 만성 퇴행성 질환은 말할 것도 없고 온갖 '~염'에 시달릴 만하다.

반려견이 개에게 적합한 식단을 먹는다면 저혈당은 위험 요소일까? 다행스럽게도 덩치가 아주 작은 강아지들만(약 2킬로그램 미만) 저혈당 고위험군에 속한다. 그래서 수의사들은 어린 소형견들에게 적게 자주 먹일 것을 권한다. 건강한 성견은 작은 개라 하더라도 적절한 양의 글리코겐과 트리글리세리드가 저장되어 있으므로 저혈당 위험 없이 식사 사이에 에너지를 계속 조달할 수 있다.
리처드 패튼 박사가 말하듯, 개들은 길들여졌지만 여전히 배부름 아니면 굶주린 상태에 적응되어 있다. 개들은 굶주린 시기에 혈당을 높이기 위해 여러 호르몬을 분비하며, 혈당을 낮추기 위해 분비하는 호르몬은 인슐린 딱 하나이다. 사랑받는 현대의 개들은 한 번도 식사를 거른 적이 없고, 단 하루도 탄수화물을 먹지 않고 넘어가는 법이 없다. 사실, 대부분의 개는 하루도 빠짐 없이 온종일 칼로리를 섭취한다. 하루에 여러 번 식사하고 간식까지 먹는 현대의 개들은 인슐린을 계속해서 분비한다. 시간이 지나면서 췌장에 많은 부담이 가고 염증과 대사 스트레스가 발생한다. 9장에서 대사 스트레스를 최소화하고 치유가 가능하도록 최적의 급여 시간대를 설정하는 방법을 알려줄 것이다.

상업용 펫푸드의 탄생과 발달

펫푸드 산업은 제임스 스프랫의 '전매특허 육섬유 개 케이크' 이후

기하급수적으로 성장했다. 오늘날 반려견 대부분은 주로 인간 식품 산업의 부산물로 이루어진 초가공 식품을 먹는다. 반려견 사료 산업은 개에 대한 인식이 단순한 애완동물에서 사랑하는 가족으로 발전했을 때 '음식 찌꺼기와의 전쟁'을 벌였고, 오로지 개를 위해 따로 구매하는 올인원 펫푸드라는 새로운 식단 모델을 탄생시켰다. 성공한 기업들은 일찍부터 수의사들의 신뢰를 얻었고 그 수의사들은 반려견에게 오로지 시판 사료만을 먹이라고 권장했다. 개를 위해 '특수하게 설계된' 사료가 부각되면서 사람이 먹는 음식은 개에게 부적절하다고 여겨지게 되었다. 20세기 중반에 근로 여성들의 숫자가 늘어나면서 가족과 개를 위해 음식을 준비할 시간도 줄어들었다. 또한 농업의 산업화로 다양한 혁신이(예: 비료, 트랙터) 일어남으로써 사료 제조업체들이 고기와 곡물(그리고 그 부산물) 같은 재료를 저렴한 가격으로 마음껏 쓸 수 있게 되었다.

밀집 사육 시설에서 가축을 기르게 되고 쌀, 밀, 옥수수, 설탕, 콩 같은 환금 작물을 재배하는 기술도 널리 퍼졌다. 생산량이 늘면서 식량 가격이 크게 떨어졌다. 사료 제조업체들은 인간 식량 공급망에서 남아도는 재료만 이용한 것이 아니다. 사람이 먹는 식품의 가공 부산물과 산업화된 농업 부산물까지 이용함으로써 반려견 사료는 누구나 쉽게 이용할 수 있도록 저렴해졌다. 전후 호황으로 사료는 사치품이 아닌 실용적이고 편리한 제품, 한마디로 저렴한 필수품이 되었다. 펫푸드 업체들은 개에게 음식 찌꺼기를 주는 것이 안전하지 않다는(찌꺼기라는 말 자체가 불쾌함을 일으킨다) 인식이 점점 커지는 것을 이용했다. 반려견을 위해 영양학적으로 완전하고 균형 잡힌 식사를 준비하는 것은 너무 복잡하므로, '전문가'에게 맡기는 것이 최선이라는 믿음을 암암리에 심어주었다.

펫푸드 업체들은 소비자들이 그들의 제품을 전적으로 안전하고 영양도 풍부하다고 믿기를 원하지만, 그것은 결코 사실이 아니다. 펫푸드 산업의 문제점을 전혀 알지 못했던 사람들을 위해, 앞으로 신중하게 브랜드를 선택할 수 있도록 몇 가지 중요한 사실을 짚고 넘어가자.

- '사람이 먹을 수 있는 휴먼 그레이드human-grade'와 '사료 등급feed-grade' 식품은 안전성과 품질에 큰 차이가 있다. 육류는 미국 농무부(USDA)의 식품 검사를 통과할 경우 사람이 먹을 수 있는 식품으로 승인된다. 이 검사를 통과하지 못하면 사료 등급을 받아 반려동물이나 가축용 사료에 사용된다. 현실적으로, 펫'푸드'는 펫 '사료'라고 불러야 마땅하다. 사람이 먹을 수 없다고 판정받은 재료로 만들기 때문이다. 펫푸드 기업들은 모두 사료 등급 원료를 사용한다. 특별히 '휴먼 그레이드'라고 명시된 브랜드가 아니라면 말이다. '휴먼 그레이드' 원료로 만드는 캔 사료와 건식 사료는 1퍼센트도 안 될 것으로 추정된다. 이 사실만으로도 일반적인 펫푸드의 품질 상태나 오염물질 수치를 가늠할 수 있다. 사료 등급 생원료가 전부 나쁜 것은 아니다. 문제는 펫푸드를 평가하는 공개적인 등급 시스템(이를테면 USDA의 Prime, Choice, Select 등)이 없다 보니 품질이 전혀 보장되지 않는다는 점이 문제다.
- 개와 고양이의 영양 필요량은 AAFCO(미국사료관리협회)나 유럽펫푸드산업연합(European Pet Food Industry Federation,

FEDIAF)이 발표한다. 기업은 이 기관들의 지침을 따라야만 제품에 '영양적으로 완전하고 균형 잡혀 있음'이라고 표기할 수 있다. AAFCO는 펫푸드 라벨에 등록 성분량Guaranteed Analysis, 영양 적정성 표시, 중량에 따른 내림차순 성분 목록을 넣을 것을 요구한다. 그러나 소화율 검사나 완제품 영양 검사는 의무가 아니다.

- 포장에 적힌 '최상 품질 기간(유통 기한)'은 개봉하지 않은 제품에 한해서이다. 업체들은 제품이 개봉 이후 언제까지 안전한지 알려주지 않는다.
- 업체들은 그들이 공급업자들로부터 구매한 대량의 재료에 화학 보존제나 기타 물질이 얼마나 첨가되었는지 라벨에 명시할 의무가 없다.
- 펫푸드 업체에 중금속, 살충제나 제초제 또는 기타 오염물질의 잔류량 검사를 의무적으로 요구하는 법령이나 규제가 존재하지 않는다.
- 사람과 마찬가지로 개도 인생 단계마다 필요한 에너지와 영양 필요량이 다른데, 대부분의 펫푸드에는 '전 연령'이라고 표시되어 있다(강아지부터 노견까지 만능). 품질 관리 절차상 '전 생산분 검사'를 실시했다고 주장하는 업체는 그 결과를 소비자에게 공개해야 한다. 그러니 원한다면 당신이 구매한 생산분에 대한 검사 결과를 요청하라.

좋은 지방과 나쁜 지방

좋은 탄수화물과 나쁜 탄수화물이 엄연히 다른 것처럼 지방에도 좋은 지방과 나쁜 지방이 있다. 포화지방이나 트랜스지방과 같은 나쁜 지방은 염증을 부추기는데, 고도 가공 식품에서 주로 발견된다. 건강에 좋은 지방은 단일 불포화지방과 다가 불포화지방이고 항염증성 오메가 지방산에 풍부하게 들어 있다. 견과류, 씨앗, 아보카도, 달걀, 연어나 청어 등 냉수성 기름진 생선, 엑스트라 버진 올리브유 등이 건강에 좋은 지방의 공급원이다. 지방은 정제나 가열이 이루어지지 않아야 한다. 지방에 열을 가하면 끔찍한 ALE(AGE의 지방질 버전)가 만들어진다.

펫푸드 기업들은 감자, 쌀, 오트밀, 퀴노아 같은 탄수화물을 풍부한 '에너지(열량)' 공급원으로 마케팅한다. 하지만 불필요한 탄수화물에서 나오는 열량은 반려견의 식단에서 그나마 얼마 되지 않는 건강한 단백질과 고품질 지방의 효과를 없애버린다. 무곡물 사료는 곡물 사료보다 오히려 녹말 함량이 높은 경우가 많고, 렉틴이나 피트산 같은 항영양소가 들어 있는 콩류(legumes)를 포함하기도 한다. 항영양소는 식물에서 발견되는 화학물질인데 몸이 음식물에서 필수 영양소를 흡수하지 못하도록 방해한다. 모든 항영양소가 나쁜 것은 아니다. 식물성 식품을 많이 먹는다면 완전히 피하는 것은 불가능하지만, 지나치게 많은 양을 섭취하는 것은 피하는 것이 좋다.

곡물 사료의 또 다른 문제는 잔류 오염물질이 들어 있을 수 있다는 점이다. 1부에서 살펴본 것처럼 2000년에 시행된 펫푸드 리콜(미국에서만 무려 1,374,405파운드)의 94퍼센트가 신부전, 간부전, 암을 일으키는 균류 마이코톡신의 한 종류인 아플라톡신 때문이었다. 우리가 자체적으로 시행한 실험에서는 채식 사료의 글리포세이트 수치가 가장 높았다. 글리포세이트는 먹이 사슬을 통해 전달되며 장 누수와 미생물 군집 붕괴를 일으켜 엄청난 전신 염증으로 이어질 수 있다(나중에 더 자세히 설명하겠다).

2019년에 개 30마리와 고양이 30마리의 소변을 분석한 연구에서 사람보다 4~12배 높은 수치의 글리포세이트가 발견되었다. 특히 건식 사료를 먹는 개들의 수치가 가장 높았다. 1부에서 언급한 2018년 코넬 대학교의 연구도 잊지 말자. 8개 제조업체의 18개 사료 브랜드의 글리포세이트 잔류량을 분석한 결과 하나도 빠짐없이 모든 제품에서 발암물질이 검출되었다. 현재 보건연구소(Health Research Institute, HRI) 산하 실험실들이 개와 고양이의 글리포세이트 수치 연구를 진행 중이다. 반려견의 건강을 걱정하는 반려인들을 가슴 철렁하게 만드는 연구 결과도 있다. **개의 글리포세이트 수치는 인간의 평균 수치보다 32배나 높다.** 화학물질 범벅의 불필요한 탄수화물은 장 생태계를 파괴할 뿐 아니라 포만감을 느끼지 못하게 한다. 신선식을 옹호하는 수의사들은 건식 사료를 먹는 개일수록 절대로 채워지지 않는 허기를 느낀다는 사실을 알고 있다. 그렇다면 이런 의문이 떠오르게 된다. 개들은 유일한 열량 공급원인 탄수화물 음식을 통해 생물학적으로 필요한 지방과 단백질을 필사적으로 충족시키려 하고 있는 건 아닐까?

식용 등급 판정을 받은 원료를 사용하는 펫푸드 기업이 점점 늘어나면서 경쟁도 치열해지고 있다. 여러분이 이용하는 브랜드의 웹사이트를 방문해보자. 휴먼 그레이드 원료를 사용한다면 즉시 알 수 있을 것이다. 다른 브랜드보다 가격이 비싼 이유를 납득시키려고 분명 사람이 먹을 수 있는 원료를 사용한다는 사실을 온갖 문구로 강조해놓았을 테니까. 이런 회사들에게는 투명성이 중요한 차별화 요소이므로 소화율과 영양 분석 결과는 물론이고 글리포세이트, 마이코톡신 및 기타 오염물질 분석 정보도 자랑스럽게 공개할 것이다. 이렇게 하면 펫푸드 원료의 품질에 대해 소비자에게 큰 믿음을 줄 수 있다.

원하는 정보가 웹사이트에 없다면 고객 센터에 전화해서 문의하자. 만약 투명한 업체라면 통화가 길어질 것이다. 제품 성분과 원료 출처에 대한 자부심이 굉장할 것이고, 그것이 다른 업체들과 차별화되는 경쟁력이라는 사실을 잘 알 테니까 말이다. 일부 신선 펫푸드 제조업체들은 사람이 먹을 수 있는 원료를 사용하지만 제조 시설 등급이 낮아서 휴먼 그레이드 표시를 할 수 없다. 그런가 하면 전반적으로 품질이 매우 뛰어나지만 사람이 먹을 수 없는 원료(칼슘 공급원인 신선한 뼛가루 등)를 일부 포함한 탓에 '휴먼 그레이드' 자격이 되지 않는 경우도 있다. 이 제품들도 물론 반려견에게 안전하고 건강에 좋은 제품들이다. 전화로 문의하면 자세히 설명해줄 것이다.

음식은 미생물 군집과 소통한다

다시 한번 상기시키자면, 개들은 식단에 포함된 녹말을 20퍼센트까지는 별 문제 없이 처리할 수 있다. 또 대부분의 개들은 회복 탄력성이 매우 뛰어나다. 그러나 혈당을 높이는 정제 탄수화물을 계속해서 먹으면 시간이 지남에 따라 나쁜 일이 우리 모두에게 일어난다. 이것은 미생물 군집에 영양을 공급하는 문제와도 관련이 있다. 음식은 미생물 군집의 건강을 돕는 가장 중요한 요소일 것이다. 이것의 중요성은 아무리 강조해도 지나치지 않다. 장이나 피부를 포함한 여러 기관에 사는 그 미세한 벌레들은 건강과 신진대사의 핵심이다. **미생물 군집은 포유류의 건강에 너무도 중요해서 그 자체로 하나의 장기라고도 할 수 있다.** 개들은 진화와 환경 노출(식단 포함)의 영향을 받는 고유한 미생물 군집을 가지고 있다(재미있는 사실: 당신의 몸에 있는 유전물질의 99퍼센트는 당신의 것이 아니라 미생물들의 것이다!). 이 눈에 보이지 않는 생물들은 대부분 장에 산다. 미생물 군집에는 곰팡이, 기생충, 바이러스가 포함되지만 체내 생태계의 가장 중요한 열쇠는 세균(박테리아)인 듯하다. 세균이 건강의 모든 특징을 지원하기 때문이다.

이 놀라운 몸속 생태계는 당신과 당신의 개가 음식을 소화하고 영양분을 흡수하도록 도와준다. 면역계도 지원하고[사실 우리 면역 체계의 80퍼센트가 위장관의 장벽(腸壁)에 위치한다] 신체의 해독 경로도 도와주며, 신체와 긴밀하게 협력하는 중요한 효소와 물질들을 생산하고 분비한다. 병을 일으키는 다른 세균으로부터 보호해주고, 사실상 모든 만성 질환 위험을 초래하는 몸의 염증 경로를 조절하고, 호르몬 시스템에 영향을 끼쳐 스트레스를 줄이며, 심지어 숙면까지 돕는다. 미생물 군집이 만드는 물질은 신진대사부터 뇌 기능까지 신체에 꼭 필요한 대사물질이기도 하다. 주요 비타민과 지방산, 아미노산, 신경전달물질도 이들이 합성한다.

당신과 반려견의 장은 비타민 B12, 티아민과 리보플라빈, 혈액 응고에 필요한 비타민 K를 생산한다. 좋은 세균은 코르티솔과 아드레날린의 수도꼭지를 잠가 몸 상태를 조화롭게 유지한다. 이 두 가지 호르몬이 계속 분비되면 스트레스가 심해져 몸에 대혼란이 일어날 수 있다. 장내 미생물은 세로토닌, 도파민, 노르에피네프린, 아세틸콜린 및 감마-아미노부티르산(GABA) 같은 신경전달물질의 공급을 돕는 역할도 한다. 예전에는 이런 물질들이 뇌에서 만들어진다고 알려졌지만, 새로운 연구와 첨단 기술 덕분에 미생물 군집의 힘에 눈뜨고 있다. 아직 미생물 군집의 비밀과 그 이상적인 구성(그리고 그것을 바꾸는 방법)은 확실하게 밝혀지지 않았지만, 그 다양성이 건강의 핵심이라는 것만큼은 확실하다. 다양성은 미생물이 제대로 작동하도록 올바른 먹이를 주는 다양한 식단 선택에 달려 있다. 세균들을 죽이거나 구성을 부정적으로 바꾸는 물질에 노출되는 것을 포함해 미생물 군집의 건강을 해치는 것들이 많다[예: 환경화학물질, 비료, 오염된 물, 합성 당류, 항생제, 항염증성 비스테로이드 약물, 정서적 스트레스, 외상(수술 포함), 위장 질환, 영양소 부족 또는 생물학적으로 부적절한 식단(신진대사에 극도의 스트레스를 일으키는 식품)].

우리 몸에 사는 미생물의 목록을 만들기 위해 2008년에 시작된 인간 미생물 군집 프로젝트Human Microbiome Project는 의학 교과서 두 권을 새로 썼다. 그 프로젝트가 시작되기 전까지만 해도 우리는 면역계의 지휘 본부가 미생물 군집 그 자체라는 사실을 몰랐다. **면역계는 대부분 장 주위에 위치한다.** '장연관림프조직(gut-associated lymphatic tissue; GALT)'이라고 하며 매우 중요하다. 전체 면역 체계의 80퍼센트 이상이 GALT와 관련 있다. 왜 우리의 면역 체계가 주로 장 안에 위치할까? 간단하다. 장벽은 외부와의 경계이다. 그래서 위협적인 이물질과 유기체를 마주칠 가능성이 피부를 제외하고 가장 큰 곳이다. GALT는 혼자 독립적으로 일하지 않는다. 온몸의 다른 면역계 세포와 소통하며 장에서 해로운 물질이 발견되면 경고 메시지를 보낸다. 음식 선택이 면역 건강에 매우 중요한 이유도 이 때문이다. 이는 개들에게도 전적으로 해당한다. 플로스(PLOS, 공립과학도서관) 블로그에 실린 개의 피부 미생물 군집에 관한 다니엘라 로웬버그Daniella Lowenberg의 글을 보자. "개가 없으면 집은 집이 아니고, 미생물 '군집'이 없으면 개는 개가 아니다." 현재 세계의 여러 기관이 개의 미생물 군집 염기서열을 연구하고 있다. 샌프란시스코 베이 에어리어에 본사를 둔 애니멀바이옴AnimalBiome도 그중 한 곳으로 미생물 군집 연구와 제품을 통하여 반려동물 케어에 전념한다. 이곳에서 장 복원 개입 전후로 반려견의 미생물 군집을 평가할 수 있다.

이탈리아에서 이루어진 연구는 육류 기반의 신선식이 건강한 개들의 미생물 군집에 긍정적인 영향을 준다는 사실을 보여주었다. 우리는 그 이유를 알아보기 위해 우디네 대학교University of Udine 농업, 식품, 환경 및 동물과학부의 미사 산드리Misa Sandri와 브루노 스테파논Bruno Stefanon을 만났다. 깨끗하고 신선하고 생물학적으로 적절한 식품은 수천 년 전 조상들과 똑같은 영양을 개들에게 공급한다. 이것은 평균 수명을 훌쩍 넘기는 데 필요한 세포 활력과 신진대사 능력의 토대를 탄탄하게 쌓아준다. 산드리 그리고 스테파논과의 인터뷰는 장에 어떤 미생물 군집이 만들어지거나 파괴되었는지에 따라 몸이 스스로 회복하고 재건하는 능력을 음식이 (그리고 특정 영양소가) 돕거나 방해할 수 있다는 흥미로운 관점을 제공했다. 그들은 개의 미생물 군집이 생식이나 열 가공 식단에 따라 어떻게 변하는지 처음으로 비교했다. **생식은 장내 미생물을 좀 더 풍성하고 다양하게 만들었다.** 미생물 군집 전문가인 킹스 칼리지 의과대학의 팀 스펙터Tim Spector 박사도 장 건강이 개의 건강 수명과 여러모로 연관이 있다면서 그 중요한 역할을 더욱 강조했다. 런던 캠퍼스에서 이루어진 인터뷰에서 스펙터 박사의 마지막 말은 로드니에게 큰 영향을 끼쳤다. "개와 고양이는 평생 가공 식품을 먹습니다. 제 최근 연구 결과에 따르면 녹말이 많이 든 다양성 없는 초가공 식품을 오랫동안 먹이는 것보다 반려동물의 미생물 군집에 더 해로운 건 없습니다. 장에 사는 미생물종의 숫자가 줄어들고, 유전자 발현에 영향을 끼치고, 효소와 대사물도 줄어듭니다. 그러면 면역계에 나쁜 영향이 가게 되지요. 알레르기와 암을 막아주는 면역계에 말이죠."

반려견의 장 건강에 영향을 주는 것이 음식뿐만은 아니다. 6장에서 살펴보겠지만 환경도 개의 장내 미생물 균형에 영향을 미치고 시간이 흐르면 면역 건강도 영향을 받는다. 일단 지금은 펫푸드 산업이 반려인들의 지갑을 열기 위해 어떤 마케팅 기법을 쓰는지에 대해 좀 더 살펴보자.

주장 뒤에 감춰진 진실

어떤 면에서 펫푸드 산업은 청바지 산업과 같다. 똑같은 청바지가 한 벌에 30달러 하는 것도 있고 300달러 하는 것도 있다. 펫푸드 산업에서 사용되는 주요 용어는 다음과 같다.

- '프리미엄premium'은 정의도 없고 규제도 없는 용어이다(어떤 제품이든 프리미엄이 될 수 있다).
- '수의사 추천Vet approved' 표시는 어떤 수의사가 보수를 받는 것을 포함해 어떤 이유에서든 제품을 보증한다는 뜻이다.
- 인간 식품 산업과 마찬가지로 펫푸드 산업에서도 '유기농organic', '신선fresh', '자연natural'은 여러 가지 뜻이 있을 수 있다.
- 펫푸드 제품에는 기만적인 마케팅이 허용된다. 포장에 완벽하게 구운 칠면조 사진이 있다고 해서 구운 칠면조가 함유된 제품이라는 뜻은 아니다.
- FDA의 '적용 지침'에 따르면 펫푸드 제조업체는 '도축이 아닌 다른 이유로 죽은' 동물을 사용할 수 있다. 이론적으로, 도축한 동물은 죽을 때까지 건강하다. 하지만 이 지침에 따르면 질병이나 다른 원인으로 죽은 동물의 조직도 펫푸드에 사용할 수 있다. 몇 해 전 사료에 포함된 안락사 약물 성분으로 인해 수많은 반려동물이 목숨을 잃은 건 이 때문이다.
- 많은 브랜드가 제품에 대한 믿음을 주려고 상표 등록된 마케팅 용어를 사용한다. '생명의 원천Life Source Bits', '활력+Vitality+', '선행 건강Proactive Health 등. 하지만 이런 용어들이 정확히 무엇을 뜻하는지는 불분명하다.
- '고관절 및 관절 건강에 좋은 글루코사민', '피부와 털 건강에 좋은 오메가3 첨가' 등 업체들이 제품에 들어 있다고 광고하는 보충 성분은 소비자를 유혹하기 위한 수단일 뿐 실제로는 소량에 불과하며 건강에 특별히 더 좋지도 않다.
- 마리온 네슬레 박사가 '염분 분할salt divider'이라고 부르는 것에

대해 알아야 한다. 기업들은 슈퍼푸드가 라벨을 돋보이게 해준다는 사실을 잘 알고 있다. 하지만 실제로 강황이나 파슬리, 크랜베리가 제품에 얼마나 들어 있는지 어떻게 알까? 이 성분들이 라벨의 어디에 있는지 살펴보자. 염분 성분보다 앞에 있는가, 아니면 뒤에 적혀 있는가? 염분(반려동물에게 필요한 미네랄)은 제품 성분의 0.5~1퍼센트를 넘지 않으므로, 슈퍼푸드가 염분 다음에 기재되었다면 순전히 보여주기식 마케팅이다.

휴메인 워싱이란 무엇인가?

사육 동물의 복지를 위한 법적 보호는 연방과 주 정부 차원 모두에서 매우 제한적이다. 제한적인 법적 보호는 육류와 유제품, 달걀 산업의 급속한 산업화 속도를 따라잡지 못했다. 결과적으로, 이런 산업에 쓰이기 위해 사육되는 동물들은 합법적이지만 대중의 눈에 잘 띄지 않도록 감춰진 각종 잔혹한 관행에 노출된다. 따라서 동물

복지에 관심이 있는 소비자들까지 무의식중에 비인간적인 관행을 통해 생산된 식품을 구매하고 있다.

주류 식품업체들은 육류와 유제품, 달걀 식품을 실제보다 인도적으로 생산된 것처럼 표현하기 위해 고안된 마케팅으로 이 상황을 이용해왔다. 이러한 관행을 '휴메인 워싱'*이라고 한다. 휴메인 워싱에 일반적으로 사용되는 표현으로는 '인도적', '행복한', '초지 방목', '지극정성', '무항생제', '자연 사육' 등이 있다. 이런 표현들이 미국 농무부를 비롯한 정부 기관에 의해 정의되지 않았으므로, 식품업체들은 합리적인 소비자들의 해석과는 거리가 먼 너무 막연한 뜻으로 사용하고 있다. 많은 소비자는 휴메인 워싱 마케팅이 심어주는 기대와 공장식 농장의 현실 사이의 괴리를 인지하고 있다. 휴메인 워싱 문제를 다루는 것뿐만 아니라 잘 알려지지 않은 산업 관행을 밝히기 위해 소비자들을 오도한 식품업체와 펫푸드 업체들에 대한 소송이 진행되고 있다.

다른 동물의 먹이로 길러지는 동물들이 인도적 도축을 포함해서 인도적으로 대우받기를 원하는 사람들이 많다. 광고에서 휴메인 워싱을 사용한 혐의로 기소된 펫푸드 기업들도 일부 있다. 2015년에 로드니는 콜로라도 주 덴버에서 열린 AAFCO 연례 회의에서 FDA가 펫푸드 포장에 기만적인 이미지와 마케팅을 허용한다는 사

* humane washing, 실제로는 인도적이지 않지만 인도적인 생산 방식을 추구하는 것처럼 홍보하는 것을 뜻한다. 비슷한 말로 가짜 친환경을 뜻하는 '그린 워싱'이 있다 — 옮긴이주.

실을 정면으로 지적했다. FDA의 대답은 그것이 언론의 자유라는 것이었다. 따라서 절대로 겉모습만 보고 내용물을 판단하지 말기를 바란다. 반려견 사료의 포장지에 적힌 것과 내용물이 같지 않을 수 있다. 아이의 베이비시터나 다닐 학교를 꼼꼼히 알아보는 것처럼, 반려견 사료 브랜드도 철저히 조사해야 한다. 연구 프로젝트를 시작하라. 자신의 결정에 확신을 가질 수 있을 때까지 충분히 질문을 던져야 한다.

'가공'의 정의에 대한 논의가 끝없이 계속되고 있지만 상식적으로 생각하면 단순하다. 반려동물은 물론이고 사람도 가공 식품을 먹는다(상자나 봉지, 병, 캔에 담겨 있고 라벨이 부착되어 있으면 거의 모두 해당). 현실적으로 사료는 정말 편리하다. 마찬가지로 사람도 가공 식품을 먹으니까 말이다. 그러나 우리는 시간적 여유가 있을 때는 건강에 좋은 음식도 챙겨 먹으면서 균형을 맞추려고 애쓴다. 인간 역학 연구에서는 초가공 식품을 많이 먹는 사람일수록 만성 질환에 걸릴 가능성이 크다는 사실이 증명되었다. 이 결과 덕분에 가공의 정도에 따라 최소 가공, 가공, 초가공으로 식품을 분류하는 시스템(국제식품정보협의회의 NOVA 시스템)이 고안되었다.

최근 펫푸드에도 비슷한 시스템이 제안되었다. 수의사들이 반려동물 주인들과 식단 유형을 토론할 수 있도록 중립적인 용어를 제공하기 위함이다. 반려동물의 초가공 식품은 사람의 그것과 마찬가지로 여러 성분을 따로 뽑아내고 합쳐서 첨가물을 섞은 식품이다. 다시 말해서 열이나 압력 가공을 두 번 이상 거친 건식, 캔, 기타 모든 펫푸드가 여기에 속한다. 이 분류 시스템에 따르면 '최소 가공' 식품은 열이나 압력 가공을 전혀 거치지 않거나 한 번만 거친 신선 또는 냉동 식품을 말한다. 왜 우리가 약간 덜 엄격한 정의를 제시하는지에 대해서는 3부에서 설명하겠다.

반려견용 식품의 약 90퍼센트가 어느 정도 가공을 거친다. 앞에서 자세히 설명했듯이 걱정해야 할 것은 초가공 식품이다. 이것은 자연에서 온 재료를 기계, 화학, 열 가공을 여러 번 거쳐 자연에서 나지 않은 재료들과 섞어서 만드는 식품을 말한다. 합성 첨가물에는 카라지난*과 증점제, 합성 색소, 광택제, 향미제, 수소를 첨가한 경화 지방, 인공 비타민과 미네랄, 방부제, 착향료 등이 있다. 연구에 따르면 자연 재료를 해로운 식품으로 바꾸는 것은 가공 횟수만이 아니다. 원료에 얼마나 높은 열이 얼마나 오랫동안 가해지는지도 중요하다. **건식 사료(키블) 한 봉지에는 추출 또는 분리, 정제, 가열이 평균 4회 가해진 재료가 들어간다. 한마디로 초, 초, 초, 초가공 식품인 셈이다.**

초가공 식품은 질 낮은 재료와 엄청난 혈당 지수만 문제 되는 것이 아니다. 제조 공정의 부산물인 **마이야르반응생성물(MRP)이 장기적으로 건강에 미치는 해로운 영향도 엄청난 우려를 불러일으킨다.** 최근 시판 반려견 사료에 특히 해로운 두 가지 MRP인 아크릴아미드와 헤테로사이클릭아민(HCA)이 함유된 것으로 밝혀져 큰 비난을 받았다. 아크릴아미드는 탄수화물(전분)이 열처리를 거칠 때 발생

* 식품의 점착성 및 점도를 증가시키고 유화 안정성을 증진하며, 식품의 물성 및 촉감을 향상시키기 위한 식품 첨가물이다 — 옮긴이주.

하는 강력한 신경 독소이다. 이것은 사람의 건강에도 큰 문제가 된다. 과조리되거나 탄 음식이 암 위험을 높인다는 이야기를 들어보았을 것이다. HCA는 고열 가공 육류에 함유된 발암물질로 알려진 화합물이다. 이것은 새로운 정보가 아니지만 아직 의학 논문 속에 묻혀 있다. 초가공 펫푸드 업계가 원하는 바이기도 하다. 이 위험한 연구 결과가 대중에 널리 퍼진다면 2025년까지 1,400억 달러 매출액이 예상되는 펫푸드 산업에 막대한 영향을 미칠 수도 있을 것이다. 2003년에 캘리포니아 국립 로런스리버모어연구소Lawrence Livermore National Laboratory의 과학자들이 24개 펫푸드 브랜드를 대상으로 발암물질 HCA를 분석한 결과, 단 하나를 제외한 모든 브랜드에서 양성 반응이 나왔다. 그 후에 이루어진 수많은 연구에서도 똑같은 결과가 반복됐다. 미네소타 대학교 약대의 의료화학 교수이고 메오소닉 암센터에서 암 원인 연구를 이끄는 로버트 투레스키Robert Turesky 박사가 진행한 중요한 연구가 한 예이다. 그는 자신이 키우는 반려견들의 털에서 이 발암물질을 발견했다. 개들에게 탄 스테이크나 햄버거를 준 적은 없으므로 초가공 건식 사료가 범인이라고 생각했다.

앞서 설명한 것처럼 탄수화물과 단백질(녹말과 육류)은 함께 가열되면(몸 안에서든 식품 제조 과정에서든) 서로 다르지만 똑같이 파괴적이고 영구적인 화학 반응인 '당화'가 일어난다. 최종당화산물(AGE)이 생성되는 것이다. 수의학 박사 시오반 브릿글랄싱Siobhan Bridglalsingh은 우리와의 인터뷰에서 서로 다른 가공을 거친(캔, 압출, 공기 건조, 생식) 반려견용 사료가 건강한 개의 혈장과 혈청, 소변의 AGE 수치에 미치는 영향에 관한 2020년 연구 결과를 들려주었다.

그녀의 연구는 여러분의 예상과 정확히 일치할 것이다. 건강한 개들에게 캔 제품과 압출 제품을 먹일 때 체내 AGE 수치가 가장 높았고 자연 건조 제품이 뒤를 이었다. 당연히 생식 제품의 수치가 가장 낮았다. 브릿글랄싱 박사는 말했다. "개들에게 이런 가공 식품을 먹이는 것은 사람이 서구적 식단을 먹고 외인성 AGE(생식 제외)를 잔뜩 섭취하는 것과 비슷합니다." 그녀는 AGE가 개들의 퇴행성 질환 위험을 엄청나게 높인다고 설명했다.

그녀의 설명을 그대로 옮긴다. "우리는 열 가공이 식품의 AGE 수치에 영향을 미치고 유리(遊離) 혈장의 총 AGE에도 유사한 변화가 일어난다는 것을 발견했습니다. 따라서 우리는 고열 처리가 식품의 AGE 수치를 높이고 그것이 순환계의 총유리 혈장 AGE를 증가시킨다고도 말할 수 있지요." 연구로 인해 펫푸드에 대한 생각이 바뀌었느냐는 질문에 그녀의 대답은 무척 심오했다. "반려견에게 직접 만든 음식을 주는 일에 훨씬 개방적이 되었죠."

이 연구는 무엇을 의미할까? 브릿글랄싱 박사는 단도직입적으로 말한다. "고열 가공 사료를 반려견에게 먹이는 것은 사람이 맨날 패스트푸드만 먹는 것과 같습니다. 매일 패스트푸드를 먹으면 건강에 어떤 영향이 나타나는지 우린 잘 알고 있잖아요? 우리가 그걸 반려견에게 강요하고 있는 겁니다. 다른 선택지가 있는데도 그런 음식을 먹이고 있어요. 수의학 전문가들은 개들에게 더 질 좋고 더 안전한 음식을 제공해야 할 책임이 있습니다. 고열 가공 식품을 먹는 건 염증 질환과 퇴행성 질환에 걸리는 지름길입니다. 바꿀 수 있어요. 더 건강한 음식을 먹이는 선택으로 반려견들의 수명을 늘리고 삶의 질도 높일 수 있습니다."

이 획기적인 연구가 펫푸드 가공법과 AGE 생성을 분석한 첫 번째 연구였지만, 뒤이은 다른 연구들은 펫푸드가 식이 매개 염증과 면역계 조절 장애를 일으킨다는 사실을 밝혀냈다. 세계의 모든 애견인들이 꼭 알아야 할 실험 결과가 있을까? 그건 아마도, 우리의 개들이 패스트푸드를 먹는 인간보다 독성 화합물 수치가 122배(고양이는 38배)나 높기 때문에 건강하지 못하다는 사실이다.

실험 동물들에게 초가공 식품을 먹이면 성장 이상과 음식 알레르기가 나타난다는 사실이 밝혀졌다. 그러나 건조, 캔, 생식 제품이 개의 일생에 걸쳐 건강과 질병, 수명에 미치는 영향을 비교하는 통제된 임상 시험 결과가 발표된 적은 없다. 가공 식품을 먹는 동물과 가공되지 않은 생식을 먹는 동물의 차이를 비교한 단기 연구의 결과는 현재 수의사들이 임상적으로 목격하고 있는 것과 일치한다. 생식은 산화 스트레스를 낮추고 더 나은 영양을 제공한다. 소화율이 높고 미생물 군집도 다양해져서 면역계에 도움이 되고, 피부 질환으로 고생하는 경우를 포함해 개의 DNA와 후생적 발현에도 긍정적인 영향을 끼치기 때문이다. 개를 대상으로 생식과 가공 식품의 차이를 비교한 연구들은 비록 제한적이지만 이미 수십 년 전부터 반려견에게 신선식을 먹여온 사람들이 밝혀낸 방향을 가리키고 있다. 생식을 먹이는 견주들에 따르면 그런 개들은 신체가 더 건강하고 에너지 수치가 높고 털에 윤기가 나고 이빨이 깨끗하고 배변 활동도 원활하다. 그들은 신선식을 먹는 개가 초가공 식품을 먹는 개들보다 건강 이상이 훨씬 적게 나타난다고 믿는다. 다행스럽게도 최소 가공 식품 또는 생식은 조직에 축적되는 AGE 수치도 줄여준다.

미국 반려견 표준 식단Standard American Dog Diet은 약자인 SADD

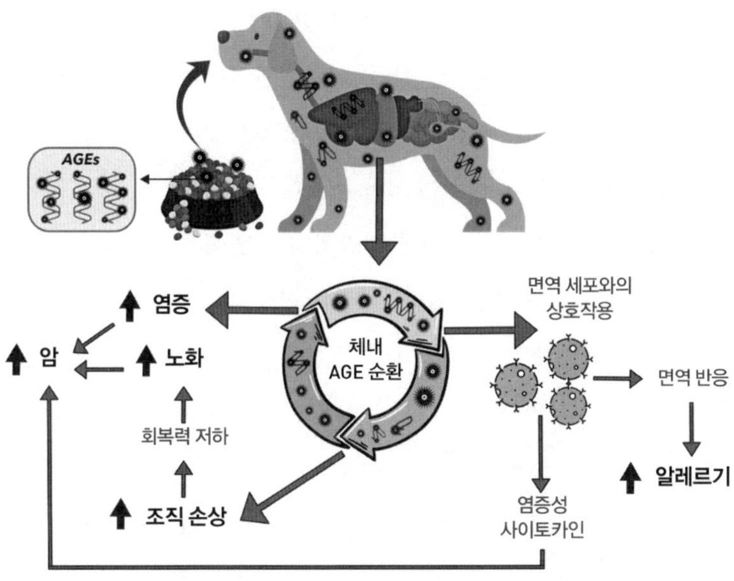

처럼 정말 애처로울 지경이다. 평생 고도 가공 식품을 먹어서 AGE가 축적되면 몸의 모든 조직에 해롭다. 근골격계 질환부터 심장 질환, 신장 질환, 알레르기 반응, 자가 면역 질환, 암까지 발생할 수 있다. AGE가 신체에 일으키는 문제들이 개들이 동물병원을 찾는 가장 큰 이유 목록과 일치하는 것도 이상하지 않다. 우리가 직감적으로 알고 있듯이 정크 푸드만 먹는 것은 건강에 좋지 않다. 이제 당신도 패스트푸드와 다를 바 없는 초가공 식품을 반려견에게 평생 먹여서는 안 된다는 사실을 깨달았을 것이다. 나아가 반려견의 초가공 식품 섭취량을 20~50퍼센트 줄이거나 아예 신선식만 주기로 결심한다면 더더욱 좋다. 그렇게 할 수 있도록 우리가 도울 것이다.

무가공 치유식 전략은 지난 4년 동안 개 건강 분야에서 커다란 파장을 일으켰다. 사람 식단과 마찬가지로 개의 식단도 단백질보다 지방으로 더 많은 열량을 제공하도록(케토제닉 식단) 긍정적으로 조절할 수 있다. 이것은 개들이 잘 걸리는 암을 관리하는 강력한 영양 전략이다. 최근 특정 질환 관리에 많이 활용되는 케토제닉 식단(키토)에 대해 여러분도 들어본 적이 있을 것이다.

케토제닉 식단은 신진대사와 생리적인 측면에서 단식과 비슷하다. 탄수화물을 크게 제한하고 단백질은 적당히 제한하여 신체가 지방에서 연료를 얻게 만든다. 하지만 그전에 저장된 포도당과 글리코겐을 먼저 연소시킨 후 간에서 케톤체라는 대체 연료를 생산한다. 케톤체가 혈액에 축적되면 몸은 '케토시스' 상태가 된다. 즉 공복 혈당과 A1c(체내 당화 측정치), 그리고 인슐린 수치가 낮고 일정하게 유지된다. 단식할 때나 푹 잔 후에 포도당이 부족한 상태로 아침에 일어날 때, 혹은 격렬한 운동 후에 누구나 가벼운 케토시스 상태가 된다. 포유류의 진화에서 케토시스는 식량이 부족한 시간을 버티도록 해주는 중요한 역할을 했다. 반려견을 항상 케토시스 상태로 만들 필요는 없지만, 이는 다양한 염증 질환을 관리하는 단기적 또는 간헐적 전략으로 매우 효과적이다. 케토시스는 개의 진화에도 중요한 역할을 했을 가능성이 크며 오늘날 개들의 건강, 특히 암 치료에 활용할 수 있다.

우리는 다큐멘터리 「개와 암 시리즈」를 촬영할 때 텍사스에 있는 비영리 단체 케토펫 생추어리KetoPet Sanctuary 관계자들을 인터뷰하며 케토제닉 식단을 일차적인 암 치료법으로 사용하는 4기 암 투병 중인 개 수십 마리도 만났다. 지방과 단백질로 각각 열량의 50퍼센트를 공급하는 영양학적으로 균형 잡힌 생식 식단은 개들을 자연적으로 가벼운 케토시스 상태에 놓이도록 만든다. 케토제닉 식단은 다양한 신진대사 요구에 따라 지방과 단백질 비율을 조절할 수 있지만, 케토펫 관계자들은 그것이 날것으로 이루어져야 한다고 강조한다. 그들은 열처리된 지방이 췌장염을 유발하는 반면, 가공하지 않은 지방은 부작용 없이 건강하게 대사가 이루어진다는 사실을 발견했다. 췌장염은 소형 동물 의학에서 심각한 문제이다. 산화되거나 가열된 지방은 반드시 피해야 한다. **가열된 지방은 독성이 강한 또 다른 MRP이며 독성학자들이 장기에 가장 큰 피해를 준다고 지적하는 최종 지질산화생성물(ALE)을 만든다.**

마크 로버츠 박사의 연구에서 개들이 직접 선택한 대량 영양소 비율(건강한 지방과 단백질이 각각 총열량의 50퍼센트를 차지)도 개들이 고대로부터 내려오는 신진대사 지혜를 타고난다는 사실을 확인시킨다. 그 연구에서 개들은 선택권이 주어지면 주요 에너지 공급원으로 지방과 단백질을 선호했다. 이런 식단이 대사 스트레스를 낮추고 신체 기능과 면역력을 개선시켰다.

타이밍: 생체 시계 따르기

건강을 위해 음식을 바꾸는 것은 첫 단계이다. 여기에 더해서 언제 먹는지도 신경 쓴다면, 최적의 건강과 수명을 위한 효과가 기하급수적으로 커진다. 저자들이 포유류의 생명력을 키우는 최고의 지혜를 찾아 나섰을 때 반복적으로 들은 말이 있다. 아무리 건강에 좋은 음식이라도 먹는 타이밍이 나쁘면 생리적으로 스트레스 요인이 된다는 것이다. 그렇다. **"얼마나 많이 먹는지, 무엇을 먹는지도 중요하지만,**

언제 먹느냐가 훨씬 더 중요할 수 있습니다." 솔크 연구소Salk Institute 사치다난다 판다Satchidananda Panda 박사의 말이다. 그는 최적의 식사 윈도*를 설정해 건강을 증진하는 방법을 개척하고 있다. 칼로리는 시간과 무관하지만 신진대사와 세포, 유전자는 시간을 구분한다. 반려견의 타고난 신진대사를 존중함으로써 식이 스트레스를 줄일 수 있다. 이렇게 하면 일주기 리듬에 균형이 잡혀서 건강에 무척 이롭다. 일주기 리듬은 수천 년 동안 우리의 수면-기상 주기를 조절해 온 생체 시계이다.

남자든 여자든 강아지든 전부 생체 시계를 갖고 있다. 정확히는 '일주기 리듬'이라고 한다. 이것은 환경의 낮밤 주기에 따른 반복적인 활동 패턴으로 정의할 수 있다. 이 주기는 대략 24시간마다 반복되는데 수면-기상 주기, 호르몬 변동, 체온의 상승과 저하 등 태양을 기준으로 한 하루 24시간과 관련이 있다. 건강한 일주기 리듬으로 정상적인 호르몬 분비 패턴을 지휘하는 것은 배고픔 신호와 관련된 호르몬부터 스트레스나 세포 회복에 관련된 호르몬에 이르기까지 매우 중요하다. 리듬이 제대로 동기화되지 않으면 에너지가 부족해서 피곤하고, 짜증 나고, 배고프고, 면역계가 완전하게 작동하지 않아서 감염 위험도 커진다. 시간대가 다른 지역에 다녀와서 시차를 경험해본 적이 있다면 일주기 리듬이 깨졌다는 게 무엇이고 어떤 느낌인지 알 것이다.

6장에서 살펴보겠지만 일주기 리듬은 수면 습관을 중심으로 움직인다. 따라서 수면 부족은 식욕에 심각한 영향을 미칠 수 있다. 예를

* eating window. 음식을 먹는 시간대를 뜻한다 — 옮긴이주.

들어, 대표적인 식욕 호르몬인 렙틴과 그렐린은 식사 패턴의 신호를 규제하고 생체 시계에 따라 작동한다. 그렐린은 우리에게 먹어야 한다고 말하고 렙틴은 충분히 먹었다고 말한다. 소화 호르몬에 관한 최신 연구는 상당히 놀랍다. 불충분한 수면이 호르몬의 불균형을 초래하고 배고픔과 식욕에 악영향을 미친다는 사실을 보여준다. 대표적인 연구에서는 이틀 연속으로 4시간씩밖에 자지 못한 사람들의 24퍼센트가 배고픔이 늘어 고열량의 짭짤한 간식이나 탄수화물 음식에 끌리는 모습을 보였다. 아마도 우리 몸이 탄수화물로 신속하게 에너지를 보충하려고 그러는 듯하다. 알다시피 탄수화물은 가공 식품에서 쉽게 발견된다.

개의 일주기 리듬이 별로 중요하지 않다고 생각하지 말라. 우리는 남부 캘리포니아에 있는 솔크 연구소를 방문해 규제 생물학 실험실Regulatory Biology Laboratory, 일명 판다 랩에서 사치다난다 판다 교수를 만나 음식물 섭취의 타이밍에 관해 이야기를 나누었다. 동물의 일주기 리듬은 음식물이 언제 영양분을 공급하고 치유하는지, 혹은 대사 스트레스가 일어나는지를 결정한다. 칼로리 제한(또는 '간헐적 식사나 단식')은 반려동물의 수명에 몇 년을 더해줄 수 있다. 그의 연구는 반려동물 간식을 생체 시계에 맞춰 제한하면 노화에 따른 가장 흔한 대사성 질환을 피할 수 있음을 보여준다.

반려견 주인들은 건강한 개가 하루 동안 먹지 않거나 한 끼쯤 걸러도 괜찮다는 말을 들으면 깜짝 놀란다. 개는 하루 두세 끼와 간식을 먹을 필요가 없다(사람도 마찬가지이다). 사람과 마찬가지로 개들도 단식 능력을 갖추고 있다. 오히려 이따금 하루의 일정 시간 동안 금식해서 신진대사 재설정 버튼을 눌러줘야 한다.

시간 제한 식사(time-restricted feeding, TRF)라고도 하는 간헐적 단식의 역사는 수천 년 전으로 거슬러 올라간다(대부분의 종교 수행에 단식이 들어가는 이유가 있다). 기원전 약 4, 5세기에 살았던 그리스인 의사이자 히포크라테스 선서로도 유명한 히포크라테스는 건강을 위한 단식을 강력하게 옹호했다. 그는 저작에서 질병과 뇌전증 모두 완전한 단식으로 치료될 수 있다고 주장한다. 그리스 철학자 플루타르코스도 『건강에 대한 조언*Advice about Keeping Well*』에서 "약을 쓰는 것보다 하루 동안 금식하라"고 조언했다. 위대한 아랍 의사 이븐시나는 3주 또는 그 이상의 금식 처방을 자주 내렸다. 고대 그리스인들은 뇌전증 치료에 단식과 제한 식이요법을 사용했다. 이 방법은 20세기 초에 다시 유행했다. 단식은 몸을 해독하고 마음을 정화해 완전한 자연 건강에 이르기 위해 이용되기도 했다. 벤저민 프랭클린도 "가장 좋은 약은 휴식과 금식이다"라고 했다.

단식에는 많은 형태가 있지만 근본적으로 몸에 끼치는 영향은 똑같다. 단식은 인슐린의 균형을 잡음으로써 혈당 수치를 안정적으로 유지해주는 글루카곤 호르몬을 활성화한다. 이 개념의 이해를 도와주는 이미지가 있다. 시소를 떠올려보자. 한 명이 올라가면 다른 한 명은 내려간다. 이 비유는 인슐린과 글루카곤의 관계를 단순화하거나 설명하는 데 종종 사용된다. 우리 몸에서 인슐린 수치가 올라가면 글루카곤 수치는 내려가고 그 반대도 마찬가지이다. 음식물을 섭취할 때 인슐린 수치가 상승하고 글루카곤 수치는 감소한다. 하지만 금식할 때는 그 반대 현상이 일어난다. 인슐린 수치는 내려가고 글루카곤 수치가 올라간다. 글루카곤 수치가 올라가면 많은 생물학적 사건이 촉발된다. 앞서 말한 세포의 청소 과정인 자가 포식도 그 사건 중 하나다. 사람이나 반려견이나 안전한 시간 제한 식사(반려견은 '급식')를 통해 일시적으로 몸의 영양분을 거부하는 방법이야말로 세포 무결성을 키우는 가장 좋은 방법인 이유가 바로 이 때문이다. **필요한 칼로리를 하루 중 정해진 시간 내에 주면 반려견의 생리 작용에 놀라운 변화가 일어난다.** '세포의 젊음'이 유지되고 노화가 느려지는 것 외에도 에너지 촉진, 지방 연소 증가, 당뇨와 심장병 같은 질병의 발병 위험 감소 같은 효과가 증명되었다. 이 모든 효과가 단식이 자가포식, 즉 세포의 청소 기능을 활성화하기 때문에 일어난다.

존스 홉킨스 의대의 신경과학 교수이자 미국 국립노화연구소의 신경과학연구소 책임자를 지낸 마크 맷슨Mark Mattson은 이 분야에 관한 다수의 논문을 내놓은 권위자이다. 그는 판다 박사와 함께 연구를 진행하고 광범위한 의학 논문을 썼다. 특히 단식이 인지 기능을 개선하고 신경퇴행성 질환의 위험을 줄일 수 있다는 점에 주목하는 맷슨 교수는 동물을 대상으로 격일 단식을 실험했다. 칼로리의 10~25퍼센트를 제한하는 식단을 격일로 제공한 것이다. "동물이 어릴 때 이 식단을 반복하면 수명이 30퍼센트 길어집니다." 이 문장을 다시 읽어보자. 식단을 바꾸면 반려명의 수명이 늘어난다! 그것도 많이! **단순히 수명만 느는 것이 아니다. 더 건강하게 더 오래 살 수 있다.** 맷슨 박사는 이 식단을 따르면 심지어 동물의 신경 세포가 퇴화에 더 큰 저항력을 갖게 된다는 사실도 발견했다. 그는 여성들에게도 몇 주 동안 비슷한 연구를 진행했다. 이 연구에서는 체지방이 감소하고 순 근육량이 늘어나고 포도당 조절 기능이 개선되었다.

아이러니하게도 이런 생물학적 반응이 촉발되는 이유는 자가 포식뿐만 아니라 스트레스 때문이기도 하다. 단식하는 동안 세포는 가벼운 스트레스 상태(건강하고 '좋은' 스트레스)에 놓이고 스트레스 대처 능력을, 어쩌면 질병에 저항하는 능력을 끌어올림으로써 반응한다. 다른 연구들에서도 이 사실이 확인되었다. 포유류가 단식을 제대로 하면 혈압 감소, 인슐린 민감성 개선, 신장 기능 증진, 뇌 기능 강화, 면역계 재생, 질병에 대한 저항력 향상 효과가 나타난다.

단식은 개의 생리에도 매우 자연스러운 일이며 똑같은 장점이 나타난다. 어떤 개들은 자연스럽게 스스로 금식해서 주인을 걱정시킨다. 하지만 개가 스스로 선택한 금식은 자연 상태에서 일어나는 일을 모방하는 것이다. 즉, 소화기관에 휴식을 주고 몸이 쉬고 수리하고 회복할 수 있게 한다. 점점 더 많은 동물 전문가들이 건강한 개들에게(체중 10파운드, 즉 약 4.5킬로그램 이상) 주당 1일 단식을 권장한다. 단식하는 날은 뼈 간식을 하나 주는 정도면 된다. 반려견이 식사를 거르는 것 자체를 좀처럼 받아들이지 못하는 사람들도 많다. 반려견을 가족으로 생각하는 만큼 식사 제한이 고통을 준다고 생각하는 사람들이 많다는 것이 연구에서도 확인된다. 그런 견주들은 간식이나 식사량을 제한하는 것이 싫어서 시간 제한 급여나 체중 감량 프로그램을 수용하지 않을 것이다. 그러나 건강한 일상을 만드는 것은 우리 개들의 건강한 삶을 위해 꼭 필요한 일이다. 칼로리에 엄격해지는 것은(저자들은 이것을 '건강한 음식 경계'라고 부르고 싶다) 반려견에게 건강한 식습관을 만들어주기 위해 꼭 필요한 일이다. 3부에서 당신의 반려견을 위한 '식사 윈도'에 적용할 수 있는 초저칼로리 간식을 알려줄 것이다. 확실히 하자면, 금식은 음식만 먹지 않는다는 뜻이다. 물은 예외다.

누가 누구를 훈련하는가?

"우리 강아지는 내가 제일 잘 알아요!" 저자들이 종종 듣는 말이다. 개는 지각력이 뛰어난 습관의 동물이다. 반려견에게 음식에 관한 부정적인 행동을 무의식적으로 조장하는 견주들이 많다. 주인이 냉장고를 열 때 마구 날뛰며 짖는 행동부터 음식을 먹으려고 앉으면 옆에서 계속 낑낑거리는 행동, 저녁 식사가 조금이라도 늦어지면 담즙을 토하는 것까지(자세한 내용은 9장에서) 다양하다. 중요한 건 당신이 행동을 통해, 생리적으로 반려견에게 이런 행동을 장려했다는 사실이다.

그렇다. 음식 때문에 날뛰는 털북숭이 괴물을 만든 건 바로 당신이다. 무의식적으로 간식 괴물을 만들었다면, 오늘부터 의식적으로 반려견의 행동을 바꾸는 것을 시작할 수 있다. 시간과 인내심이 필요하겠지만, 원치 않는 행동을 개선하는 방법은 오로지 신중하고 긍정적인 행동 교정을 통해 반려견을 일관적이고 적절하게 대하는 것 뿐이다. 개는 자연스럽게 자신에게 도움되는 행동을 반복한다. 어떤 행동으로 원하는 것을 얻을 수 있다면 당연히 또 그렇게 행동할 것이다(주인의 관심과 원하는 반응을 끌어내기 위해 점점 강도를 높이기도 한다). 만약 주인이 반응하지 않으면(말로 알아주기나 눈 맞춤 같은 반응이 전혀 없을 때), 개는 주인에게서 원하는 반응을 끌어내는 효과가 없는 행동을 머지않아 멈출 것이다. 인간을 훈련시키는 것이 절대로 만만치 않다는 것을 깨닫는 것이다! 밤에 '배고파서 화난' 행동으로 주인을 깨우는 개들이 많다. 이런 행동 패턴은 주인이 바로잡을 때까지 계속된다. 퓨리나 연구소는 하루에 두 번 먹는 비글이 하루에 한 번 먹는 비글에 비해 야간 활동이 약 50퍼센트 늘어난다는 사실을 발견했다. 즉, 시간 제한 식사(TRE)는 주인과 반려견의 숙면을 돕는 효과까지 있다.

3부에서는 TRE를 이용해 포에버 도그의 비결인 휴식–회복–재건 주기를 강화하는 방법을 알아볼 것이다. **반려견에게 적절한 영양소를 적절한 양으로 적절한 시간에 제공하는 것은 생리학적 승리를 위한 마법의 3요소이다.**

신선식은 '냉장고에 들어 있는 사람 음식'

펫푸드 산업이 이룬 가장 큰 업적은 개에게 '사람 음식'을 주는 것이 영양학적으로든 사회적으로든 용납될 수 없는 일이라는 확신을 견주들에게 심어준 것이다. 하지만 이러한 정서는 21세기의 과학과 정면으로 배치된다. 사람 음식이 무조건 개에게 나쁜 것은 아니다. 사실, 사람 음식은 개에게 최고 품질의 음식이다. 검사를 통과한 음식이니까! 사람이 먹는 음식은 보통 개들이 먹는 사료보다 훨씬 질이 좋다. **물론 어떤 음식을 주는지가 매우 중요하다. 사람이 먹는 것을 그대로 주어서는 안 된다. 생물학적으로 적절한 사람 음식을 개를 위한 식단이나 훈련용 간식이나 토퍼를 만드는 데 이용해야 한다.**

간단히 말해서, 반려견을 포함한 집 안의 모든 가족이 건강에 좋은 신선한 음식을 먹어야 한다(개들에게 양파, 포도, 건포도를 주면 안 된다는 사실만 기억하자). 반려견에게 냉장고에서 꺼낸 신선한 음식을 시판 사료에 섞어 주는 균형 잡힌 접근법은 훌륭한 선택이다. 정확히 무슨 뜻인지 3부에서 살펴볼 것이다. 각자의 음식 철학과 예산에 맞는 음식과 급여 방법, 브랜드를 선택하면 된다.

건강 지킴이를 위한 교훈

- 기존의 건식 사료와 캔 사료 대신 좀 더 건강하고 신선한 식품에 대한 반려인들의 요구가 커지면서 펫푸드 산업은 급격한 변화를 맞고 있다.
- 생식, 동결 건조, 가볍게 조리, 탈수 건조 제품은 초가공 간식 사료와 캔 사료보다 열 가공을 훨씬 덜 거친다.
- 탄수화물이 풍부한 초가공 '반려견용 식품'이 발명된 이후 100년 동안, 개들은 비자발적인 탄수화물 섭취량 급증으로 인해 신진대사 기능이 손상되었다.
- 비율: 반려견이 섭취하는 칼로리의 약 50퍼센트는 단백질에서, 나머지 50퍼센트는 지방에서 나와야 한다. 이것은 길든 개와 야생개 모두가 선호하는 조상들의 식단이며, 건강과 장수의 두 가지 목표에 가장 잘 부합한다. 필요하지도 않은 탄수화물이 전체 칼로리의 30～60퍼센트를 차지하면 건강을 해칠 수밖에 없다.
- 최근 연구에 따르면 건식 사료를 먹는 개일수록 과체중 또는 비만

가능성이 크고 전신 염증(~염) 징후가 나타난다.

- 음식은 체내 세포와 조직, 계통을 위한 정보일 뿐만 아니라, 장내 미생물을 위한 핵심적인 정보 조각이기도 하다. 그리고 신진대사와 면역 체계의 힘과 기능에 큰 영향을 미친다.
- 타이밍이 중요하다. 반려견이 무엇을 얼마나 먹는지 만큼이나 언제 먹는지도 중요하다. 칼로리는 시간을 모르지만 신진대사와 세포, 유전자는 확실히 시간을 안다. 신체의 일주기 리듬이 올바로 동기화될 때 영양이 더 잘 공급되고 대사 스트레스도 줄어든다. 간헐적 단식 또는 시간 제한 식사(TRF)는 사람은 물론이고 개들에게도 건강을 위한 강력한 도구이다. 건강한 개들은 하루 세끼와 간식까지 꼬박꼬박 챙겨 먹을 필요가 없다. 강아지가 식사나 간식을 먹지 않으려고 해도 걱정하지 말자. 지극히 정상적인 현상일뿐만 아니라(어디 아픈 것이 아니라면) 오히려 유익하다. 반려견에게 적절한 영양소를 적절한 양으로 적절한 시간에 제공하는 것에는 마법 같은 힘이 있다.

5장 세 가지 위협

— 스트레스, 고립, 활동량 부족이 끼치는 영향

우리는 즐거울 때 흔들 꼬리가 있기를 소망한다.

—W. H. 오든

티나 크럼딕Tina Krumdick은 반려견 마우저Mauzer가 잃어버린 건강을 되찾은 감동적인 여정을 들려준다.

"마우저는 만성 설사가 있었어요. 일 년 동안 동네 동물병원에 데려가 검사란 검사는 다 했는데 아무 이상도 발견되지 않았죠. 그냥 추측만 할 뿐이었어요. 동물병원에 다녀올 때마다 마우저의 설사를 멈추기 위해 새로운 브랜드의 건식 사료와 약을 사 왔죠. 하지만 그 무엇도 효과가 없었어요. 원인은 모른 채 증상만 치료하기 급급한 느낌이었어요. 동물병원을 마지막으로 찾은 날 60달러짜리 캥거루가 그려진 사료를 사서 집으로 돌아가는데 문득 이런 생각이 드는 거예요. '혹시 먹는 게 문제가 아닐까?'

친구의 친구가 닥터 베커한테 가보라고 추천했어요. 차로 한 시

간 이상 떨어진 거리이기도 했고 '전통적인' 수의사가 아니라는 말을 들어서 처음엔 망설여졌죠. 그런데 마우저의 변에서 소화되지 않은 사료와 피가 나오기 시작했어요. 무슨 소방 호스처럼 줄줄 말이죠. 일주일만에 체중이 3킬로그램이나 줄었고 가망이 없어 보였죠. 닥터 베커를 찾아가기로 하고 예약을 잡았어요. 평범하지 않은 방법이 필요할지도 모른다는 생각이 들었거든요. 닥터 베커가 방에 들어와서 바닥에 앉자 마우저가 기어가 무릎에 앉더군요. 그 순간 잘 찾아왔구나 싶었죠. 지금까지 시도해본 방법들은 효과가 전혀 없었으니까요. 닥터 베커는 혈액 검사 후에 흡수 불량 진단을 내렸어요.

생식을 권하더군요. 맞는 말인 것 같았어요. 마우저는 생식을 시작했고 소화 불량 회복을 도와줄 보충제도 복용하기 시작했어요. 며칠 만에 변이 정상으로 돌아왔고 체중도 늘기 시작했어요. 예전처럼 무기력하지도 않고요. 이전엔 시도해본 적 없는 버펄로, 사슴고기, 칠면조 단백질을 돌아가며 먹이기 시작했어요. 식단 다양성은 마우저의 몸을 망가뜨리는 게 아니라 치료해줬어요. 간식으로 얼린 블루베리를 줬어요. 제가 먹으려고 만든 저녁을 조금 덜어서 주기도 했고요. 신선하고 건강에 좋은 재료로 만든 것들이었죠. 칙칙했던 털에서 윤기가 나기 시작하더군요. 활력이 넘치고 눈이 반짝였어요. 정말로 건강해진 거죠. 문제를 고치려고 수천 달러를 썼는데 결국 제가 마우저에게 주는 음식이 모든 문제의 시발점이었어요. 아이러니하게 문제도 음식이었고 치료제도 음식이었죠."

마우저의 긍정적인 변화는 수많은 개가 식단에 주목함으로써 경험하는 효과를 잘 보여준다. 음식이 마우저의 몸에 스트레스를 준 것은 분명한 사실이었다. 대사 스트레스를 줄이자 상황이 반전되었다. 스트레스는 다양한 형태로 나타나지만 그 정도가 심할 때의 결과는 딱 하나, 건강 악화뿐이다. 생각만 해도 스트레스받는 일이지만 그래도 스트레스는 꼭 다뤄야 하는 주제이다.

스트레스의 유행

사람들을 잔뜩 모아놓고 불안과 초조, 피로, 두려움, 짜증, 압도감을 가끔 또는 항상 경험하는지 물어보면 대다수가 손을 들 것이다. 개들에게도 똑같은 질문을 던지고 짖어달라고 해볼 수 있다면, 여기저기서 짖는 소리가 시끄럽게 울려 퍼질 것이다.

오늘날 우리가 엄청나게 많은 스트레스에 시달린다는 것은 분명한 사실이다. 3,000만 명이 넘는 미국인이 항우울제를 복용한다(미국의 항우울제 처방 건수는 1990년대 이후 400퍼센트 이상 증가했다). 21세기에 접어든 이후 미국 거의 모든 주에서 자살률이 증가했다. 미국 성인의 약 4분의 1이 불면증에 시달리고 수많은 이들이 조금이라도 눈을 붙이려고 수면 보조제에 의존한다. 우리는 소셜 미디어가 세상 사람들을 하나로 만든다고 생각하지만 실제로는 반대 효과가 일어난다. 미국인 5명 중 3명 이상이 외로움을 느끼고, 사람들과 실제로 의미 있는 상호작용을 나누는 이들은 전체의 절반 정도밖에 안 된다.

줄어든 신체 활동까지 육체적, 정신적 스트레스를 보탠다. 미국 청소년의 8퍼센트만이 하루 권장 운동량인 60분 동안 운동을 하고, 성인의 5퍼센트 미만이 권장 운동량 30분을 채운다. 30분은 최소한의 권장량일 뿐이다. 미국인들은 하루의 반 이상을 앉아서 보낸다. 조상들의 생활 모습과는 완전히 거리가 멀다. 탄자니아의 하자Hadza 원주민들처럼 현대에도 수렵과 채집으로 살아가는 부족들에 관한 연구 자료에 따르면 그들은 식량을 구하기 위해 매일 여성은 약 5.6킬로미터, 남성은 약 7킬로미터를 걷는다.

천 년 이상 운동과 이동은 일상생활의 본질적이고 결정적인 구성 요소였고 실제로 생존 그 자체였다. 수렵 채집인들은 털 뭉치 친구를 데리고 직접 발로 이동하면서 영양분을 찾아 헤매고 사냥하는 것밖에 선택의 여지가 없었다. 많이 움직일수록 뇌가 커지고 똑똑해졌고, 긴밀한 공동체를 구축해 다면적인 사회 구조 안에서 자원을 나누고 서로 의지하며 살아가게 되었다. 이 복잡한 사회 구조 안에 개들도 포함되었다.

많은 미디어가 '좌식 생활은 새로운 흡연'이라고 보도했다. 그렇게 말하는 이유는 충분하다. 2015년에 『내과의학연보*Annals of Internal Medicine*』에 실린 메타 분석과 체계적 검토에 따르면 원인을 막론한 모든 조기 사망이 좌식 행동과 관련이 있었다. 더해서, 움직이는 것 자체가 질병과 죽음을 예방하는 효과가 있는 것으로 나타났다. 2015년에 발표된 또 다른 연구에서는 몇 년에 걸쳐 피실험자들을 분석했는데, 시간당 2분 동안 의자에서 일어나는 간단한 움직임만으로도 조기 사망 확률이 33퍼센트 감소하는 것으로 나타났다. 여러 대규모 분석에서도 신체 활동이 대장암, 유방암, 폐암, 자궁내막암, 뇌수막종(뇌에 발생하는 종양)을 포함한 많은 종류의 암 발생률을 낮추었다. 그 이유는 무엇일까? 적어도 부분적으로는 운동이 염증을 통제하는 효과가 뛰어나기 때문일 것이다. 만성 염증이 적으면 암이 생길 확률이 낮아진다.

개들도 마찬가지이다. 개들은 조상들이 그랬던 것처럼 많이 움직이면, 한마디로 뛰어다니고 냄새 맡고 밖에서 돌아다니는 시간이 늘어나면, 조기 노화와 우울증을 포함한 질병의 위험이 낮아진다. 개의 우울증은 널리 알려지지 않았지만 사람의 우울증과 불안이 급증하는 것처럼 개들의 상황도 다르지 않다.

개가 사람과 같은 방식으로 우울증을 겪지는 않을 수도 있다. 하지만 개가 주인이나 가족의 죽음, 자연재해, 심한 소음 노출, 지리적 이동, 가족 관계의 변화(예: 새로운 배우자, 새로운 아기, 이혼) 같은 트라우마 경험을 겪는 모습을 본 적이 있는 사람이라면, 개들도 스트레스 요인이 발생할 때 슬픔이나 무기력, 기타 비정상적 행동을 보일 수 있다는 사실을 잘 알 것이다. 즉, 개는 산책이나 식사를 거부

할 수 있고, 짖거나 위축 행동을 보일 수 있다. 그리고 '평소와 다른' 모습을 보일 수 있다. 수의사들은 이런 개들에게 항불안제를 처방한다. 사람이 먹는 팍실, 프로작, 졸로프트 같은 우울증약과 똑같다. 하지만 약보다 더 좋은 방법이 있다.

불안과 공격성은 개들에게 흔히 나타나는 문제이다. 『수의행동학저널*Journal of Veterinary Behavior*』에 따르면 개들이 보이는 문제 행동의 최대 70퍼센트는 어떤 형태든 불안감에 기인한다. 사람과 마찬가지로 학대와 방치는 개들에게도 불안과 행동 문제를 일으키지만 개의 스트레스 원인은 좀 더 미묘하고 은밀할 수 있다. 혼란스럽고 혐오적인 훈련 기법, 혼자 있는 시간의 연장, 수면이나 운동 부족 등이 그렇다. 모두 약물 없이 치료할 수 있다.

지난 10년 동안 운동이 불안과 우울증의 치료뿐만 아니라 예방에도 효과적이라고 인정된 것은 전혀 놀라운 일이 아니다(이 연구 결과가 수의사들에게까지 도달하려면 얼마나 오랜 시간이 걸릴까?). 2017년 연구에서는 11년 동안 정신 건강 관련 진단을 받은 적이 없는 성인 4만 명을 추적했다. 규칙적인 운동이 오늘날 현대인의 커다란 질병 원인인 우울증을 현저하게 줄여준다는 사실이 발견되었다. 이 강력한 연결 고리를 바탕으로 연구진은 일주일에 한 시간만 신체 활동을 해도 향후 우울증 환자의 12퍼센트를 예방할 수 있다고 추측했다. 그리고 2019년 사람들의 눈길을 사로잡은 하버드 대학교의 연구 결과가 나왔다. 수십만 명(좋은 연구라는 증거)을 대상으로 시행된 연구에서 하루 15분 조깅(또는 조금 더 오래 걷거나 정원을 가꾸는 일)이 우울증 예방 효과가 있다는 결론이 나왔다. 연구진은 멘델리안 무작위 분석법Mendelian randomization이라는 최첨단 기법을 사용해 수정 가능한 위험 요인(이 경우 운동량)과 우울증 같은 건강 문제의 인과 관계를 식별했다. 이를 통해 '신체 활동은 효과적인 우울증 예방 전략'이라는 매우 혁신적인 결론이 나왔다.

운동은 정말로 강력한 치료법이 분명하다. 하지만 우리는 이 메시지에 담긴 뜻을 이해하지 못하고 반려견들까지도 좌식 생활의 굴레로 끌어들였다. **개는 매일 몸을 움직여야 한다. 어떤 식으로 움직여야 하는지는 개의 성격이나 신체 상황, 나이에 따라 달라진다(모든 개에게 적용되는 일반적인 지침을 제공할 수는 없다). 저자들이 '매일 운동 치료법'이라고 부르는 것을 통해 개들은 차분해지고 불안이 줄고 수면이 개선되고 다른 개와의 상호작용도 개선될 수 있다.** 물론 운동은 정신적, 신체적으로 직접적인 효과가 있지만 스트레스에도 직접 영향을 미친다. 오랫동안 동물행동학자들은 개들의 일반적인 행동 문제에 운동을 권장해왔다. 운동이 행동 문제를 교정하는 가장 효과적인 도구이기 때문이다. 그런데 운동은 가장 심오한 스트레스 관리 도구이기도 하다. 사람의 경우 유산소 운동을 20분 하면 항불안 효과가 4~6시간 동안 지속된다. 매일 반복되면 누적 효과가 생긴다. 동물도 마찬가지이다.

실험실 쥐들은 쳇바퀴가 있으면 자발적으로 운동을 한다. 연구에 따르면 쥐들의 엔도르핀(고통을 줄이고 행복감을 올려주는 물질)은 운동 후 몇 시간 동안 지속되었고 96시간 후에야 일반적인 수준으로 돌아왔다. 운동이 뇌에 미치는 영향은 운동한 시간보다 훨씬 더 오래 지속된다. 과잉 행동 장애나 불안 증세가 있는 개들조차, 짧은 운동만으로도 개와 당신 모두의 삶의 질을 개선시킬 수 있다. 매일의 강도 높은 운동은 개들에게 만연한 투쟁-도피 스트레스 반응에 변화를 준다. 또한, 운동은 뇌세포의 성장을 촉진함으로써 차분한 상태를 만드는 등, 뇌의 화학 작용을 변화시킨다. 개들도 우리만큼 고통받고 있다. 운동은 공포와 불안 같은 심각한 스트레스가 일으키는 해로운 영향으로부터 개들을 지켜준다. 『뉴욕 타임스』의 기자 애런 E. 캐럴Aaron E. Carroll이 "기적의 약에 가장 가까운 것은 운동이다"라고 말한 것도 이 때문일 것이다. 그렇다면 시급하게 떠오르는 질문이 있다. 우리는 반려견에게 필요한 만큼 움직일 기회를 주고 있는가?

선택의 중요성에 대해서도 언급할 필요가 있다. 개들은 독립적인 결정을 내릴 자격이 있고 그런 힘이 반드시 주어져야 한다. 저자들은 컬럼비아 대학교 바너드 칼리지의 심리학과 선임 연구원인 알렉산드라 호로비츠Alexandra Horowitz 박사를 팟캐스트에 초청해 이 주제에 관해 이야기를 나누었다. 베스트셀러 『개의 사생활』의 저자이자 개 인지력 전문가인 그녀는 우리와 마찬가지로 개가 개답게 사는 것이 중요하다고 생각한다. 당신은 산책할 때 왼쪽으로 갈지 오른쪽으로 갈지 개가 선택하도록 얼마나 자주 내버려두는가? 이것은 개에게 목줄을 매고 걷거나 복종하는 법을 가르치는 문제에 관한 이야기가 아니다. 우리가 보통 개를 대신해서 내리는 결정들을 포함해서, 개에게 어떤 결정들을 위임할지에 관한 이야기이다. **독재가 아닌 협력 관계를 만들어야 한다.** 개가 당신이 의도하지 않은 방향으로 가면서 계속 냄새를 맡으려고 할 때 녀석의 욕구를 얼마나 자주 들어주는가? 길에서 오랫동안 냄새를 맡고 있으면 얼른 가자고 목줄을 당기지 않는가? 개들에게 앞으로 무슨 일이 일어날지, 어디로 가고 싶은지, 무엇을 하고 싶은지에 대해 통제 수단을 제공하는 일은 우리가 생각하는 것보다 훨씬 더 중요하다. 하지만 현실적으로 자기 삶이 어떻게 흘러갈지에 대해 선택권이 전혀 없는 개들이 많다. 모든 삶의 영역에서 개에게 더 많은 선택권을 주는 것은 선물과 같다. 행위의 주체성을 내어줌으로써 개가 자신의 (그리고 당신의!) 행복 실현에 적극적으로 참여하도록 존중하는 것이다. 이것은 결과적으로 개의 자신감과 삶의 질을 높이고, 궁극적으로 당신에 대한 감사와 믿음도 커진다.

'노즈 워크nose work'(센트 워크scent work라고도 함)는 반려견과 함께할 수 있는 유익한 정신적 운동이다. 후각 운동은 산책할 때 통제 불능 상태가 되거나 아예 얼어버리는, 민감하거나 트라우마가 있는 개에게 유익하다. 외출이나 산책 시에 '스니파리'*가 제공하는 다양한 '두뇌 놀이'와 정신적 자극은 모든 개에게 유익하다. 이 활동은 냄새 맡고 싶어하는 본능적 욕구를 충족시키고 스트레스도 줄여준다.

스트레스받는 개의 조기 노화

누구나 조기 노화를 피하고 싶어 한다. 세계적으로 안티에이징 화장

* sniffari, sniff와 safari를 합친 말로 개가 밖에서 마음껏 냄새를 맡고 견주는 개가 이끄는 대로 그냥 따라가는 것을 말함 — 옮긴이주.

품 시장의 규모는 2018년에 380억 달러였고 2026년에는 600억 달러에 이를 전망이다. 세월은 우리에게 자연스러운 흔적을 남긴다. 하지만 심각한 불안과 스트레스, 약간의 우울증이 더해지면 노화 시계가 더 빨리 흐른다. 대통령들이 4년이나 8년 임기를 마친 후 머리가 희끗희끗해지고 몰라보게 늙는다는 사실을 떠올려보자. 심한 스트레스나 불안, 우울증을 겪은 사람은 나이보다 더 늙어 보이는 경향이 있다. 폭풍이 지나간 흔적이 얼굴 구석구석에 남는다. 스트레스는 우리의 겉모습에 정말로 많은 영향을 줄 수 있다. 하지만 몸속에 미치는 영향은 두 배나 더 크다. 개들도 마찬가지이다.

노화의 외형적인 특징 가운데 하나인 백발이 일찍 나타나는 현상에 관해 많은 연구가 이루어졌다. 조기 백발의 가장 큰 요인은 산화 스트레스(생물학적으로 녹이 슨다고 생각하면 된다), 질병, 만성 스트레스, 유전(유전자 때문에 흰머리가 생기는 것) 등이다. 유전의 힘과 스트레스 심한 생활 방식이 합쳐져서 모낭과 멜라닌 세포(머리카락에 색을 부여하는)의 스트레스 저항력을 낮춘다.

개를 대상으로 한 비슷한 연구도 있다. 2016년에 『응용동물행동과학*Applied Animal Behaviour Science*』에 발표된 연구는 아직 어린 개들의 주둥이 주변 털이 하얗게 변하는 현상과 불안 및 충동의 중요한 상관관계를 발견했다. 나이 들면서 주둥이 주변 털이 하얗게 변하는 것은 보편적인 현상이지만, 아직 어린 개들(4세 미만)에게는 흔하지 않다. 연구자들이 동물 행동 부문의 사례 연구를 검토한 결과, 조기 백발이 나타나는 개들이 불안과 충동 문제도 보인다는 사실을 발견했다. 이전의 연구에서도 몸을 숨기거나 도망치는 것 같은 특정한 행동 문제와 털의 높은 코르티솔 수치 사이의 연관성이 드러났다.

기억하겠지만 코르티솔은 스트레스 수치와 관련 있는 호르몬이다. 코르티솔 수치가 높을수록 스트레스도 높다는 뜻이다(염증도도 높다). 코르티솔은 면역계를 지휘하고 보호해 우리 몸을 공격에 대비시키는 유익한 목적을 수행하기도 한다. 쉽게 해결되는 짧은 위협에는 코르티솔이 매우 효과적이다. 그러나 현대의 생활 방식이 가하는 공격은 워낙 무자비해서 코르티솔을 24시간 내내 분비시킨다. 너무 많은 코르티솔에 계속해서 노출되면 복부 지방 증가, 뼈 손실, 면역계 억제, 인슐린 저항성과 당뇨, 심장 질환, 기분 장애 위험이 증가할 수 있다. 개의 기분 장애는 공격성, 파괴성, 두려움, 과잉 활동 같은 행동 문제를 가리키는 경우가 많다.

방금 소개한 두 연구에서 개들의 코르티솔 수치는 만성적인 감정 반응성을 반영했다. 이 연구들이 특별한 것은 아니다. 다른 수많은 연구들도 불안과 충동성에 관련된 잠재적인 증상들을 확인했다. 예를 들어 불안 증세를 보이는 개는 낑낑거리거나 주인 옆에 바짝 붙어 있으려 하고, 충동성 문제가 있는 개는 좀처럼 집중하지 못하고 계속 짖거나 과잉 활동 조짐을 보일 것이다. 2016년 연구의 저자들은 **불안, 충동성, 두려움을 보이는 개일수록 주둥이 털이 백발로 변할 가능성이 크다**는 결론에 이르렀다. 즉, 아직 어린데 흰털이 많다면 스트레스가 심하다는 뜻이다. 하지만 상황을 되돌리는 것이 가능하다. 먼저 이 질문을 던져봐야 한다. 스트레스는 무엇인가?

스트레스의 과학

물리학에서 '스트레스'라는 용어는 힘과 그것을 거스르는 저항 사이의 상호작용을 의미한다. 하지만 우리가 너무나 잘 알고 있듯이 오늘날의 스트레스는 훨씬 더 많은 의미를 담고 있다. 우리는 매일 스트레스라는 말을 사용한다. 그중에서도 "너무 스트레스받아!" 같은 말이 가장 많이 쓰일 것이다. 스트레스 증상은 보편적이며 울적함과 짜증부터 마구 뛰는 심장, 뒤틀리는 뱃속, 두통, 공황 발작까지 매우 넓은 스펙트럼을 보인다. 어떤 사람들은 파멸이 임박한 기분을 느끼기도 한다. 하지만 기억해야 할 것은 스트레스가 생명의 필수적인 (그리고 피할 수 없는) 구성 요소라는 사실이다. 스트레스는 위험을 피하게 해주고 집중을 도와주며 그 유명한 투쟁-도피 상황에 본능적으로 반응하게 해준다. 우리는 신경이 곤두서 있을 때 환경에 더 민감하게 반응하는데 이것은 매우 유익할 수 있다. 하지만 스트레스가 오래 지속되면 장기적으로 신체와 정신에 모두 나쁜 영향을 끼친다.

좋은 스트레스, 나쁜 스트레스

좋은 지방과 나쁜 지방, 좋은 탄수화물과 나쁜 탄수화물이 있듯이 스트레스도 마찬가지이다. 좋은 스트레스의 예로는 단식 같은 식습관이 있다. 단식은 세포에 스트레스를 약간 줘서 건강에 좋은 효과를 일으킨다. 운동 역시 우리 몸의 건강을 촉진하는 스트레스를 일으킨다. 하지만 원치 않는 결과를 초래할 수 있는 나쁜 스트레스도 많다. 예를 들어, 연구에 따르면 개에게 소리를 지르거나 체벌을 가할 때 스트레스 호르몬이 만성적으로 분비되어 수명을 단축시킬 위험이 있다.

'스트레스'라는 용어가 오늘날과 같은 의미로 사용된 것은 20세기 초 오스트리아-헝가리 혈통의 캐나다인 내분비학자에 의해서였다. 1936년, 야노시 우고 브루노 '한스' 셀리에János Hugo Bruno 'Hans' Selye는 스트레스를 '가해지는 모든 요구에 대한 신체의 비특이성 반응'이라고 정의했다. 셀리에 박사는 사람이나 동물이 지속적인 스트레스에 노출되면, 이전까지는 특정한 생리적 변수가 최고조에 달해서 일어난다고 여겨지던 생명을 위협하는 병이(심장마비나 뇌졸중 같은) 생길 수 있다고 주장했다. 현재 스트레스 연구의 아버지로 인정받는(캐나다 우표에 얼굴이 들어갈 정도로 유명하다) 그는 일상생활과 경험이 정서적 건강뿐 아니라 신체 건강에도 영향을 미칠 수 있다고 강조했다.

놀랍게도 1950년대 전까지는 '스트레스'라는 말이 감정과 관련된 말로 널리 쓰이지 않았다. 그렇게 된 것은 1950년대에 냉전이 시작되면서부터였다. 그때부터 '두려움'이라는 말이 '스트레스'로 바뀌었다. 셀리에 박사 이후로 이루어진 수많은 연구에서 지속적인 스트레스가 우리 몸에 심각한 영향을 준다는 사실이 거듭 확인되었다. 우리는 신경과 호르몬, 면역계의 활동에 나타나는 화학적 불균형을 통해 스트레스가 생리학적 시스템에 미치는 영향을 측정할 수 있다.

신체의 밤낮 주기, 즉 일주기 리듬의 장애를 통해서도 측정 가능하다. 또한, 과학자들은 스트레스가 뇌의 물리적 구조를 바꾼다는 사실도 발견했다.

스트레스가 까다로운 것은 인식된 위협의 종류나 크기에 상관없이 우리의 신체적인 반응이 크게 달라지지 않는다는 점 때문이다. 정말로 생명을 위협하는 상황에 놓였든, 단순히 할 일이 너무 많거나 가족과 싸웠기 때문이든, 스트레스 요인에 대한 몸의 반응은 본질적으로 똑같다. 첫째, 뇌가 부신에 메시지를 보내 에피네프린이라고도 하는 아드레날린이 즉시 분비된다. 아드레날린은 심박수를 높이고 근육으로 가는 혈류량을 늘려서 몸에게 싸울 준비를 시킨다. 위협이 사라지면 몸은 정상으로 돌아온다. 하지만 위협이 남고 스트레스 반응이 심해지면 시상하부-뇌하수체-부신(HPA) 축을 따라 또 다른 일련의 사건이 촉발될 수 있다. 이 경로에는 여러 스트레스 호르몬이 지나는데 주로 시상하부가 그곳의 교통량을 지휘한다. 시상하부는 작지만 중요한 뇌 영역으로 뇌하수체 안의 호르몬 방출을 포함해 신체의 중요한 기능을 통제하는 역할을 한다. 뇌의 시상하부는 신경계와 내분비계를 연결하는 부분으로서 우리 몸의 여러 자율적 기능, 특히 신진대사를 조절한다. 감정의 터전으로 잘 알려진 이곳은 감정이 처리되는 본부이기도 하다. 스트레스를 받는 순간(불안, 걱정, 긴장, 초조, 압도되는 느낌 등) 시상하부가 스트레스 반응을 조절하는 부신피질자극호르몬 방출호르몬(corticotropin-releasing hormone, CRH)을 내보내 폭포수처럼 반응이 시작되고, 혈류의 코르티솔 수치가 정점에 이른다. 이 생물학적 과정은 오래전부터 잘 알려져 있었다. 하지만 최신 연구에서는 스트레스를 '인식'하는 것만으로도 몸에 염증 신호가 촉발되고, 이 신호가 뇌로 이동해 과도한 반응을 할 태세가 갖춰진다는 사실이 드러났다. 개들에게도 비슷한 과정이 나타난다. 이것은 천 년 동안 모든 동물에게 보존되어온 메커니즘이다. 2020년에 핀란드 연구진은 불안 증세를 보이는 개 약 14,000마리를 살펴보고 이렇게 결론지었다. "개들의 일부 행동 문제는 인간의 불안 장애와 유사하거나 심지어 똑같다. 사람과 환경을 공유하는 개의 행동 문제 연구는 여러 정신질환의 기초가 되는 중요한 생물학적 요인들을 드러낼 수 있다. 예를 들면 개의 강박 장애는 표현형과 신경화학적인 측면에서 인간의 강박 장애와 유사하다." 달리 말하자면, **당신이 스트레스를 받으면 반려견도 스트레스를 받는다.**

장기적인 스트레스에 영향을 주는 훈련법들

개 훈련은 자격증도 없고 규제도 이루어지지 않는 직업이다.* 최소 교육 요건이나 관리 기준, 소비자 보호 장치도 없다. 폭력적인 훈련 방식 때문에 개들이 회복할 수 없는 손상을 입지 않도록 이용자가 '알아서 조심'해야 하는 것이다. 반려견의 행동을 수정하려는 경우 훈련사를 신중하게 선택해야 하고, 훈련사가 사용하는 훈련법이 반려견의 건강에 영향을 줘서 만성적인 불안, 공포, 공격적인 행동을 촉발할(또는 잠재울) 수 있다는 사실을 인지하고 있어야 한다. **우리가 인터뷰한 연구자들은 부정적인 훈련 방식이 반려견의 장기적**

* 현재 한국에는 한국애견연맹이 주관하는 훈련사 자격 심사 제도가 있다 — 옮긴이주.

인 건강에 해를 끼친다는 사실에 동의했다. 소리 지르고 때리고 목을 조르고 충격을 주는 것보다 더 안전하고 더 친절하고 더 현명한 접근법이 있다. 강아지의 정신 건강을 위해서는 과학적인 훈련 방식을 사용하는 훈련사를 골라야 한다(지침이 필요하면 509쪽 부록의 목록을 참고하라).

그렇다면 다음으로 떠올려야 할 질문은 이것이다. 어떻게 하면 스트레스를 잘 다스릴 수 있을까? 우리 자신은 물론이고 반려견을 위해서 말이다. 그 답은 당신을 놀라게 할지도 모른다. 적당한 숙면과 운동은 우리 몸에 다양한 영향을 끼쳐서 스트레스를 관리할 수 있도록 돕는다. 그리고 여기에 더해서 장도 중요하다.

수면과 운동이 스트레스에 주는 영향

좋은 잠과 심장을 빨리 뛰게 하는 운동이 오랫동안 부족하면 어떤 결과가 나타나는지 잘 알 것이다. 침울하고 짜증나고 한마디로 기분이 영 아니게 된다. 사람과 마찬가지로 개도 충분한 수면과 운동이 필요하다. 하지만 개의 수면과 운동 습관은 우리와 같지 않다. 우선, 개는 우리처럼 밤에 쭉 자고 낮 동안 깨어 있지 않는다. 개는 아무 때나, 주로 심심해서, 졸고 금방 깨어나 곧바로 활기차게 활동할 수 있다. 밤에도 자고 낮잠도 자고 하루에 총 12~14시간을 잔다(나이, 견종, 크기에 따라 약간의 차이가 있다). 개가 잘 때 눈이 빠르게 움직이며 꿈을 꾸는 급속 안구 운동 수면(REM) 단계에 머무르는 시간은 10퍼센트밖에 되지 않는다. 개의 수면 패턴은 더 불규칙적이고 가벼워서(렘수면 특징이 적음) 숙면 부족을 보충하기 위해 잠을 더 많이 자야 한다(사람은 렘수면이 전체 수면 시간의 25퍼센트이다).

그러나 수면의 중요성 측면에서 개는 사람과 비슷하다. 개의 수면에 관한 연구에 따르면 개들은 사람처럼 비(非)렘수면 단계에서 일시적으로 강한 뇌파가 나타나는 현상인 '수면 방추'를 보인다. 수면 방추의 횟수는 개가 잠들기 직전에 익힌 새로운 정보를 얼마나 잘 기억하는지와도 연관되는 것으로 알려져 있다. 사람 대상 연구에서도 같은 결과가 나왔다. **사람도 개도 수면 방추를 통해 기억을 통합한다. 수면 방추**가 일어나면 정보를 흐트러뜨리는 외부의 자극으로부터 뇌가 보호된다. 낮잠 잘 때 수면 방추가 자주 일어나는 개일수록 그렇지 못한 개보다 학습 능력이 뛰어나다. 사람과 설치류 대상 연구에서도 비슷한 결과가 나왔다.

개와 사람은 수면 패턴이 다르지만, 뇌와 몸을 재충전하고 체내 활동과 신진대사가 원활하게 유지되려면 똑같이 수면이 중요하다. 수면 부족이 건강을 해칠 수 있는 것처럼, 과도한 수면도 개에게 우울증, 당뇨, 갑상선 기능 저하증, 청력 상실 같은 문제가 발생했다는 신호일 수 있다.

운동이 사람, 개, 기타 포유동물 모두의 웰빙에 필수적이라는 사실은 오래전부터 증명되어 있다. 사실 운동은 건강한 신진대사를 돕는 과학적으로 입증된 가장 강력한 방법이다(예: 혈당 및 전반적인 호르몬 균형 조절, 염증 억제). 운동은 근육, 인대의 긴장도, 뼈 건강을 유지하고 혈액과 림프 순환, 세포 및 조직에의 산소 공급을 개선하고,

기분을 조절하고 스트레스 수치를 낮추고 심장과 뇌의 건강을 지키고 숙면을 돕는다. 이렇듯 수면과 운동은 서로 밀접한 관계가 있다. 비록 양과 형태, 강도는 다르지만 개들에게도 수면과 운동이 중요하다는 사실을 우리는 종종 잊는 듯하다.

장내 미생물의 중요한 기능

앞에서 미생물 군집의 건강이 중요하다는 사실을 설명했다. 알다시피 미생물 군집은 개나 사람의 체내와 피부에 존재하는 미생물 집단이다. 미생물 군집이 건강에 미치는 영향을 알아보는 초기의 연구는 주로 소화 건강과 면역 안정에 초점을 맞추었다. 하지만 지금은 장(위장관)에 사는 세균이 개의 기분과 행동에 영향을 줄 수 있다는 사실이 밝혀지고 있다. 장이 뇌에 영향을 미치고 그 둘이 서로 끊임없이 소통하고 있음을 암시하는 증거들이 나왔다.

장내 미생물은 무수히 많은 기능을 한다. 영양소와 비타민을 합성하는 것부터 음식물 소화를 돕고 비만을 포함한 대사 장애를 막아주는 것까지. 좋은 세균은 코르티솔과 아드레날린 수도꼭지를 잠궈서 우리 몸의 조화로운 상태를 유지시키기도 한다. 알다시피 스트레스와 연관된 이 두 호르몬이 계속 분비되면 신체에 대혼란이 일어날 수 있다. 우리는 장과 뇌가 (손이나 손가락처럼) 밀접하게 연결되어 있다고 생각하지 못하지만, 적절하게도 '장-뇌 축gut-brain axis'이라는 말도 있다. 장내 세균은 신경과 호르몬을 통해 뇌와 소통하는 화학물질을 만든다. 그 소통은 독특한 양방향의 고속 도로를 통해 이루어진다.

장과 뇌가 연결되어 있음을 알 수 있는 경험을 누구나 해본 적 있을 것이다. 우리는 신경이 곤두설 때 속이 메스꺼워지고 심하면 화장실로 달려간다. 미주 신경은 중추 신경계와 장 신경계의 수억 개 신경 세포 사이를 연결하는 컨베이어이다. 그렇다. 우리의 신경계는 단지 뇌와 척수로만 이루어진 것이 아니다. 중추 신경계뿐만 아니라 위장관 안에 장착된 장 신경계도 있다. 중추 신경계와 장 신경계는 태아 발달 과정에서 같은 조직으로부터 생성되고 뇌줄기에서 복부까지 뻗은 미주('이리저리 떠도는') 신경을 통해 연결되어 있다. 이것은 불수의적(자율) 신경계의 일부를 형성하고 심장 박동수, 호흡, 소화 관리처럼 의식적인 사고를 필요로 하지 않는 많은 신체 대사를 지시한다. 교감 신경계는 우리 몸의 투쟁-도피 시스템이다. 맥박과 혈압을 빨라지게 해서 혈액을 소화계가 아닌 뇌와 근육으로 보낸다. 정신을 기민하고 날카롭게 만든다. 반면 부교감 신경계는 휴식 및 소화 시스템으로 재건과 수리, 수면을 돕는다.

장내 미생물이(혹은 장내 미생물의 부재가) 스트레스의 잠재적 원인이 될 수 있다는 사실이 무균 생쥐 연구를 통해 처음으로 밝혀졌다. 무균 생쥐는 일반적인 장 접종을 하지 않고 특별히 길러진 쥐들로서 과학자들이 미생물 부재의 효과를 연구하거나 반대로 특정한 압력에 노출해 행동 변화를 관찰하는 데 쓰인다. 2004년에 뇌와 장내 세균의 양방향 상호작용에 대한 단서가 최초로 밝혀졌다. 무균 생쥐들은 스트레스에 극적으로 반응했다. 뇌 화학 작용의 변화와 스트레스 호르몬의 증가가 그 증거였다. 장내 유용 세균인 비피도박테리움 인판티스*Bifidobacterium infantis*를 주입하자 생쥐들의 상태가 정상으로 돌아왔다. 그 이후 장내 박테리아가 뇌, 특히 감정과 행동에 미치는 영향을 탐구하는 연구가 여러 동물을 대상으로 이루어졌다. 장에서 생산되는 화학물질과 호르몬은 거기에 어떤 세균이 사는지에 따라 좌우된다. 세균마다 다른 화학물질을 만들기 때문이다. 어떤 세균은 진정 효과가 있는 화학물질을 만드는 반면 어떤 세균은 우울증과 불안을 촉진한다. 예를 들어, 많은 연구에서 생쥐에게 특정한 프로바이오틱스(락토바실러스, 비피도박테리아)를 먹였더니 감정을 조절하는 쥐의 뇌 영역으로 화학물질이 보내졌다. 이러한 세균들은 쥐의 불안과 우울증을 감소시키는 신호를 보냈다. 간단히 말해서, 특정한 장내 세균이 기분과 행동에 영향을 미쳤다.

방금 설명한 생리 작용은 개들에게서도 일어난다. 실제로 장내 세균이 뇌와 어떻게 소통하는지 알아보는 연구는 대부분 처음에 동물(특히 쥐)을 대상으로 이루어졌다. 이제는 개의 장내 미생물과 뇌 사이의 관계가 사람의 장내 미생물 구성 및 기능과 겹친다는 사실이 밝혀졌다. 개의 장-뇌 축은 우리의 그것과 비슷하게 작동한다. 이 새로운 과학은 장내 미생물이 개의 감정에 영향을 미치고 불안을 야기해서 공격적이고 바람직하지 않은 행동으로 이어질 수 있음을 설명해준다.

오리건 주립 대학교의 연구에서 놀라운 결과가 나왔다. 2019년에 연구진은 투견장에서 구출된 개 31마리를 대상으로 장내 세균 표본을 추출했다. 그들은 공격성을 평가한 뒤 개들을 두 그룹, 분명한 공격성을 보이는 개들과 다른 개들에게 공격적이지 않은 개들로 나누었다. 개들의 대변을 채취해 장내 미생물 군집을 분석한 결과, 공격적인 개들에게서 수치가 더 높게 나타나는 특정 그룹의 세균이 발견되었다. 연구진은 장내 미생물 군집의 특정 세균이 공격성과 다른 불안 행동에 관련이 있을 수 있다고 결론지었다. 동시에 다른 여러 연구자들이 언급한 사실을 다시 한번 강조했다. 즉, 불안은 때때로 공격적인 행동과 관련 있으며, 그 근본 원인은 장과 그 안의 미생물로 거슬러 올라갈 수 있다는 것이다.

장내 미생물 구성이 불안 수준과 행동을 반영한다는 사실은 과학계의 이목을 집중시키고 있어서, 어떤 미생물이 어떤 결과를 만드는지에 관해 지도가 만들어지고 있다. 결과적으로 과학자들은 어떤 식단이 어떤 미생물 군집을 만드는지 알아내기 시작했다. 식단이 개의 장에 사는 미생물의 종류에 영향을 미친다면, 어떤 식단이 건강한 장을 만들까? 많지 않은 숫자이지만, 육류 기반 생식과 건식 사료를 비교하는 연구들은 생식하는 개들일수록 세균총이 더 균형적으로 성장하고 푸소박테리아가 증가한다고(좋은 일) 결론 내렸다. 한 연구에 따르면, 적어도 일 년 동안 생식을 먹은 개들은 건식 사료를 먹은 개들보다 미생물 군집이 더 많고 더 풍성했다. 신선식을 먹은 개들의 미생물 군집은 '행복 호르몬' 세로토닌의 분비를 촉진하고(장-뇌 축이 더 건강) 인지력 감퇴를 억제했다. 개와 사람 모두에게 알츠하이머와 인지 기능 저하를 일으키는 액티노박테리아를 더 잘 제어함으로써 가능한 일이다.

불안, 스트레스, 우울증, 장염, 인지력 감퇴 같은 갖가지 문제가 장을 통해 해결될 수 있다는 사실은 우리에게 매우 큰 힘을 실어준다. 장내 미생물 군집은 변화무쌍한 생태계라서 식이요법, 의약품[예: 항생제, 비스테로이드성 항염증제(NSAID)], 환경 등 수많은 요인의 영향을 받는다. 연구에 따르면 항생제를 먹은 후 반려견의 미생물 군집이 건강하게 복구되는 데 몇 달이 걸릴 수 있다. NSAID(데라맥스Deramaxx, 프레비콕스Previcox, 리마딜Rimadyl, 메타캄Metacam 같은 비스테로이드성 소염진통제)를 일주일 동안 매일 복용하는 것도 장 건강에 영향을 미친다. 그렇다고 반려견의 진통제 복용을 중단하라는 뜻은 아니다. 하지만 처방약의 장기 복용이 위장관에 끼치는 영향과 손상을 완화하는 쪽으로 처방을 바꾸는 수의사들이 늘어나고 있다. 반려견 미생물 군집의 재건과 최적화는 단순한 생활 습관을 통해 가장 잘 달성될 수 있다. 즉, 신체 전반의 생리와 일상을 정의하는 수면, 움직임, 식이요법, 환경 노출 같은 것들이 그런 생활 습관이다. 나이도 영향을 준다. 사람이나 개나 나이 들수록 미생물 군집의 다양성을 유지하는 것이 더 어려워진다. 3부에서 반려견의 식단에 치유력이 강한 다양한 음식을 소량씩 추가하는 방법을 알려줄 것이다. **장내 미생물이 풍부하고 다양할수록 반려견이 건강해진다는 것은 이제 과학적으로 확실히 증명된 사실이기 때문이다.**

대변 미생물 군집 이식이 밝혀주는 비밀

미생물 군집 회복 치료(Microbiome Restorative Therapy, MRT)는 대변 이식술을 가리키는 세련된 이름이다. 신체적으로나 정신적으로 건강한 기증자의 분변에서 정상적인 미생물총을 추출하여 환자에게 옮겨주는 치료를 뜻한다. 말만 들으면 거부감이 먼저 들지만 사실 MRT는 아프리카 엄마들이 콜레라로 죽어가는 아기를 구하기 위해 오래전부터 사용한 방법이다. 수 세기가 지난 지금, 미국 최고의 병원들은 이 기초적인 치료법으로 생명을 위협하는 클로스트리디움 디피실(*Clostridium difficile, C. diff*) 감염 환자들의 목숨을 구하고 있다. 수의사인 나는(닥터 베커) 인간 의학에서 대변 이식이 치명적인 위장관염 환자를 치료하는 데 사용된다는 것을 알고 있었지만 수의학에 활용하는 건 생각지도 못했다. 펠릭스를 만나기 전까지는.

생후 10주 된 노란색 래브라도 강아지 펠릭스는 백신 접종을 받았음에도 파보바이러스에 감염되었다. 주인들은 펠릭스의 목숨을 구하기 위해 1만 달러가 넘는 돈을 쓰며 온갖 노력을 기울였다. 그러나 집중 치료실에 입원한 펠릭스는 빠르게 생명의 불꽃이 꺼져갔다. 며칠 후, 펠릭스의 주인들은 더 이상 가망이 없으니 안락사를 고려하라는 말을 들었다. 펠릭스의 엄마 휘트니가 나에게 전화를 한 것은 바로 그때였다. 휘트니는 나에게 그날 오후로 예정된 안락사 이전에 '마지막으로 붙잡아볼 실낱같은 희망'이 없겠는지 물었다. 나는 그녀에게 대변 이식에 대해 말해주고 그녀의 또 다른 반려견, (생식을 먹는) 엄청나게 건강한 래브라도의 변을 병원으로 가져가라고 했다. 만약 주치의가 허락한다면 건강한 반려견의 변으로 만든 혼합물(slurry)을 관장으로 펠릭스에게 투여해 감염된 위장관에 유익균을 잔뜩 넣어줄 터였다.

이 방법은 효과적이었다. 펠릭스는 이식 몇 시간 후에 자리에서 일어났다. 회복이 시작되었다. 펠릭스를 보살핀 모든 사람이 똥의 힘을 깨달은 순간이었다. 이후의 연구들은 놀라운 사실들을 발견해 냈다. 건강한 쥐의 대변을 우울증을 앓고 있는 쥐에게 이식하자 우울증이 치료되었다. 날씬한 쥐의 대변을 비만 쥐에게 접종하자 체중이 감소했고, 유순한 개의 대변을 공격적인 개에게 이식하자 행동 문제가 개선되었다. 대변 이식은 고대로부터 내려오는 단순하고 검증된 건강법이다. 우리는 이 방법이 어떤 질환에 효과적인지 막 알아가는 단계에 있다.

대변 이야기가 나와서 말인데, '식분증'은 변을 먹는 행위를 뜻하는 의학 용어이다. 대부분의 개가 어쩌다 한 번쯤은 그런 모습을 보인다. 경악스러운 습관이지만 미생물 군집의 건강과 니즈에 대한 단서를 얻을 수 있다. 선천적으로 개는 자신이 이용 가능한 도구와 자원으로 스스로 병을 고치려고 한다. 그 자원에 대변도 포함된다. 개들은 다양한 이유로 다양한 대변을 찾아 먹으려고 한다. 연구자들은 개가 소화 문제를 해결하기 위해 유익균을 찾으려는 것이라고 생각한다. 소화가 덜 된 음식물이나 부족한 영양소를 보충하기 위한 것일 수도 있다(예를 들어, 토끼 똥에는 자연적으로 생성된 소화 효소가 풍부하다). 때로 식분증은 행동 문제일 수 있다. 특정한 상황에서 자기 배설물을 먹으려고 하는 것이다. 만약 반려견이 식분증을 보인다면 유익균과 소화 효소 보충제를 다양하게 먹여보고 효과적인 조합을 찾아보라. 규칙적으로 야생 동물 배설물을 먹는 모습을 보인다면 1년에 한 번 수의사에게 대변 표본을 가져가 기생충이 있는지 확인해봐야 한다.

장 내벽 무결성이 열쇠

장 내벽gut lining의 건강과 강도, 기능이 중요하다. 장 내벽은 신체 내부를 신체 외부, 그리고 그 잠재적인 위험으로부터 분리해준다. 개든 사람이든 위장관은 식도에서부터 항문에 이르기까지 내부 표면이 상피세포로 한 겹 덮여 있다. 위장관 뿐만 아니라 눈, 코, 목 등 신체의 모든 점막 표면은 병원균이 유입되기 쉬워 보호가 필요하다.

가장 면적이 넓은 점막 표면인 장 내벽은 주로 세 가지 임무를 맡는다. 첫째, 신체가 음식물로부터 영양소를 얻는 통로 역할을 한다. 둘째, 화학물질, 세균, 다른 유기체나 유기체 조각을 포함해 해로울 수 있는 입자가 혈류로 유입되는 것을 차단한다. 마지막으로, 장 내벽은 면역 체계에 직접적인 영향을 준다. 세균 및 외부 단백질과 결합해 그것들이 내장 안쪽에 붙는 것을 막아주는 '면역글로불린'이라는 단백질을 통해서다. 면역글로불린은 장 내벽 반대편의 면역 세포에서 방출된 항체인데 장 내벽을 통해 장으로 운반된다. 궁극적으로 이 기능은 병원성(나쁜) 유기체와 단백질이 소화계를 통해 대변으로 배설되도록 해준다.

장으로부터 영양분을 제대로 흡수하지 못하는 것은 투과성 문제 혹은 장 누수를 일으키는 주요 원인이 된다. 이렇게 되면 몸 안쪽으로 넘어가서는 안 되는 이물질이 불법적으로 침입할 수 있어서 면역계를 자극한다. 장 내벽은 전신 염증 수치를 좌우하는 교차점이다. **장 내벽이 손상되면 수많은 건강 이상과 증상으로 이어져서 결국 만성 질환이 된다는 사실이 많은 자료로 입증된다.**

장 내벽은 장 생태계는 물론 식단과도 중요한 관계를 맺고 있다.

가공 식품을 먹으면 평소 장내 미생물 군집의 일부분으로 존재하는 세균성 독소가 방출된다. 장 내벽의 손상으로 장 누수가 일어나면 그 독소들이 혈류로 빠져나가 순환되면서 대혼란을 일으킬 수 있다. 그리고 건강한 장내 미생물 구성이 부정적으로 변하면서 균형이 흐트러지면, 앞에서 언급한 적 있는 '장내 미생물 불균형'이 발생한다. 개의 장내 생태계를 파괴할 수 있는 요인들은 무척 많다. 항생제, 가축 살충제(벼룩 또는 진드기약), 스테로이드, 기타 수의약품 등. 이 중에는 일시적이고 필수적인 것들도 있지만, 가장 큰 범인은 반려견이 먹는 가공 식품에 숨어 있는 것들이다. 즉, 글리포세이트 잔류물과 마이코톡신, AGE가 개의 장내 미생물 균형을 무너뜨린다. 동물 연구에 따르면 **마이야르반응생성물(MRP)은 장 누수를 일으키는 것 외에도 해로운 세균을 장내에 증식시킨다.** 가공 식품을 먹는 동물들에게서 면역계 이상과 장 문제가 그렇게나 많이 발생하는 것은 어쩌면 당연하다. 개의 면역계가 대부분 위장관 내벽에 있다는 사실을 기억하라. 그 내벽이 계속 손상되는 것이다. 저자들은 장 문제, 식품 및 환경 알레르기, 행동 및 신경 문제, 자가 면역 질환이 나타나는 반려견들을 볼 때마다 장내 미생물 불균형과 장 누수가 근본 원인이라고 의심한다. 그런데 해결책은 간단하다. 더 자연적인 식단으로 미생물 군집 구성과 기능을 향상시키고 장 무결성을 회복시키면 된다.

장내 미생물 불균형은 전신 면역 반응으로 나타나기 전까지는 외적인 증상 없이 조용하다. 면역 반응이 일어나면 가려움증과 위장 장애가 뚜렷해진다. 장내 미생물 불균형은 개와 사람 모두에서 비만, 대사성 질환, 암, 신경학적 기능 장애 등 수많은 문제와 관련된다. 안타깝게도 개의 위장 질환에 가장 많이 처방되는 치료제 메트로니다졸(브랜드명은 Flagyl)은 장내 미생물 불균형을 크게 악화시킨다.* 메트로니다졸은 개의 단백질 소화에 필요한 푸소박테리아를 죽여서 기회감염병원체opportunistic pathogen가 틈새를 노리게 만든다. 과민성 장 증상(푸소박테리아 감소 포함)이 발생하고 절편섬유상세균(segmented filamentous bacteria, SFB)이 증가한다. 그러면 체내에서 인터류킨-6처럼 전신 염증을 일으키는 염증 경로의 후생 유전적 발현이 촉발된다. Th17 유전자도 후생 유전적으로 촉발되어 아토피 피부염 및 기타 염증성 피부염이 생길 수 있다. 연구에 따르면 건식 사료를 먹는 개들은 푸소박테리아 수치가 줄어든다. 도그 리스크 프로젝트는 각각 생식과 건식 사료를 먹는 스태퍼드셔 불테리어의 유전자 발현을 비교해서, 생식이 항염증 유전자의 발현을 활성화하는 효과가 있음을 확인했다. 많은 가능성이 담긴 미생물 군집 연구는 세계적으로 활발하게 진행되고 있지만 아직 초기 단계이다. 밝혀져야 할 것들이 많지만 장내 미생물 군집이 개의 신체적, 심리적 과정에 중요한 역할을 한다는 사실만큼은 분명하다. 그래서 저자들은 건강한 반려견은 건강한 장에서부터 시작된다고 말한다. 이 주제는 식단에 관해 이야기할 때 다시 다룰 것이다. 우리가 개에게 먹이는 음식과 그 음식이 장에서 하는 역할은 아마도 반려견의 행동 문제를 논할 때 가장 크게 간과

---

* 메트로니다졸 등의 항생제 투여가 장내 정상 세균총에 영향을 줄 수 있다는 점은 현재 대부분의 수의사들이 인지하고 있는 바이다. 따라서 감염증이나 2차 세균 감염 치료 목적으로 메트로니다졸을 처방하는 경우 세균총 유지를 위해 처방 기간 조정이나 유산균 추가 처방 등의 조치가 함께 이루어지고 있다. 참고로 최근에는 만성 장염 치료에 유산균을 처방하는 비율도 크게 높아졌다 — 감수 주.

되는 부분일 것이다. 아이들에게 설탕과 첨가물이 잔뜩 들어간 가공식품을 너무 많이 먹이면 흥분과 과잉 활동, 짜증이 나타나는 것처럼 반려견도 마찬가지이다.

토양 미생물의 중요성

개들은 오랜 진화 과정을 통해 치유를 위한 선택에서 그들을 이끌어줄 정교하게 연마된 지혜와 현명한 본능을 타고난다. 그러나 현대의 개들에게는 그런 선택을 할 기회가 거의 주어지지 않는다.

동물의 자가 치료를 뜻하는 동물약학zoopharmacognosy이라는 말이 있다. 고대 그리스어에서 유래한 이 단어에서 zoo는 '동물', parmaco는 '치료법', gnosy는 '알다'라는 뜻이다. 동물들은 몸에 언제, 무엇이 필요한지 알고 있다.

동물약학은 수십 년 동안 야생 동물 논문에 기술되었다. 마이클 허프먼Michael Huffman이 1980년대에 야생 침팬지가 다양한 약용 식물을 선택해 여러 질환을 치료하는 모습을 관찰한 내용을 처음으로 발표함으로써 이 매력적인 연구 분야에 큰 관심이 쏠렸다(이 주제를 다룬 그의 TEDx 강연도 무척 흥미롭다).

우리는 허프먼 박사에게 집 안에서 자라는 반려견의 '이식증(동물이 흙, 화장지 등 먹을 것이 아닌 것들을 먹는 증상을 가리키는 의학 용어)'에 관해 물어보았다. 그는 **길든 동물이라도 고대의 본능이 여전히 남아 있는데 몸의 균형에 도움 될 행동을 자연스럽게 표출할 기회가 허용되지 않는 경우가 대부분**이라고 설명했다. 개들은 냄새 맡거나 땅을 파헤치면서 미생물 불균형이나 미량 영양소 결핍을 교정하는 데 필요한 유기물을 찾을 기회를 거의 얻지 못한다. 사람이 거의 모든 결정을 대신 내리기 때문이다. 집 안에서 개들에게 주어지는 선택은 제한적이다. 카펫 섬유 핥기, 쓰레기통에서 몰래 가져온 화장지 씹기, 산책하다 보도 틈새에서 발견한 잡초 먹기 등등. 개들이 진화 과정에서 발전시켜온 식물 약장에 필요한 재료를 채우기에는 턱없이 부족한 환경이다. 불안을 치료하기 위한 절박한 행동이지만, 이런 행동을 하면 주인에게 혼나기까지 한다. 그렇다고 오후 내내 시골에 반려견을 풀어놓고 석회석을 핥으며 결핍된 칼슘을 보충하게 하라는 뜻이 아니다. 개의 행동을 유심히 살펴보면서 무엇을, 왜 찾는지 이해하려고 노력해보라는 것이다. 물론 안전하지 않은 환경에서 돌아다니게 하면 안 된다. 이를테면 화학 처리가 된 공간은 피해야 한다. 하지만 개가 개답게 행동할 기회를 주어야 한다. 풀을 뜯고 흙을 핥고 식물 뿌리를 캐고 잔디밭에 숨겨진 클로버를 맛볼 시간과 장소를 제공해주어야 한다. 개가 미친 듯이 유기물을 섭취하려 하고 구토를 한다면 장내 미생물에 문제가 있거나 아프다는 뜻이다. 그렇지 않고 산책길 틈새에서 발견한 풀을 먹는 것은 자신에게 간절히 필요한 무언가를 채우려고 스스로 선택한 것일 수 있다. 그러니 그냥 즐기게 두자. www.carolineingraham.com에서 반려견에게 응용동물약학을 활용하는 방법을 자세히 배울 수 있다.

흙으로

최근 자연 속으로 들어가서 신선한 공기를 쐬고 마음의 평화를 얻는 이른바 '자연 치료'의 효과에 관심이 커지고 있다. 자연 치료 운동은 일본의 '삼림욕' 전통에서 비롯되었다. 자연의 경치와 소리와 냄새에 흠뻑 둘러싸이는 것이다. 일본에서 삼림욕이 처음 고안된 것은 1980년대이고 1982년부터 공공 보건 계획으로서 임야청에 의해 홍보되었다. 연구 결과 삼림욕은 면역력, 심혈관 건강, 호흡기 질환, 우울증, 불안, 과잉 행동 장애 등의 치료에 효과가 있다. 연구자들에 따르면 삼림욕이 면역력에 좋은 이유는 나무와 식물이 해충과 질병으로부터 자신을 보호하기 위해 분비하는 피톤치드라는 입자를 우리가 들이마시게 되기 때문이다.

현대의 생활 방식은 사람이나 반려동물이 땅과 직접적으로 접촉하기 어렵게 만든다. 연구에 따르면 땅과의 단절은 생리적 기능 장애의 원인이 될 수 있다. 흙과 직접 접촉하면 흥미로운 생리학적 변화가 일어나고 개인이 느끼는 행복도도 커진다.

동물들이 어떻게 지진을 미리 감지하는지 궁금하지 않은가? 그 비결은 지구의 전자기파가 일으키는 울림인 슈만 공명Schumann resonance이다. 지구에는 개들이(연구에 따르면 사람도) 민감하게 반응하는 힘이 있다. 압둘라 알랍둘가더Abdullah Alabdulgader 박사가 이끄는 연구진은 『네이처』에 지구의 자기력이 포유류의 자율 신경계(ANS)에 미치는 영향에 관해 흥미로운 논문을 실었다. 그 연구는 포유류의 자율 신경계가 지자기장과 태양의 활동에 반응한다는 사실을 강력하게 확인시켜준다. 이것은 환경적 에너지 요인이 어째서 정신생리학과 행동에 다양한 방식으로 영향을 미치는지를 설명해준다(보름달과 지진을 생각해보라!). 동물들은 특히 슈만 공명에 민감하다. 슈만 공명의 주파수는 7.8헤르츠인데 알파 뇌파 주파수(침착함, 창의력, 주의력, 학습 능력과 관련 있는 주파수)와 거의 비슷하다. 미네소타 대학교의 할버그 시간생물학 센터Halberg Chronobiology Center('일주기 리듬'이라는 말을 처음 만든 프란츠 할버그Franz Halberg가 설립했다)가 진행한 연구는 지구의 리듬과 공명이 인간과 동물의 다양한 건강 지표와 중요하게 연결되어 있음을 보여준다. 생체 리듬이 깨지면 첫 번째 증상으로 혼란과 동요가 일어난다. **그래서 우리는 개가 규칙적으로 흙과 접촉할 기회를 갖는 것이 중요하다고 주장한다.** 하루에 여러 번이면 더 좋다.

1960년대에는 사람들이 병원을 찾는 이유 중 90퍼센트가 부상, 전염병, 출산이었다. 하지만 오늘날은 무려 95퍼센트가 스트레스나 생활 방식으로 인한 문제들이다. 우리 몸이 건강과 균형을 유지하는 능력을 무언가 방해하고 있다는 뜻이다. 반려동물들의 사정도 마찬가지이다. 50년 전 수의사들은 주로 부상과 전염병으로 찾아온 동물들을 진료했다. 하지만 요즘은 대부분의 동물 환자들이 장 문제, 알레르기 및 피부 문제, 근골격계 문제, 장기 기능 장애로 병원을 찾는다. 이런 문제가 유행병처럼 퍼져 있다. 당신과 반려견의 건강을 지키는 가장 좋은 방법은 밖으로 나가서 흙을 밟는 것이다. 산책하러 나가라. 우리가 만나본 포에버 도그들은 전부 매일 밖에서 많은 시간을 보냈다. 안전한 야외 환경에서 많은 시간을 보내며 냄새 맡고 땅을 파고 구르고 뛰고 움직이고 놀수록 당신의 반려견은 건강해진다(감히 말하건대 행복과 충만함도 느낄 것이다).

건강 지킴이를 위한 교훈

- 유행병처럼 퍼진 독성 스트레스(신체에 심한 압박을 가해 건강에 해로운 결과를 초래하는)가 사람과 개를 괴롭힌다. 하지만 약이 아닌 간단한 전략만으로도 얼마든지 스트레스를 물리칠 수 있다.
- 운동은 개와 사람 모두에게 스트레스, 불안, 우울증, 외로움의 해독제이다. 한 시간에 2분씩만 움직여도 사망 위험이 줄어든다. '매일 운동 치료법'은 개를 좀 더 침착하게 해주고 불안감 감소와 숙면 효과를 가져오며 상호작용도 개선한다.
- 반려견이 너무 일찍 흰털이 나고 행동에 문제가 많은가? 스트레스가 심하다는 신호일 수 있다. 당신이 스트레스가 심하면 반려견도 그럴 가능성이 크다. 반려견이 보이는 신체적, 정서적 증상은 주의가 필요한 근본적인 문제가 있다는 신호이다.
- 사람은 물론 개도 장내 미생물이 건강에 큰 영향을 미친다. 식습관, 신체 활동량, 수면의 질, 환경 노출은 모두 장내 미생물에 좋은 혹은 나쁜 영향을 줄 수 있다. 다시 말하자면 생활 방식을 통해 장내 미생물 군집에 긍정적인 변화를 일으킬 수 있다는 뜻이다.
- 개들은 건강에 관해 스스로 결정을 내리는 것을 좋아한다. (약을 치지 않은) 풀밭에서 킁킁거리며 먹을 것을 찾는 것도 여기에 포함된다. 이런 행동은 미생물 군집에 긍정적인 영향을 줄 수 있다. 그러나 자연을 탐험하고 온갖 냄새를 맡고 흙을 파헤치며 땅과 접촉할 기회를 충분히 얻는 개들은 많지 않다.

6장 환경의 영향
― 흙 묻은 개와 화학물질 묻은 개

개는 신사다. 나는 인간의 천국이 아니라 개의 천국에 가고 싶다.

― 마크 트웨인

2010년, 나는(닥터 베커) 통제 불능의 천식 증상 때문에 흡입기 사용이 필요한 고양이 천식 환자를 치료했다. 지난 몇 달 동안 녀석의 상태가 감당할 수 없을 정도로 악화한 이유를 찾다가, 녀석의 집사가 소비자 직판 방식의 방향 제품 회사의 판매원으로 일하게 된 사실을 알게 되었다. 그녀는 집에 온갖 향초와 플러그인 디퓨저, 스프레이 제품들을 진열해놓고 사람들을 불러서 시연하고 판매했다. 그런 모임를 자주 마련해서 최고 영업 실적을 기록했다. 당연히 평소에도 방마다 방향 제품을 놔두고 사용했다. 그와 함께 고양이의 천식은 입원이 필요할 정도로 심해졌다. 집사가 집 안에서 휘발성 유기화합물(VOC)을 뿜어내는 방향제를 전부 없앴더니 고양이의 천식이 완화되었다. 그녀가 키우던 강아지의 만성 결막염, 눈곱, 발 핥기 같은 문제도 함께 해결되었다.

환경은 중요하다. 대단히 중요하다.

수명을 줄이는 현대의 위험들

저자들이 어렸을 때만 해도 안전벨트는 필수가 아닌 선택이었고(특히나 뒷자리에 탄 사람은 더더욱) 흡연은 어디에서나 가능했고(비행기 포함) 음주 가능 연령은 18세였으며 트랜스지방 범벅의 마가린이 버터보다 인기였고 플라스틱 용기에 담긴 음식을 전자레인지에 돌렸다(그리고 TV를 보면서 먹었다). 그뿐인가? 자전거나 스키를 탈 때 헬멧도 쓰지 않았고 프탈레이트와 납이 들어 있는 뒷마당 호스로 물을 마셨고(금속 맛을 기억하는가?) 선크림 없이 일광욕을 했다(베이비오일을 선호했다). 오늘날 이러한 행동들은 특정 연령에서 혹은 나이를 막론하고 금지되었거나, 최소한 강력한 반대에 부딪힌다. 요즘 같으면 눈살을 찌푸리게 하거나 건강에 해롭다고 알려진 행동을 예전에는 많이 했다. 모든 세대마다 피하거나 규제해야 할 요소들이 새롭게 발견된다. 화학물질과 관련 제품에 관한 정밀 조사는 계속해서 이루어질 것이다. 하지만 안타깝게도 규제는 조사보다 훨씬 뒤처져 있고 앞으로도 그럴 것이다.

어떤 물질(또는 행동이나 활동)의 해로운 효과가 밝혀질 때쯤에는 이미 많은 사람이 노출되거나 경험한 후이다. 미국환경보호국(EPA)과 유럽연합(EU), 세계보건기구(WHO)는 각각 '새롭게 떠오른 우려 오염물질'에 대한 자료 수집 노력에 박차를 가할 것을 약속했고, 미국질병통제예방센터는 환경적 위험 요소와 그것이 일으키는 질병을 추적하기 위한 전국적인 시스템을 구축했다. 1966년에 설립된 미국 국립보건원(NIH) 산하 국립환경보건과학연구소(NIEHS)는 연구를 시행하고 지원하지만 생물 감시에는 관여하지 않는다. 우리 개들의 안전을 보장해줄 규제가 이른 시일 안에 시행되기는 어려워 보인다.

오늘날 우리는 여러 측면에서 몇 세대 전보다 훨씬 더 안전한 세상에 살고 있다. 자동차 사고, 전쟁, 자연재해로 목숨을 잃는 사람이 줄어들었고 공중 보건과 위생 정책을 포함해 의학의 발전 덕분에 질병으로 인한 전 세계의 부담도 줄어들었다. 현대인은 부상이나 갑작스러운 심장마비로 42세에 죽을 확률보다 노인이 되어서 죽을 확률이 높다. 하지만 노출의 영역에서 현대인의 생활 방식은 여전히 관리해야 할 부분이 많고 안전성도 개선되어야 한다. **모든 형태의 오염 노출을 통제하고 완화하지 않는 이상 수명의 한계를 끌어올리는 것은 불가능하다. 여기에는 우리가 들이마시거나 흡수하는 것, 심지어 눈을 통해 받아들이는 것(야간의 블루 라이트), 평온함을 방해하는 소리까지 전부 포함된다.**

우리는 보통 오염이라고 하면 공장 굴뚝에서 뿜어져나오는 연기, 스모그에 뒤덮인 도시, 해골과 십자 모양 뼈로 이루어진 경고 표시가 들어간 유리병, 자동차 배기가스, 쓰레기 매립지, 플라스틱 쓰레기가 가득한 바다를 떠올린다. 사람과 반려견이 매일 마주하는 눈에 보이지 않지만 더 해로운 오염에 대해서는 생각하지 않는다. 당신 주변에서 현대의 편리함을 상징하는 것들을 전부 떠올려보자. 아침부터 저녁까지 오늘 하루를 돌이켜보자. 화장품, 세면도구, 개인용품, 청소용품, 개인 위생용품, 가구 청소 세제, 각종 전자제품, 잔디,

카펫, 마룻바닥, 들이마시는 실내 공기, 먹는 물, 잠자는 매트리스, 입는 옷, 맡는 온갖 냄새, 과도한 소음과 조명 등, 목록은 끝도 없다. 음식은 포함하지도 않았다. 이 장에서는 음식을 제외한 독성 노출의 경로에 집중할 것이다.

다음 질문을 통해 매일 음식이 아닌 다른 어떤 경로로 독성에 노출되는지 알아볼 수 있다. 해당하는 것에만 표시해보자.

□ 수돗물을 마시는가? (반려견에게도 수돗물을 주는가?)

□ 집에 카펫 / 가공 목재가 있는가?

□ 독극물 경고 표시가 있는 청소 세제를 사용하는가?

□ 얼룩 방지나 내화 처리된 소파나 가구를 사용하는가?

□ 향이 나는 세제 / 섬유 유연제를 사용하는가?

□ 플라스틱 그릇을 사용하는가? (반려견용 그릇도 포함)

□ 비닐봉지에 음식을 보관하는가?

□ 플라스틱 용기에 음식을 데우는가?

□ 담배를 피우는가? 혹은 집에 흡연자가 있는가?

□ 마당에 살충제나 제초제를 사용하는가? 이웃은 어떤가?

□ 향수를 사용하는가?

□ 집에 향초나 플러그인 또는 스프레이 방향제가 있는가?

□ 자녀나 반려동물이 입에 넣는 플라스틱 장난감이 있는가?

□ 대도시나 공항 근처에 사는가?

□ 곤충이나 해충 때문에 집에 약을 뿌리는가?

□ 집에 물이 새거나 곰팡이가 있는가?

표시가 많을수록 환경 독성 물질의 잠재적 위험도 커진다. 이제 반려견의 하루를 생각해보자. 반려견의 머리에 비디오카메라를 달고 매일 어떤 것들에 노출되는지 찍는다고 상상하자. 분명히 당신과 비슷할 것이다. 같은 물을 마시고 같은 소파에 앉고 같은 공기를 마시는 경험을 공유하니까 말이다. 심지어 반려견은 세제로 세탁한 당신의 옷과 화장품 바른 피부도 접촉한다. 개들은 우리보다 바닥 가까이에서 생활하는 데다가 옷으로 피부를 보호하지도 않고 목욕으로 화학물질과 오염물을 씻어내는 횟수도 적으므로 오염물질에 더 많이 노출된다. 당신은 바닥에서 150~180센티미터나 떨어져 있지만 반려견은 고작 몇 센티미터 떨어져 있다. 화학물질이 스며 있고 눈에 보이지 않는 공기 중 입자까지 떨어지는 바닥에서 잠을 잔다. 가정용 청소 세제에서 나오는 가스가 공기를 채운다. 어떤 제품들은 일상적으로 화학물질을 배출한다(새 비닐 샤워 커튼 등). 반려견의 코는 당신보다 최대 1억 배 더 민감하다. 바닥과 집 안 구석구석에 숨은 먼지는 잠재적인 독소로 가득하고 눈덩이 불어나듯 점점 쌓인다. 지은 지 오래된 집에는 납 페인트가 칠해져 있을 수도 있기에 반려견이 페인트 성분을 들이마시거나 창문턱이나 바닥에 떨어진 부스러기를 핥을 위험이 있다.

개들은 밖에 나가면 부드러운 풀밭으로 가려고 한다. 하지만 약을 뿌린 곳이라면 촉촉한 발과 코에 발암물질이 잔뜩 묻어서 신체 부하량 또는 체내 축적량을 늘린다. 20년 전의 연구에 따르면 가정용 살충제, 곤충 퇴치제, 개미, 바퀴벌레, 거미, 흰개미, 식물/나무 곤충을 퇴치하는 다양한 제품들, 제초제(전문가들이 쓰는 제품 포함), 벼룩 퇴치 제품(연막탄, 벼룩 제거 목걸이, 벼룩 비누 또는 샴푸, 스프레이, 가루 포함)은 모두 아이와 반려동물의 특정 암 위험과 상관관계가 있다. 매사추세츠 대학교 엘리자베스 R. 버톤-존슨Elizabeth R. Bertone-Johnson 박사의 주도로 전 세계 연구자들에 의해 시행된 초기 연구 결과는 큰 경각심을 불러일으킨다. **잔디 살충제(특히 전문가들이 쓰는 약품) 노출이 개의 악성 림프종 발병률을 무려 70퍼센트나 높인다는 것이다.** 몇 달 전 우리가 페이스북에 올린, 잔디용 약품이 반려견에게 끼치는 해로운 영향을 알려주는 교육용 비디오는 180만 명이 보았다. 반응은 놀라웠다. 미처 알지 못했던 사실에 반려견 엄마, 아빠들은 큰 충격을 받았다. 많은 이들이 즉각 행동에 나서 새로운 잔디밭 관리 방법을 고민했다.

퍼듀 대학교의 유사한 연구에서도 화학 처리된 잔디와 반려견 암 발생률 증가의 강력한 연관성이 발견되었다. 이 연구는 특히 다른 견종들보다 방광암에 잘 걸리는 것으로 알려진 스코티시 테리어의 방광암 위험에 대해 살펴보았다. 이 견종은 방광암의 유전적 소인이 강해서 연구자들에게 '감시종'으로 적합하다. 발암물질에 덜 노출되어도 다른 견종보다 방광암에 걸리기 쉽기 때문이다. 연구진은 노출이 클수록 위험도 커진다는 사실을 발견했다. 화학물질에 노출된 집단의 방광암 발생률은 4~7배 더 높았다. 개와 사람은 유전체가 유사하므로 연구자들은 이를 통해 사람이 방광암에 걸리기 쉽게 만드는 유전자를 찾을 수 있을 것이다.

이 연구를 주목해야 하는 이유는 잔디와 마당에 사용하는 화학물질에 대한 중요한 진실을 강조하기 때문이다. 소위 비활성 성분이라고 하는 것들이 위험 요인일 수 있다. 해마다 검증되지 않은 화학물질이 대량으로 우리의 잔디밭과 정원으로 쏟아진다. DDT나 글리포세이트처럼 잘 알려진 것들도 있지만 우리의 코와 발밑에는 정확히 지목하기 어려운 유해물질이 더 많이 숨어 있다.

체내 유해물질 축적량

1부에서 간단히 언급했듯이, 선진국에 사는 사람들의 몸속에는 음식, 물, 공기에서 나온 수백 가지의 합성 화학물질이 축적되어 있다. 이것을 '체내 유해물질 축적량'이라고 한다. 유해물질은 지방, 심장과 골격근, 뼈, 힘줄, 관절, 인대, 내장 기관, 뇌를 포함한 거의 모든 조직에 저장된다. 어떻게 저장되느냐는 화학적 성질에 따라 달라진다. 수은처럼 기름에 잘 녹는 지용성 독소는 지방 조직에 저장되는 반면, 과염소산염(상수도에 들어 있을 수 있음) 같은 물에 잘 녹는 수용성 독소는 일반적으로 체내를 거쳐 소변을 통해 배출될 수 있다. 많은 독소가 지용성이다. 즉, 몸에 지방이 많을수록 독소도 많다는 뜻이다. 나쁜 소식은 독소가 수분 및 지방 저류를 일으킨다는 것이다. 몸에 독소가 넘치면 당연히 염증이 뒤따르고 우리 몸은 지용성 독소와 수용성 독소를 희석하기 위해 수분을 축적하려고 한다.

다시 말하자면, 플라스틱에서 나오는 해로운 화학물질 대부분은 건강에 어떤 영향을 끼치는지 검사가 충분히 이루어지지 않았다. 플라스틱의 화학물질은 인체에 흡수된다. 6세 이상의 미국인 93퍼센트가 비스페놀 A(BPA)에 양성 반응을 보였다. 알다시피 이것은 플라스틱에서 나오는 화학물질이고 특히 호르몬(내분비) 계통에 나쁜 영향을 준다. 플라스틱에 들어 있는 다른 화합물들도 호르몬에 영향을 미치거나 다른 해로운 영향을 주는 것으로 밝혀졌다.

미국에서는 유기인산 살충제와 프탈레이트, 벤젠, 자일렌, 염화 비닐, 피레스로이드계 살충제, 아크릴아마이드, 과염소산염, 디페닐 인산, 에틸렌옥사이드, 아크릴로니트릴 등 170가지 이상의 환경오염 물질에 대한 선별 검사에 질량 분석법이 사용된다. 소변 표본에서 추출한 18가지 대사물을 사용하는 검사는 체내 유해물질 축적량을 알아보는 데 도움이 된다. 즉, 몸에 얼마나 많은 종류의 화학물질이 있는지 알 수 있다. 우리는 반려동물에게도 이 검사를 사용할 수 있도록 하려고 애쓰고 있다. 그러나 이런 전문적인 검사가 없더라도, 과학자들은 태어나지 않은 태아에서부터 늙은 개에 이르기까지 모두 체내에 유해물질이 축적되어 있다는 증거를 많이 갖고 있다. 그만큼 유독성 화학물질 오염은 널리 퍼져 있다.

앞에서 소개한 퍼듀 대학교 연구에 참여한 연구진의 일부는 화학 처리된 잔디와 그렇지 않은 잔디가 있는 집에 사는 개들의 소변을 검사해서 화학물질을 조사했다. 잔디밭에 약을 치지 않더라도 반려견이 (그리고 사람도) 잔디밭 접촉(예: 동네 또는 공원 산책)이나 이웃집 잔디에서 날아오는 입자를 통해 유해 화학물질에 노출될 수 있다는 결론이 나왔다. 제초제 입자는 당신이 생각하는 것보다 훨씬 먼 거리인 약 3킬로미터까지 이동한다. 대부분의 입자는 200미터 안에서 표류하는데 그래도 몇 집 정도는 뛰어넘을 거리이다.

텍사스 공대의 환경 및 인간보건연구소 과학자들은 개들이 BPA와 프탈레이트에 노출되는 예상 밖의 경로를 발견했다. 그건 바로 개들이 즐겨 씹는 장난감이나 범퍼 같은 훈련 장치이다. 이 물건들은 플라스틱으로 만들어지는데, 여기에서 나오는 화학물질이 호르몬 시스템을 손상시키는 내분비 교란 물질(EDC)로 분류된다. 이 물질은 사람에게 나쁜 영향을 미치며 호르몬에 영향을 주어 여자아이들에게 조숙증을 일으키는 것으로도 알려져 있다.

팁: 잔디 살충제에 든 가장 해로운 화학물질 두 가지는 발암물질인 2, 4-디클로로페녹시아세트산(2, 4-D)과 글리포세이트(몬산토사의 제초제인 라운드업의 주요 성분)이다. 집에서 사용하는 제품을 확인해보고 의심되면 없애라. 거의 모든 독성 제품이나 서비스에는 좀 더 안전한 대안이 존재한다.

강아지에게 족욕을

반려견의 발은 축축한 청소포나 다름없다. 온갖 알레르기 유발 물질, 화학물질, 기타 오염물질을 닦고 다닌다. 개는 코와 발바닥에서만 땀을 흘린다. 따라서 그 축축한 작은 발바닥에 엄청난 양의 자극물이 붙을 수 있다. 간단하고 쉬운 족욕으로 반려견이 발을 핥고 씹는 시간을 크게 줄일 수 있다. 반려견의 몸집에 따라 주방 싱크대나 세면대 또는 욕조를 사용하면 된다.

세면대나 욕조에 반려견의 발이 잠길 만큼 물을 채운다. 저자들이 가장 선호하는 용액은 친환경적이고 무자극이고 무독성이며 항진균성과 항균성이 있는 포비돈 요오드액이다(약국이나 온라인에서 구매 가능). 포비돈 요오드액을 아이스티 정도의 색깔이 되도록 물에 희석한다. 색깔이 너무 옅으면 용액을 더 넣고 너무 짙으면 물을 더 넣으면 된다. 포비돈 요오드를 섞은 물에 반려견의 발을 2~5분 정도 담근다. 아무것도 하지 않고 그냥 담그고 있기만 하면 된다. 반려견이 물에 들어가는 걸 불안해해서 말을 시키거나 노래를 불러줘도 소용이 없다면 간식을 준다. 시간이 지나고 물기를 닦아주면 끝이다! 2~3일에 한 번씩 해준다.

잔디밭은 가정의 위험 요소 중 하나이지만 우리가 90퍼센트 이상의 시간을 보내는 집 안에도 위험이 가득하다. 약을 잔뜩 뿌린 잔디밭에서 뒹굴며 얼굴을 파묻는 게 아니라면, 여러모로 실내 환경이 야외보다 해로울 수 있다. 지난 10년 동안 수많은 관련 연구가 나왔다. 특히 2016년에 미국 연구소들의 컨소시엄이 발표한 메타 분석 결과는 주류 뉴스 매체에서도 큰 관심을 끌었다. 가정의 실내 공기가 면역계와 호흡계, 생식계에 해로운 화학물질을 함유하고 있어서 독성 칵테일과 다를 바 없다는 결과였다. 여기에는 폼알데하이드 같은 휘발성 유기화합물(VOC), 그을음과 일산화탄소 같은 연소 부산물도 들어 있다. 실제로 VOC는 집 안 환경에 해를 끼치는 주범이다. 이 독소는 새 자동차에서도 발견된다(새 차 냄새). VOC는 안정적이지 않아서 쉽게 기화(기체로 변함)하며 다른 화학물질과 결합하여 흡입하거나 피부를 통해 흡수될 때 해로운 반응을 일으키는 화합물을 만든다. VOC는 다양한 제품에서 발견된다. 향수, 접착제, 수지, 페인트, 바니쉬, 페인트 제거제 및 기타 용액, 목재 방부제, 발포 단열재, 치과에서 쓰는 결합제, 에어로졸 스프레이, 세정제, 기름 제거제, 소독제, 나방 퇴치제, 방향제, 비축 연료, 취미 용품, 드라이클리닝 한 의류, 화장품 등.

공기 중의 화학물질을 최소화하기 위해 가능한 모든 예방조치를 취하고 친환경적인 대안을 실천하더라도 성능 좋은 공기 청정기에 투자하는 것을 추천한다. 공기 중의 화학물질은 가정의 가장 큰 오염물질 중 하나이다. 바로 코앞에서 (그리고 콧속으로) 은밀하게 오염을 일으킨다. 스모그와 연기, 입자, 화학물질과 가스, 매연, 곰팡이와 바이러스, 세균용으로 제각각 설계된 공기 청정기가 있다. 이 모든 것들을 한꺼번에 처리하는 제품도 있다. 미세 입자의 90퍼센트 이상은 HEPA 필터(고효율 미립자 공기 필터)로 제거할 수 있다. 당신이나 당신의 개가 알레르기나 천식을 앓고 있다면 공기 청정기가 증상 완화에 도움이 될 수 있다. 물론 냉방 장치의 필터를 자주 갈고 덕트를 해마다 청소하는 것도 좋다. 공기 필터에 투자하지 않는다면 집 안의 공기 독소를 줄이는 가장 간단하고 빠른 방법은 부지런히 자주 환기를 시키는 것이다. 창문을 열자!

팁: 반려견과 좀 더 깨끗한 환경에서 살기 위해 지금 당장 집 안의 모든 물건을 바꿔야 한다고 생각할 필요는 없다. 독소 노출을 줄이기 위한 간단한 방법이 있다. 세탁 세제가 떨어지거든 무향의 친환경 제품으로 구매하라. 소파와 강아지 침대가 화학 처리되어 있다

면? 유기농 담요나 천연 섬유로 만든 덮개를 사용하자. 카펫이 수상하다면? HEPA 필터 달린 진공청소기로 청소하자. 실내 공기가 전반적으로 좋지 않다면? 창문을 자주 열어 환기하고 주방, 욕실, 세탁실 등에 배기 팬을 사용한다. 돈을 많이 들이지 않고도 실천할 수 있는 효과적인 방법들이다.

사람과 반려동물이 일상을 보내는 집 안 환경에 또 어떤 해로운 오염원이 있는지 살펴보자. 청소 세제, 마당에 뿌리는 약, 방에 가구를 놓거나 장식하는 방식, 개인 위생용품을 포함한 소비재의 구매 등에 변화를 주어야 한다.

다음은 환경 연구들과 세계보건기구(who.int), 미국환경보호국(epa.gov), 환경 워킹 그룹(ewg.org) 같은 조직이 발표한 일반적인 가정 오염원이다.

- 에어로졸 스프레이
- 건축 자재(벽, 바닥, 카펫, 비닐 블라인드, 가구)
- 일산화탄소
- 세제(빨래 세제, 소독제, 바닥 및 가구 광택제)
- 드라이클리닝한 의류

- 난방 시스템 또는 기기
- 취미 용품(접착제, 고무 시멘트, 유성 매직)
- 단열 폼
- 잔디 및 마당용 화학물질
- 납
- 곰팡이
- 좀약
- 페인트(특히 항진균성 페인트)
- 개인 위생용품
- 살충제
- 플라스틱
- 합판, 파티클보드
- 폴리우레탄, 바니쉬
- 라돈
- 실내 탈취제, 방향제, 향초
- 합성 직물
- 수돗물
- 담배 연기
- 목재 방부제

플라스틱: 개들에겐 너무 독한 냄새

플라스틱은 사방에서 쉽게 볼 수 있다. 자동차, 컴퓨터, 욕조, 반려동물 장난감부터 병, 옷, 주방 도구, 보관 용기까지 플라스틱은 정말로 어디에나 존재한다. 지난 10년 동안 20세기를 통틀어 만들어진 것보다 더 많은 플라스틱이 만들어졌다. 유통되는 전체 플라스틱의 절반은 일회용이다. 한 번만 사용하고 버린다는 뜻이다. 사람들은 플라스틱의 냄새, 특히 반려견이 가지고 노는 부드러운 플라스틱제 씹는 장난감의 냄새가 온갖 화학물질의 신호라는 걸 알지 못한다. 가장 건강에 해로운 화학물질은 우리가 앞에서 이미 살펴본 비스페놀 A(BPA), 폴리염화비닐(PVC), 프탈레이트, 파라벤 등이다.

소비자 주도하에 특히 어린이에게 노출되는 제품(예: 빨대 컵과 젖병)에서 BPA를 없애려는 시도가 있었지만 여전히 사라지지 않고 있으며, 특히 반려견 장난감은 화학물질이 많이 들어 있기로 악명이 높다. 미국 연방법에 따르면 EPA나 FDA 등 그 어떤 규제 기관도 라벨에 '~향'이라고 표시된 물질의 성분을 공개하라고 요구하지 않는다.

흥미롭게도 프탈레이트는 '~향'이라는 라벨로 숨겨질 수 있다. 향기를 전달하고 다른 성분의 윤활을 돕기 위해 첨가되는 것이기 때문이다. 프탈레이트는 전형적인 플라스틱에서만 발견되지는 않는다. 향수, 헤어젤, 샴푸, 비누, 헤어스프레이, 보디로션, 자외선 차단제, 데오도란트, 매니큐어, 의료 기기에도 들어간다. 반려동물 케어 제품과 장난감에도 들어간다. 뉴욕 보건부의 생화학자들은 2019년에 반려 개와 고양이의 21가지 프탈레이트 대사산물 노출 정도를 거의 최초로 측정했다. 그 결과 광범위한 노출이 측정되었다.

해로운 장난감, 침대

다음은 반려동물 장난감에서 흔히 발견되는 성분들이다.

- **프탈레이트:** 다시 말하지만, 이 화학물질은 PVC에 첨가되어 장난감을 구부리거나 씹을 수 있도록 부드럽게 만들어준다. 프탈레이트는 실제로 비닐 냄새가 난다. 성분표에 '메틸파라벤', '에틸파라벤', '프로필파라벤', '이소프로필파라벤', '부틸파라벤'. '이소부틸파라벤' 같은 것이 들어가 있다면 확실한 증거겠지만, 대부분의 반려견 장난감에는 성분표가 없다. 공식은 간단하다. 반려견이 부드러운 플라스틱 장난감을 씹으며 놀면 놀수록 프탈레이트에 더 많이 노출되는 것이다. 이 독소들은 자유롭게 이동하므로 개의 잇몸과 피부로 흡수될 수 있다. 그 결과 반려견의 간과 신장에 손상을 입힌다.
- **폴리염화비닐(PVC):** 흔히 '비닐'이라고 불리는 이것은 비교적 단단한 플라스틱이지만 프탈레이트를 사용해 부드럽게 만드는 경우가 많다. PVC에는 염소가 함유되어 있어서 PVC로 만든 장난감을 씹으면 염소가 방출된다. 염소는 잘 알려진 위험한 오염물질인 다이옥신을 생성한다. 다이옥신은 동물에게 암을 일으키고 면역계를 손상시킨다. 생식 및 발달 문제와도 관련이 있다.
- **비스페놀 A(BPA):** 폴리카보네이트 플라스틱의 기본 성분으로 반려견 용품을 비롯해 다양한 플라스틱 제품에 널리 사용된다. 사료용 캔의 안쪽 면 코팅에도 들어간다(사람이 먹는 캔 제품도 마찬가지). 2016년 미주리 대학교의 연구에서 BPA는 개의 내분비

계를 교란하는 것으로 나타났다. 개의 신진대사에도 해롭다.

- **납:** 납이 유해물질이라는 것은 누구나 알 것이다. 특히 신경계와 위장계에 해롭다. 그러나 납 중독의 심각성에 대해서는 잘 모르는 사람들이 더 많다. 1978년 이후 미국에서 납 페인트 사용이 금지되었는데도 납은 여전히 우리 주변에 있다. 수십 년 전에 페인트칠한 오래된 집뿐만 아니라 수입 테니스공이나 반려동물 장난감, 납이나 납으로 오염된 물로 유약을 바른 수입 컵이나 식기 등을 통해 반려견의 삶에 침투할 수 있다.
- **폼알데하이드:** 아마도 당신은 초등학교 5학년 생물 시간에 처음으로 폼알데하이드를 흡입했을 것이다(부디 적은 양이었기를). 오래전부터 사용되어온 방부제이지만 섭취, 흡입 또는 피부를 통해 흡수되는 발암물질이기도 하다. 보존이 필요한 물질이 담긴 병에 밀폐되어 있어야 할 이것이 반려견용 생가죽 장난감에 많이 들어 있다.
- **크로뮴과 카드뮴:** 몇 년 전 소비자 단체인 컨슈머어페어Consumer-Affairs가 거대 유통 체인 월마트에서 판매되는 반려동물 장난감에서 이들 화학물질이 높은 수치로 검출되었다는 연구 결과를 발표해서 큰 논란을 일으켰다. 크로뮴 수치가 높으면 간과 신장, 신경이 손상되고 불규칙한 심장 박동을 초래할 수 있다. 높은 카드뮴 수치는 관절, 신장, 폐를 파괴한다.
- **코발트:** 반려동물용품 체인 펫코는 2013년에 코발트 방사선에 오염된 반려동물용 스테인리스 그릇에 대한 리콜을 시행했다. 이 사건은 반려동물용 물그릇과 밥그릇의 유독성 여부와 스테인리스 자체에 대한 오염물질 검사의 중요성에 대해 경각심을

불러일으켰다.

- **브로민:** 반려견 침대를 포함해 가구에서 주로 발견되는 난연제 성분이다. 일정 수치 이상에서 배탈, 구토, 변비, 식욕 부진, 췌장염, 근육 경련, 떨림을 일으킨다.

스퀴커(삑삑이 공)를 재활용하라!

개들은 그들이 그렇게도 좋아하는 장난감 스퀴커에 독성이 있다는 걸 알지 못한다. 사실 개들의 목표는 딱 하나다. 스퀴커를 최대한 빨리 망가뜨리는 것! 반려견에게 화학물질 범벅의 스퀴커를 잔뜩 사주었다면 독성이 훨씬 적은 DIY 장난감으로 바꿔주자. 스퀴커를 종이로 감싸서 오래된 면양말에 넣고 묶는다. 그다음에는 신문지로 꽁꽁 감싼다. 반려견이 새로운 공을 신나게 가지고 노는 모습을 지켜보자(프탈레이트나 PVC 없이!).

난연제(PBDE) 참고 사항: 난연제는 우리가 매일 사용하는 여러 제품에 들어 있다. 가구, 직물, 전자제품, 매트리스, 침구, 충전재, 쿠션, 소파, 카펫 등 다양한 가정용품에 들어간다. 문제는 난연제가 해당 제품에만 있지 않는다는 것이다. 제품 밖으로 빠져나와 집 안의 먼지를 오염시키고 개와 아이들이 노는 바닥에 쌓인다. 1부에서 강조했듯이 2019년 오리건 주립 대학교의 연구에서는 난연제가 고양이 갑상샘 항진증을 유행시킨 주범으로 확인되었다(1980년에 갑상샘 항진증을 진단받은 고양이는 200마리에 1마리꼴이었고 오늘날은 10마리에 1마리이다). 난연제를 완전히 피하는 것은 거의 불가능하지만 간단한 예방책만으로도 노출을 최소화할 수 있다. 화학 처리된 표면을 유기농 이불이나 담요로 덮어두면 반려견을 보호할 수 있다.

벼룩과 진드기 퇴치제 참고 사항: 이것들은 엄밀히 말하면 살충제에 속한다. 벼룩이나 진드기 같은 해충이 반려동물을 괴롭히는 것을 막아주긴 하지만 독성이 있진 않을까? 해충을 죽이는데 반려동물에게도 해롭지 않을까? 이런 제품의 포장지에는 사람 피부에 닿으면 안 된다는 '독극물 관리' 경고가 있음에도 개 피부에 닿는 것은 전적으로 안전한 것처럼 이야기한다. 최근 일부 제품들에 대한 정밀 조사 결과는 수의학 협회와 EPA에 경각심을 일으켰다. 2019년에 이소옥사졸린이 들어 있는 브라벡토Bravecto를 비롯한 벼룩, 진드기 퇴치제를 분석한 결과 반려견 주인 세 명 중 두 명이(66.6퍼센트) 비정상적인 부작용을 보고했다. 물론 이런 약들을 꼭 써야 할 때도 있다. 하지만 강력한 화학물질을 최소화하여 반려견의 화학 저항과 체내 화학물질 축적량을 줄이는 안전한 방법이 있다(10장에서 반려견의 위험 상황을 평가할 것이다). 살충제를 과도하게 사용해서 동물의 몸과 환경을 해치지 말고 '합리적으로 사용'하자는 친환경 과학자들의 목소리가 커지고 있다. 반려견이 해충을 죽이는 독을 흠뻑 뒤집어쓰면 반려견과 노는 사람도 해로운 영향에 놓인다. 국소 또는 경구용 화학 살충제를 되도록 적게 사용하자. 3부에서 해독 전략에 관해서도 이야기할 것이다.

과불화화합물(PFAS) 참고 사항: PFAS은 카펫에서 음식 포장지, 코팅 냄비와 프라이팬까지 광범위한 소비자 제품에 사용된다. 물과 열에 강하고 19세기 중반에 처음 발명된 이후로 빠르게 보편화되었다.

이 물질들은 주변 환경 어디에나 있고 반려견의 분변에서 높은 수치로 검출된다. 이 물질은 성장, 학습, 행동에 영향을 줄 뿐만 아니라, 체내 호르몬과 면역 체계를 방해하고 암(특히 간암) 위험을 높인다. 3부에서 PFAS 노출을 최소화하는 해독 전략을 소개할 것이다.

방향제 참고 사항: 북아메리카 인구의 80퍼센트 이상이 각종 방향제를 사용한다. 스프레이, 플러그인, 젤, 향초 등의 방식으로. 그런데 이 제품들에 뭐가 들어가는지 알고 있는가? 사람들은 방향제가 안전 검사를 거쳐서 판매된다고 생각한다. 하지만 그 어떤 검사도 필요하지 않다. 충격적이다. 기업들이 이런 제품을 가정용으로 판매하기 위해 그 어떤 허가도 필요하지 않다(성분의 10퍼센트 미만이 라벨에 공개된다). 합성 아로마(향)는 주로 휘발성 유기화합물(VOC)로 이루어진다. 이 눈에 보이지 않는 물질은 공기 중에 떠다니다가 피부에 닿거나 입으로 들이마셔짐으로써 당신과 반려견의 혈류로 들어갈 수 있다. 연구에 따르면 일주일에 한 번만 사용해도(예: 화장실에 스프레이 방향제 분사) 천식과 폐 질환 발생률이 71퍼센트나 증가할 수 있다.

방향제에 사용되는 벤젠, 폼알데하이드, 스티렌, 프탈레이트 같은 화학물질은 발암물질이자 호르몬 교란 물질이고 신경학적 반응 및 호흡 반응과 알레르기 반응을 일으키는 일반적인 자극제이다. 플러그인 방향제에는 동물에게 폐암을 일으키는 나프탈렌도 들어 있다. 연구에 따르면 **화학물질 다수의 평균 수치가 사람보다 반려견에서 두 배 정도 높다.** 반려동물들이 극도로 취약한 상태에 놓여 있다는 사실이 다시 한번 확인된다.

옛날처럼 향기 없는 양초를 쓸 자신이 없다면 이 사실을 기억하

자. 양초는 대부분 원유를 정제하는 과정에서 나오는 부산물인 파라핀 왁스로 만들어진다. 파라핀 왁스에 열을 가하면 아세트알데히드, 폼알데하이드, 톨루엔, 아크롤레인 같은 독소가 공기 중에 방출된다. 모두 암 위험을 증가시킨다. 파라핀 왁스 양초를 한 번에 여러 개 태우면 EPA의 실내 오염 기준치를 초과할 수 있다. 그리고 심지의 최대 30퍼센트에는 중금속(납)이 함유되어 있어서 몇 시간 동안 가열하면 공기 중 중금속 입자가 허용치를 훨씬 넘긴다. 열을 가했을 때 파라핀 혼합물에서 방출되는 독성 화학물질의 종류가 얼마나 많은지 머리가 어질할 정도다(이름도 엄청 어렵다). 아세톤, 트리클로로플루오로메탄, 이황화탄소, 2-부타논, 트리클로로에탄, 트리클로로에텐, 사염화탄소, 테트라클로로에텐, 클로로벤젠, 에틸벤젠, 스티렌, 자일렌, 페놀, 크레졸, 사이클로펜텐 등등. 이 화학물질들이 어떤 작용을 하는지는 굳이 설명하지 않겠다.

용액: 라벨에 '향' 또는 '~로 만든'이라고 광고하는 제품은 사지 말자. 파라핀 양초는 100퍼센트 밀랍, 소이 왁스, 식물성 왁스로 만든 무향초로 바꾼다. 새 양초의 심지를 종이에 문질러서 납이 들어 있는지 확인한다. 회색 연필 자국이 남으면 납이 들어 있다는 뜻이다. 방 한 곳을 골라서 반려견 친화적인 에센셜 오일 디퓨저를 설치해두자. 반려견이 온갖 향이 없는 공간으로 피신할 수 있도록 말이다. 오렌지 껍질과 시나몬 스틱을 냄비에 넣고 끓여도 좋다. 마지막으로, 창문을 전부 열자!

대기 질에 영향을 주는 것은 방향제의 VOC나 가스 배출뿐만이 아니다. 산불, 도시 오염, 스모그, 간접 흡연, 물이 새는 집에서 나오는 마이코톡신 등도 있다. 모두 사람과 반려견의 호흡과 전신 건강에 많은 영향을 준다. 공기 질이 나쁜 원인을 찾아서 제거하는 일은 매우 중요하다. 방법은 간단하다. 대기질이 나쁜 도시에 산다면 공기 청정기를 사고, 집에 물이 샌다면 마이코톡신 검사를 고려하라.

물은 안전한가?

안타깝게도 이 질문은 쉽게 답할 수 있는 것이 아니다. 겉모습과 맛은 수질을 나타내는 올바른 지표가 아니기 때문이다. 당신은 수도 회사를 통해 또는 주방이나 냉장고에 있는 여과 시스템을 통해 깨끗한 물을 사용하고 있을지도 모른다. 그렇다면 당신의 반려견은 어떤 물을 마시고 있는가? 수돗물에는 수많은 독소가 들어 있을 수 있다. 수돗물을 공급하는 회사가 공기업이라면 지역의 연간 수질 보고서를 통해 수돗물의 질을 알아볼 수 있다. www.nrdc.org에 들어가서 미국천연자원보호협회(NRDC)의 보고서 「What's On Tap?」을 확인하고, 수도 회사(수도세 청구서를 발행하는 업체)에 연락해 연례 수질 보고서를 보내달라고 요청하자. 그 보고서에는 발견된 오염물질의 종류, 오염물질의 잠재적 발생원, 공급된 수돗물의 오염물질 수치가 적혀 있을 것이다.

미시간 주 플린트에서 발생한 끔찍한 물 위기에 대해 들어본 적이 있는가? 수돗물이 2014년부터 납으로 오염된 사건이다. 그러나 오염된 물의 존재는 종종 훨씬 덜 명확하다. 2020년, 일리노이 대학교 어바나-샴페인 캠퍼스의 연구진은 물에 든 '인위 생성(anthropogenic) 오염물질' 문제를 강조하는 논문을 발표했다. 이것은 사람의 행위로 인해 물에 유입되는 오염물질을 말한다. 농사나 가축 활동,

소독 과정에서 나온 유출수나 하수구로 흘러간 치료 약물 등이 그런 오염물질이다. 논문은 특히 EDC(체내에서 호르몬처럼 행동하는 환경 화학물질인 내분비 교란 물질 또는 '제노에스트로겐')가 수돗물에 쉽게 침투하여 사람과 동물(우리의 반려견들)에게 해를 입힌다는 사실을 지적했다. 식수에 함유된 미세 플라스틱, 중금속, 화학 오염물질은 수돗물을 마시기 전에 제거되어야만 한다.

우리는 가정에서 여과 시스템을 사용하는 것을 강력하게 추천한다. 수동 필터도 있지만 수도꼭지 필터나 싱크대 아래 정수 시스템처럼 배관에 바로 연결하는 필터도 있다. 어떤 필터는 더 맑고 맛 좋은 물을 만드는 기능을 하고, 또 어떤 필터는 건강에 영향을 미치는 오염물질을 제거해준다. 한 가지 이상의 여과 기술이 적용된 필터가 많다. 디자인과 재료에 따라 염소, 염소 부산물, 납, 세균, 기생충 등 많은 유형의 오염물질을 줄일 수 있다.

신발에 책임을 갖자

3부에서 추천하겠지만 신발을 집 밖에 두는 것은 반려견이 (그리고 사람도) 다양한 유해물질에 노출되는 것을 막아주는 가장 쉽고 돈도 들지 않는 방법이다. 이웃 잔디밭의 화학물질, 아스팔트의 발암물질, 석유 부산물, 길가의 배설물부터 병원성(나쁜) 세균, 바이러스, 독성 먼지와 화학물질 등 신발 바닥에 무엇이 묻었을지도 모른 채 집 안으로 들어온다고 상상해보라. 마놀로 블라닉, 톰 포드, 나이키 에어 같은 아무리 비싸고 멋진 신발이라도 독소를 집 안으로 가져올 수 있다. 실제로 당신의 신발은 화장실보다 더 더러울 수 있다! 개가 변기 물을 먹는 것을 막는 반려인이라면, 당신이 저녁을 만들다가 음식 조각을 바닥에 떨어뜨려 줄 때 그 녀석이 무엇을 함께 핥을지 생각해보라.

환경 속 화학물질이 체중 증가를 일으킬 수 있을까?

2006년 캘리포니아 대학교 어바인 캠퍼스의 브루스 블룸버그Bruce Blumberg 박사는 비만을 일으키는 화학물질을 설명하기 위해 '오비소겐obesogen'이라는 용어를 만들었다. 이는 엄청난 경각심을 일으켜서 화학물질 유발 비만에 관한 과학 연구를 촉발시켰다. 블룸버그 박사가 이끄는 연구진은 다른 목적으로 연구하던 화학물질이 쥐를 살찌웠다는 사실을 발견했다. 그는 우리가 끊임없이 체중 감량에 실패하는 이유에 대해 대안적 설명이 가능할지 의문을 품게 되었다. 그의 의심은 연구를 통해 사실로 드러났다. 이후에 이루어진 인간과 동물 대상의 수많은 연구는 특정 환경화학물질 노출과 체질량 지수(BMI) 증가 사이의 강한 연관성을 확인했다.

오비소겐은 정상적인 성장과 지방 대사(몸이 지방을 만들고 저장하는 방법)의 균형을 방해하여 비만을 일으킨다. 오비소겐은 체내의 줄기세포를 재설계해 지방 세포로 성장하게 할 수 있다. 오비소겐 노출은 몸이 식이에 반응하고 칼로리를 처리하는 방법도 바꿔놓는다. 그리고 다수의 오비소겐이 호르몬 체계에 영향을 줄 수 있다. 가장 치명적인 점은 오비소겐의 영향이 후대까지 전해질 수 있다는 것이다.

그렇다. 오비소겐 노출이 일으키는 영향은 주로 후생 유전학적인 힘을 통해 유전될 수 있다. 오비소겐이 우리 몸에 일으키는 대혼란이 우리의 자식과 손자, 손녀들, 그 이후까지 전해질 수 있다는 뜻이다. 오비소겐의 과학은 복잡하지만 일상에 만연하다는 말만으로도 충분하다. 앞에서 이미 살펴본 많은 화학물질이 오비소겐에 속한다(예: 화학 살충제, BPA, 과불화화합물, 프탈레이트, PCB, 난연제, 파라벤, 대기 오염물질).

소음, 빛, 정전기 오염

스모그로 뒤덮인 스카이라인은 대기 오염의 명백한 징후이다. 하지만 우리는 일상에 은밀하게 존재하는 다른 형태의 오염은 잘 알아보지 못한다. 바로 과도한 소음과 빛이다. 이것들은 현대의 필요악이다. 인류 문명이 이룬 업적이지만 대가가 따른다. 그것은 24시간 태양일을 따르는 우리의 자연적인 리듬을 망가뜨린다. 간단히 말하자면, 심한 소음과 빛은 특히 신체가 어둠과 침묵이 필요할 때일수록 건강에 해롭다. 빛 공해는 1800년대 후반으로 거슬러 올라가는 등대로 날아드는 철새 기록에서 보듯 매우 오래된 문제이다. 빛 공해는 지난 세기 동안 무척 심해졌고, 우리는 매일 이전 세대보다 훨씬 더 심한 소음에 노출된다. 소음 공해는 엄청나게 큰 소리가 아니라도 몸에 해로울 수 있다. 윙윙거리는 텔레비전(그리고 기타 화면) 소리, 전형적인 도시 소음(사이렌, 잔디 깎는 기계, 송풍기, 쓰레기 처리기, 천둥, 항공기)은 우리 몸의 자연적인 리듬을 방해한다.

소음 공해는 최근 과학계에서 자세한 연구가 이루어지고 있다. 최근의 연구에 따르면 공항 근처에 사는 사람일수록 심혈관계 질환 위험이 크다. 대기 오염과 관련된 요인과는 별개로 그러하다. 『영국 의학 저널*BMJ*』에 게재된 연구에서 가장 소음이 심한 지역(즉, 공항 인근)에 사는 사람들은 민족성, 사회적 박탈감, 흡연, 교통 소음 노출, 대기 오염 같은 교란 요인을 조정한 후에도 뇌졸중, 관상동맥 질환, 심혈관 질환의 위험이 큰 것으로 나타났다. 게다가 소음에 대한 인체의 생물학적 반응은 용량 의존적이었다. 최고 수준의 소음을 경험하는 사람들(인구의 2퍼센트)에게서 위험이 가장 크게 나타났다.

소리는 전자기 방사선의 일종이다. 소리의 주파수 또는 높이는 헤르츠(Hz) 단위로 측정된다. 1헤르츠는 1초에 진동 주기가 1회 반복되는 것이다. 인간이 들을 수 있는 범위는 20~20,000헤르츠, 개는 40~45,000헤르츠이다(고양이는 최대 64,000헤르츠까지 들을 수 있다). 개와 고양이는 우리가 들을 수 있는 것보다 훨씬 먼 거리에서 나는 소리를 듣는다. 소리의 강도는 데시벨(dB) 단위로 측정된다. 청력 손상은 100데시벨에서 즉시 발생하는데, 85데시벨 이상에 장시간 노출되어도 손상이 일어난다.

지속적이거나 강도 높은 소음에의 노출이 수면 방해를 초래해서 건강 악화가 일어난다고 생각할 수도 있다. 하지만 그 연관성은 훨씬 직접적이다. 만성 소음은 신체에 지속적인 스트레스를 주고 이는 결국 혈압 상승과 심박수 상승, 스트레스 호르몬 코르티솔을 통한 내분비계 교란, 전반적인 염증 증가로 이어진다. 이 결과들이 개의 건강에도 적용되는지 알아보는 연구가 현재 진행되고 있다. 하지만 보나 마나 우리의 털 뭉치 친구들도 똑같이 해로운 영향을 받을 것이다. 특히 개들은 청각으로 환경을 평가하는데 우퍼 스피커의 저음 소리, 서라운드 방송 소리, 끊임없는 라디오 소리 등 온갖 인위적인 소리가 개들의 귀를 괴롭힌다. 알다시피 개들은 고음과 음조 변화 또는 갑작스러운 소음에 민감할 때가 많다. 소음 민감성은 비정상적인 행동 문제로 나타나기도 한다. 모든 개에게 소음 민감성과 두려움 간의 연관성이 나타난다는 사실은 오래전부터 입증되었다. 견종과 나이, 성별에 따라 차이가 있을 수는 있다(나이 든 암컷의 소음 민감성이 가장 크다).

2018년에 영국과 브라질의 동물행동과학자들은 소음과 육체적 통증의 연관성을 밝혀냈다. 연구자들은 소음이 개를 긴장시켜 근육이나 관절에 추가적인 스트레스를 주면(이미 염증이 발생한 상태라면 더 큰 통증으로 이어짐) 진단으로 드러나지 않는 통증이 악화할 수 있다고 말한다. 그 통증은 크고 갑작스러운 소음과 연관이 있으며 개에게 소음 민감성과 상황 회피를 불러온다. 이전에 경험했던 나쁜 상황을 피하려 하는 것이다. 이 연구는 개의 소음 민감성이 통증을 줄여달라는 울부짖음과 다르지 않다는 사실을 알려준다.

개는(고양이와 말도) 외귀(귓바퀴)의 구조 때문에 사람보다 훨씬 더 민감한 수준에서 소리를 수신한다. 청력 상실과 소음 스트레스는 연구실 동물을 비롯해 많은 종에서 다루어져왔다. 강한 소음으로 인한 스트레스 호르몬 및 혈압 상승, 만성적 소음 노출은 환경을 정상화시킨 후에도 몇 주까지 혈압 상승을 일으킬 수 있다. 개 역시 소음에 부정적인 영향을 받는다. 한 연구에서는 소음이 개들에게 심박수 및 타액 코르티솔 증가와 불안을 의미하는 특정 자세를 유발했다. 개들은 주변에서 85 데시벨 이상의 소음이 지속되면 불안을 느낀다. 종종 100데시벨에 이르는 배경 소음이 있는 개 사육장에 사는 개들의 청력 손상을 측정하기 위해 '뇌간 청각 유발 반응(brain stem auditory evoked response, BAER)'이라는 검사를 사용한 연구가 있다. 연구에 참여한 14마리 모두 6개월 이내에 청력 손상을 겪었다. 소음이 그 개들의 공포와 불안 수준에 어떤 영향을 미쳤을지 우리는 감히 상상하기 어렵다.

개들의 소음 공포증은 유전적, 호르몬적 요인과 사회화 초기 단계의 영향일 수 있다. 소음에 민감한 개는 스트레스를 받은 후 진정하기까지 4배 더 오래 걸린다. 그 기간 내내 분명 엄청난 양의 스트레스 호르몬이 분비될 것이다. 동물 연구는 극도로 낮은 전자기장(EMF)에 노출되었을 때도 행동 변화가 나타난다는 사실을 보여준다. 따라서 반려견에게 소음이 제거된, 그리고 전자기장과 '질 낮은 조명'이 없는 환경을 제공해야 한다. 그 방법은 3부에서 제시할 것이다(힌트: 매일 밤 TV, 컴퓨터, 공유기를 포함한 소음과 전자기장 발생원을 전부 끈다).

조명에 대해 살펴보자면, 교대 근무자들을 대상으로 한 연구들은 하루 중 잘못된 시간에 빛에 노출되는 것이 몸에 어떤 영향을 주는지 보여준다. 야간 근무를 하는 사람들은 밤에 깨어 있고 낮에 자도록 몸을 '훈련'할 수 있다고 생각할지도 모르지만 연구는 사뭇 다른 결과를 제시한다. 교대 근무는 비만, 심장마비, 각종 암(유방암, 전립선암), 높은 조기 사망 위험, 심지어 지적 능력 감소와도 관련이 있다. 빛과 일주기 리듬의 관계 때문이다. 앞에서 소개한 사치다난다 판다 박사는 특히 유전자, 미생물 군집, 수면과 식이 패턴, 체중 증가 위험, 면역 체계와 관련해서 사람과 동물의 생체 시계를 광범위하게 연구했다.

그가 발견한 가장 중요한 사실은 눈의 빛 센서가 나머지 신체를 정해진 일정에 맞추려고 한다는 점이다. 뇌의 시상하부(감정 및 스트레스와 관련 있는 영역)에 있는 시신경교차상핵은 모든 포유류의 생물학적 시계가 있는 곳이다. 그것은 망막으로부터 직접 정보를 받아 생체 시계를 '재설정'하는 역할을 한다. 새벽 빛에 노출되면 생체 시계의 재설정이 수월해지는 것도 이 때문이고, 아침 햇볕을 쬐는 것도 이를 돕는다.

판다 박사는 종일 커튼 닫힌 집 안에서 지내는 반려동물들이 우울증에 걸릴 확률이 높은 이유가 뇌가 건강한 시냅스에 필요한 신경화학물질을 만들고 분비할 수 없기 때문이라고 생각한다. 그의 연구는 눈으로 직접 들어오는 빛 신호가 동물의 생리를 조절한다는 사실을 보여준다. 빛 신호는 뇌와 몸에 차례로 일련의 화학적 신호를 일으킨다. 개가 아침에 밖에 있다면 빛이 뇌에 멜라놉신(빛에 민감한 단백질)을 방출해 깨어나라고 신호를 보낸다. 해가 질 무렵 밖으로 나가면 빛이 뇌에 신호를 보내 '수면' 호르몬 멜라토닌을 방출하게 해서 잠잘 준비를 시킨다. 판다 박사는 이렇게 설명한다. "눈에는 블루

라이트를 감지하는 멜라놉신 뉴런이라는 특별한 세포가 있는데 우울증, 행복감, 멜라토닌 생산에 관여하는 뇌 영역과 연결되어 있습니다. 실험에 따르면 동물들은 낮에 블루 라이트 센서가 활성화되지 않으면 우울을 느끼게 됩니다."

또한 개들은 밝은 인공 조명에 과도하게 노출되면 고통을 받는다. "건강한 실험 쥐도 3~4일 계속 빛을 쬐면 병이 듭니다. 혈액, 코르티솔, 염증 수치, 호르몬 등 다 엉망이 되죠." 판다 박사의 설명이다. 또 포도당 불내성이 커지고 당뇨 초기 징후도 빠르게 나타난다고 덧붙인다. 다시 말하자면 기분과 행동만 영향을 받는 것이 아니라는 뜻이다. 신진대사와 면역 기능 관리에도 문제가 생긴다.

판다 박사는 반려견이 하루에 두 번 이상 야외로 나가 생체 시계를 조절하도록 해주는 것이 견주의 책임이라고 믿는다. 저자들은 빛을 감지하는 중요한 나들이를 '스니파리'와 병행하는 것을 추천한다. 앞에서 소개했듯이 스니파리는 알렉산드라 호로비츠 박사가 제안하는 아이디어로 하루에 적어도 한 번 개가 야외에서 마음껏 냄새를 맡을 수 있게 해주는 것이다. 우리는 **생체 시계를 설정하는 스니파리를 아침에 몇 분, 저녁에 잠자리에 들기 전에 몇 분 하는 방식**을 추천한다. 운동이 아니라 뇌 건강을 위한 산책이다. 일주기 조절, 신경화학적 조절, 후각 자극이 반려견의 인지 건강을 개선시킬 것이다.

포유류의 모든 세포는 생체 시계를 표현한다. 유전자의 5~20퍼센트가 수면 습관에 기반한 24시간 밤/낮 주기로 발현된다. 이 변화의 리듬이 결과적으로 행동 및 생리의 타이밍을 좌우한다. 생리 리듬에는 혈당 균형, 호르몬 분비, 면역 반응 같은 과정이 포함된다. 행동 리듬은 수면-기상 패턴은 물론, 식사하고 대변을 보고 운동을 하는 시간을 포함한다. 행동 및 생리의 타이밍은 식량 가용성, 빛-어둠 주기 같은 환경 변화를 예상하고 준비할 수 있도록 진화했다. 생물학적인 리듬이 무너지면 당뇨, 비만, 암을 포함한 건강 이상의 위험이 커진다.

개와 사람은 일주기 리듬과 수면 패턴은 다르지만 규칙은 똑같다. 밤에 충분히 잠을 자고 특정한 패턴을 따라야만 리듬이 잘 유지된다. 비정상적 빛 노출과 나쁜 수면 습관은 엄청난 생물학적 결과를 초래할 수 있다.

탁 트인 풀밭에서 자연의 손길을 느끼며 땅 위를 구르고 달리는 흙 묻은 개와 현대의 편리함이 남긴 잔류물이 가득 묻은 개는 천지 차이다. 이제 '어떻게'로 들어가 보자. 과학을 이해하면 해결책을 이해하기도 쉬워진다.

건강 지킴이를 위한 교훈

- 우리는 노출의 바다에 살고 있다. 바닥 가까이에서 생활하고, 노출을 줄일 방법도 없는 반려견들은 우리보다 '체내 화학물질 축적

량'이 훨씬 더 많다.

- 연구에 따르면 고양이와 개의 소변에서 건강 기준치를 초과하는 화학 잔류물이 잔뜩 검출된다. 집 안팎에서 '친환경'을 추구해 화학물질 노출을 줄이자.
- 화학물질은 청소 세제, 잔디용 제초제 등 뻔한 장소에서도 발견되지만 예상 밖의 장소에도 숨어 있다. 즉, 향초, 방향제, 가스를 뿜어내는 가구(반려견 침대 포함!), 수돗물, 벼룩과 진드기 퇴치제, 모든 종류의 플라스틱, 인기 있는 반려견 장난감 등에 숨어 있다.
- 개들은 과도한 소음, 시간에 맞지 않는 빛, 정전기 오염에 특히 민감하다. 인공적인 빛에 과도하게 노출되면 신진대사, 면역 기능, 기분, 행동에 부정적인 영향을 초래한다. 아침에 커튼을 열고 밤에는 조명과 컴퓨터, 공유기, TV를 끄자.
- 반려견이 생체 시계를 스스로 다시 설정하도록 아침저녁으로 하루 두 번 산책을 나가자.
- 다음의 다섯 가지 지침으로 1, 2부를 요약하고 3부를 준비하자.

  1. 가공 식품을 줄인다.
  2. 식사 시간과 횟수를 수정한다.
  3. 신체 활동량을 늘린다.
  4. 부족한 부분을 보충제로 채운다.
  5. 환경의 영향(스트레스, 독소 노출)에 대해 생각한다.

이제 실천을 시작해보자!

3부
내 강아지, 포에버 도그 만들기

7장 오래오래 건강한 개의 식습관
— 식단 업그레이드

음식과 약의 근원은 같다.

— 중국 속담

2020년 크리스마스이브, 우리(닥터 베커) 가족은 뜻밖의 축복을 받았다. 호머를 가족으로 맞게 된 것이다. 우리는 열두 살짜리 글렌 오브 이말 테리어가 요양 병원에 입원 중이던 주인이 세상을 떠나면서 홀로 남겨졌다는 소식을 들었다. 호머는 머지않아 우리 가족이 되었다. 나는 크리스마스이브에 호머를 데려와서 생채식을 주었는데 녀석은 전부 거부했다. 다음날인 크리스마스에는 익힌 당근과 사과 한 조각을 잘 먹었다. 그 이후로 호머는 매일 새로운 음식을 맛보았다. 이제는 몇 달 전에 거부했던 음식도 신나게 먹으면서 미각과 미생물 군집, 영양소 섭취를 늘려가고 있다. 호머는 소위 '민감한' 반려견용으로 홍보되는 초가공 사료를 서서히 끊었고 지금은 '진짜' 음식을 다양하게 즐긴다. 건강에도 긍정적인 변화가 일어났다. 칙칙하고 푸석했던 털에 윤기가 돌고 훨씬 덜 빠진다. 가스가 차던 문제가 해결되었고 통통했던 뱃살이 빠졌고 입 냄새도 개선되었고 움직임도 날렵해졌다(예전보다 몸이 덜 뻣뻣하고 지구력이 좋아졌다).

놀라운 회복과 회춘을 이룬 반려견들의 감동적인 사연은 건강 지킴이들에게는 흔한 이야기이다. 그 이유는 딱 하나. 신선 식품이 개를 놀라운 방식으로 변화시키기 때문이다. 나는 25년이 지난 지금까지도 개들의 놀라운 변신을 목격할 때마다 들뜨고 기분이 좋다. 호머를 껴안을 때마다 진짜 음식의 단순하지만 놀라운 힘 덕분에 녀석의 소중한 삶이 크게 개선되었고 수명이 분명히 늘어났다는 사실을 실감하며 큰 만족감을 느낀다. 이것은 우리가 개들에게 줄 수 있는 최고의 선물이다.

당신은 반려견이 다음의 두 가지 중 어느 길을 가기를 바라는가?

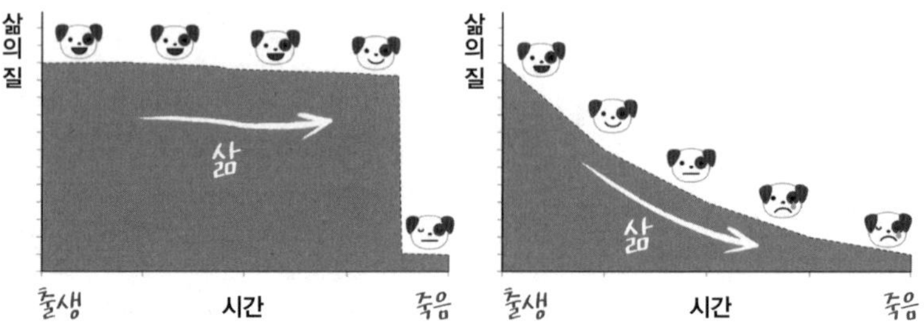

십중팔구 왼쪽을 선택할 것이다. 즉, 세상을 떠나는 날까지 내내 행복하고 건강하게 사는 것이다! 멈추기 직전까지 문제 없던 시계처럼 평화롭게 잠을 자다가 영면에 드는 것. 살다 보면 좋은 때도 나쁜 때도 있겠지만 영혼을 갉아먹는 육체적 퇴행, 인지력과 이동력 저하, 삶의 질이 완전히 추락하는 일은 없다. 마지막까지 건강하고 활기차게 살다 가는 것이다. 그러면 정말로 좋지 않을까? 당신의 개가 그렇게 살다 가기를 원하는가? 우리가 이 책을 쓴 것도 바로 그 때문이다.

3부의 주제는 실천이다. 무엇을 해야 할지 알아보기 전에, 먼저 스스로를 자랑스럽게 여기자. 지금까지 당신은 방대한 과학 지식을 얻었고 이제 드디어 그 모든 정보를 실행에 옮길 준비가 되었다. 세세한 것까지 다 기억할 필요는 없다. 반려견의 건강을(그리고 행복을) 위해 어떤 변화가 왜 필요한지 기본적으로 이해하고 있으면 충분하다. 당신이 당신의 환경과 시간, 예산, 성향에 따라 변화를 만들어갈 수 있도록 우리가 안내할 것이다. 지금 당신은 포유류의 몸에 효과적인 습관이 무엇인지 웬만한 의사나 수의사들보다 더 많이 알고 있을 수 있다. 앞에서 배운 내용을 바탕으로 삶을 바꿀 몇 가지 변화를 지금부터 시작해보자.

이 책의 제안을 실행에 옮기면 당신과 사랑하는 반려견 둘 다 최대한 오랫동안 건강하게 살 가능성이 커질 것이다. 구체적인 실행 방법을 소개하고 그것을 뒷받침하는 과학적인 설명을 다시 덧붙일 것이다. 이유를 이해하지 못한 채 생활 습관을 바꾼다는 것은 절대로 쉽지 않은 일이기 때문이다. 이유를 이해하면 실행이 단순명료해지고 즐겁고 보람도 생긴다. **목표는 오래오래 건강하고 활기차고 행복하게 사는 포에버 도그 만들기이다. 결코 만만치 않은 목표지만 가능성이 있다.** 그 과정에서 헌신적인 반려인으로서 당신 또한 저절로 많은 혜택을 받을 것이다. 병원에서 측정 가능한 신체적 변화에서부터 자신감과 자존감 같은 눈에 보이지 않지만 매우 귀중한 효과까지. 젊어진 느낌, 자기 삶과 미래를 스스로의 힘으로 이끌어나간다는 만족감까지도. 한마디로 당신은 더 건강하고 더 행복하고 더 생산적인 사람이 될 것이다. 그리고 성공은 더 많은 성공을 낳을 것이다. 간단한 변화가 가져오는 이익을 눈으로 직접 확인하면 더 큰 도전을 하고 싶어질지 모른다. 가장 중요한 것은, 이 책의 제안을 전부 따라야 할 필요는 없다는 것이다. 또 한꺼번에 다 실천하지 않아도 된다. 가장 쉽고 설득력 있어 보이는 것부터 시작해보라.

우리가 운영하는 소셜 미디어에서 슈퍼푸드와 보충제는 가장 인기 있는 주제이다. 한 예로 우리는 스코티시 테리어에 관한 글에서 어떤 종류의 채소든 일주일에 세 번 이상 먹으면 이행상피암종(transitional cell carcinoma, TCC)에 걸릴 확률이 70퍼센트 감소한다는 자료를 공유했다. 이것은 스코티시 테리어 같은 나이 든 소형견의 방광과 요도에서 흔하게 발견되는 암의 한 종류이다. 황색 채소와 녹색 채소를 적어도 일주일에 세 번 먹으면 TCC의 위험이 각각 70퍼센트와 90퍼센트까지 줄어든다. 반려견 엄마 아빠들은 이런 정보를 간절히 원한다. 우리는 반려견의 삶을 바꿔줄 유용한 과학을 반려인들과 나눌 수 있어서 영광으로 생각한다.

가장 중요한 사실은 쉽고 간단한 장수 식품을 식단에 추가하면 반려견의 건강에 지대한 영향을 미친다는 것이다. '추가'한다는 것은 말 그대로이다. 현재 반려견이 먹고 있는 것에 그냥 추가하면 된다. 반려견의 생활 습관을 당장 모조리 뜯어고치지 않아도 된다. **현재 식단에 장수 식품을 조금만 추가해도 강력한 노화 방지 영양소와 보조 인자가 공급된다.**

이 책을 통해 당신은 건강한 삶의 여정에 반려견도 동참시켜야 한다는 생각을 처음 접했을 수도 있다. 평소 집착에 가까울 만큼 건강에 신경 쓰는 사람들도 우리의 SNS를 보고나서야 그간 반려견에게

'패스트푸드'나 다름없는 음식을 먹여왔다는 사실을 깨닫고 부끄러움을 느낀다. 놀라고 당황한 나머지 반려견의 생활 습관을 당장 모조리 바꾸려 애쓴다. 그러다보면 빠트린 게 없을지 다시 불안에 빠지게 마련이다.

1부와 2부에서 설명한 장수의 법칙과 과학 지식에 정통한 2.0 반려인들은(과학자와 연구자들도) 현재 반려견의 생활 방식을 종합적으로 재검토하는 방향을 모색하고 있다. 우리의 목표는 반려인들에게 다양한 선택권을 제공해서 각자에게 맞는 속도로 생활 방식을 바꿔나갈 수 있도록 하는 것이다. 아주 간단한 포에버 DOGS 공식을 활용할 것이다. 즉, 다음을 보라.

- 식단과 영양(**D**iet and nutrition)
- 최적 활동량(**O**ptimal movement)
- 유전적 소인(**G**enetic predispositions)
- 스트레스와 환경(**S**tress and environment)

앞으로 아주 다양한 목록과 아이디어를 제시하고(예: 반려견과 함께 먹을 수 있는 장수 식품, 절대 먹이면 안 되는 음식, 항불안제 역할을 하는 안전한 허브 치료법, 보충제 활용법 등) 각자의 여건에 맞춰 실천하도록 도와줄 것이다. 반려견을 위한 맞춤식 생활 계획이라고 생각하면 된다! 가장 중요하다고 생각되는 것부터 먼저 다루겠다. 반려견의 건강을 위한 당신의 목표가 구체적으로 무엇이든 가장 중요한 출발점은 이것이다. 진짜 음식을 이용한 식단과 영양!

식단과 영양

지금까지 분명하게 강조한 것처럼 **생명을 연장하기 위한 모든 좋은 변화는 음식으로부터 시작한다.** 궁극적으로 삶의 질과 죽음의 시기를 바꾸는 건강상의 변화는 결국 식단과 영양에 달려 있다. 개도 사람도 마찬가지이다. 우리는 좋은 영양 섭취로 이상적인 체중을 유지하고, 미생물에 영양을 공급하고, 신진대사와 해독, 전반적인 생리 작용을 돕는다. 좋은 음식은 건강과 관련된 모든 요소에 영향을 미쳐서 결국 최적의 건강을 추구하려는 우리의 동기를 강하게 자극한다. 양질의 수면, 운동과 체력 단련, 스트레스 및 불안 관리, 그리고 해로운 환경 노출처럼 피할 수 없는 도전들까지도 신경 쓰게 만든다.

당신의 반려견을 위한 최고의 식단은 몇 가지 변수에 달려 있다. 즉 나이, 건강 상태, 기저 질환 유무 등이 그것이다. 저자들은 반려견에게 신선한 음식을 더 많이 먹이는 것을 지지한다. 정확히 무슨 뜻인지 살펴보자.

반려견 식단 점진적으로 개선하기

반려견을 먹이는 문제에 관하여 우리의 시간과 돈은 제한되어 있다. 당신은 반려견에게 최고만을 주고 싶겠지만 현실을 고려하지 않으면 안 된다. 연구에 따르면 이미 87퍼센트의 견주가 반려견에게 사료 말고 다른 음식을 추가로 주고 있다. 반가운 사실이다. 하지만 그 음식에 핵심적인 장수 식품이 추가된다면 좋은 의도가 한결 더 빛을 발할 것이다.

다음 장에서는 반려견 식단을 평가하는 기준을 제시해서, 당신이 현재 반려견에게 먹이고 있는 음식뿐만 아니라 앞으로 구매를 고려하는 더 신선한 브랜드들도 평가해볼 것이다. 식단 업그레이드를 원하지만 전부 다 바꾸지 않으면 의미 없다고 생각하지 말라. 반려견의 식단을 새롭게 단장하는 접근법은 무궁무진하지만 여기에서는 좀 더 쉽게 실천할 수 있도록 영양을 개선하는 방법을 두 단계로 나눈다. 즉, (1) 장수 식품을 소개하고, (2) 반려견의 매일 식단을 평가하고 바꾸기이다. 이를 위해 필요하다면, 이 책에 제시된 반려견 사료 숙제를 완료해야 한다(전혀 복잡하지 않으니 걱정할 것 없다).

장수 식품 소개

현재 반려견에게 무엇을 먹이고 있든, 앞으로 무엇을 먹일 예정이든, 모두에게 추천하는 출발점은 칼로리의 10퍼센트를 장수 식품으로 섭취시키는 것이다. 10퍼센트인 이유는 이 정도의 점진적인 변화라면 수의사나 동물 영양학자들도 반대하지 않을 것이기 때문이다. 수의사들에게는 10퍼센트 규칙이라는 게 있다. **반려견이 섭취하는 전체 칼로리의 10퍼센트까지는 영양학적으로 불완전한 음식으로 섭취해도 괜찮다**는 것이다. 그런데 이 10퍼센트를 녹말과 탄수화물 범벅의 정크 푸드로 낭비하는 사람들이 많다. 우리는 이것을 질 낮은 간식이 아닌 장수 식품으로 바꾸기를 추천한다.

물론 개가 정말 좋아하는 간식을 주는 것도 중요하다. 다만 어떤 간식을 언제, 왜 주는지 한번 생각해보라는 것이다. 나중에 개의 일주기 리듬을 살펴보면서 간식 타이밍에 관해 설명하겠지만, 지금은 간식의 개념을 재구성하는 문제부터 다루어보자. 우선 간식이 '주전부리'라는 생각부터 바꿔야 한다. 대신 간식(treat)을 반려견의 몸을 '치유(treat)'하는 음식이라고 생각하자. 장기와 미생물 군집, 뇌, 후생 유전체에 영양분을 공급하는 장수 식품을 간식으로 먹는다면 건강에 얼마나 좋겠는지 생각해보라. 사람들이 직접 간식을 만들어 먹는 것과 비슷하다. 사탕과 초콜릿 대신 견과류와 직접 만든 과카몰리를 곁들인 채소를 먹는다. 작은 변화가 큰 효과를 낸다.

새로운 방식을 반려견이 달가워하지 않을 수도 있다. 장수 식품을 간식으로 주면 "이게 뭐야?" 하는 눈으로 쳐다볼지도 모른다. 하지만 이것부터 바꾸지 않으면 장수 목표가 실패로 돌아갈 수도 있다. 아무리 건강한 식사라 해도 초콜릿케이크 한 조각이 망칠 수 있는 것처럼, 최고의 건강 요법이라도 질 낮은 간식이 망가뜨릴 수 있다. 우리는 하루 칼로리의 10퍼센트를 좋은 방향으로 사용하는 것을 권한다.

다행히 대부분의 장수 식품(특히 신선한 채소와 과일)은 칼로리가 무척 낮지만 조금만 먹어도 건강에 커다란 영향을 준다. 장수 식품은 많이 먹지 않아도 효과를 볼 수 있다. 무엇보다 간식으로 먹어도 되고 식사에 추가할 수도 있어서 '토퍼'라고도 부른다(식사에 '토핑'처럼 올릴 수 있다). 평소 간식을 주지 않는다면 반려견의 식단에 섞어서 핵심 장수 토퍼(Core Longevity Topper, CLT)로 활용하면 된다.

어떤 장수 식품은 간식보다는 토퍼로 활용하는 게 더 좋다(이를테면 새싹 채소는 간식 봉지에 넣어두기 불편할 수 있다). 간식으로 먹기 쉬운 장수 식품 목록을 참고하라(315쪽). 목록의 식품을 전부 콩알만 한 크기로 잘라서 미끼 혹은 보상으로 주면 된다. 소형견이든 카네 코르소 같은 대형견이든 간식은 콩알만 한 크기로 주는 것을 추천한다. 대형견에게는 양을 더 많이 주면 된다. 간식으로 정크 푸드를 먹던 개라면 처음부터 방울다다기양배추 4분의 1 조각을 먹으려고 하지 않을 것이 뻔하다. 처음에는 작게 자른 내장육을 살짝 삶거나 익혀서 준다(역시 콩알만 한 크기여야 한다. 개들이 좋아하는 영양 풍부한 내장육 목록은 300쪽 참조). 개들은 대부분 익힌 간이나 닭 심장을 거부하지 않을 것이다. 다음번에 내장육을 익힐 때에는 당근도 같이 넣는다. 아주 까다로운 개라도 고기 맛이 밴 당근을 맛있게 잘 먹을 것이다. 시간이 지날수록 채소를 점점 덜 익혀서 생당근을 먹는 것에 익숙해지도록 한다.

낮에 집을 비운다고 '간식에 대한 부담감'을 느낄 필요는 없다. 장수 식품을 현재의 식단에 토퍼로 추가하면 된다(반려견의 입맛이 까다롭다면 토퍼를 사료에 섞는다. 평소 먹는 사료에 '건강한 음식'을 숨겨놓는 것이다). 10퍼센트 법칙의 가장 좋은 점은 추가하는 음식의 영양적 균형을 고려할 필요가 없다는 것이다. 말 그대로 '추가 칼로리'이고 수명에 좋은 효과를 내는 것이니까. 반려견이 그날의 장수 식품을 거부한다고 해도 절망하지 말자. 다음 식사 때 좀 더 단조로운 맛의 장수 식품을 더 적은 양으로 아주 잘게 썰어서 준다. 건강 지킴이를 위한 홈메이드 뼈 육수도 반려견이 새로운 음식을 시도하도록 도울 수 있다(310쪽 참고). 숨겨진 미뢰가 깨어나기까지는 몇 달이 걸리기도 하지만 꾸준히 해나가야 한다. 포에버 도그 일지를 기록하는 것을 추천한다. 반려견이 어떤 반응을 보였는지, 무엇을 싫어하거나 좋아하는지, 어떤 건강 문제가 있는지에 대해, 노트에 적어도 되고 디지털 파일로 만들어도 된다. 반려견에게 나타난 매일의 변화

를 기록하는 것도 도움이 된다. 언제 심장사상충 약을 먹었는지, 언제 설사가 시작되었는지, 언제 새로운 음식이나 보충제를 먹기 시작했는지 등등.

장수 식품은 산화 스트레스를 줄이는 강력한 효과가 있고 후생 유전자에 긍정적인 영향을 미친다. 결국, 개의 DNA가 어떻게 행동하는지에 영향을 준다. 매일 장수 토퍼를 주면 활성 산소를 억제하는 항산화제, 수명을 늘려주는 폴리페놀, 유익한 파이토케미컬, 반려견의 후생 유전자에 격려의 말을 속삭여줄 중요한 보조 인자들이 제공된다.

더 생각해보기: 반려견이 통통해서 살을 조금 빼야 한다면 전체 섭취량의 10퍼센트를 핵심 장수 토퍼로 대체하자(즉, 사료의 10퍼센트를 장수 식품으로 바꾼다). 반려견이 날씬하다면 평소 먹는 양에 장수 식품을 추가로 급여하자.

10퍼센트 핵심 장수 토퍼(CLT): 장수 식품을 반려견의 현재 식사에 CLT로 추가한다. 앞서 설명했듯이, 개가 섭취하는 전체 칼로리의 10퍼센트는 영양적으로 완전하고 균형 잡힌 '반려견용 사료'가 아닌 다른 음식을 통해(즉 간식) 섭취해도 된다. 저자들은 널리 알려진 이 10퍼센트 법칙을 개의 건강에 유익한 방향으로 수정했다. 초가공 간식을 CLT로 바꾸는 것이다. 이것을 10퍼센트 핵심 토퍼 법칙이라고 부르자. 건강에 해로운 초가공 간식 대신 건강에 좋은 성분이 가득한 장수 식품을 먹인다.

식사 계획과 메뉴를 맞춤화하는 방법은 무한하다. 정확한 음식 비율이나 당장 어떤 결정을 내려야 한다는 생각에 집착하지 말라. 각자의 음식 철학이나 효과, 반려견의 특징에 따라 계획이나 비율, 브랜드는 언제든지 바꿀 수 있다. 일단은 당신의 반려견을 위한 포에버 도그 식단에 대해 생각해보기 바란다. 오늘 저녁부터 당장 식단을 바꿀 필요는 없다. 대신, 장수 식품으로 반려견의 식단에 다양성을 더해가는 것이다. 다음 장에서 반려견의 기본 식단을 평가하는 법을 배울 것이다. 그리고 필요하다면 다른 범주나 브랜드로 음식을 바꿔서 품질과 생물학적 적합성, 신선도, 영양적 가치를 개선하는 법에 대해서도 알아볼 것이다. 지금은 일단 1부와 2부에서 배운 내용을 고려해서 반려견을 위한 영양 목표를 생각해보자. 그동안 직감적으로 느꼈던 것들을 과학적인 정보로 확인하면서 이미 큰 힘을 얻었으리라 믿는다. 우리 저자들은 건강에 대한 정의가 사람마다 다르다는 것을 잘 알고 있다. 당신의 관점이 어떻든 반려견을 더 건강하게 만들 수 있는 실용적인 팁을 제시하고자 한다.

핵심 장수 토퍼(CLT):

반려견과 함께 먹는 슈퍼푸드 수명 연장 효과가 뛰어난 식품들 중에는 현재의 식단에 섞거나 간식으로 줄 수 있는 것들이 많다. 저마다 다양하게 건강을 촉진하는 영양소가 풍부한 음식들이다.

신선한 채소와 저당류 과일은 개의 식단에서 매우 적은 비중을 차지해야 하지만, 그럼에도 무척 중요하다. 야생에서 늑대와 코요테는 중요한 영양소 공급원으로 풀과 산딸기류, 과일, 채소를 먹는다. 이들은 섬유질뿐만 아니라 고기나 뼈, 내장에서는 발견되지 않는 영양 성분도 제공한다. 연구에 따르면 채소가 빠진 개의 식단은 미생물 군집의 건강을 해친다. 식물이 제공하는 가장 중요한 화합물은 폴리페놀, 플라보노이드, 기타 식물성 영양소이다. 여러 연구에서 식단에 폴리페놀을 첨가하면 산화 스트레스 표지가 크게 감소하는 것으로 나타났다. 폴리페놀은 다양한 식품에 풍부하게 들어 있다.

사람은 커피와 와인으로 다량의 폴리페놀을 섭취하는데, 이것을 반려견에게 나눠줄 수는 없다. 커피와 와인은 노화 방지 효과가 있는 폴리페놀을 섭취하는 가장 흔한 방법이다(항산화 식품이라고는 커피만 먹는 사람도 많다). 하지만 다음 페이지의 표에서 보듯 반려견과 함께 먹을 수 있는 항산화 식품도 많다.

개들에게 생물학적으로 적절한 식단에서 섬유질(채소)의 비율은 상대적으로 적다. 그러나 섬유질은 소화계의 수리 및 유지와 미생물 군집의 건강에 중요한 역할을 한다. 채소는 결장에서 단쇄지방산이 생산되는 데 필요한 프리바이오틱스를 제공한다. 건강한 배설과 면역 강화에 필요한 수용성 및 불용성 섬유, 항산화를 촉진하는 식물성 영양소도 제공한다.

다음 페이지부터 제시되는 목록은 냉장고에서 흔히 찾아볼 수 있

폴리페놀의 종류

분류		대표군	함유 음식
플라보노이드	안토시아닌	델피니딘, 펠라고니딘, 시아니딘, 말비딘	베리류, 체리, 자두, 석류
	플라바놀	에피카테킨, 에피갈로카테킨, EGCG, 프로시아니딘	사과, 배, 차
	플라바논	헤스페리딘, 나린제닌	감귤류
	플라본	아피제닌, 크리신, 루테올린	파슬리, 셀러리, 오렌지, 차, 꿀, 향신료
	플라보놀	퀘르세틴, 캠퍼롤, 미리세틴, 아이소람네틴, 갈란긴	베리류, 사과, 브로콜리, 콩, 차
페놀산	하이드록시벤조산	엘라그산, 갈산	석류, 베리류, 호두, 녹차
리그난		세사민, 세코이솔라리시레시놀, 디글루코사이드	아마씨, 참깨
스틸벤		레스베라트롤, 프테로스틸벤, 피세아타놀	베리류

고 반려견의 CLT로 활용할 수 있는 채소와 과일의 간단한 예이다. **CLT는 작은 크기로 잘라 생으로 혹은 살짝 익혀서 준다(살짝 찌는 것이 사람과 개에게 모두 좋다).** 저녁에 먹고 남은 익힌 채소를 다음 날 아침에 반려견에게 줘도 된다(양념이 묻어 있으면 위장에 무리가 가므로 주의한다). 목록에 나온 채소와 과일을 작게 잘라서 사료에 섞어주거

나 좀 더 크게 잘라서 간식으로 준다. 한 번에 한 가지씩 주고 반려견 일지에 기록한다. 반려견이 처음부터 좋아한 것은 무엇인지, '다음에' 다시 시도해볼 것은 무엇인지 적어둔다.

이 목록을 살펴보면서 로드니가 반려견 슈비에게 무엇을 얼마나 주는지도 알려주겠다. 슈비는 아홉 살이고 몸무게 13킬로그램의 노르웨지언 룬드훈트 잡종견이다. 우리는 한 종류의 신선식으로 10퍼센트 칼로리를 다 제공하지 말고 다양한 종류를 조금씩 시도해보기를 권한다. 슈퍼푸드는 아주 많은 양을 먹지 않아도 효과가 나타난다는 사실을 기억하자. 어차피 반려견에게 셀러리를 잔뜩 먹이기는 어려울 것이다(좀처럼 '스위치'가 꺼지지 않는 래브라도나 골든레트리버가 아니라면). 이 식품들 대부분은 칼로리가 매우 낮으므로 굳이 계산할 필요 없이 먹일 수 있다. 예외가 있다면 따로 언급하겠다. 우리의 목표는 다양한 신선 식품으로 미생물 군집을 형성하고 세포 내 영양소와 항산화 물질, 폴리페놀을 강화하는 것이다. 가능하면 유기농 제품으로 구입하자.

장수 채소

미나릿과(apiaceae) 채소(당근, 고수, 파스닙, 펜넬, 셀러리, 파슬리 등등): 이 보석들에는 폴리아세틸렌이 들어 있다. 폴리아세틸렌은 항균, 항진균, 항마이코박테리아 효과를 내는 흔치 않은 유기화합물이다. 암을 일으키는 여러 물질, 특히 마이코톡신(아플라톡신 B1 포함) 해독에 중요한 역할을 한다. 사료 등급 원료로 만든 펫푸드의 마이코톡신 오염은 건강에 매우 해롭고, 일단 섭취한 후에는 제거하기 어려울 수 있다. 이 채소들은 독성 화합물의 대사를 강화하는 좋은 방법이다. 익히거나 날로 먹는 유기농 당근과 파스닙은 훌륭한 훈련용 간식이 된다. 고수, 파슬리, 펜넬은 다져서 식사에 섞어줄 수 있다. 연구에 따르면 고수는 클로렐라와 함께 중금속(펫푸드 산업의 또 다른 심각한 문제) 해독 작용에서 시너지 효과를 낸다. 45일 이내에 납 87퍼센트, 수은 91퍼센트, 알루미늄 74퍼센트와 결합한다!

방울다다기양배추: 암 연구들은 방울다다기양배추를 포함한 십자화과 채소가 방광암, 유방암, 대장암, 위암, 폐암, 췌장암, 전립선암, 신장암에 긍정적인 영향을 미친다는 사실을 발견했다. 부분적으로 '인돌 3-카르비놀'이라고 하는 생체 활성 화합물 덕분이다. 방울다다기양배추는 장내 미생물의 먹이가 되는 섬유질을 제공하는 것 외에도 플라보노이드, 리그난, 클로로필도 들어 있고, 비타민 K, 비타민 C, 엽산, 셀레늄의 좋은 공급원이다. 개들은 보통 부드럽게 익히거나 찐 것을 선호한다.

오이: 대부분 물로 이루어지고 칼로리가 없는 아삭아삭한 간식인 오이는 반려견에게 수분과 함께 비타민 C와 K를 공급하기 좋다. 오이에는 '쿠쿠르비타신'이라고 불리는 항산화 물질도 들어 있다. 연구 결과, 쿠쿠르비타신은 친염증 효소 사이클로옥시게나아제-2(COX-2)의 활동을 억제하고 세포 자멸(apoptosis)을 유도하는 효과가 있다. 또 미생물 군집에 도움이 되는 수용성 섬유질인 펙틴도 풍부하다.

시금치: 이 녹색 채소는 항염 효과가 뛰어나고 심장 건강을 뒷받침한다(비타민 K). 시금치의 파이토케미컬은 단당과 지방에 대한 갈망을 줄여준다. 동물 연구에서 시금치는 노화에 따른 시력 감퇴를 예

방해주는 효과가 증명된 루테인과 제아잔틴이 가장 풍부한 채소이기도 하다. 또한, 시금치에는 노화를 막아주는 중요한 항산화 물질인 알파 리포산, DNA 생성에 필수적인 엽산(비타민 B의 일종)도 들어 있다. 엽산이 없으면 건강한 DNA가 새롭게 만들어질 수 없다. 장수를 연구하는 세포생물학자 론다 패트릭Rhonda Patrick 박사는 말한다. "엽산 결핍은 DNA 손상을 일으키므로 마치 이온화 방사선*을 쬐는 것과 같습니다." 최근에는 엽산에 초가공 식품을 비롯한 여러 이유로 짧아지는 염색체의 말단 구조인 텔로미어를 보호하는 역할도 있다고 밝혀졌다. 앞에서 살펴보았듯이 텔로미어의 길이는 나이가 들수록 짧아진다. 텔로미어가 짧으면 수명이 짧아지고 질병 위험도 커진다. 엽산은 열에 매우 민감해서 반려견용 가공 식품에서 가장 먼저 불활성화되는 영양소 중 하나이다. 시금치에는 수산염이 많이 들어 있어서 유전적으로 수산염 방광 결석에 취약한 개들에게는 문제가 될 수 있다. 슈비에게는 일주일에 두 번 식사에 시금치를 숨겨서 준다. 미식가 슈비는 찐 시금치를 약간 따뜻할 때 파프리카를 조금 곁들여 레몬을 뿌려 먹는 것을 좋아한다(한마디로 로드니가 먹고 남긴 재료들).

브로콜리 새싹: 패트릭 박사는 브로콜리 새싹의 "노화 방지 효과가 매우 강력"하다고 말한다. 그럴 만한 이유가 있다. 우리는 몸에 스트레스를 주는 독소에 노출되어 살아간다. 공기로 들이마시고(도시에

---

* 물질을 통과할 때에 이온화를 일으키는 방사선. 방사성 동위원소가 내는 파장이 짧고 에너지가 큰 엑스선, 알파선, 감마 입자, 양성자, 중성자 따위가 있다. 생물 조직의 구성 성분을 이온화시켜 돌연변이를 일으키거나 미생물을 죽인다 — 옮긴이주.

사는 개가 배기가스로 흔하게 들이마시는 물질인 벤젠 등) 음식으로 섭취한다(농약). 이런 스트레스 요인들은 세포에 영향을 주고 궁극적으로 미토콘드리아를 손상시켜 몸 전체에 염증을 유발한다. 모두 시간이 지남에 따라 노화를 가속한다. 우리 몸의 스트레스 반응 경로 중 하나인 Nrf2(nuclear factor erythroid 2-related factor 2)가 항염과 황산화 과정을 담당하는 200개 이상의 유전자를 제어한다. 이 경로가 활성화되면 우리 몸은 염증을 억제하고 해독을 활성화하며 항산화 물질이 효과를 발휘하도록 돕는다.

그런데 브로콜리 새싹은 어떤 효과가 있을까? 브로콜리, 브로콜리 새싹, 방울다다기양배추 같은 십자화과 채소에는 Nrf2 경로를 강력하게 활성화하는 '설포라판'이라는 중요한 화합물이 들어 있다. 동물과 사람을 대상으로 한 연구에서 설포라판은 암과 심혈관 표지의 속도를 늦추고, 염증을 줄이고, 해로운 중금속과 마이코톡신, AGE 같은 독소를 체내에서 제거하는 효과가 있는 것으로 나타났다! 즉, **브로콜리 새싹은 반려견의 몸에서 AGE를 제거하는 가장 좋은 방법이다!** 반려견이 섭취한 초가공 식품에 든 유독성 부산물을 저렴하고도 효과적으로 씻어낼 수 있다! 브로콜리 새싹은 브로콜리나 다른 십자화과 채소보다 설포라판이 50~100배 이상 들어 있어서 '다 자란' 채소보다 효과가 우수하다. 슈퍼마켓에서 구하기 어렵다면 직접 키워서 먹을 수도 있다. 반려견 체중 약 4.5킬로그램당 한 꼬집씩 식사에 몰래 넣는다.

반려견과 함께 먹는 새싹 키우기

1단계

입구가 넓은 1리터(1쿼트) 용량의 메이슨 유리병을 사용한다. 물을 주기도 좋고 새싹이 자랄 공간도 넓다. 씨앗 1~7큰술을 넣는다(1큰술에 새싹 약 1컵 정도 수확). 뚜껑으로는 면보를 덮고 고무줄이나 메이슨병 링으로 고정한다. 새싹 거름망을 사용하면 헹굴 때 더 편리하다.

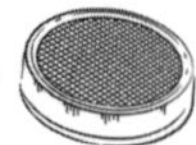

씨앗 살균: 씨앗이 잠기는 정도로(적어도 2.5센티미터 정도 올라가도록) 정수한 물을 붓고, 살균을 위해 사과 식초 1큰술에 주방 세제 1방울을 넣는다. 10분간 그대로 놓아둔다. 깨끗한 물로 꼼꼼하게 헹군다(7회 정도).

2단계

씨앗을 깨끗하게 닦은 후에는 잠길 정도로 (적어도 2.5센티미터 정도 올라가도록) 깨끗한 물을 붓고 8시간 또는 밤새 놓아둔다.

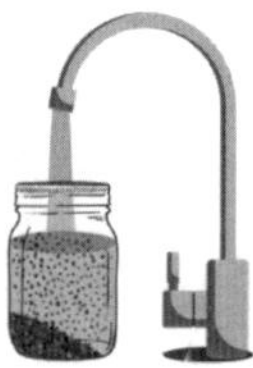

3단계

8시간 후 물을 따라버린다(물을 화분에 주어도 된다!). 다시 깨끗한 물을 채우면서 씨앗을 휘저어 헹군다.

물을 완전히 따라버리고 병을 비스듬하게 놓아두어 남은 물이 다 빠지도록 한다. 헹구고 물을 빼주는 과정을 3~5일 동안 하루에 최소 2회 반복한다 (아침, 저녁).

4단계

하루 정도 지나면 씨앗이 갈라지고 싹이 트기 시작한다! 3~4일이 지나면 먹을 수 있을 정도로 자란다.

햇살이 비치는 창턱에 병을 두 시간 정도 놔둬서 보기 좋은 초록색이 되도록 한다. 뚜껑을 벗기고 깨끗하게 헹궈 씨앗 껍질을 제거한다. 물을 잘 제거한다. 냉장고에 넣고 5일 이내에 먹는다.

마지막 단계

새싹을 잘라서 반려견 음식에 추가해준다(체중 9kg당 1작은술로 시작). 냉동해서 샐러드나 스무디로 먹을 수도 있다!

버섯: 버섯은 장 건강에 좋은 프리바이오틱스를 제공할 뿐만 아니라 폴리페놀, 글루타티온(식품 중에서 버섯에 가장 풍부)을 포함해 장수를 돕는 다양한 물질과 글루타티온 생산을 촉진하는 셀레늄과 알파 리포산이 들어 있다. 또한 버섯에는 자가 포식을 증가시키는 스페르미딘을 포함한 폴리아민 화합물도 많이 발견된다. 폴리아민은 100세 이상 장수하는 사람들이 많이 섭취하는 장수 물질로 알려져 있다. 동물 연구에 따르면 스페르미딘은 인지력을 개선시키고 신경 보호 효과도 있는데 미토콘드리아의 건강에 미치는 영향 덕분인 듯하다. 표고버섯, 잎새버섯, 느타리버섯, 영지버섯, 노루궁뎅이버섯, 운지버섯, 동충하초, 양송이버섯, 새송이버섯 같은 약용 버섯은 최고의 스페르미딘 공급원이다. 스페르미딘을 섭취하는 동물은 유전적 소인이 있어도 간 섬유화와 암성(癌性) 간 종양 발생 확률이 낮다. 가장 인상적인 사실은 스페르미딘이 수명도 크게 늘려준다는 점이다. 텍사스 A&M 생명과학 연구소의 조교수 레위안 리우Leyuan Liu는 말한다. "무려 25퍼센트나 늘려줍니다. 미국인의 평균 수명이 81세가 아니라 100세가 넘게 되는 셈이죠."

버섯에는 베타-글루칸이 들어 있어서 면역 건강에도 좋다. 이것은 염증을 제어하고 인슐린을 낮고 일정하게 유지하는 특별한 면역 조절 기능을 가진 화합물이다. 최근에 비만 개들을 대상으로 시행한 연구에서는 베타-글루칸 보충제의 효과가 드러났다. 먹을 것을 애원하는 행동이 줄고 식욕이 감소했다. 베타-글루칸은 모든 식용 버섯에서 발견된다. 개의 면역 체계를 균형 있게 유지하고 염증을 줄이는 것 말고도, 면역이 억제된 개들에게 긍정적인 영향을 주고 백신에 대한 체액성 면역 반응을 강화한다. 암에는 어떤 효과가 있을까? 하루에 버섯 18그램 또는 8분의 1~4분의 1컵을 섭취하는 사람은 버섯을 먹지 않는 사람보다 암에 걸릴 위험이 45퍼센트 줄어든다. 비장 혈관육종에 걸린 개의 50퍼센트는 87일밖에 살지 못한다. 하지만 치료 목적으로 운지버섯을 먹은 개는 1년 이상 살았다. 약용 버섯은 건강에 정말로 탁월한 효과가 있다. 저자들이 차로 즐겨 마시는 잘 알려지지 않은 버섯은 바로 차가버섯이다. 차가버섯은 참 이상한 버섯이다. 질감이 꼭 나무껍질과 비슷하다(그래서 볶아 먹지 않는다). 단단한 질감 덕분에 건강에 좋은 차와 국물로 활용하기 안성맞춤이다. 우리는 물을 많이 사용할 때는 무조건 차가버섯을 몇 조각 넣는다. 목욕물(닥터 베커), 벌새 모이통(로드니는 세균 발생이 줄어드는 효과가 있다는 것을 발견했다), 집에서 만드는 콤부차, 새싹 채소를 기르는 물 등등. 이 멋진 음료를 처음 알게 된 이후로 줄곧 냉장고에 신선한 차가버섯 차를 준비해두고 마신다. 은은한 바닐라 맛이 있어서 뜨거워도 차가워도 다 맛있고(사람), 반려견에게는 물 대신이나 동결 건조 및 건조식품을 불릴 때 사용하면 좋다. 겨울에 반려견의 발에 묻은 제설용 소금을 닦거나 여름에 햇빛에 데인 곳을 진정시켜줄 때도 차가버섯의 의학적 효능이 빛을 발한다(차가버섯 우린 물에 솜을 적셔서 상처 부위에 직접 대면 된다).

버섯의 놀라운 점은 저마다 고유한 약효가 있다는 것이다. 따라서 반려견에게 필요한 효능에 따라 종류를 선택할 수 있다. 일반적인 효과를 원한다면 포르치니버섯, 양송이버섯, 표고버섯, 운지버섯, 잎새버섯, 영지버섯, 민가닥버섯, 느타리버섯을 먹는다. 운지버섯과 차가버섯은 항암 효과가 뛰어나고 노루궁뎅이버섯은 중추 신경계에 영양을 공급하므로 뇌 기능에 좋다. 버섯에는 글루타티온뿐만 아니

버섯의 에르고티오네인과 글루타티온 함량

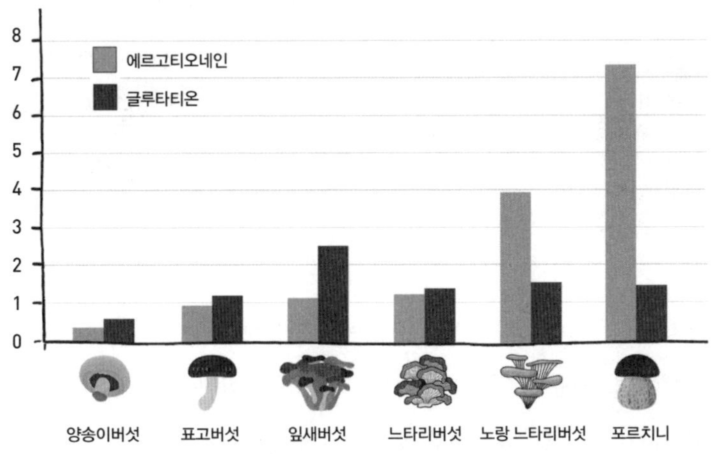

라 다른 곳에서 얻기 어려운 또 다른 항산화 물질인 에르고티오네인(에르고)이 들어 있다. 에르고는 장수 비타민으로 불린다. 항염 호르몬을 증가시키고 산화 스트레스 요인을 감소시키는 효과가 있는 것으로 밝혀졌기 때문이다. 에르고는 오직 하나의 식품군에서만 발견되는데 그게 바로 버섯이다. **잘게 썬 약용 버섯은 반려견 식사에 토퍼로 활용하기 안성맞춤이다.** 보약 버섯 육수를 만들어 식사에 추가할 수도 있다. 얼음 틀에 얼린 버섯 육수는 여름에 시원한 간식이 된다. 말린 버섯을 사용해도 좋다.

건강 지킴이를 위한 보약 버섯 육수

작게 자른 신선한 버섯 1컵(또는 말린 버섯 1/2컵), 물 12컵(또는 수

제 뼈 육수)을 냄비에 넣는다. 원한다면 신선한 생강과 강황 뿌리를 갈아서 1/2작은술 넣는다. 20분간 끓인 후 식힌다. 부드럽게 으깨서 얼음 틀에 넣고 얼린다. 반려견 체중 4.5킬로그램당 얼음 1개(약 30그램)를 녹여서 음식에 섞어주면 에르고가 보충된다.

사람이 먹을 수 있는 버섯은 모두 개에게도 안전하다. 사람에게 독버섯이면 개에게도 독버섯이다. 익힌 버섯이나 생버섯을 반려견에게 간식이나 토퍼로 준다. 우리의 경험상 개들은 대부분 버섯이 음식에 섞여 있어도 그다지 개의치 않는다. 하지만 먹지 않는다면 보충제를 활용할 수도 있다(8장 참조). 어떻게든 이 기적의 식품을 반려견에게 꼭 먹이자.

미생물 군집 바로잡기

1부에서 설명한 것처럼 우리의 몸속 또는 피부에 사는 미생물, 특히 장내 세균은 건강의 열쇠이다. 장은 '제2의 뇌'라는 말이 있을 정도다. 장과 뇌는 양방향으로 연결되어 있다. 그래서 뇌는 장에서 일어나는 일에 대한 정보를 받고 중추 신경계는 최적의 기능을 보장하기 위해 정보를 다시 장으로 보낸다. 이렇게 장과 뇌가 긴밀하게 연결된 덕분에 식이 행동과 소화가 제어되고 심지어 숙면도 가능해진다. 또한, 장은 호르몬 신호를 보냄으로써 뇌에 포만과 허기, 장염으로 인한 통증을 전달한다.

장이 우리의 건강에 전체적으로 큰 영향을 주는 것은 사실이다. 기분, 수면의 질, 에너지 수준, 면역력, 통증 수준, 소화와 신진대사 기능, 심지어 생각까지도. 연구자들은 장내 세균이 비만, 염증, 기능성 위장 장애, 만성 통증, 우울증을 포함한 기분 장애에 어떤 역할을 하는지 살펴보고 있다. 이 연구는 수의학으로도 확장된다. 소화가 잘되는 '깨끗한' 식품(장 내벽에 해로운 영향을 끼치는 농약과 오염물질, AGE, 화학 잔류물 함량이 낮은 것)을 섭취하고, 프리바이오틱스와 프로바이오틱스 식품을 많이 먹어서 미생물 군집이 건강해지면 스트레스로 인한 설사가 줄어들고 비만과 염증을 물리치고 면역력도 강해진다는 사실이 밝혀지고 있다. 모두 개의 노화에 영향을 주는 요소들이다.

프로바이오틱스('생명을 위한'이라는 뜻) 식품에 대해 들어보았을 것이다. 이것은 케피르, 사우어크라우트, 김치 같은 발효 식품을 통해 섭취되는 좋은 세균이다. 보충제로도 섭취할 수 있다. 프리바이오틱스는 장내 세균이 성장하고 활동하는 데 연료를 공급하는 음식이다. 장내 세균이 선호하는 먹이이고 대부분 소화가 잘 안 되는 섬유로 이루어진다. 프로바이오틱스와 마찬가지로 특정 식품으로 섭취할 수 있다. 장내 세균은 일반적으로는 소화할 수 없는 섬유질 풍부한 음식물을 대사시키고 신체의 에너지 수요를 충족시키는 데 도움이 되는 단쇄 지방산을 생산한다.

미생물 군집은 체내 생리 작용에 중요한 네트워크이므로 가장 중요한 협력자를 섭취함으로써 지원해야 한다. 즉 건강한 장내 세균을 섭취하는 것이다. 개들에게 좋은 대표적인 프로바이오틱스는 아커만시아 뮤시니필라*Akkermansia muciniphila*이다(너무 기니까 그냥 뮤시니필라라고 하자). 이 세균은 점막으로 덮인 장 내벽을 보호하고 위장관의 움직임을 활발하게 하고 설사와 과민대장증후군 같은 질환을 예방함으로써 건강한 노화를 도와준다고 알려졌다. 반려동물의 비만을 물리치는 효과에 관한 연구도 이루어지고 있다. 뮤시니필라가 가장 좋아하는 음식은 이눌린이 풍부한 채소(아스파라거스, 민들레 등)와 바나나이다. 연구에 따르면 개는 뮤시니필라균이 많을수록 젊어진다. 이눌린이 풍부한 음식을 많이 먹으면 뮤시니필라가 많이 증식하므로 건강에 유익하다. 반려견에게 보충제보다는 신선 식품의 형태로 프리바이오틱스(이눌린)를 섭취시키는 것을 추천한다. 음식으로 섭취하는 것이 보충제보다 더 건강에 좋다. 장에 문제가 있는 반려견들이 너무나 많다. 미생물 군집에 영양을 공급하는 음식을 먹이면 염증이 있거나 미생물 균형이 무너진 장을 치유할 수 있다. 또 후생 유전학적으로 매우 다양한 효과를 가져온다.

반려견과 함께 먹을 수 있는 미생물 군집에 좋은 토퍼

엔다이브, 에스카롤, 라디치오: 모두 치커리의 일종으로 어떠한 식사에도 토퍼로 사용할 수 있다. 이 채소들은 개의 장내 유익균의 먹이가 되는 프리바이오틱스가 풍부하다.

민들레: 민들레의 꽃, 줄기, 잎, 뿌리 등 모든 부분을 개는 물론 사람도 먹을 수 있다. 프리바이오틱스가 풍부하고 간과 혈관을 깨끗하게 청소해준다. 케일보다 영양가가 풍부하며 비타민(C, 베타카로틴,

K)과 칼륨이 많다. 뒷마당에 널린 공짜 약장이나 마찬가지이다(약을 치지 않았는지 꼭 확인하자). 슈퍼마켓에서도 신선한 민들레를 쉽게 구할 수 있다.

오크라와 아스파라거스: 프리바이오틱스뿐만 아니라 훌륭한 비타민 공급원이다. 아스파라거스는 뇌가 좋아하는 뛰어난 항산화제이자 해독제 역할을 하는 글루타티온이 함유된 몇 안 되는 식품이다. 둘 다 생으로 썰어 훈련용 간식으로 활용하거나 익혀서 식사와 함께 줄 수 있다.

브로콜리, 아루굴라(루꼴라) 같은 십자화과 채소: 장에 좋은 섬유질이 풍부할 뿐만 아니라 비타민, 항산화 물질, 항염 물질도 들어 있다. 특히 브로콜리에는 두 가지 슈퍼 분자가 들어 있다. 바로 자연적으로 글루타티온 수치를 높여주는 3,3'-디인돌리메탄(DIM)과 설포라판이다. DIM은 신체가 호르몬 균형을 유지하고 교란 물질인 제노에스트로겐(에스트로겐을 모방하는 환경화학물질)을 제거하도록 도와준다. 개를 대상으로 한 연구에서 DIM은 항종양/항암 작용도 하는 것으로 나타났다. 설포라판이 개의 뼈와 방광암에 좋은 영향을 준다는 연구가 있다.

중요: 설포라판의 마법은 브로콜리를 먹어야만 나타난다. 설포라판은 너무 빨리 분해되어서 사람이든 개든 보충제로는 효과를 볼 수 없다. 이 마법의 분자는 개의 몸에서 세포 자멸(세포가 예정에 따라 자연적으로 죽는 현상)을 자극한다. 나쁜 암성 세포가 죽어야 할 때 꼭 필요한 일이다. 잘게 썬 브로콜리와 줄기는 훌륭한 훈련용 간식이다. 사람이 먹다 남긴 익힌 브로콜리를 반려견에게 주어도 된다(양념이 있으면 안 된다). 반려견이 브로콜리나 방울다다기양배추를 먹

어본 적이 없다면 새로운 채소에 적응할 때까지 살짝 익혀서 주면 소화에 도움이 된다.

십자화과 채소를 많이 섭취하면(개들이 자연적으로 먹는 것보다 훨씬 많은 양) 갑상선 기능 저하증이 발생한다는 말을 들어보았을지도 모른다. 설치류를 대상으로 한 실험에 따르면, 이것은 십자화과 채소에 들어 있는 티오시안산염이라는 대사물이 갑상선에 흡수되는 것을 두고 요오드(갑상선 호르몬 생성에 필요한 미네랄)와 경쟁을 벌이기 때문인 것으로 밝혀졌다. 다행히 추가로 이루어진 동물 연구에서 요오드 결핍이 없다면 십자화과 채소 섭취량의 증가가 갑상선 기능 저하의 위험을 높이지 않는다는 결론이 나왔다. 영양적으로 완전한 식단을 먹인다면 십자화과 채소 섭취를 두려워할 필요가 없다!

지카마: 사과와 감자가 섞인 것 같은 맛이 나는 아삭거리는 채소로 훈련용 간식으로 안성맞춤이다. 프리바이오틱스인 이눌린뿐만 아니라 비타민 C가 풍부하다.

돼지감자(선루트, 선초크 또는 어스 애플): 영어 이름은 예루살렘 아티초크이지만 사실 아티초크와는 관계없는 해바라기 속의 울퉁불퉁한 뿌리채소이고 이눌린이 풍부하다. 돼지감자의 효능이 무척 다양하고 프리바이오틱스가 많아서 영양학자들은 뿌리채소류의 숨은 영웅이라고 부르기도 한다.

시중에서 판매하거나 집에서 직접 만든 **발효 채소**는 개들에게 프로바이오틱스의 훌륭한 공급원이 되어준다. 그러나 문제는 시큼한 맛 때문에 개들이 잘 먹지 않으려 한다는 것이다. 만약 반려견이 발효 채소를 잘 먹는다면 체중 4.5킬로그램당 매일 4분의 1티스푼을 식사에 섞어서 준다. 단 양파는 피해야 한다!

포에버 도그의 과일

아보카도: 겉은 울퉁불퉁하고 안은 크림처럼 부드러운 아보카도는 비타민 C와 E, 칼륨, 엽산과 섬유질이 풍부하다. 올리브유에 들어 있는 건강한 불포화지방산인 올레산도 풍부하다. 뇌 기능을 돕는 올레산은 나이에 관계없이 최적의 건강을 위해 매우 중요하다. 최신 연구에 따르면 아보카도는 피부와 눈, 심지어 관절 건강에도 좋다. 베타-시토스테롤처럼 심장에 좋은 피토스테롤 성분도 들어 있다.

초록 바나나: 바나나는 칼륨을 제공하지만 완전히 익으면 당 함량도 높아진다(중간 크기 바나나에 설탕 14그램, 즉 3.5티스푼!). 하지만 익지 않은 상태에서는 과당 함량이 낮고 장내 미생물의 먹이가 되는 저항성 녹말 성분이 풍부하다. 게다가 항산화, 항암, 항염 작용을 하는 타닌과 산화 스트레스를 예방하는 카로티노이드도 함유되어 있다. 초록색 바나나를 사서 콩알 크기로 잘라 훈련용 간식으로 준다.

산딸기, 블랙베리, 오디, 블루베리: 베리류는 프리바이오틱스의 훌륭한 공급원이고 엘라그산을 포함한 폴리페놀이 풍부하다. 크리야 던랩Kriya Dunlap 박사가 이끈 알래스카 대학교 페어뱅크스 캠퍼스 연구진은 항산화 화합물이 많이 함유된 과일을 섭취하면 몸의 항산화 수치가 유지되고 운동으로 인한 산화적 손상이 예방된다는 사실을 발견했다. 이 연구는 혹독한 운동량 때문에 근육이 손상되기 쉬운 썰매 개를 대상으로 이루어졌다. 블루베리를 먹은 개들은 운동

후 곧바로 혈장 내 항산화 물질의 총량이 대폭 증가해서 해로운 산화 스트레스의 영향이 예방되었다. 저자들은 제철이 아닐 때는 냉동 블루베리를 훈련용 간식으로 많이 사용한다. 체중 약 1킬로그램당 블루베리 1개(예: 4.5킬로그램 개에게 5개) 이상을 먹이면 대변이 완전히 진청색으로 나올 수 있으니 하루에 몇 개만 먹이고 다른 장수 식품을 간식으로 주자.

딸기: 이 빨간 보석 같은 과일은 잘 알려지지 않은 노화 방지제인 '피세틴'이 들어 있어 더욱 특별하다. 연구자들은 이 식물성 화합물의 항산화, 항염증 효과를 오랫동안 연구했다. 최근에 과학자들은 피세틴이 노쇠 세포, 즉 조기 노화의 특징인 좀비 세포도 죽인다는 사실을 발견했다. 저널 『노화*Aging*』에 발표된 세포 연구에서 피세틴은 건강한 정상 세포에 해를 끼치지 않고 노쇠 세포의 약 70퍼센트를 제거했다. 앞에서 살펴보았듯이 세포 노쇠화는 분열 능력을 잃고도 죽지 않는 세포를 쌓이게 해서 주변 세포에 염증을 일으키는 것이다. 한 놀라운 연구에서는 피세틴에 노출된 생쥐가 그렇지 않은 생쥐보다 수명이 10퍼센트나 길었고 더 나이가 많은데도 노화 관련 문제가 적게 나타났다. 이 발견으로 메이요 클리닉은 사람을 대상으로 나이와 관련된 질병에 대한 피세틴 보충의 직접적인 효과를 조사하는 임상 시험을 지원하게 되었다. 또한, 피세틴은 단식의 긍정적인 효과를 모방하고(mTOR을 줄이고 AMPK와 자가 포식을 늘린다), 심장과 신경계를 보호한다. 개에게 딸기를 먹이지 말라는 이야기도 있다. 그건 딸기 줄기를 많이 먹으면 배탈이 날 수 있어서 그러는 것이다. 녹색 줄기를 제거하면 위험은 없다. 농약을 치지 않은 유기농 딸기를 선택한다.

석류: 석류는 세포와 특히 심장을 보호하는 효과가 있는 것으로 밝혀졌다. 심장 질환은 개의 사망 원인 2위를 차지한다. 그중에서도 판막내막증과 확장성 심근병증이 가장 흔한데 나이 든 개들에게서 더 많이 나타나는 것으로 알려져 있다. 세포 사멸을 초래하는 산화적 손상은 심장 이상으로 이어지는 일련의 사건들 가운데 가장 기본적인 문제일 것이다. 『수의학 응용 연구*Applied Research in Veterinary Medicine*』 저널에 발표된 연구는 개에게 석류 추출물을 먹이면 엄청난 심장 보호 효과가 있음을 발견했다. 석류에는 장내 미생물에 의해 유로리틴 A로 변환되는 '엘리간탄'이라는 분자가 들어 있다. 유로리틴 A는 선형동물의 미토콘드리아를 재생해 수명을 45퍼센트 이상 늘려준다. 이 결과에 고무된 과학자들은 설치류에도 실험을 했는데 비슷한 결과가 나왔다. 나이 든 생쥐들의 미토콘드리아 자가 포식(손상된 미토콘드리아를 스스로 제거하는 것)이 촉진되었고 달리기 지구력도 비교 집단을 능가했다. 놀랍게도 이 신맛의 아삭아삭한 작은 보석을 몸무게 4.5킬로그램당 1티스푼씩 음식에 섞어 주면 대부분의 개들이 잘 먹는다. 그리고 잘 먹지 않아도 괜찮다. 이 책에는 분명 당신의 반려견이 좋아할 다른 음식이 있을 테니까.

강력한 단백질

정어리: 정어리sardine의 이름이 한때 그 물고기 떼가 득실거렸던 이탈리아의 섬 사르데냐Sardinia에서 유래되었다는 것을 아는가? 그곳 사람들은 건강하게 장수하는 것으로 유명하다. 100세 이상 사

는 사람이 다른 곳에 비해 월등하게 많은 장수 블루 존이다. 정어리는 작은 생선이지만 영양만큼은 절대로 하찮지 않다. 장수에 중요한 오메가3와 비타민 D, 비타민 B12가 매우 풍부하다. 수조에 담긴 정어리를 사라(가능하다면 생물로 구매하라). 반려견의 몸무게 9킬로그램당 한 마리씩 일주일에 두세 번 주면 좋다.

달걀: 달걀(닭, 메추리, 오리 등)은 비타민과 미네랄, 단백질, 건강한 지방이 가득한 영양소 폭탄이다. 뇌 기능과 기억력을 돕는 신경전달물질인 아세틸콜린을 생산하는 데 필수적인 영양소인 콜린도 풍부하다. 달걀 단백질의 아미노산 구성은 개들의 생물학적 요구와 부합하므로 여러모로 유익하다. 날달걀, 삶은 달걀, 스크램블 모두 상관없다. 거의 다 잘 먹는다. 초지 방목한 달걀이 영양소가 더 풍부하다. 달걀 한 개는 약 70칼로리이다. 몸무게가 약 14킬로그램인 슈비는 일주일에 몇 번 달걀 한 개를 식사와 함께 먹는다.

내장육: 선뜻 이해되지 않을 수도 있지만 개들은 내장육을 무척 좋아한다. 간, 신장, 양, 혀, 비장, 췌장, 심장…. 자유 방사 내장육은 알파 리포산이 풍부한 특식이다. 생식, 동결 건조, 건조, 익힘, 깍둑썰기 등의 방식으로 제공할 수 있다. 개들은 내장육 간식을 계속해서 먹고 싶어 할 것이다. 하지만 기름기가 많으므로 '발바닥 법칙'으로 하루 섭취량을 제한해야 한다. 반려견의 발바닥 크기(두께는 발바닥 살이 털로 바뀌는 부분을 기준으로 정한다) 정도가 건강하고 활동적인 개에게 적당한 양이다. 작은 조각으로 줄수록 여러 번 먹일 수 있다! 개와 함께 먹을 수 있는 건강한 단백질에는 정어리, 대구,

광어, 청어, 민물고기, 닭고기, 칠면조, 에뮤, 꿩, 메추리, 양고기, 소고기, 들소, 엘크, 사슴, 토끼, 염소, 캥거루, 악어(개가 다른 고기들에 알레르기가 있는 경우), 익힌 야생 연어가 있다. 지방이 적은 가공하지 않은 생선은 훌륭한 훈련용 간식이 된다. 가공한 고기, 햄, 베이컨, 청어 절임, 훈제육, 소시지, 생연어는 주지 않는다.

최고의 간식: 반려견을 위한 신선한 보약 사전

항산화 물질 풍부	
비타민 C	피망
캡산틴	붉은 피망
안토시아닌	블루베리, 블랙베리, 산딸기
베타-카로틴	캔털루프
나린제닌	방울토마토
푸니칼라긴	석류씨
폴리아세틸렌	당근
아피게닌	완두콩
설포라판	브로콜리

항염증	
브로멜라인	파인애플
오메가3	정어리(퓨린을 적게 섭취해야 하는 개는 제외)
케르세틴	크랜베리(까다로운 개 제외)
쿠쿠르비타신	오이
나린제닌	방울토마토

슈퍼푸드	
콜린	삶은 달걀
글루타티온	양송이버섯
망간	코코넛 과육(또는 건조, 무가당 코코넛칩)
비타민 E	생해바라기씨(다른 씨앗과 함께 클로로필이 풍부한 새싹 채소로 발아하기!)
마그네슘	생호박씨(훈련용 간식에 딱 맞는 크기를 찾을 때까지 여러 씨앗 시도, 4.5킬로그램당 4분의 1티스푼 하루에 여러 번 급식)
셀레늄	브라질 너트(대형견은 하루에 하나, 소형견은 절반, 작게 잘라서)
엽산	그린빈
피세틴	딸기
'인돌 3 카르비놀'	케일(또는 수제 케일칩)
이소티오시아네이트	콜리플라워

해독	
아피게닌	셀러리
아네톨	펜넬
푸코이딘	김(기타 해조류)
베타인	비트루트(수산염 결석이 있으면 제외)

장 건강	
프리바이오틱스	지카마, 초록 바나나, 돼지감자, 아스파라거스, 늙은 호박(먹는 장난감 또는 먹는 퍼즐로 활용)
액티니딘	키위
펙틴	사과
파파인	파파야

건강 수명에 좋은 허브

허브와 향신료는 전 세계 다양한 문화권에서 음식의 맛을 내는 용도뿐 아니라 몸을 치유하고 질병을 예방하는 등의 길고 풍성한 역사를 자랑한다. 어떤 식물들은 생체 활성 화학물질을 더 풍부하고 다양하게 발달시켜서 소량만 섭취해도 다양한 기관과 생화학적 경로에 매우 긍정적인 영향을 미친다. 약용 허브(주방 서랍이나 마당에서 흔히 볼 수 있는 것들)는 반려견의 식단에 강력한 식물성 화합물을 저렴하게 제공하는 방법이다.

주방에 있는 향신료의 유통 기한을 확인해보고, 가능하면 신선한 유기농으로 시작하는 것을 추천한다. **반려견 몸무게 4.5킬로그램당 말린 허브를 한번 톡톡 흔들어 뿌려서 '풍미'를 더해주면 된다.** 반려견의 취향을 알 때까지는 향이 강하지 않은 허브부터 시작한다. 허브는 반려견의 식사에 섞는다. 신선한 허브는 잘게 다져서 반려견 몸무게 9킬로그램당 하루 4분의 1 티스푼을 준다. 말린 허브가 더 강력하지만 보통 개들은 음식에 섞어주면 둘 다 거부감 없이 받아들이는 편이다.

파슬리: 이제 파슬리(미나리과 채소)를 고명으로만 쓰지 말고 섭취하자. 파슬리에는 체내에서 AGE가 제거되기 위해 필요한 글루타티온의 생산을 자극하는 글루타티온 S-전환 효소(GST)를 활성화시켜서 발암물질을 중화하고 산화적 손상을 방지하는 생체 활성 화합물이 들어 있다. 동물 실험에 따르면 파슬리의 휘발성 오일은 혈액 내 활성 산소를 제거하고 고열 가공 식품의 벤조피렌 같은 발암물질을 중화한다.

강황: 인도 향신료인 강황에서 가장 강력하게 활성화되는 폴리페놀인 커큐민의 효능을 탐구하는 의학 논문은 오늘날 수천 개가 넘고 계속 나오고 있다. 강황의 커큐민 성분은 뇌유래신경영양인자(BDNF)의 수치를 높이고 인지 능력을 개선하는 것으로 알려져 있다. 2015년 연구에서는 인지 능력 손상, 기력과 피로, 기분, 불안을 포함한 신경퇴행성 장애와 관련된 생화학적 경로를 겨냥함으로써 개의 신경을 보호해주는 효과가 나타났다.

실제로 강황은 만능 향신료이다. 효과를 전부 적자면 끝도 없을 것이다. 예를 들어 2020년에 텍사스 A&M 연구진은 강황이 개들에게 통증과 시력 저하를 일으키는 포도막염 증상을 줄이는 효능이 있다는 사실을 발견했다. 저자들 역시 이 놀라운 뿌리로 반려견의 머리부터 꼬리까지 다양한 염증을 관리했고 가장 좋아하는 토퍼 중 하나이다. 700건이 넘는 강황 연구 결과를 발표한 민속식물학자 제임스 듀크James Duke는 이렇게 결론내렸다. "여러 만성 쇠약 질환에 대한 강황의 효능은 다수의 약품을 능가하는 것으로 보인다. 부작용도 사실상 거의 없다." 강황은 로즈메리와 결합하면 개의 유선종양(유방암), 비만 세포종, 골육종 세포주에 시너지 효과를 낸다. 이 조합은 항암 치료제의 효과도 높여준다.

로즈메리: 이 허브는 뇌의 아세틸콜린 생산을 촉진하고 인지 기능 저하를 막아주는 화합물인 1,8-시네올이 들어 있어서 '생명의 향신료'로 주목받고 있다. 로즈메리는 개의 BDNF 수치도 높여준다. 또 항산화 및 항염 작용을 하는데 항암 효과가 있는 로즈마린산과 카노스산 같은 폴리페놀 화합물 덕분이다. 카노스산은 개와 사람이 자주 걸리는 백내장을 예방해서 눈 건강을 지켜준다.

고수: 고수는 식물 영양소의 형태로 항산화 물질을 다량 함유한 강력한 허브이다. 활성 페놀 화합물, 망간, 마그네슘도 들어 있다. 소화 보조제와 항염증제, 항균제는 물론 혈당과 콜레스테롤, 활성 산소를 물리치는 무기로 사용되어 온 이유가 있다. 연구에 따르면 고수는 소변을 통해 납과 수은을 배출시키므로 해독 작용을 위해 종종 섭취하는 것을 권장한다.

커민: 커민은 건강에 매우 유익하다. 소화를 촉진하며 항진균, 항균, 항암 작용을 하는 것으로 알려져 있다.

시나몬: 남아시아산 나무에서 벗겨낸 껍질을 돌돌 말아서 만드는 시나몬은 가장 사랑받는 슈퍼 향신료 중 하나이며 콜라겐 형성을 촉진하는 것으로 잘 알려져 있다. 콜라겐은 체내의 가장 풍부한 (그리고 중요한) 단백질 중 하나이며 나이 든 개들의 관절에 대단히 중요하다. 시나몬은 혈당 조절 효과, 산화 스트레스 관리를 통한 심혈관계 보호와 염증 반응 감소, 순환 지방 감소를 도와주는 항산화 작용으로 더욱더 명성이 높아지고 있다. 시나몬의 활성 성분인 신남알데히드는 알츠하이머를 비롯한 신경퇴행성 질환을 예방하는 효과에 대해 동물 연구가 진행 중이다. 한 임상 연구에서는 개들의 모든 심

장 질환 지표를 단 2주 만에 개선시켰다. 반려견의 식단에 시나몬을 추가하려면 미세한 가루를 들이마시지 않도록 반드시 음식과 잘 섞어서 준다.

정향: 정향에는 망간(개의 튼튼한 힘줄과 인대에 꼭 필요한 중요하지만 얻기 어려운 미네랄)이 풍부하며, 활성 산소로 인한 산화적 손상을 방지하는 효과가 비타민 E보다 5배나 뛰어난 항산화 화합물 유제놀도 들어 있다. 유제놀은 특히 간에 이롭다. 한 동물 연구에서 지방간이 있는 쥐에게 각각 정향 기름 혼합물과 유제놀 혼합물을 투여했다. 그 결과 두 혼합물 모두 간 기능 개선, 염증 감소, 산화 스트레스 감소 효과가 있었다. 정향에는 활성 산소 제거 효과가 있고 노화의 징후를 낮추고 염증을 줄이는 항산화 성분이 풍부하다. 정향의 항암 및 항균 효능을 조사한 다른 연구들에서도 희망적인 결과가 나왔다. 정향을 그대로 먹으면 질식 위험이 있으니 갈아서 반려견 몸무게 9파운드(4Kg)당 한 꼬집씩 준다.

반려견에게 줄 수 있는 그 밖의 말린 또는 신선한 허브

바질: 바질은 심장 건강에 도움이 되는 것 말고도 코르티솔 수치를 낮추어 몸의 스트레스 수준을 관리해준다.

오레가노: 항균, 항진균, 항산화 효능이 뛰어나고 비타민 K가 풍부하다!

타임: 타임에는 강력한 항균 성분인 티몰과 카바크롤이 들어 있다.

생강: 생강에는 구토 완화 효과가 있다. 또한, 생강의 진저롤 성분

은 동물의 산화 스트레스에 대처함으로써 노화를 늦추고 신경을 보호한다.

경고! 개들에게 주면 안 되는 허브는? 차이브(양파 같은 파속 식물)와 육두구(미리스틴이 풍부해 많이 섭취하지 않아도 신경계와 위장에 증상을 일으킬 수 있음)를 주지 않는다.

포에버 약차

사람은 수천 년 전부터 식물이나 허브 추출물, 즙 또는 우려낸 물을 섭취해서 좋은 영양분을 보충해왔다. 주스나 스무디를 만들어 먹는 사람들은 많지만 건강에 좋은 차를 음식에 사용할 생각까지는 하지 못한다. 약용차는 폴리페놀이 풍부한 토퍼('소스')를 매끼 먹이는 저렴한 방법이다. 특히, 차가운 차는 경제적이고 식물의 가장 좋은 약효를 개들에게 직접 전달하는 데 효과적이다. 허브차는 카페인이 없다. 녹차와 홍차는 디카페인 제품을 사용해야 한다. 가능하면 유기농 차를 산다.

모든 차는 평상시와 똑같이 우려낸 다음(뜨거운 정수 물 3컵에 티백 1개로 시작하는 것을 추천) 식혀서 반려견의 음식에 추가한다. 건식 사료를 따뜻한 차로 불리면 그레이비 소스처럼 걸쭉해지고 수분도 공급된다(반려견이 늘 저수분 혹은 건조 음식만 먹어야 되는 건 아니다. 그래서 차가 유용하다!). 탈수 사료나 동결 건조 사료를 찻물이나 홈메이드 뼈 육수(310쪽)에 불려서 급여하면 된다. 여러 가지 차를 섞어도 되고 특정 목적을 위해 특정 차를 사용해도 된다. 과학적으로 증명된 차의 효능을 다음에 소개한다.

디카페인 녹차: 건강에 신경 쓰는 사람이라면 녹차가 몸에 좋다는 사실을 잘 알 것이다. 녹차는 항염, 항산화, 친면역 효능을 갖춘 생체 활성 화합물이 들어 있어서 의학뿐 아니라 일반 논문에서도 광범위하게 다루어졌다. 녹차의 뇌 기능 개선, 암 예방, 심장 질환 감소, 지방 감소 효과는 오래전부터 입증되었다. 수많은 연구가 똑같은 결론을 제시한다. 녹차를 마시는 사람은 그렇지 않은 사람보다 더 오래 살 수 있다. 녹차 추출물이 꽤 오래전부터 펫푸드에 들어갔고 비만과 간염, 항산화제 보충, 심지어 개의 방사선 노출 치료제로도 사용되었다는 사실은 그리 놀랍지 않을 것이다.*

디카페인 홍차: 녹차와 마찬가지로 홍차에는 세포와 조직에서 활성 산소를 제거하는 강력한 항산화 물질로 작용하는 폴리페놀이 풍부하다. 폴리페놀은 녹차와 홍차에 항암 및 항염증 효능이 있는 이유이기도 하다. 녹차와 홍차의 차이점은 홍차는 산화되었고 녹차는 그렇지 않다는 것이다. 홍차를 만들 때는 먼저 잎을 말고 공기에 노출해서 산화 과정을 거친다. 이 반응이 잎을 짙은 갈색으로 변하게 하고 맛과 향도 짙어진다. 홍차와 녹차에 함유된 폴리페놀의 종류와 양도 다르다. 예를 들어 녹차에는 에피갈로카테킨-3-갈레이트(EGCG) 함량이 훨씬 많다. 이것은 엄밀히 말하자면 카테킨으로, 활

* 녹차는 카페인 중독 외에도 공복시 섭취하면 간과 소화계에 손상을 줄 수 있다는 연구가 있으므로 주의가 필요하다 — 감수 주.

성 산소로 인한 손상을 제한하고 세포 손상을 막아준다. 그런가 하면 홍차에는 카테킨이 만드는 테아플라빈이라는 항산화 물질이 풍부하다. 녹차와 홍차 모두 심장을 보호하고 뇌 기능을 개선한다. 둘 다 스트레스를 완화하고 신체를 진정시키는 아미노산 L-테아닌이 들어 있다.

버섯차: 모든 버섯차는 건강에 좋고 반려견에게도 안전하다. 보통 개들이 가장 좋아하는 두 가지는 다음과 같다.

- **차가버섯차:** 앞서 말한 것처럼 차가버섯은 약용 버섯이고 차로 우릴 수 있다. 항산화제가 풍부한 차가버섯 추출물은 항암 효과가 있고, 면역력과 함께 만성 염증, 혈당, 콜레스테롤 수치를 개선해준다. 차가버섯차가 학습과 기억에 끼치는 영향에 관한 연구도 이루어지고 있다.
- **영지버섯차:** 영지버섯을 우린 차(동양 의학에서 수 세기 동안 사용됨)에 함유된 트리테르페노이드, 다당류, 펩티도글리칸 같은 성분이 면역력을 높이고 항암 효과가 있으며 기분을 개선해준다.

진정차: 두려움, 불안, 초조함은 개들에게 가장 흔한 스트레스 행동이다. 도움 될 만한 허브차가 많이 있다. 카모마일, 발레리안, 라벤더, 홀리 바질(툴시) 등이 있다. 뜨거운 물에 우린 찻물을 식혀서 음식에 섞어 준다.

해독차: 해독 효과가 있는 차로는 민들레, 우엉, 오레가노 잎이 있다. 이 차들에는 건강에 좋은 효능이 많지만 일일이 설명하지 않고 이 말만 하겠다. 반려견과 함께 신나게 티파티를 즐겨도 전혀 아무 문제가 되지 않는다. 멀리서 구하지 않아도 된다. 로즈힙, 페퍼민트, 레몬버베나, 레몬밤, 레몬그라스, 린덴 플라워, 카렌둘라, 바질, 펜넬

등 마당에서 쉽게 구할 수 있는 다양한 허브로 반려견의 건강을 위한 허브차를 만들 수 있다.

팁: 뼈 육수에 허브 티백을 우리면 시너지 효과가 발생해 미량 영양소가 풍부해진다. 얼음 틀에 얼려놓고 반려견 몸무게 4.5킬로그램당 하루에 하나씩 사용한다.

건강 지킴이를 위한 홈메이드 뼈 육수

이 레시피는 개들에게 부정적인 영향을 미칠 수 있는 히스타민 함량이 높은 전통적인 조리법과는 다르다.

자유 방목 유기농 닭 한 마리(먹다 남은 아무 고기나 원하는 육수용 뼈를 써도 좋다)를 정수된 물에 담그고 다음 재료를 넣는다.

- 잘게 썬 신선한 고수 1/2컵(중금속 배출 효과)
- 다진 신선한 파슬리 1/2컵(천연 혈액 해독제)
- 잘게 썬 신선한 약용 버섯 1/2컵(글루타티온, 스페르미딘, 에르고, 베타-글루칸 공급)
- 브로콜리, 양배추, 방울다다기양배추 등 십자화과 채소 1/2컵(간 해독에 필요한 유황 함량 높음)
- 다진 생마늘 4개(간 해독에 필요한 글루타티온의 생성을 촉진하는 유황 함량 높음)

- 여과하지 않은 사과 식초 1큰술
- 히말라야 소금 1작은술

뚜껑을 덮고 4시간 동안 끓인다. 불을 끄고 원하면 허브티 티백을 4개 넣어 10분간 우린다. 뼈에 붙은 고기를 발라내고 뼈는 버린다. 고기와 채소, 국물을 으깨거나 갈아서 소스로 만든다. 소분해서 냉동실에 보관한다(얼음 틀이 편리하다). 얼린 국물을 하나 꺼내(보통 얼음 조각 하나는 약 30그램/또는 2큰술: 반려견 몸무게 4.5킬로그램당 하루에 하나 사용) 상온에서 해동하거나 가열해 반려견이 먹을 음식에 섞어 준다.

허브와 거짓 정보:
우리는 어쩌다 음식을 두려워하게 되었을까?

우리는 인터넷에서 개에게 먹여도 되는 것과 먹이면 안 되는 것에 관한 잘못된 정보를 접하고 당황한다. 개에게 정말로 독이 되는 음식은 무엇일까? 유럽펫푸드산업연합(FEDIAF)은 반려동물의 음식 독성에 관한 가장 정확하고 가장 과학적으로 뒷받침된 자료를 제공한다. 중요한 것은 그 목록에서 개와 고양이에게 독성이 있는 음식은 세 가지뿐이라는 점이다. 바로 포도(또는 건포도), 코코아(초콜릿), 파속 식물[양파, 차이브, 고용량의 마늘 추출물(즉 마늘 보충제를 뜻하며 신선한 마늘은 괜찮다)]이다.

이처럼 유럽에는 금지 식품이 많지 않은 데 비해(식품 3종과 보충

식품 1종) 미국동물학대방지협회(ASPCA)나 미국애견협회(AKC), 그리고 수많은 온라인 출처에서 제공되는 '반려동물 독성 식품' 목록은 너무도 길고 광범위하다. 서로 비교하다보면 머리가 빙빙 도는 느낌일 것이다. 온라인상의 대다수 금지 식품 목록에는 개들에게 정말로 독성이 있는 식품(FEDIAF가 발표한 4종), 특정 질환이 있는 반려동물이 피해야 하는 음식, 질식 위험이 있는 식품 등이 모두 포함된다. 예를 들어, 췌장염이 있는 개는 회복 기간 동안 모든 종류의 지방(고지방 식품 포함)을 피해야 한다.

다수의 웹사이트에서는 달걀과 씨앗, 견과류를 지방이 많고 췌장염을 악화시킬 수 있다는 이유로 '유해 식품'으로 분류한다. 하지만 달걀과 씨앗, 견과류(식별 가능한 독소는 없지만 높은 지방 함량 때문에 메스꺼움을 유발하는 마카다미아 제외)는 그 자체로 개에게 독이 되지 않는다. 건강한 개에게 먹일 수 있고 먹여야만 하는 건강하고 영양 풍부한 음식이다.* 마찬가지로 생아몬드, 복숭아, 토마토, 체리를 포함한 다수의 과일과 채소도 씨를 제거하지 않거나 통째로 먹으면 질식 위험이 있다는 이유로 '유해 식품'으로 기재되어 있다.

안타깝게도, **진정한 독성 식품(4가지 모두)과 '모든 의학적 상태에 적절하지 않은' 식품, 질식 위험이 있는 식품이 함께 뭉뚱그려져서 탄생한 엄청나게 긴 금지 식품 목록은 반려인들을 두려움에 떨게 한다.** 전혀 그럴 필요가 없는데도 말이다. 일반적인 상식(예를 들어, 개에게 살구를 줄

---

* 견과류나 씨앗류의 복용은 성분 자체의 위험 외에도 소화가 어려운 탓에 기계적 장폐쇄(폐색)를 유발할 위험이 크다. 또 대형견 위주의 미국과 달리 소형견 위주의 일본이나 한국에서의 시각차도 존재한다 — 감수 주.

때 씨를 제거할 것)과 인용 연구(예: 독성 연구)는 반려견의 영양에 대한 전혀 다른 시각을 제시한다. 나름대로 조사해본다면 우리와 마찬가지로 전혀 다른 결과에 이를 것이다(우리는 광범위한 문헌을 검토했다). **개들에게는 그냥 포도(또는 건포도), 양파, 초콜릿, 마카다미아만 주지 않으면 된다. 이게 전부다.**

영원히 사라져야 할 **반려견에게 치명적인 식품 괴담**들은 다음을 참고하라.

- "아보카도와 마늘은 독성이 있다." 거짓이다. 아보카도의 껍질과 씨앗은 '퍼신'이라는 물질 때문에 배탈이 날 수 있어서 먹지 말아야 하지만 과육은 개와 사람 모두에게 안전하고 건강에 좋다. 우리는 아보카도를 오렌지 한 조각 크기로 잘라서(약 40칼로리) 슈비의 장난감에 발라놓는다. 마늘은 아래 참고.
- "개에게 버섯을 먹이면 안 된다." 거짓이다. 사람이 먹어도 안전한 버섯은 개에게도 안전하다. 사람에게 효능이 뛰어난 버섯은 개에게도 좋다. 처음에는 반려견 몸무게 약 11킬로그램당 1큰술 정도로 시작하면 좋다!
- "로즈메리는 발작을 일으킨다." 여기엔 오해가 있다. 로즈메리와 유칼립투스 에센셜 오일(건강식품점에서 판매하는 휘발성 강한 아로마 오일)에는 간질 환자가 섭취하면 발작을 일으킬 수 있는 화합물인 캠퍼(장뇌)가 농축되어 있다(당연히 간질이 있는 개에게는 다량의 로즈메리 오일을 먹이면 안 된다). 하지만 건강한 개의 식단에는 신선한 것이든 말린 것이든 한 꼬집 정도 추가해도 괜찮다. 아무리 예민한 개라도 부정적인 영향을 받지 않으면서도 긍정

적인 효과를 자극하기에 충분하다.

- "호두는 독성이 있다." 사이비 과학이다. 무염의 생호두는(그리고 아몬드와 브라질 너트)는 질식 위험이 있으니 잘게 잘라서 주어야 한다. 호두 반개를 네 쪽으로 자른 것은 몸무게 약 23킬로그램의 반려견에게 훌륭한 하루 간식이 된다. 개들에게 위험한 견과류는 메스꺼움을 유발할 수 있는 마카다미아뿐이다. 땅콩에는 마이코톡신이 들어 있을 수 있지만 본질적으로 개들에게 독성이 있지는 않다. 마당에 흑호두나무가 있다면 개가 나무껍질(신경학적 증상을 일으킬 수 있다)이나 과육을 먹지 않도록 주의해야 한다. 겉 부분에 생긴 마이코톡신이 구토를 일으킬 수 있다.

마늘 관련 주의사항: 마늘은 양파와 마찬가지로 파속 식물이라 수의학에서 평판이 나쁘다. 양파에는 개들에게 하인즈 소체 빈혈을 유발하는 티오황산염이 마늘보다 약 15배 이상 들어 있다. 2004년 연구에서는 마늘의 약효 성분인 알리신이 동물의 심혈관계 건강에 이롭다는 사실이 밝혀졌다. 이 연구에서 동물들이 많은 양의 알리신을 섭취했는데도 하인즈 소체 빈혈은 나타나지 않았다(반려견용 사료에 마늘이 들어가는 것도 이 때문이고 수의사들도 괜찮다고 생각한다). 다음은 체중에 따른 신선한 마늘 1일 섭취 권장량이다(보충제 제품은 권장하지 않는다).*

* 마늘은 소량 급여시 큰 문제는 없다는 연구가 많다. 그러나 여전히 많은 수의학 문헌에서 중독 식품으로 분류된다 — 감수 주.

- 10~15파운드(약 4.5~7킬로그램) -2분의 1알
- 20~40파운드(약 9~18킬로그램) - 1알
- 45~70파운드(약 20~32킬로그램) - 1과 2분의 1알
- 75~90파운드(34~40킬로그램) - 2알
- 100파운드 이상(45킬로그램 이상) - 2와 2분의 1알

건강 지킴이를 위한 교훈

- 10퍼센트 법칙: 반려견의 하루 전체 칼로리의 10퍼센트를 건강한 '간식'으로 대체해도 '균형이 무너지지' 않는다.
- 반려견의 식단을 지금 당장 뜯어고칠 필요는 없다. 할 수 있는 간편한 변화부터 실천하면 된다. 먼저 탄수화물 가득한 초가공 간식을 효과가 증명된 장수 식품, 즉 개들이 먹어도 좋은 신선한 과일과 채소로 바꾼다. 작게 잘라서 기존 식사에 얹어주면 된다. 평소라면 그냥 버렸을 자투리 채소도 활용할 수 있다.
- 간편한 장수 간식: 작게 자른 생당근, 사과 조각, 브로콜리, 오이, 베리류, 살구, 배, 완두콩, 파인애플, 자두, 복숭아, 파스닙, 방울토마토, 셀러리, 코코넛, 석류, 생호박씨, 버섯, 삶은 달걀, 애호박, 방울다다기양배추, 깍둑썰기한 고기 또는 내장육.
- 개의 미생물 군집을 지원하는 가장 좋은 방법은 아스파라거스, 초록 바나나, 오크라, 브로콜리, 돼지감자, 민들레처럼 프리바이오틱스가 풍부한 음식을 주는 것이다.
- 차, 향신료, 허브는 개들의 장수를 돕는 훌륭한 약이다.

- 두 가지 홈메이드 레시피를 시도해보자. 보약 버섯 육수(291쪽)와 홈메이드 뼈 육수(310쪽)가 그것이다.
- 괴담처럼 퍼진 잘못된 정보와 달리 개들에게 정말로 독이 되는 식품은 그리 많지 않다. 절대적으로 피해야 할 것은 포도(또는 건포도), 양파(그리고 부추), 초콜릿, 마카다미아이다. 육두구도 먹이지 않는다.

8장 건강한 장수를 위한 보충 습관

— 안전하고 효과적인 보충제 섭취의 모든 것

건강은 돈과 같다. 잃어야만 진정한 가치를 깨닫게 된다.

— 조시 빌링스

2011년, 지난해에 생존한 최고령견으로 기네스북에 오른 시바 잡종견 푸스케Pusuke가 스물여섯 살의 나이로 세상을 떠났다. 푸스케의 주인은 넘치는 사랑과 운동에 더하여 하루에 비타민을 두 번 섭취한 것이 장수의 비결이라고 말했다. 건강하게 장수한 푸스케의 삶에 비타민이 얼마나 많은 영향을 끼쳤는지는(혹은 어떤 '조합'의 비타민인지) 알 수 없을지도 모른다. 하지만 비슷한 장수 일화가 많다. 다행히 과학이 마침내 일화적 증거들을 따라잡았고, 적절하게 사용하기만 한다면 보충제가 강력한 장수 도구가 된다는 사실을 보여주고 있다. 지난 10년 동안, 개의 질병 또는 부상을 예방하거나 치료하며 수명을 연장하는 특정 보충제의 효과를 보여주는 연구가 잔뜩 쏟아져나왔다. 우리는 그중에서도 가장 중요한 것들을 골라 소개할 것이다. 오늘날 진심으로 개를 사랑하고 값진 정보를 어떻게든 나누고자 열심인 사람들이 만든 훌륭한 보충제 공식들이 많다. 개를 대상으로 한 연구들이 사람의 건강에 대해서도 많은 것을 알려준다는 사실을 잊으면 안 된다.

보충제가 진열된 통로에 서면 너무도 많은 제조법과 브랜드, 제각기 주장하는 효능에 머리가 어지러울 지경이다. 처음 듣는 이름도 많고 발음조차 힘들다(아슈와간다? 포스파티딜세린?). 현혹적인 주장은 또 얼마나 많은가. "X를 먹이면 당신의 개가 펄펄 날아다닙니다." "임상적으로(과학적으로) 증명된 X, Y, Z 효과." 그리고 궁극의 미끼는 바로 이것이다. "X는 반려견의 수명을 30퍼센트 연장해줍니다!"

보충제 산업은 거대하고 엄청나게 혼란스럽다. 하지만 올바른 지식과 신뢰할 수 있는 추천 리스트만 있다면 마법이 따로 없다. 그동안 반려동물 보충제 산업은 폭발적으로 성장해서 10억 달러 규모를 향해 가고 있다. 보충제만 그 정도 규모이고 펫푸드 시장은 1,350억 달러에 이른다. 전 세계 반려동물 보충제 시장의 규모는 2019년에 6억 3,760만 달러로 평가되었고, 2020년부터 2027년까지 연간 6.4퍼센트의 성장률을 보일 것으로 예상된다.

이 시장을 움직이는 추진력은 무엇일까? 지난 10년 동안 일반적인 웰빙 운동과 자기 관리 문화를 이끈 원동력이었던 바로 그 소비자들, 베이비부머 세대와 밀레니얼 세대이다. 밀레니얼 세대에게 반려동물은 자식 대신일 수 있다. 그들은 윗세대를 빠르게 앞질러 고품질 보충제 수요의 주된 원동력으로 부상했다. 오늘날 반려동물을 소유한 미국 가정은 전체의 57퍼센트에서 65퍼센트 이상으로 추정된다. 관련 기관인 미국반려동물제품협회의 추정치는 더 높아서 역대 최고치를 기록한다. 밀레니얼 세대는 반려인의 대다수를 차지하고 마치 자식처럼 반려동물을 정성껏 돌본다(2018년 출산율은 32년 만에 최저치를 기록했다).

2018년 TD Ameritrade가 밀레니얼 세대 반려인 1,139명을 조사한 결과, 거의 70퍼센트가 가능하다면 반려동물을 돌보기 위해 휴가를 쓸 것이라고 답했다. 여성의 약 80퍼센트, 남성 약 60퍼센트가 반려동물을 '자식'으로 여겼다. 건강보험에 가입한 반려동물은 2017년 180만 마리에서 2018년에는 200만 마리로 18퍼센트 증가했다. 이 모든 현상이 더 많은 수의사를 필요로 한다. 미국노동통계국은 2028년까지 수의사가 약 20퍼센트 늘어날 것으로 예측한다.

이전 세대들이 사치품으로 여겼던 것을 밀레니얼 세대는 필수품으로 여긴다. 벤처 캐피털리스트와 기업 구매자들도 이 골드러시를 놓치지 않고 장수 제품과 보충제 개발에 전념하는 스타트업을 끌어들이려고 애쓴다(특히 25~34세 견주들이 반려견 보충제를 구매할 확률이 가장 높았다. 그들이 반려견을 위해 쓰는 돈은 고양이 주인들보다 4배나 많으며 전체 반려동물 보충제 판매량의 약 78퍼센트를 차지한다).

보충제의 일반적인 목적은 음식물로 충분히 공급되지 않거나 섭취 불가능한 영양상의 공백을 채우는 것이지만, 보충제를 너무 극단적으로 섭취하면 오히려 몸에 해롭다. 아무리 좋은 것이라도 과하면 좋지 않은 법이니까. 항산화 물질이 좋은 예이다. 보충제로 합성 항산화제를 너무 많이 섭취하면 신체의 고유한 항산화 및 해독 작용에 방해가 된다. 우리의 DNA는 체내의 (내인성) 항산화제 생산을 특정 신호를 통해 활성화한다. 자연적으로 자극되는 이 항산화 시스템은 어떤 영양제보다도 강력하다. 개나 사람의 체내 생화학은 산화 스트레스가 심할 때 항산화 물질이 많이 생산되도록 진화했다. 세포는 외부에서 음식물로 공급되는 것에만 의존하지 않고, 필요에 따라 항산화 효소를 직접 생성하는 능력이 있다.

항산화 및 해독 작용 경로를 활성하는 여러 천연 화합물이 밝혀져 있다. 보통 이런 경로들에는 7장에서 설명한 'Nrf2'라는 특별한 단백질이 개입된다. 과학자들은 이 단백질을 가리켜 노화의 '주요 조절자'라고 부르기도 하는데, 장수와 관련된 많은 유전자를 활성화하고 산화 스트레스를 잠재우기 때문이다. Nrf2를 촉발하는 자연 화합물에는 강황의 커큐민, 녹차 추출물, 실리마린(밀크 시슬), 바코파 추출물, 도코사헥사엔산(DHA), 설포라판(보충제가 아닌 브로콜리에 함유), 아슈와간다 등이 있다. 이 물질들은 가장 중요한 해독제 중 하나인 글루타티온을 포함한 우리 몸의 주요 항산화 물질 생성을 활성화하는 데 효과적이다. 연구에 따르면 노화가 정상적으로 이루어지지 않거나 간 질환이 있는 개는 글루타티온 수치가 낮다. 글루타티온은 다양한 독소에 결합해 강력한 해독 작용을 한다. 앞에 열거된 것들에 더해서, 체내 글루타티온 생성을 촉진하는 보충제로 고려할 것들을 뒤에서 추천하겠다.

음식 시너지: 전체는 부분의 합보다 크다

보충제는 나쁜 식단에 대한 마법의 특효약도 보험도 아니다. 광고에서 주장하는 것과 달리 불멸의 비결도 아니다. 반려견의 식단을 바로잡기 전까지는 보충제를 추가하는 것을 추천하지 않는다. 보충제는 최적의 건강으로 가는 지름길이 아니다. 하지만 때로는 건강을 위한 변화에 필요한 활성 물질을 얻는 '유일한' 방법이다. 예를 들어, 플라보노이드 퀘르세틴을 건강에 필요한 양만큼 보충제로 섭취할 수 있는데 대신 사과나 케일을 반려견에게 잔뜩 먹이는 것은 실용적이지 못할 것이다. 하지만 우선 필요한 영양소를 음식에서 얻으려고 노력은 해야 한다. 래브라도는 아무거나 잘 먹는 편이지만 치와와들은 그렇지 않다. 보충제가 필요하면 먹이자. 하지만 모든 개에게 항상 보충제가 필요한 것은 아니다.

견종과 의학적 상태, 인생 단계에 따라 어떤 보충제가 적합한지 일일이 다 설명하자면 백과사전을 써도 모자랄 판이다. 이미 그런 책이 많이 나왔고 온라인에서도 신뢰할 만한 정보를 많이 얻을 수 있다. 하지만 항노화 및 장수 촉진의 시너지 효과를 내는 보충제에 관한 정보는 찾아볼 수 없으므로 이 책에서 소개할 것이다. 모든 카테고리에서 우리가 선호하는 몇 가지 목록을 추려냈다. 그러나 탁월한 효과가 있는 다른 보충제들도 많다. 자세한 내용은 홈페이지(www.foreverdog.com)를 참조하라.

보충제의 목록은 모든 반려견에게 필수적인 보충제와 반려견의 상태에 따라(예: 나이, 품종, 건강 상태, 환경 노출) 고려해야 할 옵션으로 나뉜다. 반려견의 생활 방식에 따른 필수 보충제를 전부 고려하고, 그다음에 신체적 니즈에 맞는 옵션 보충제를 추가하는 것을 권장한다(9장 참고). 예산 또한 고려해야 할 사항이다. 여러 가지 보충제를 구매할 형편이 되지 않을 수도 있다(혹은 여러 종류를 일일이 챙겨 먹이기가 어렵거나). 괜찮다. 중요하고도 까다로운 반려견 보충제 문제를 잘 헤쳐나갈 수 있도록 우리가 정보를 줄 것이다. 당신이 반려견에게 맞는 접근법을 선택하면 된다.

보충제 산업은 FDA 승인 식품과 달리 규제를 받지 않기 때문에 브랜드 간 품질 차이가 크다. 그리고 모든 반려동물용 보충제가 사람이 먹을 수 있는 휴먼 그레이드 원료로 만들어지는 것은 아니다. 회사 경영진이 바뀌거나 제품 생산이 중단될 수도 있다. 워낙 역동적인 영역이어서 어떤 연구 결과로 인해 하루아침에 특정 보충제에 대한 인식이 바뀌거나 관심을 끄는 새로운 보충제가 출시될 수도 있다. 기본적인 필수 보충제는 변화가 일어날 가능성이 낮다. 반려견에게 어떤 질환이 있거나 약을 먹고 있거나 수술이 예정되어 있다면, 새로운 보충제를 먹기 전에 수의사와 상의해야 한다.

펄스의 힘: '펄스요법'을 권장하는 이유

매일 같은 보충제를 먹는다는 것은 몸에 들어오는 어떤 분자에 몸이 적응할 시간이 충분하다는 뜻이다. 그래서 브랜드나 투여 횟수에 변화를 주면 신체 반응을 최적화할 수 있다. 이러한 이유로, 몇 가지 보충제를 일주일에 여러 번 투여하는 것을 추천한다. 하루 정도 잊거나 건너뛰어도 상관없으니 당황하지 말라. 반려견이 매일 똑같은 시간에 먹어야 하는 약은 의학적 상태를 관리하기 위해 먹는 처방약 뿐이다. 보충제는 엄격한 일정에 얽매일 필요가 없다. 그것은 반려견의 후생 유전자를 깨워 수명을 늘리기 위해 먹는 것이다. 후생 유전자는 DNA를 감싼 두 번째 화학 화합물층으로 마치 커닝 쪽지처럼 유전자를 끄거나 켜서 유전자 발현을 수정하는 일을 한다.

기본 필수 보충제

우리는 3장에서 장수와 세포 청소에 관련된 요소로서 AMPK 효소, mTOR, 자가 포식에 대해 자세히 살펴보았다. 이상적으로 우리는 mTOR을 낮춰서 자가 포식이 효력을 발휘할 수 있게 하는 경로를 지원하고 싶다. 잠깐 상기해보자면 mTOR은 우리 몸의 '조명 스위치'와 같다. 세포의 자가 포식을 껐다 켰다 해서 세포들이 방을 정돈하고 재활용하게 하는 것이다. 또 우리는 항노화 시르투인 유전자와 AMPK의 활동을 촉진하고 싶다. AMPK는 중요한 세포 청소를 관리하는 노화 방지 분자로 종종 '대사의 수호자'로 불린다. 우리가 제안하는 보충제 조합으로 이 모든 것이 가능하다.

체내의 항노화 및 장수 활동 최적화하기

- 시간 제한 급여

- 운동
- 레스베라트롤
- 오메가-3
- 커큐민
- DIM
- 석류(엘라그산)
- 밀크 시슬
- 카르노신
- 피세틴(딸기)
- 영지버섯

레스베라트롤

레스베라트롤은 비밀 병기와도 같은 보충제이다. 텍사스 오스틴에 사는 은퇴한 배관공 제이크 페리Jake Perry는 기네스북에 세계 최고령으로 기록된 고양이를 한 번도 아니고 두 번이나 키워냈다. 첫 번째 기록은 1998년에 스핑크스와 데본 렉스 잡종묘인 그란파 렉스 알렌으로 34세까지 살았다. 두 번째는 얼룩무늬 잡종묘 크림 퍼프로 38세까지 살았다(고양이 평균 수명의 2배가 넘는다!). 과연 비결이 무엇이었을까? 제이크는 고양이들에게 시판 사료와 함께 달걀, 칠면조 베이컨, 브로콜리 등 집에서 만든 음식을 주었다. 매우 특이한 점도 있었다. '동맥 순환 개선'을 위해 이틀에 한 번씩 점안기로 레드 와인

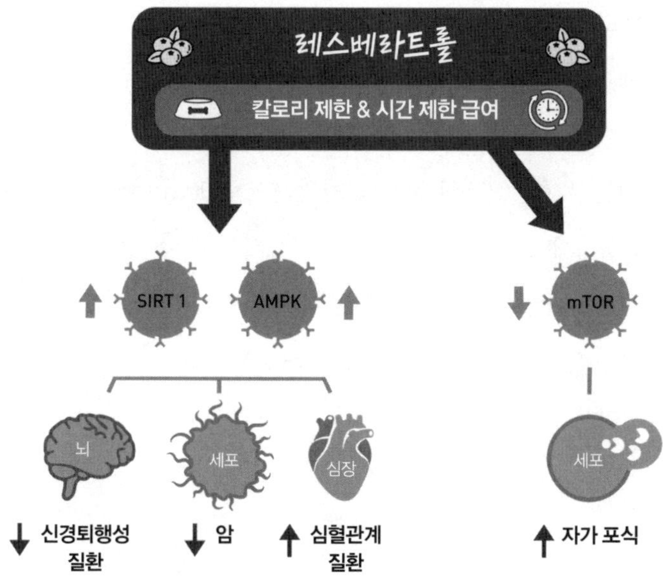

을 투여한 것이다. 와인에 함유된 레스베라트롤이 고양이의 장수에 큰 영향을 미친 것일까? 제이크는 그렇게 생각한다. 반려동물에게 알코올을 먹이는 것을 추천하지는 않지만 레스베라트롤에 대해서는 꼭 짚고 넘어갈 필요가 있다(레스베라트롤에 대해 들어보았을 수도 있다. 이것은 포도, 베리류, 땅콩, 일부 채소에 들어 있는 폴리페놀로 레드 와인의 효능도 여기에 기인한다). 개에게는 포도를 먹이면 안 되지만 안전하게 레스베라트롤을 제공하는 방법이 있다.

반려동물 보충제의 경우, 레스베라트롤은 호장근Polygonum cuspidatum 뿌리에서 나온다. 항산화 물질이 풍부하게 들어 있는 호장근은 동양의 전통 의학에서 널리 사용된다.

레스베라트롤은 반려견 세계에도 돌풍을 일으키기 시작했다. 항염증, 항산화, 항암 작용을 하고 심혈관계에도 이로우며 신경 기능을 촉진하고 개들의 경각심을 개선시키고 우울증부터 인지 능력 저하, 치매에 이르기까지 각종 정신질환 위험을 줄여주는 것으로 밝혀졌다.

용량: 개들의 호장근 1일 복용량 범위는 5~300mg/kg이다. 고용량이 혈관육종에 효과가 있다는 연구가 있다. 처방전 없이 살 수 있는 반려견용 제품에는 레스베라트롤이 매우 적게 들어 있다. 동물 연구에 따르면 건강에 좋은 적정 용량은 1일 100mg/kg이다. 식사마다 나누어서 섞어준다.

커큐민

다양한 효과를 두루 갖춘 보충제를 찾는가? 앞장에서 설명한 바와 같이 커큐민은 다양한 질환에 사용되는 치료제이자 천연 항염증제이다. 이것은 인지 능력 저하, 피로, 기분, 불안을 포함한 신경퇴행성 장애와 관련된 생화학적 경로를 표적으로 삼는다. 또한 강력한 항산화제이고 호르몬과 신경화학물질을 조절하고 지방 대사를 돕고 항암 효과가 있고 전반적으로 유전자에 우호적이다. 게다가 섬유질과 비타민과 미네랄이 풍부하다. 반려견의 식사에 신선한 강황을 갈아서 주는 것도 좋지만 대개는 보충제가 훨씬 더 이익이다.

용량: 하루에 두 번 50~250mg(반려견 몸무게 0.5킬로그램당 약 2mg씩 하루 두 번).

프로바이오틱스

시중에 반려견용 프로바이오틱스가 몇 가지 나와 있다. 여러 종류의 프로바이오틱스가 섞여 있고 CFU(집락 형성 단위)가 높고 객관적으로 생존력과 효력이 검증된 제품을 고른다. 여러 브랜드와 종류를 시도해보는 것을 추천한다. 토양 기반(또는 포자 형성)과 세균종은 개의 장내 미생물 군집의 다양화를 돕는 저마다 다른 속성을 갖고 있다. '포스트바이오틱스'라는 목표에 도달하기 위해 303쪽에서 설명한 프리바이오틱스 식품 또한 섭취가 필요하다. 포스트바이오틱스는 음식물에서 공급되는 풍부한 폴리페놀을 필요로 하는데 폴리페놀은 열에 민감하다. 초가공 반려견용 식품이 차선책일 수밖에 없는 또 하나의 이유이다. 발효 채소와 플레인 케피르는 훌륭한 프로바이오틱스 공급원이지만 그 시큼한 맛을 싫어하는 개들이 많다. 반려견이 먹는다면 식품으로, 그렇지 않으면 반려견용 프로바이오틱스 제품을 사용해 미생물 군집에 영양을 공급하자. 각 제품의 포장에 기재되어 있는 복용법을 잘 숙지하자. 프로바이오틱스와 소화 효소를 함께 섭취하면 개들에게 매우 유익할 수 있다.

프리바이오틱스 식품 + 프로바이오틱스(발효 식품 또는 보충제) = 포스트바이오틱스. 포스트바이오틱스는 개의 건강과 웰빙에 이로운 효과가 막 알려지기 시작했다.

필수 지방산(EFA)

모든 지방산은 특히 뇌 세포막의 구조와 기능에 필수적이다[연구에 따르면, 다중불포화지방산(PUFA)의 일종인 오메가-3 지방의 혈중 수치가 높은 사람일수록 기억력이 더 좋고 뇌가 더 크다]. 개와 관련해서 지방산의 과학은 명확하다. 생선 기름은 개의 피부, 행동, 뇌와 심장 건강을 향상시키고, 개를 더 똑똑하게 만들고, 염증과 뇌전증을 줄인다. 지방산이 없으면 세포는 그냥 분해될 것이다. 세포막은 마치 지방질 봉투처럼 세포를 감싸고 세포의 내적 작동을 보호해준다. 세포막은 미토콘드리아에서의 에너지 생산에 필수적이다. 이중막 구조가 없으면 분리된 전하가 저장될 공간이 없어서 에너지 생성에 필요한 화학 반응이 수행될 수 없기 때문이다.

체내 세포막의 부피는 놀라울 정도로 크다. 당신의 반려견도 EFA가 반드시 필요하다. 문제는 그것을 식단을 통해 섭취해야 한다는 것이다. 왜냐하면 개는 자체적으로 EFA를 생성할 수 없기 때문이다. 반려견에게 열 가공 음식을 먹이면 식품에 함유된 EFA의 양도 영향을 받으므로 보충해주는 것이 좋다.

슈퍼스타 오메가-3를 제공하는 보충제를 추가하자. 에이코사펜타에노산(eicosapentaenoic acid, EPA)과 DHA가 그것이다. 이 두 가지는 개가 선호하는 형태의 오메가-3 지방산이고 생선이나 해산물, 해양 동물에서 추출한 기름(연어, 크릴 새우, 오징어, 홍합 등)에 들어 있다. 염증을 줄이고 뇌 재생을 촉진(개의 BDNF 증가 포함)하는 것으로 알려져 있다. 그런데 진짜 슈퍼히어로는 해산물 기름에 들어 있는 레졸빈이라는 물질이다. 이 화합물은 염증을 막을 뿐 아니라 기존 염증도 없애준다. 건강에 이로운 다른 기름과 지방(헴프 시드 오일, 치아 시드 오일, 아마유 포함)에는 레졸빈이나 DHA, EPA가 들어 있지 않다. 문제는 레졸빈이 열에 의해 비활성화된다는 것이다.

펫푸드에 든 필수 지방산은 고열 처리와 각종 가공 절차를 거치면서 대개 파괴된다. 오메가-3와 오메가-6가 많이 들어 있다고 적혀 있는 사료라도 이 사실을 기억해야 한다. 남아 있는 오메가 지방산도 포장을 여는 순간 쉽게 분해된다. 그래서 안정적이고 질 좋은 필수 지방산을 따로 보충해주어야 한다. 반려견의 일반적인 식단에 오메가-3를 추가할 것을 제안한다(주의: 필수 지방산의 파괴 속도를 늦추기 위해 사료를 냉장고에 보관하자). 하지만 EPA와 DHA는 식물성이 아닌 바다에서 온 것이라야 한다. 해양 기반의 오메가 지방산이 생체 이용률도 높고 지속 가능하며 객관적인 오염물질 검사를 거치기 때문이다.

어유(魚油) 보충에 대한 혼란(그리고 미디어의 부정적인 보도)은 어유의 형태와 관련이 있다. 어유 보충제에 관한 수많은 연구 결과, 어유를 더 정제한 형태인 에틸 에스테르(자연적인 형태의 트리글리세리드 또는 인지질보다 생산하는 데 더 저렴하다)가 빠르게 산화되어서 체내의 항산화 물질을 고갈시킬 수 있다(바람직하지 않은 현상). 그래서 어유를 구입할 때는 트리글리세리드 또는 인지질 여부를 확인해야만 한다. 우리는 연어, 크릴새우, 멸치, 홍합, 오징어 등 다양한 기름을 교대로 활용한다. 드물긴 하지만 만약 반려견이 어유에 알레르기가 있다면 식물성 DHA가 많이 함유된 미세조류 기름(조류 기름)이 좋은 대안이다(단, 분말 형태는 DHA 또는 EPA 필요량을 충족하지 못한다).

만약 반려견에게 신선식을 먹인다면 오메가-3를 좀 덜 보충해주어도 된다. 정어리나 익힌 연어처럼 지방 많은 생선을 핵심 장수 토퍼(CLT)로 일주일에 세 번씩 급여한다면 아예 보충할 필요가 없다!

용량: 동물 영양학자 도나 래디틱 박사에 따르면 EPA와 DHA는 신장 질환, 심혈관계 질환, 골관절염, 아토피(피부병), 염증성 장 질환 등을 앓는 반려견에게 항염증 효과가 있다. 복용량은 체중당 50~220mg/kg(23~100mg/lb) 수준이다. 골관절염이 있는 개에게는 가장 높은 복용량이 권장된다. 정어리 급여 등 다른 방식으로 섭취하고 있지 않다면, 건강한 반려견의 경우 체중 1킬로그램당 75밀리그램(또는 1파운드당 34밀리그램)이 적당하다. 이 용량은 캡슐 또는 액상으로 된 EPA와 DHA를 합친 것이다. 오메가-3는 개봉 후 냉장 보관하고 가급적 30일 이내에 소비하라. 혹은 캡슐로 구매해 미트볼에 숨겨서 주는 것을 권장한다(캡슐에 구멍을 뚫어서 음식에 짜 넣는다).

주의: 대구 간유는 (체유가 아닌) 간유이며 비타민 A와 D 함량이 높지만 오메가-3 함량은 높지 않을 수 있다. 지용성 지방을 보충하기 위해 간유를 사용하는 요리법도 있다. 혈액 검사 결과 비타민 A와 D가 부족하다고 나온 경우가 아니라면, 식단에 대구 간유를 넣는 것은 추천하지 않는다.

미국인을 비롯해 북반구에 사는 사람들과 몇몇 견종은 식단 강화에도 불구하고 비타민 D 수치가 낮은 경우가 많다. 반려견에게 지용성 비타민(특히 비타민 A와 D)을 보충하면 독성이 빠르게 생성될 수 있으므로, 비타민 D를 보충하기 전에 수의사를 방문해서 반드시 수치를 검사한다. 연구 결과 북부 품종('스노 도그')은 영양성 피부병(피부 질환)을 예방하기 위해 비타민 E와 D, 오메가-3, 아연이 더 많이 필요하다. 하지만 이 말만 믿고 그대로 반려견에게 보충하면 재앙이 되기 십상이다. 반려견에게 특정 미네랄이 부족하다고 생각된다면 보충하기 전에 반드시 수의사와 상의해야 한다.

퀘르세틴

우리가 홈페이지에 퀘르세틴에 대해 처음 글을 올렸을 때 그야말로 엄청난 관심이 쏟아졌다. 귀 곰팡이, 눈물 나고 끈적거리고 빨간 눈, 피부 가려움증, 재채기 등 수많은 알레르기로 괴로워하는 반려견을 둔 엄마, 아빠들이 반응했다. 수의사들은 퀘르세틴을 천연 베나드릴(알레르기 치료제)이라고 말한다. 퀘르세틴은 몇 가지 식품에 들어 있는 중요한 식이성 폴리페놀이고 거의 매일 섭취된다. 사과, 베리류, 녹색 채소 같은 과일과 채소에서 흔히 볼 수 있는 폴리페놀성 플라보노이드이다. 퀘르세틴의 항산화, 항염증, 항병원성, 면역 조절 효능을 살펴본 연구에서는 이 강력한 식물성 화학물질이 자연적인 항히스타민 작용에 더하여 퇴행성 질환을 막거나 늦추는 수많은 경로가 발견되었다.

퀘르세틴은 항산화와 항염증 작용 이외에 세포와 조직 전체에 영향을 미치는 미토콘드리아의 작동을 제어하는 데도 도움을 주는 것으로 나타났다. 최신 연구는 퀘르세틴 보충이 특히 신경퇴행성 질환에 유익한 효과를 줄 수 있음을 보여준다. 알츠하이머를 모방한 생쥐 실험에서 퀘르세틴은 알츠하이머의 원인으로 알려진 플라크 단백질이 쌓이는 것을 억제하는 효과를 보였다. 체내에 AGE가 형성되는 것도 억제한다(보너스: 좀비 세포를 줄여줄 수도 있다).

용량: 반려견의 체중(파운드)에 8을 곱한다[예: 50파운드(23kg)일 경우 하루에 400밀리그램, 125파운드(57kg) 반려견은 하루에 1,000밀리그램을 섭취해야 한다. 붉은 사과 124개 또는 블루베리 217컵을 섭취하는 것과 같다]. 팁: 하루에 두 번으로 나누어서 준다. 효과를 높이기 위해 식사나 간식에 캡슐이나 분말을 섞어서 급여한다. 반려견의 상태에 따라 복용량을 두 배로 올려도 괜찮다.

팁: 아몬드 버터는 신선한 '알약 주머니'

약을 숨기는 용도로 초가공 반습식 간식 대신 유기농 생아몬드 버터(1작은술에 33칼로리)를 이용할 수 있다. 저자들은 신선한 유기농 아몬드를 직접 갈아서 사용한다. 아몬드는 산화 스트레스 외에도 CRP(C-반응성 단백질) 수치를 크게 줄여주는 효과가 있으며 리그난과 플라보노이드가 들어 있다. 비타민 E가 풍부한 유기농 생해바라기씨 스프레드도 알약이나 가루약을 숨기는 좋은 방법이다. 작은 미트볼이나 신선한 치즈(개들에게 미생물 군집 형성 효과가 있음), 100% 호박 퓌레(얼음 틀에 얼려놓고 사용)도 좋은 방법이다. 땅콩버터는 마이코톡신 오염 가능성이 있고 일부 브랜드에는 개에게 유독한 자일리톨이 들어 있다.

니코틴아미드 리보사이드(NR)

노화 방지 생명공학 분야 사람들에게 수명 연장 효과가 가장 기대되는 물질이 무엇이냐고 물으면 분명 이 이름이 나올 것이다. 니코틴아미드 리보사이드(NR)는 비타민 B3의 대체적 형태로 니코틴아미드 아데닌 디뉴클레오타이드 또는 NAD+의 전구체이다. NAD+는 세포 에너지 생산, DNA 복구, 시르투인 활성(노화에 관여하는 효소)을 포함해 포유류의 체내에서 이루어지는 많은 중요한 과정에서 보조 효소coenzyme 역할을 하는 이로운 물질이다. NAD+가 보조 효소로 작용하지 않으면 이 과정들이 일어날 수 없고 생명도 이어지지 못한다. 모든 세포에서 발견될 만큼 굉장히 중요하다. 점점 늘어나는 연구에 따르면 NAD+ 수치는 나이가 듦에 따라 감소한다. 현재 과학자들은 NAD+ 수치의 변화가 노화의 특징이라고 생각한다. 낮은 NAD+ 수치는 심혈관계 질환, 신경퇴행성 질환, 암 등 여러 노화 관련 질환과도 관련 있다.

예를 들어, 늙은 생쥐를 대상으로 한 연구에서 NR을 또 다른 NAD+ 전구체인 니코틴아미드 모노뉴클레오티드(NMN)와 함께 경구 투여하자 노화와 관련된 유전적 변화가 예방되고 에너지 대사와 신체 활동, 인슐린 감수성이 개선되는 효과가 나타났다. 하지만 NAD+의 수치를 높이는 것은 쉽지 않다. 보충제 형태에서 NAD+의 생체 이용률이 매우 낮기 때문이다. NR은 그 자연적인 수치를 높이는 좋은 방법이다. 동물 연구에 따르면 NAD+ 전구체인 NMN 또는 NR을 보충하면 NAD+ 수치가 회복되고 노화로 인한 신체 쇠약의 속도도 느려진다. 우리가 조언을 얻은 노화 방지 전문가들은 매일

NR이나 NMN을 복용한다고 말했다. NMN을 복용한 비글들의 지질과 인슐린 수치가 감소하는 흥미로운 결과를 보고 우리도 복용하기 시작했다.

용량: 용량 범위가 넓은 편으로 보통 사람용 제품은 하루에 300밀리그램을 권장한다(체중 1킬로그램당 4.4밀리그램). 동물 연구에 따르면 용량을 대폭 늘리면(체중 1킬로그램당 32밀리그램) 효과도 더 크게 나타난다. 하지만 가격이 무척 비싼 편이므로 여건에 맞춰 급여하자. 체중 1킬로그램당 4.4밀리그램부터 시작한다.

누트로픽: '스마트 보충제'라고도 불리는 누트로픽은 인지 기능 저하를 예방하거나 늦추어 뇌 기능을 향상시키는 화합물이다. 연구에 따르면 인지 기능 저하가 나타나는 사람들은 관련된 필수 비타민과 영양소가 부족한 것으로 밝혀졌다. 동물 연구에서도 같은 결과가 나왔다. 과학자들은 최적의 인지 기능을 유지하기 위해 꼭 필요한 세포 활동에서 중요한 역할을 하는 특정 영양소들을 밝혀냈다. 연구 결과 만성 스트레스도 인지 기능 저하와 기억력 감퇴를 촉신할 수 있나. 일부 누트로픽에 들어 있는 아딥토젠adaptogen 성분은 몸이 스트레스에 대처하도록 도와서 인지 기능을 향상시킨다.

노루궁뎅이버섯

이 누트로픽 버섯은 강력한 아답토젠(몸이 스트레스에 건강하게 대처하도록 돕는 물질)일 뿐만 아니라 인지 기능 향상 효과가 뛰어나다. 동물 연구에서는 우울증과 불안 행동을 개선하는 효과도 나타났다. 이 버섯에 들어 있는 유익한 다당류에는 궤양을 포함한 위장 문제를 치료 또는 예방하는 효과가 있고 동물의 신경계 부상과 퇴화도 줄여준다. 특히 퇴행성 척수병증에 걸릴 위험이 높은 견종들의 미엘린을 보호해주는 효과가 있다. 노루궁뎅이버섯은 위장 보호 효과가 뛰어나고 장내 면역 체계를 개선해주어 장이 체내로 들어온 병원균을 쫓아내게 해준다. 구할 수만 있다면 반려견에게 CLT로 먹이기에 안성맞춤이다. 구하기 어렵거나 반려견이 먹지 않는다면, 보충제로 급여하는 방법을 고려한다(7세 이상이라면 특히).

용량: 일본의 인지 기능 연구에 따르면 사람은 하루에 총 3,000밀리그램을 섭취하면 유익한 결과를 얻을 수 있다. 반려견은 체중 50파운드당 1,000밀리그램(44mg/kg)이 적당하다.

글루타티온

앞에서 살펴보았듯이 글루타티온은 체내에서 만들어지는 필수아미노산으로 발암물질의 분해에 중요한 역할을 한다. 또 초가공 식품에 들어 있는 해로운 AGE를 제거하고 활성 산소를 중화하고 독소를 해독한다. 뿐만 아니라 중금속의 해로운 효과로부터 반려견을 보호해줄 수도 있다. 개의 간에서 글루타티온 관련 해독 경로 활동은 담즙에서 생성된 독소를 최대 60퍼센트까지 처리해준다(담즙은 간이 초과 물질을 폐기하는 주요 수단이다). 글루타티온이 주요 항산화제로 언급되는 이유이기도 하다. 글루타티온은 다른 항산화제를 재충전하여 염증과 싸우는 능력을 강화해주기도 한다. 유해한 활성 산소를 중화하는 수십 가지 효소의 보조 인자 역할도 한다. 연구 결과, 병든 개들은 글루타티온 수치가 낮다. 여러 가지 약용 버섯을 CLT로 사용하는 것이 가장 좋지만 개가 버섯을 먹지 않는다면, 글루타티온 보충제를 먹이는 것이 좋다(특히 나이든 개의 경우).

용량: 글루타티온의 복용량은 저마다 큰 차이가 있지만 의사들은 대부분 건강한 사람에게는 하루 250~500밀리그램, 개는 체중 1킬로그램당 4~9밀리그램을 권장한다. 미트볼 또는 간식에 넣어서 준다.

개 치매약이 효과가 있을까? 효과가 있다. 저용량 데프레닐(셀레길린)은 FDA 승인을 받은 유일한 개 인지 기능 장애 치료제이다. 감정, 쾌감, 뇌의 보상과 동기 부여 매커니즘에 관여하는 중요한 신경전달물질인 도파민 생성을 자극하는 것으로 잘 알려져 있다. 도파민은 움직임을 제어하는 것도 돕는다. 수의학에서 데프레닐은 도파민의 분해 속도를 늦추는 물질의 효소 활동을 차단하는 데 사용된다. 셀레길린은 기존 뉴런을 강화하고 새로운 뉴런의 성장을 돕는 신경 영양 인자를 증가시킨다. 해로운 물실을 분해하는 강력한 항산화제 수치를 높이기도 한다. 이것은 동맥 경화, 심장마비, 뇌졸중, 혼수상태, 기타 염증을 초래할 수 있는 조직 손상을 막는 데 도움이 된다. 반려견에게 이 약을 먹이고 싶다면 수의사와 상의하라. 반려견이 인지 기능 장애 진단을 받자마자 최대한 일찍 생활 방식의 변화와 함께 시도하기를 권장한다. 셀레길린의 장수 효과는

1980년대부터 알려졌다. 당시에도 소수의 동물 연구를 통해 셀레길린의 측정 가능한 수명 증가 효과가 증명되었다.

맞춤 선별 보충제

집 안이나 마당에 화학물질을 많이 사용한다면 반려견의 식단에 SAM-e를, 심장사상충, 벼룩, 진드기 약물을 사용한다면 밀크 시슬을 추가한다.

SAMe: S-아데노실 메티오닌(SAM-e)은 개의 간에서 자연적으로 생성되는 분자로 해독에 필요한 다양한 화합물을 위한 메틸 기증자 역할을 한다. SAMe는 메틸화를 통한 개의 DNA 복구에 필요한 동시에, 크레아틴, 포스파티딜콜린, 코엔자임 Q10(CoQ10), 가르니틴를 포함한 여러 주요 생체 분자의 전구체이기도 하다. 이 모든 체내 화학물질은 통증, 우울증, 간 질환 및 기타 질환에 중요한 역할을 한다. 또한 SAMe는 여러 단백질과 신경전달물질의 생산에 참여하며 1990년대부터 뉴트라수티컬로 인정되었다(SAMe는 음식물에서 발견되지 않으므로 보충제 사용이 권장된다). 이중 맹검법*을 이용한 다수의 연구에서 우울증과 불안 완화 효과가 증명되었다. 사람을

* 약의 효과를 객관적으로 평가하는 방법. 진짜 약과 가짜 약을 피검자에게 무작위로 주고, 효과를 판정하는 의사에게도 진짜와 가짜를 알리지 않고 시험한다. 환자의 심리 효과, 의사의 선입관, 개체의 차이 따위를 배제하여 약의 효력을 판정하는 방법이다 — 옮긴이주.

대상으로 한 임상 시험에서는 비스테로이드성 항염증제(NSAID) 효과가 있어 통증과 붓기를 줄여준다는 사실도 밝혀졌다. 수의사들은 SAMe를 암과 간 질환, 개 인지 기능 장애 증후군을 치료하는 데 사용한다.

한 반려견용 SAMe 인기 브랜드는 4주와 8주 복용 후 모두 실내 배변 실수를 비롯한 문제 행동이 44퍼센트 줄어들었다는 결과를 발표했다(플라시보 대조군은 24퍼센트 감소). 활동량과 활력 증가, 인지 능력 개선, 수면 장애 감소, 방향 감각 상실 및 혼란 감소 효과도 보고되었다. 다른 연구에서는 개들의 주의력과 문제 해결을 포함한 인지 과정이 향상되었다. 처방이 필요한 경우가 많지만, 처방전 없이 살 수 있는 SAMe 브랜드도 있다. 체중 1킬로그램당 하루에 한 번 15~20밀리그램을 투여한다. 이 보충제는 식사량이 많지 않을 때 흡수가 잘 되므로 미트볼에 넣어 식간에 준다.

밀크 시슬(실리마린)은 대표적인 간 해독 효능이 있는 허브이다. 잔디용 화학물질, 대기 오염물질, 벼룩과 진드기약, 심장사상충약, 스테로이드제 같은 처방약 잔여물을 제거하기 위해 복용해야 한다. 밀크 시슬은 독소 해독 작용이 뛰어나 반려견의 식단에 더해야 할 가장 중요한 허브 중 하나이며, 특히 청소부 역할로 간 질환 치료에 탁월하다. 해독은 사람뿐만 아니라 반려견에게도 중요하다. 해독 작용이 제대로 이루어지지 않는 개는 심각한 면역 합병증 위험이 있다. 밀크 시슬은 해독계의 대장이다. 메릴랜드 대학교 의료 센터에 따르면, "초기 실험실 연구에서 밀크 시슬에 함유된 실리마린과 다른 활성 물질의 항암 효과가 나타났다. 이 물질들은 암세포의 분열과 증식을 막아서 수명을 단축시키고, 종양에의 혈액 공급을 줄여주는 것으로 보인다."

용량: 체중 10파운드(4.5킬로그램당) 8분의 1작은술을 준다. 최대한의 효과를 위해 간헐적으로 급여해야 한다. 심장사상충 약을 먹은 후(또는 다른 약물 잔류물을 제거하는 목적으로) 또는 아파트 단지에 잔디 살충제가 도포된 후 일주일간 매일 투여한다. 밀크 시슬은 다양한 반려견용 제품이 나와 있다. 사람용 밀크 시슬을 구매한다면 일반적인 '해독' 용량은 하루 50~100mg/kg(22~45mg/lb)이다. 실리마린이 최소 70퍼센트 이상 함유된 제품을 선택한다.

나이와 무관한 관절 보충제: 관절 외상이 있는 어린 개나 퇴행성 관절 질환이 있는 나이 든 개들에게는 페르나 홍합perna mussel이 장수 식품이다. 근골격계 보충제로 사용할 수 있다.

페르나 홍합(일명 '초록입 홍합')은 체내에서 비스테로이드성 항염증제(NSAID)와 똑같은 작용을 하는 천연 대체품이다. 이름에서 알 수 있듯이 이 보충제는 뉴질랜드 해안이 원산지인 초록입 홍합에서 추출한 성분이다. 이 홍합은 껍질을 따라 밝은 녹색 줄무늬가 있고 껍질 안쪽에 독특한 녹색 입이 있다. 오랫동안 마오리족에 의해 사용되었는데 과학자들은 해안에 사는 마오리족이 내륙에 사는 마오리족보다 관절염 비율이 훨씬 낮다는 사실을 발견했다. 초록입 홍합 추출물은 개의 골관절염(OA) 증상을 완화시키는 효과가 증명되었다. 예를 들어, 2006년에 이중 맹검법, 플라시보 대조군을 활용한 연구에서 경증 혹은 보통의 퇴행성 관절 질환이 있는 개 81마리가 초록입 홍합 추출물 125밀리그램이 함유된 알약 1개를 장기 복용하자(8주 이상) 상당한 효과가 나타났다. 2013년 『캐나다 수의학 연구 저널*Canadian Journal of Veterinary Research*』에 실린 연구는 초록입 홍합 추출물이 든 식단이 대조군 식단과 비교해 골관절염에 걸린 개들의 보행을 크게 개선시킨다는 사실을 보여주었다. 또한 초록입 홍합 성분이 풍부한 식단을 섭취한 개들은 EPA와 DHA 오메가-3 지방산을 혈류로 더 많이 흡수했다. 연구진은 초록입 홍합 추출물이 개의 골관절염에 강력한 효과가 있다는 결론을 내렸다. 반려견용 동결 건조 간식이나 분말 보충제가 나와 있다.

용량: 15mg/lb(33mg/kg)을 식사 때 나눠서 급여한다.

스트레스와 불안 증세에 추가적 지원이 필요한 경우(행동 수정과 매일 운동 요법이 반드시 병행되어야 함):

L-테아닌은 주로 차에서 발견되는 진정성 아미노산이다. 불안과 소음 공포증을 줄여주는 알파 뇌파의 생성을 촉진하고 편안하면서도 집중적인 마음 상태를 지원한다. L-테아닌은 수의사에게 처방받을 수도 있지만 건강식품점에서 흔히 볼 수 있다. 반려견의 불안을 줄여주는 가장 효과적인 용량은 체중 1킬로그램당 2.2밀리그램을(1mg/lb) 매일 2회 투여하는 것이다.

인도와 중동, 아프리카의 일부 지역에서 자라는 작은 상록수 관목인 **아슈와간다**는 뇌 기능을 도움으로써 신체의 스트레스 대처 능력을 지원하고 혈당과 코르티솔 수치를 낮추고 불안과 우울증을 물리치도록 도와주므로 '아답토젠'으로 불린다. 나이 많은 개의 간 기능 개선에도 도움이 되는 것으로 나타났다.

용량: 50~100mg/kg(23~45mg/lb)을 2회로 나누어 식사와 함께 투여한다.

바코파 몬니에리는 고대 인도의 전통 의학인 아유르베다에 사용되는 중요한 식물인데, 많은 임상 연구에서 기억력 개선(개들이 더 빨리 배우고 더 오래 기억한다), 우울증을 포함한 스트레스와 불안 감소 효과가 확인되었다. 몇몇 동물 연구는 바코파 몬니에리의 항불안('불안 완화') 효과가 벤조디아제핀(예: 자낙스)에 버금가지만 개들을 졸리게 하지는 않는다는 사실을 보여주었다. 바코파 몬니에리의 기억력 강화 효과가 입증되면서 전 세계 의사들은 인지 능력이 저하된 환자들의 치료에 이 성분을 추가하고 있다.

용량: 하루 25~100mg/kg(11~45mg/lb)를 식사 때 나누어 투여한다. 인지 능력 개선에는 최소 용량을, 불안 완화에는 최대 용량을 사용한다.

홍경천은 신체가 스트레스를 견디도록 도와주는 또 다른 아답토젠 허브이다. 여러 연구에서 기분 개선과 불안 감소 효과가 증명되었다.

용량: 하루 2~4mg/kg(1~2mg/lb)을 식사 때 투여한다.

생후 일 년 안에 중성화 수술을 받거나 난소를 제거한 개에게 리그난은 남아 있는 호르몬의 균형을 잡는 데 도움이 될 수 있다. 리그난은 에스트로겐을 모방하는 식물성 화합물로 부신에 부적절한 양의 에스트로겐 생산을 멈추라는 피드백을 보낸다. 리그난은 아마 껍질(리그난이 별로 들어 있지 않은 아마씨와 혼동하지 말자), 십자화과 채소, 가문비나무와 소나무의 옹이(HRM 리그난) 등 다양한 곳에 들어 있다. 일반적으로 수의학에서 쿠싱병(부신 호르몬의 과다 생산)에 걸린 개를 치료할 때 보조적인 역할로서 처방된다. 혈액 검사 결과 ALP(알칼리인산분해효소)가 크게 늘어났다는 것은 코르티솔 수치가 높을 수 있으니 확인해볼 필요가 있다는 단서이다. 리그난은 '반려견의 호르몬 균형을 잡아주는' 제품에서 코르티솔을 낮추고 중성화 수술 이후 커지는 부신의 스트레스를 완화하는 역할로 멜라토닌과 디인돌리메탄(DIM)과 함께 사용되는 경우가 많다. 체중 1파운드당 하루 1~2밀리그램(2.2~4.4mg/kg)을 사용한다.

연구에 따르면 전체 식단의 50퍼센트 이상을 초가공 식품으로 섭취하는 개들은 AGE 수치가 매우 높다. 유기농 식품을 먹지 않으면 농약 잔류물, 중금속 및 다른 오염물질(난연제, 프탈레이트 등)이 검출될 수 있으니 제거해야 한다. 우리가 이 목적으로 즐겨 사용하는 보충제는 다음과 같다.

카르노신은 몸에서 자연적으로 소량 생산되는 단백질 구성 블록으로서 AGE와 ALE의 흡수와 대사를 막아주는 효과가 입증되었다. 항산화 물질을 보호하고 중금속을 배출하고 ALE와 AGE로부터 만들어진 반응성 분자의 형성을 억제하고 해독하는 효과가 있다.

용량: 25파운드(약 11킬로그램) 미만의 개는 하루 125밀리그램, 50파운드(약 23킬로그램)까지는 250밀리그램, 50파운드 이상은 500밀리그램을 권장한다. 건강식품점이나 온라인에서 사람용 제품으로 쉽게 구할 수 있다.

클로렐라는 중금속과 음식물, 환경오염물질에 결합하는 단세포 조류이다. 조가공 사료나 농약을 사용한 농산물에 함유된 글리포세이트 잔류물을 제거해주며, 고수와 함께 섭취하면 시너지 효과가 나타난다. 클로렐라는 사람용 보충제이지만 작은 알약을 미트볼에 숨기거나 가루 내서 음식에 섞을 수 있어서 반려견에게 먹이기 좋다.

용량: 체중 25파운드(약 11킬로그램) 미만의 개들은 하루 250밀리그램, 50파운드(약 23킬로그램) 까지는 500밀리그램, 그 이상의 대형견은 하루 750~1000밀리그램.

화학물질 해독용 보충제

- 동물용 및 환경용 살충제 제거: 밀크 시슬, SAMe, 글루타티온
- 마이코톡신, 글리포세이트, 중금속 제거: 퀘르세틴, 클로렐라

만성 염증이 있는 개들

올리브 잎 추출물: 올리브 열매가 아닌 올리브 잎은 항염증과 항산화 작용을 하는 '올레우로페인'이라는 성분이 들어 있어서 올리브유보다 더 건강에 좋을 수 있다. 올레우로페인은 수많은 일반적인 병원균과 기생충으로부터 몸을 보호해줄 뿐만 아니라, 혈당을 건강한 수치로 유지해주고 뇌세포의 장수를 돕는 폴리페놀이 들어 있으며 AMPK/mTOR 신호 경로를 통해 자가 포식을 유도한다. 올레우로페인은 강한 항균, 항기생충 작용도 한다. 다수의 동물 연구에서 간 질환과 독성 예방 및 치료에 도움되는 것으로 나타났으며, 현재 신경퇴행성 질환에 대한 효과가 연구 중이다. 또한 노쇠 세포를 죽이고 Nrf2를 자극한다. 이 강력한 폴리페놀은 세포자멸을 유도하고 비정상 세포의 성장을 억제하는 덕분에 수많은 공격적인 암 치료에 시험되고 있다.

용량: 사람용으로 나온 제품 가운데 올레우로페인이 최소 12퍼센트 함유된 것을 선택한다. 반려견은 체중 25파운드(약 11킬로그램) 미만은 125밀리그램씩, 50파운드(약 23킬로그램)까지는 250밀리그램씩, 더 큰 개는 500~750밀리그램씩 하루 두 번 섭취한다. 감

염을 제거하고 자가 포식을 자극하기 위해 6~12주 동안 섭취한 뒤 3~4주 동안 쉬었다가 다시 섭취한다.

가장 좋은 노견 보충제

유비퀴놀은 지용성 비타민과 비슷한 항산화제인 코엔자임 Q10(CoQ10)의 활성 형태이다. 신체가 미토콘드리아의 자연적인 에너지 생산을 지원하고 유지해서 최적의 기능을 하게 하는 데 필요하다. 놀라운 사실은 아니겠지만 심장과 간에는 다른 신체 부위보다 세포당 미토콘드리아가 많아서 CoQ10도 가장 많다. 또한, CoQ10은 미국에서 가장 인기 있는 사람용 보충제이고 노화에 따른 심장 질환의 치료 및 예방에 모두 권장된다. 수의학에서는 심장 질환이 있는 개들에게 울혈성 심부전의 진행을 늦추기 위해 처방된다. 소형견에게 가장 흔한 심장 질환인 승모판 질환(MVD)에 걸린 개들을 연구한 결과, CoQ10이 심장 기능을 상당히 개선해주었다. 노화된 미토콘드리아에 영양을 공급하고 심혈관 질환의 위험을 낮추기 위해 예방 차원에서도 CoQ10을 섭취한다. 식단만으로는 충분히 섭취할 수 없다. 유비퀴놀(생체 이용률이 더 높은 형태의 CoQ10) 보충제는 값은 비싸지만 훨씬 흡수가 잘 된다.

용량: 목표에 따라 1~10mg/lb(2.2~22mg/kg) 하루 1회 또는 2회로 다양하다. 미토콘드리아와 심장 건강을 지키기 위해서는 하루 1회로도 충분하다. 심혈관 질환이 있는 개는 하루에 두 번 복용한다.

주의: 일반적인 분말 형태의 CoQ10보다 오일 베이스의 유비퀴놀이 흡수율이 더 좋다. 오일 베이스의 유비퀴놀은 소프트젤 캡슐이나

액체로 판매되는 반면, 결정질의 CoQ10은 캡슐, 정제 또는 분말로 판매된다.

팁: 일반 CoQ10을 구매한다면 높은 용량을 투여하고 흡수가 잘 되도록 코코넛 오일 1작은술을 함께 준다.

나는(닥터 베커) 2004년에 핏불 암컷 강아지 에이다를 만났다. 내가 에이다의 건강을 위해 가장 중요하게 여긴 목표는 강철처럼 튼튼한 장을 만드는 것이었다. 장이 건강해야 면역 체계도 건강해지기 때문이다. 에이다의 DNA는 유전적으로 아토피 피부염(습진과 비슷한 알레르기 유사 증상)이 발현될 가능성이 컸는데 그것을 피하고 싶었다. 나의 동물병원에는 어떻게든 안락사만은 피하려고 지푸라기라도 잡는 심정으로 찾아오는 반려인들이 많다. 많은 기능 의학 의사들이 그렇듯, 나는 알레르기, 암, 근골격계 질환, 장기 부전 같은 불치병에 걸린 동물들이 마지막으로 들르는 정거장이었다. 그래서 내 집에서 키우는 강아지가 끔찍한 가려움에 시달리는 것만은 어떻게든 피하고 싶었다. 그러려면 의도적인 후생 유전적 수정 계획이 필요했다.

1부와 2부에서 설명했듯이, 개들의 DNA는 환경의 영향을 받는 후생 유전 인자에 따라 발현될 수도 발현되지 않을 수도 있다. 나는 에이다의 가려움증 유전자가 차단될지, 유전성 아토피 소인이 '자연의 섭리대로' 발현될지를 결정하는 힘이 보호자인 나에게 있다는 사실을 너무나 잘 알고 있었다. 아토피 DNA의 발현 가능성을 줄이는 것이 목표였다. 우선 미생물 군집을 건강하게 만드는 것부터 시작했다. 기생충을 '무조건' 제거하려 하기보다, 3개월 동안 매달 대변 표본을 검사해서 기생충이 없다는 사실을 확인했다. 나에게 입양되기 전까지 에이다는 100퍼센트 초가공 사료만 먹었다. 즉시 다른 세균종이 들어 있는 여러 브랜드의 프로바이오틱스를 식사에 한 꼬집씩 추가했다. 집에서 직접 식사를 준비하기는 너무 바빠서 영양학적으로 완벽한 여러 생식 브랜드를 시도했다. 식사 때마다 다른 종류의(혹은 다른 브랜드) 단백질을 번갈아 급여했다. 집에 있는 커다란 냉동고 두 개에 소포장 식품을 잔뜩 보관할 수 있었다. 소고기, 닭고기, 칠면조, 메추리, 오리, 사슴고기, 들소, 토끼, 염소, 에뮤, 타조, 엘크, 연어, 양고기 등을 다양하게 먹여서(매번 채소 조합도 달라졌다) 일찍부터 영양과 미생물 다양성을 챙겼다.

에이다는 매일 건강한 토양에 노출되었고(나는 숲 근처에 살았다) 야외에서 많은 시간을 보냈다. 평소 '친환경' 생활 방식을 추구하는 터라 에이다가 집에서 환경화학물질에 노출될 위험도 적었다. 정말로 위급한 경우가 아니라면 절대로 항생제를 먹이지 않았다(항생제를 아주 잠깐 복용해도 장내 생태계가 회복되는 데 몇 달이 걸리기 때문). 그렇지만 에이다도 어쩔 수 없이 '농피증'은 앓았다. 농피증은 강아지들의 모체 항체가 약해지고 고유한 면역 체계가 작용하면서 배와 몸에 여드름 같은 것이 생기는 질환이다. 이때 강아지들은 생애 최초로 불필요한 항생세를 투여받는 경우가 많다. 나는 에이다의 여드름과 농포를 하루에 두 번 포비돈 요오드 용액으로 문질러주었다. 그 한 달 동안 올리브 잎 보충제도 사용했다. 에이다는 보통 강아지들이 자주 그러듯 먹어서는 안 될 걸 먹어서 설사를 여러 번 하기도 했다. 그럴 때면 항생제를 먹이지 않고 설사를 관리했다[위장 질환에 가장 흔하게 처방되는 항생제 메트로니다졸(브랜드명 플라길)은 증상을 효과적으로 치료하지만 아토피로 가는 첫걸음이 되는 미생물 불균형을 일으키는 효과 또한 강력하다]. 나는 에이다에게 공복 상태로 식용 활성탄을 3회 투여했다. 식사는 익힌 무지방 칠면조 고기에 통조림 호박 퓌레[슬리퍼리 엘름(유근피)도 추가]를 섞어서 주었다. 아무거나 먹으려 드는 '무문별한 식이 행동'도 제때 고쳐졌다.

에이다는 나에게 오기 전에 백신을 두 번 접종했다. 나는 추가적인 예방 접종을 하기 전에 녀석의 면역력이 충분한지를 확인하고 싶었다. '항체 역가 검사antibody titer test'라는 간단한 혈액 검사를 해보니 에이다는 이미 면역력이 있었다. '추가 접종'을 한다고 백신 효과가 커지는 것은 아니다. 에이다는 무려 16년이 지난 후에도 강아지일 때 맞은 백신으로 형성된 면역력이 유지되고 있음이 항체 검사로 입증되었다.

보충제도 단계에 따라 에이다의 몸에 필요한 것으로 조정했다. 아직 어릴 때는 힘줄과 인대 건강을(핏불의 또 다른 약점), 중년기에는 면역 체계의 회복에 집중했다. 노견이 되었을 때는 장기 기능 보호에 힘썼다. 초고령견이 된 지금은 인지력 저하를 늦추고 몸의 불편한 곳을 관리하는 것에 중점을 둔다. 열일곱 살인 에이다는 눈 건강에도 신경 쓸 필요가 있다. 약은 과학이면서 한편으로는 예술이다. 유전적 요소를 고려해 시간에 따라 변하는 환자의 건강 계획에 맞춘다는 점에서 그렇다. '단편 일률적인' 처방이 아니라 환자의 건강에 필요한 부분을 고려해 맞춤화한다. 반려견의 몸 상태가 변하면 보충제 요법도 달라져야 한다.

기능 의학 의사란 무엇인가?

기능 의학에서는 약학적 개입이 만성 질환을 관리하는 우선적이거나 유일한 방법이라고 보지 않고 음식과 생활 습관을 최우선적인 치료 방법으로 본다. 기능 의학을 실천하는 수의사는 질병이 발생하기 전에 생활 방식이나 환경적 장애물을 찾아 제거하고자 한다. 웰빙의 지속, 평균 이상의 삶의 질과 수명을 목표로 동물을 위한 맞춤형 동적 웰니스 계획을 세운다. 이미 병이 생기거나 퇴화가 이루어진 후에 그에 대한 반응으로 질병 증상을 치료하는 전통적인 의학과는 다르다. 510쪽에서 기능 의학을 실천하는 기관들의 목록을 참고할 수 있다.

반려견용 보충제는 백과사전을 쓸 수 있을 정도로 많다. 브랜드, 유익 성분, 임상적으로 건강 증진 효과가 증명된 허브 종류가 워낙 다양하다. 이미 수의사들이 그런 작업을 시도한 적이 있다. 그러나 가장 중요한 것은 나의 반려견에게 어떤 보충제가 도움이 되는지 현명하게 평가하는 일이다. 사람과 마찬가지로 개도 저마다 다른 시기에 다른 이유로 다른 지원이 필요하다. 기능 의학 및 웰니스 수의사 또는 질병 예방에 중점을 두는 수의사와 상담하면 큰 도움이 될 것이다. 하지만 반려인도 어느 정도 지식을 갖추어야 반려견을 최대한 지원할 수 있다.

반려견용 보충제 산업은 빠르게 변화하고 있다. 예를 들어, 최근 몇 년 동안, 반려견용 CBD(칸나비디올) 제품이 시장에 잔뜩 쏟아져

나왔다. CBD는 대마초와 헴프에서 발견되는 화합물이다. 대부분의 CBD 제품은(특히 오일과 팅크제 형태의 반려견용 제품은) 마리화나가 아닌 헴프 성분인데, 마리화나에는 환각을 일으키는 테트라하이드로칸나비놀(THC) 성분이 들어 있다. 건강 보조제로 CBD는 다양한 효능이 있어 일종의 만병통치약으로 알려져 있다. 항염증 작용, 신경계 진정, 통증과 불안감 치료, 심지어 암을 보조적으로 예방하고 치료하는 효과까지 있다. 물론 CBD는 개의 특정한 증상에 효과가 있지만, 이 제품들의 가장 큰 문제는 (품질 관리와 효능 문제 이외에) 온갖 통증을 관리해주고 모든 행동 문제를 개선해줄 수 있다는 잘못된 가정이다. 그것은 결코 사실이 아니다. CBD와 다른 허브 제품들에는 반려견의 특정 상황을 치료해주는 효과가 있을 수 있다. 우리가 여기에 나열한 보충제들은 '웰니스' 카테고리로 분류된다. 건강을 점진적으로 개선하고 노화를 지연시키기 위해 매일 섭취하는 보조제라는 뜻이다. 반려견에게 특정한 건강상의 문제가 있다면 반려견의 고유한 의학적 상태와 생리적 요구에 맞춘 여러 뉴트라수티컬 요법이 효과적일 수 있다. 웰니스 기업들은 개들의 특정 소인이나 DNA 검사 결과, 고유한 문제에 맞춤화된 보충제를 제공하기 시작하고 있다.

반려견이 아프거나 약물을 복용하고 있다면 보조제를 먹이기 전에 수의사와 상담하자. 수술이나 새로운 약을 처방할 때는 어떤 보조제를 먹고 있는지 수의사에게 알려야 한다. 보조제는 음식과 함께 주거나 미트볼이나 약간의 아몬드 버터, 혹은 신선한 치즈에 숨겨서 준다. 가루약을 억지로 먹이지 말자. 신뢰를 깨뜨리는 데다 질식 위험도 있고 별로 기분 좋지 않은 일이다.

건강 지킴이를 위한 교훈

- 적절한 타이밍에 적절한 조합으로 보조제를 제공하면(절대로 과하지 않게) 반려견의 몸이 식이요법과 생활 방식, 나이, 유전자로 인한 부족함을 스스로 채워가도록 도울 수 있다. 하지만 모든 개에게 항상 보조제가 필요한 것은 아니다.
- 반려견을 위한 기본 필수 보조제(용량과 방법은 본문 참고):
  - 레스베라트롤(호장근).
  - 커큐민(반려견이 강황을 먹지 않는 경우 더욱더 필요).
  - 프로바이오틱스(특히 발효 채소를 먹지 않는 경우).
  - 필수 지방산(EPA+DHA, 지방이 많은 생선을 일주일에 2~3회 섭취하지 않는 경우).
  - 퀘르세틴.
  - 니코틴아미드 리보사이드(NR) 또는 니코틴아미드 모노뉴클레오티드(NMN).
  - 노루궁뎅이버섯(7세 이상 반려견).
  - 글루타티온(버섯을 먹지 않는 경우).
- 맞춤 선별 보조제:
  - 화학물질 노출이 심한 반려견(예: 잔디 관리 제품, 가정용 청소용품)은 SAMe 사용(337쪽 참고).
  - 심장사상충, 벼룩, 진드기 약물을 투여한 반려견에게는 밀크시슬.
  - 관절이 약한 개에게는 초록입 홍합.

- 스트레스나 불안감 해소에는 L-테아닌, 아슈와간다, 바코파 몬니에리, 홍경천 사용.
- 사춘기 이전에 중성화 또는 난소 제거 수술을 받았다면 리그난 사용.
- 식단에서 가공 식품이 50퍼센트 이상을 차지하면 카르노신과 클로렐라.
- 만성 감염에 시달리면 감염이 일어났을 때 올리브잎 추출물 사용.
- 노견에게는 유비퀴놀.

9장 맞춤 식단은 약이다
— 반려견 사료 숙제, 올바른 신선식 비율

당신이 먹는 음식은 가장 안전하고 가장 강력한 약이 될 수도 있고,
가장 느린 독이 될 수도 있다.
— 앤 위그모어

반려견의 건강을 얼마나 끌어올릴 수 있는지는 세 가지 요소에 달려 있다. 생활 방식이 중요하다는 믿음(한마디로 당신의 헌신과 노력), 유전, 예산이 그것이다. 개의 유전자를 구성하는 DNA를 바꿀 수는 없지만 식단을 포함한 환경 변화를 통해 후생적으로 DNA의 효소적 경로에 영향을 미칠 수 있다. 후생 유전학에 대한 우리의 관점은 모든 개가 잘 먹어야 한다는 것이다. 즉, 유전자의 건강한 발현에 긍정적으로 기여하는 음식을 먹어야 한다.

건강한 생활 방식이나 식이요법으로 바꾸기 전에 그 과정에서 관리해야 할 근본적인 문제가 없는지 수의사에게 확인하는 것이 중요하다.

강력한 변화의 서막

삶에 미묘한 영향을 끼치는 것들은 우리도 모르는 사이에 습관이 된다. 건강에 좋지 않은 기존의 행동 패턴을 새롭고 건강한 습관으로 바꿔보자. 먼저 반려견의 현재 식단을 평가하고 어떤 중대한 변화를 시작할 것인지 결정한다. 위장이 놀랄 수 있으니 음식과 간식을 천천히 바꾸는 것이 좋다. 계획 단계가 무척 중요하다.

기억하자. 이 프로그램의 목표는 대사 스트레스와 염증을 줄이고, AMPK와 장수 경로를 활성화하고, 장기와 조직에 쌓인 독소를 해독하고, 미생물 군집의 균형을 바로잡는 것이다.

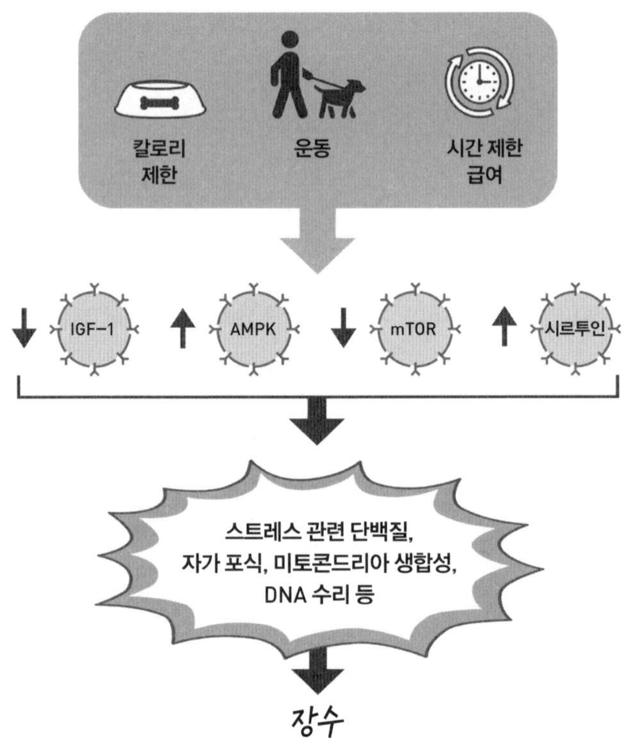

이 책은 당신이 현재 반려견에게 가공 또는 초가공 사료를 먹인다고 가정한다. 그렇지 않더라도 책을 읽으면서 현재 사용하는 레시피나 브랜드가 포에버 도그 기준에 부합하는지 평가해보자. 이 기준을 바탕으로 현재의 식단을 평가하고(식단을 그대로 둘지 아니면 개선할지 결정), 지금 당장 또는 조만간 반려견의 식단에 추가할 좀 더 신선한 브랜드를 선택할 수 있다.

음식에 변화를 주는 첫걸음

이 책에서는 건강한 식단을 도입하는 방법을 간단하게 두 단계로 나누었다. 첫 번째 단계는 간식과 코어 장수 코퍼(CLT)로 장수 식품을 도입하는 것이다. 두 번째 단계는 반려견의 일상적인 식단을 개선하는 것이다. 그럴 필요가 있고, 의지와 여건이 따라준다면 말이다. 식단 변화를 두 단계로 나누는 이유는 간단하다. 당신과 반려견 모두에게 부담이 적기 때문이다. 이렇게 하면 반려견의 스트레스가 덜하고 당신에게도 식단을 평가하고 연구할 시간이 주어져서 반려견이 선호하는 음식을 찾아가는 과정을 즐거운 마음으로 시작할 수 있다.

지금까지 당신은 반려견이 어떤 음식을 먹는다는 이유만으로 그것을 좋아한다고 생각했을지도 모른다. 하지만 개도 우리와 마찬가지로 선호도가 있어서 싫어하는 음식과 좋아하는 음식이 존재한다는 것을 알게 될 것이다. 다만 지금까지는 다양한 영양소와 음식을 접해볼 기회가 없었을 뿐이다. 당신은 새롭고 다양한 음식을 조금씩 줘가면서 반려견의 정교한 후각과 미각을 발견하는 즐겁고도 놀라운 여정을 시작할 것이다. 생명을 구할 음식들을 반려견과 함께 찾아보자!

1단계: 핵심 장수 토퍼(CLT)

10퍼센트 코어 토퍼 법칙: 현재 반려견에게 급여하는 사료에 CLT 형태로 신선식을 추가한다. 앞에서도 설명했지만 만약 반려견이 약간 살이 쪄서 체중을 줄여야 한다면 전체 칼로리의 10퍼센트를 CLT로 대체한다. 개가 날씬하고 정상 체중이면 현재 식단에 CLT를 추가한다. 반려견의 현재 식단이 무엇이든, 10퍼센트의 칼로리를 CLT 형태의 장수 식품으로 급여하는 것이다.

2단계: 반려견의 기본 식단을 평가하고 신선식을 더한다

당신의 반려견은 매일 어떤 음식으로 영양을 섭취하는가? 다음의 세 가지 방법으로 반려견이 현재 어떤 음식을 먹고 있으며 앞으로 어떤 브랜드나 식품 유형을 먹일지 확실하게 분석한다.

1. **반려견 사료 숙제:** 포에버 도그 계획을 시작하기 위해 어떤 브랜드와 식단을 선택할지, 또는 반려견에게 의도한 대로 먹이고 있는지에 대한 평가 기준을 제공해줄 간단한 과제이다.
2. **신선식 유형 선택:** 가공이 덜된 반려견용 식품 범주만 해도 다양한 선택권이 존재한다. 모든 옵션을 검토하여 반려견의 니즈와 당신의 생활 방식에 가장 적합한 것을 선택한다(꼭 하나만 고르지 않아도 된다!).
3. **신선식 비율 선택:** 반려견에게 신선식을 얼마나 먹일지 결정한다. 가공되지 않은 식품 또는 신선한 식품을 식사 때마다 얼마나 먹일지 목표를 세운다. 다시 말하자면 반려견의 식단에서 초가공 식품을 얼마나 줄이거나 없앨지 결정하는 것이다.

반려견 식단을 전반적으로 건강하게 개선하는 일은 영양과 건강 목표에 따라 기본 식단을 결정하는 일에서부터 시작된다. 당신은 1부와 2부에서 알게 된 내용을 드디어 실천할 수 있어서 매우 들떴을지 모른다. 우선 이 질문을 떠올려보자. 현재 나의 반려견 식단이 얼마나 영양이 풍부하고 건강에 좋은가? 결론을 내리는 데 사용한 기준은 무엇인가? 당신은 반려견의 식단을 개선할 필요가 없을지도 모른다. 당신이 제공할 수 있는 가장 좋은 사료를 먹이고 있는지에 대해 반려견 사료 숙제를 통해 확인해야 하겠지만 말이다. 실제로 수많은 우리의 구독자들이 이 과제를 실행하고서 현재 반려견의 식단이 그들의 생각과 완전히 다르다는 사실을 깨달았다. 식단을 개선할 여지가 상당히 많다는 것을 말이다.

반려견 사료와 관련한 수학은 반려견의 영양 섭취를 극대화하고 해로운 화학물질 흡수를 최소화하기 위해 어떤 부분에 신경 써야 할지 알려줄 것이다. 서두르지 말고 자신이 할 수 있는 일을 자신 있고 기분 좋게 실천하면 된다. 긍정적인 변화는 아무리 작더라도 분명 반려견의 건강에 이롭다. 그러니 절대로 다른 반려인들과 비교하면서 죄책감이나 좌절감을 느낄 필요가 없다. 그리고 모든 변화를 한꺼번에 시도할 필요도 없으니 반려견에게 도움이 될 만한 방법을 즐겁게 알아가자. 먼저 반려견용 사료 브랜드를 평가하는 방법이다.

과제 1:
반려견 사료 숙제 -
사료에 양호 / 더 나음 / 최선 등급을 매겨라

반려견 사료 숙제는 현재 반려견에게 먹이는 사료나 앞으로 구매하고자 하는 사료를 평가하는 기준을 제공한다. 사료를 바꿀 생각이 없더라도 다음 내용을 읽고 현재 먹이고 있는 사료를 평가해보기 바란다. 사랑하는 반려견의 몸속으로 매일 들어가는 음식이니 많이 알아서 결코 나쁠 것은 없다. 이 훈련을 완료하면 양호, 더 나음, 최선으로 사료 등급을 매길 수 있게 된다. 평소 애용하는 브랜드가 사실은 기대에 전혀 미치지 못한다는 사실을 알게 되는 경우가 많다. 정말 다행스러운 일이다! 이제 더 많은 정보를 얻고 더 나은 선택을 할 수 있다(몰랐던 것에 대해 자책하지 말라). 지금 반려견에게 먹이는 사료가 '양호' 등급의 최하 수준에 해당하더라도('더 나음'이나 '최선'과 거리가 멀어도) 당신의 음식 철학과 부합한다면 그 사료를 선택해도 괜찮다.

이 과제의 목적은 브랜드의 생물학적 적합성, 가공 횟수, 영양 성분의 출처를 확실히 이해하는 것이다. 결국 당신의 개인적인 신념이 각 영역의 중요성을 결정할 것이다. 따라서 특정 영역에서 점수가 낮더라도 당신에게는 괜찮을 수 있다. 바로 이 점이 중요하다.

안타깝게도 '컨슈머 리포트'처럼 객관적인 펫푸드 브랜드 관련 자료는 공개되어 있지 않다. 펫푸드 업체들은 내부 연구 결과나 원료 공급처를 공개하는 일이 거의 없고, 반려동물을 위한 국립보건원 같은 기관도 존재하지 않는다. 그나마 트루스 어바웃 펫푸드Truth About Pet Food가 매년 제공하는 객관적인 리뷰 자료인 '더 리스트The List'가 북아메리카에서 가장 믿을 만한 펫푸드 자료라고 할 수 있다. 짐작 가겠지만, 그 목록은 시중에 판매되는 반려견용 사료 브랜드가 수백 개인 것에 비해 매우 짧다. 왜냐하면 객관적 문건과 원료 수급의 투명성을 제공할 의향이 있는 기업의 브랜드만 해당하기 때문이다. 바로 여기에서 당신의 개인적인 철학이 작용하게 된다. 반려견 사료 숙제를 통해 사료 브랜드를 평가할 정보를 얻을 수 있다. "그냥 어떤 브랜드의 사료를 먹여야 하는지 알려주세요." 혹은 "X 브랜드가 좋은가요?"라고 말하는 사람들이 많다. 하지만 결국 자신이 생각하는 '양호'의 의미가 중요하다.

놀랍게도, 저자들의 아버지 두 분도 우리가 어릴 때 똑같은 격언을 강조하셨다. "물고기를 잡아주면 하루를 살 수 있지만 물고기 잡는 법을 가르치면 평생을 살 수 있다." 짜증이 나면서도 애정이 느껴지는 말인데, 반려견 사료 브랜드를 선택할 때도 이 말을 적용할 수 있다. 우리는 당신에게 모든 유형의 사료를 평가하는 방법을 알려줄 것이다. "이 브랜드가 좋은가?"라고 묻는 대신 "나는 반려견을 위해 이 브랜드를 자신 있게 선택할 수 있다"는 마음가짐으로 바뀌어야 한다. 자신 있게 현명한 선택을 내리려면 지식이 필요하다. 그 지식을 공유할 것이다.

다른 사람의 철학을 그냥 가져오는 것은 권하지 않는다. 깊은 성찰을 통해 음식에 관한 자신만의 신념을 찾아야 한다. 먹거리를 구매할 때 가장 중요하게 여기는 것은 무엇인가? 반려견용 식품을 살 때 무엇을 고려하는가? 아래는 세계 수많은 건강 애호 반려인들의 음식 철학에 영향을 준 고려 사항들이다. 이 질문 목록을 시작으로 각 주제에 대한 자신의 분명한 신념을 찾아보자. 이 주제들에 대한 당신의 견해가 결국 반려견 사료에 대한 당신의 철학을 이루게 된다.

회사의 투명성: 원료 수급, 원료 품질, 견종별 적합성에 대한 솔직한 답변을 얻을 수 있는가?

비용: 감당할 수 있는 수준의 가격인가?

맛/기호성: 우리 강아지가 먹을까?

냉동실 공간 및 준비 시간: 필요한 저장 공간과 설명서대로 식사를 준비할 시간적 여유가 있는가?

유전자 변형(GMO): 반려견에게 유전자 변형 식품을 먹이지 않는 것이 중요한가?

소화/흡수 검사: 반려견이 얼마나 잘 흡수할 수 있는 음식인지 아는 것이 중요한가?

유기농: 반려견이 살충제나 제초제 성분이 남아 있는 식품을 먹지 않는 것이 얼마나 중요한가?

목초 사육/자연 방목: 공장 또는 밀집 사육 시설에서 생산된 육류(약물 잔류)를 피하는 것이 얼마나 중요한가?

오염물질 검사: 식품 원료에 대한 오염물질 검사가 반드시 필요한가?(안락사에 사용되는 물질, 중금속, 글리포세이트 잔류물 등)

인도적 사육/도축: '식품'의 재료가 되는 동물들이 학대받거나 끔찍한 죽음을 겪지 않는 것이 중요한가?

지속 가능성: 건강한 생태계를 유지하고 환경에 최소한의 영향을 주는 방법으로 제조되는 것이 중요한가?

영양 검사: 제품의 생산분 검사(적어도 초기 생산분) 분석과 급여 실험을 통해 영양 적정성이 반드시 입증되어야 한다고 생각하는가?

합성 성분 없음: 인위적으로 만들어진 비타민과 미네랄이 아닌 실제 음식에서 영양소를 얻는 것이 중요한가?

재료 수급: 품질 관리 기준이 다른 재료(수입 재료)가 들어 있는 것이 신경 쓰이는가?

원료 품질(사료 등급 또는 휴먼 그레이드): 반려견용 사료가 사람이 먹을 수 있는 원료로 만들어져야 하는가?(다시 말하자면 식용 부적합 판정을 받은 원료로 만든 사료여도 괜찮은가?)

영양소 수치: 반려견이 영양 결핍이나 과잉 섭취를 피할 수 있도록 최소 영양소 필요량을 충족하는 것이 중요한가? 업체가 소비자에게 영양 검사 결과를 공개하는 것이 중요한가?

제조법: 사료가 영양 표준(NRC, AAFCO, FEDIAF)을 충족하는지, 또는 어디

에서 제조했는지가 중요한가?

품질 관리: 식품 안전과 제품 품질 관리가 얼마나 중요한가?

가공 방법: (AGE, 헤테로사이클릭아민, 아크릴아미드를 포함해) 마이야르반응 생성물(MRP)을 피하는 것이 얼마나 중요한가?

여기에 나열되지 않은 많은 것을 포함해 당신의 음식 철학에 영향을 주는 '식품 이슈'들이 많이 있을 것이다. 식품 유형과 브랜드를 선택하기 전에 모든 항목을 깊이 고려하자.

모든 사람이 대체로 자신의 철학에 맞는 회사와 식품 유형을 찾을 수 있다. 물론 직접 만들어 먹이는 방법도 있다(레시피는 www.foreverdog.com 참조). 이 항목들에 대해 생각해보기 전까지 자신에게 특정한 음식 철학이 있는 줄 몰랐다는 사람들이 많다. 많은 사람들이 오랫동안 애용해 온 브랜드가 자신의 음식 철학에 부합하지 않는다는 사실을 발견하고 놀라거나 실망한다. 반려견 사료는 '양호', '더 나음', '최선'의 등급으로 나눌 수 있다. 시간이 지나면서 예산, 생활, 음식 철학이 변함에 따라(보통 그렇다) 포에버 도그 식단을 재단장할 필요가 있을 것이다. 펫푸드 업체도 인수합병이 이루어지거나 제품 제조법이 바뀔 수 있다. 그러므로 반려견 사료 브랜드에 대한 검토를 해마다 실시하는 것을 추천한다. 그리고 가장 중요한 것은 이것이다. 식단의 다양성을 추구하라. **일 년에 걸쳐 여러 브랜드의 여러 제품을 번갈아가며 다양하게 먹이는 혼합 식단이야말로 단조로움에서 벗어나는 가장 좋은 방법이다.**

홈메이드 음식을 먹이는 쪽을 선택하면 사용하는 재료의 품질과 출처를 완전히 통제할 수 있어서 좋다. 하지만 시중 제품을 먹인다면 아주 중요한 권고 사항이 있다. 나이, 생활 방식, 지리적 위치와 관계없이 모든 개에게 해당한다. 가능하면 더티 더즌Dirty Dozen을 피하라.

더티 더즌: 라벨에 이 성분이 들어간 사료는 무조건 피해야 한다(순서 상관없음).

- 모든 종류의 분말(즉 '육분meat meal', '가금류 부산물분poultry meal', '옥수수글루텐박corn gluten meal')
- 메나디온Menadione(합성 비타민 K)
- 땅콩피(마이코톡신 주요 공급원)
- 캐러멜을 포함한 염료 및 색소(예를 들어 적색 40호)
- 가금류 또는 동물성 다이제스트
- 동물성 지방
- 프로필렌 글리콜
- 대두유, 콩가루, 대두 분말, 대두박, 대두피, 대두밀런
- '산화물(oxide)' 및 '황산염(sulfate)' 형태의 미네랄(예: 산화아연, 이산화티타늄 또는 황산구리)
- 가금류 또는 소고기 부산물by-products
- 부틸히드록시아니솔(BHA), 부틸하이드록시톨루엔(BHT), 에톡시퀸(합성 방부제)
- 아셀렌산나트륨(합성 셀레늄)

제품과 가공 과정 평가

브랜드를 평가할 때는 제품과 가공법이 중요하다. 반려견의 입으로 들어가는 제품은 무조건 **'읽어보고 먹여라'**라는 것이 우리의 조언이다. 브랜드는 지역이나 국가에 따라 다르지만 식품을 평가하는 방법은 어디든 똑같다. 당신의 개인적인 철학에서 시작한다. 당신이 구매하고자 하는 제품에 관한 모든 정보가 기업의 웹사이트에 있어야 한다. 유기농 제품이나 식용 등급 원료로 만든 제품, GMO 프리 제품이라면 역시 웹사이트에 자세히 소개되어 있을 것이다. 원하는 정보를 웹사이트에서 찾을 수 없다면 그 제품에 해당하지 않기 때문일 가능성이 크다. 펫푸드 업체들은 제품의 가장 매력적인 특징을 웹사이트에 큼지막하게 강조하기 마련이다. 궁금한 점이 있으면 업체에 전화나 이메일로 문의하자. 이 책의 체크리스트를 통해 자신의 음식 철학을 확실하게 알았다면 반려견 사료 숙제로 넘어갈 수 있다.

반려견용 사료 한 봉지에 들어가는 각각의 재료에는 역사, 즉 중요한 이야기가 들어 있다. 원료의 질과 양, 가공 절차는 결국 그 제품이 생물학적으로 얼마나 적절하고 온전하며 건강한지를 결정한다. 사료에 어떤 성분이 들어갔는지 온라인 검색으로 알아보는 건 좀 번거롭지만 달리 방법이 없다.

사료를 평가하는 세 가지 계산법

다행히 어떤 사료 제품이든 세 가지 간단한 계산법으로 평가할 수 있다. 요란한 광고가 주는 혼란에서 벗어나 공평한 기준을 적용함으로써 말이다. 탄수화물 계산, 위해(危害) 횟수 계산, 합성 영양 첨가물 계산 같은 간단한 연산으로 브랜드들을 비교할 수 있다. 각각의 점수는 양호, 더 나음, 최선 등급으로 분류할 수 있고, 점수를 합쳐서 다른 브랜드와 비교하면 된다. 당신은 자신의 철학에 따라 결과의 우선순위를 평가하게 될 것이다. 그것이 가장 좋은 방법이다. 자신에게 가장 중요하게 생각되는 부분에 초점을 맞춰라.

탄수화물 계산

간단 퀴즈: 개에게는 탄수화물이 얼마나 필요할까? "0!"이라고 대답했기를 바란다. 개의 탄수화물 필요량은 0이지만 사람과 마찬가지로 탄수화물을 좋아하거나 중독되어 있을 수 있다. 에너지의 30~60퍼센트를 녹말로 섭취하면(건식 사료는 대부분 탄수화물로 이루어진다) 패스트푸드를 많이 먹는 아이들과 비슷한 결과가 나타난다. 너무 많은 탄수화물 섭취는 과도한 에너지를 만들고(비만으로 이어질 수 있음), 뇌의 화학 작용에 나쁜 영향을 끼치고, 염증과 영양 결핍(과식에도 불구하고 영양소가 부족)을 일으킨다. 절실하게 필요한 신선한 고기 대신 탄수화물이 칼로리를 채우기 때문이다.

탄수화물(녹말) 함량을 계산하는 것은 식품의 생물학적 적절성을 판단하는 강력한 도구이다. 진화 과정에서 개들의 식단은 수분 함량이 높았고, 단백질과 지방이 풍부했고, 당/녹말 수치는 매우 낮았다. 반려견 사료와는 정반대이다.

반려견용 사료에 든 탄수화물(기장, 퀴노아, 감자, 렌즈콩, 타피오카, 옥수수, 밀, 쌀, 대두, 병아리콩, 수수, 보리, 귀리, '고대 곡물' 등)은 모든

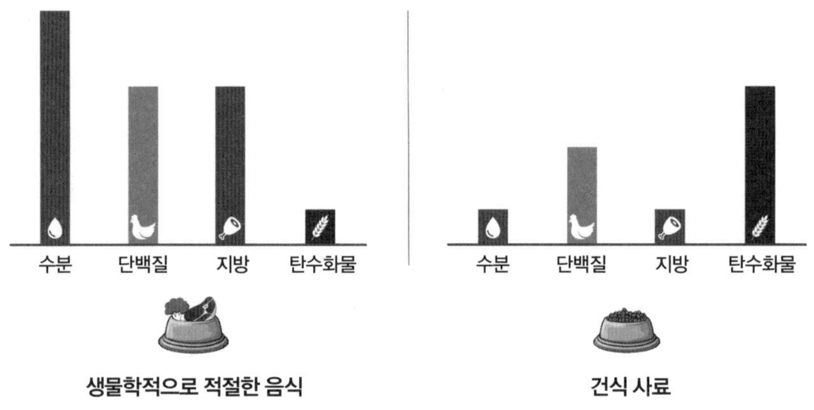

육류보다, 심지어 모든 육류 부산물이나 육분보다 저렴하고 점성이 있어서 제조 과정에서 모양이 잘 유지된다. 탄수화물 계산은 당신이 돈을 주고 무엇을 사는지도 알려준다. 필요 없는 싸구려 탄수화물인지, 좀 더 비싼 육류인지.

여기에서 말하는 탄수화물에는 당류가 없는 건강한 섬유질은 포함되지 않는다. 신진대사에 혼돈을 일으키고 해로운 AGE를 생성하는 '나쁜 탄수화물'을 말한다. 반려견 식단에서 최대한 줄여야 하는 것이 바로 이것이다. 감히 말하건대, 초가공 펫푸드 대부분은 이런 탄수화물로 이루어진다. 동물 영양사이자 반려동물 사료 배합 전문가인 리처드 패튼 박사는 야생 개의 식단에서 탄수화물이 10퍼센트 이상을 차지하지 않는다고 말한다. 탄수화물은 적을수록 좋다.

선택권이 주어진다면 개는 탄수화물이 아니라 단백질과 건강한 지방을 선호한다는 사실을 기억하라. 그러나 반려견의 식단에서 탄수화물을 아예 없애려고 애쓸 필요는 없다. 사람과 마찬가지로 개도 신진대사에 스트레스를 주는 음식(일명 패스트푸드)을 조금 먹어도 된다. 하지만 타고난 신진대사에 어울리는 음식, 즉 고기와 건강한 지방으로 열량을 얻는 것을 우선해야 한다.

당신은 소비자들이 펫푸드 라벨에서 단순히 육류 성분을 보는 것에 만족하는 단계를 넘어섰음을 알고 있을 것이다. 이 육류는 왜 '사료 등급 원료'가 되었을까? 건강하지만 '자투리' 고기여서? 아니면 병든 동물의 조직인가? 어디에서 온 고기인가? 똑똑한 소비자는 이 의문의 답을 파악하는 요령을 알고 있다. 염분 기준 성분표 분할을 이용하는 것이다. 여전히 분명하지 않은 것은 값싼 전분질 탄수화물에서 나오는 열량 또는 칼로리의 양이다. 이 책이 집필된 시점을 기준으로 반려동물 사료에는 여전히 영양 정보 라벨이 붙어 있지 않기 때문이다.

카니스 루푸스 파밀리아리스*에게는 탄수화물이 20퍼센트 이하인 식단이 가장 영양가가 풍부하고 스트레스도 적다. 반려견의 녹말 섭취를 최소화하는 것은 먹이 사슬을 통해 곡물에 전달된 제초제, 살충제, 글리포세이트, 마이코톡신 잔류물의 섭취를 최소화하는 방법이기도 하다. 또 곡물은 유전자 변형을 거친 경우가 많다. 제품 포장이나 웹사이트에 탄수화물 함량 정보를 제공하는 펫푸드 업체들이 늘어나고 있다. 만약 찾을 수 없다면 전화해서 물어보자. 하지만 직접 계산하는 것이 더 빠를 것이다. 건식 사료와 습식 사료의 수분 함량을 계산하는 방법이 약간 다르다(캔/습식 사료의 계산법은 www.foreverdog.com 참고).

건식 사료에 들어 있는 탄수화물을 계산하려면 포장이나 웹사이

---

* Canis lupus familiaris. 개의 정식 학명 — 옮긴이주.

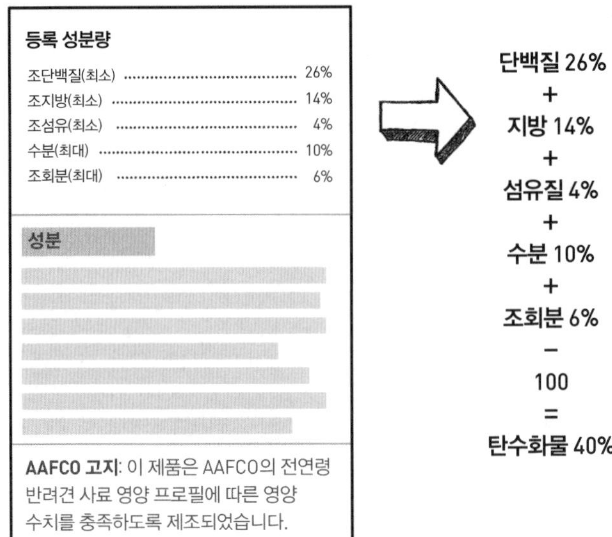

트에서 등록 성분량Guaranteed Analysis을 찾는다. 여기에는 조단백질, 조섬유, 수분, 조지방, 조회분 함량이 기록되어 있다. 일부 업체들은 회분 함량을 넣지 않을 수도 있다. 만약 회분 함량이 보이지 않는다면 6퍼센트로 가정한다(대부분 사료의 회분 함량은 4~8퍼센트이다). 녹말 함량을 계산하려면 단백질과 지방, 섬유, 수분, 회분을 더한 값에서 100을 빼기만 하면 된다. 그 숫자가 바로 사료에 들어 있는 녹말(당)의 백분율이다. 계산할 때 반드시 자리에 앉아서 하기 바란다. 한 봉지에 120달러나 하는 '슈퍼 프리미엄' 사료에 녹말(당)이 35퍼센트나 들어 있다는 사실을 알고 충격받는 사람들이 많으니까 말이다.

양호: 녹말 탄수화물이 20퍼센트 미만인 사료

더 나음: 녹말 탄수화물이 15퍼센트 이하인 사료

최선: 녹말 탄수화물이 10퍼센트 미만인 사료

영양사나 수의사가 의학적인 이유로 개의 탄수화물 함량을 늘릴 때도 있다(예: 임신 중). 하지만 일반적으로 염소나 토끼와 달리 건강한 개는 탄수화물 열량을 많이 필요로 하지 않는다. 의학적으로 필요한 경우가 아니라면 반려견에게 탄수화물을 많이 먹이는 것은 권장하지 않는다.

위해 횟수 계산법

반려견 사료의 수학에서 두 번째 과제는 식품에 가해진 위해(危害)의 수준과 강도를 알아내는 것이다. 식품은 정제와 가공을 많이 거칠수록 영양이 줄어들고 해로운 가공 부산물이 늘어난다. 신선 식품, 순간 가공 식품, 초가공 식품의 구분이 까다로울 수도 있지만 최대한 간단한 방법을 알려주겠다. 2부에서 배운 내용을 복습해보자.

미가공 식품(생식) 또는 '신선한 순간 가공 식품': 보존을 위해 살짝 가공해 영양소 손실을 최소화한 신선한 생식, 분쇄, 냉장, 발효, 냉동, 탈수, 진공 포장 및 저온 살균 식품이 포함된다. 이 최소 가공 식품들은 단 한 차례의 가공을 거친다.

가공 식품: 위의 카테고리(순간 가공 식품)를 열 가공한 것. 즉 두 번의 가공을 거친 식품.

초가공 식품: 가정에서는 사용하지 않는 원료가 들어간 산업 창조물. 이미 여러 번 가공된 재료에 맛, 질감, 색, 풍미를 높이는 첨가물을 넣어 몇 번의 가공 절차를 거친다. 오븐에 굽기, 훈제, 캔 또는 압

최대 영양 손실(생식과 비교했을 때)					
비타민	동결	건조	조리	조리+탈수	재가열
비타민 A	5%	50%	25%	35%	10%
비타민 C	30%	80%	50%	75%	50%
티아민	5%	30%	55%	70%	40%
비타민B12	0%	0%	45%	50%	45%
엽산	5%	50%	70%	75%	30%
아연	0%	0%	25%	25%	0%
구리	10%	0%	40%	45%	0%

출 가공으로 생산된다. 초가공 제품은 여러 번의 고열 가공을 거친다. 건식 사료는 평균 4회의 고열 가공을 거친 재료를 사용한다.

신선한 순간 가공 식품은 가공 횟수가 더 적으며 열 가공은 거치지 않는다. 이 사실이 왜 중요할까? 시간, 열, 산소(산화가 일어나 산패로 이어진다)는 영양의 적이다. 열은 사료에 해로운 영향을 끼치는 주범이다. 가열이 가해질 때마다 재료의 영양소 손실이 늘어난다. 초가공 과정에서 일어나는 영양소의 손실 정도를 사료 브랜드별로 알려주는 공개적인 연구 자료는 존재하지 않는다. 가공 과정에서 크게 손실되는 영양소를 채우기 위해 합성 비타민과 미네랄이 추가로 첨가된다. 이 사실만 봐도 최종 제품의 영양소가 부실하다는 것을 짐작할 수 있다. 한 차례의 열 가공이 영양소에 어떤 영향을 미치는지 설명하기 위해, 사람이 먹는 식품을 대상으로 한 연구 자료를 표로 소개한다. '재가열' 부분을 참고하면 반려견용 사료 한 봉지가 평균 3회의 재가열 가공이 이루어진 후에 과연 어떻게 될지 대략 예측할 수 있다.

나쁜 소식은 여기에 그치지 않는다. 재료에 열이 가해질 때마다 노화나 질병과 맞서 싸울 강력한 무기가 점점 사라진다. 반려견들의 후생 유전자에 좋은 영향을 주는 강력한 폴리페놀과 효소 보조 인자가 사라지고, 탄력적인 세포막을 만드는 지방산은 불활성화되며, 단백질과 아미노산이 변질된다.

열 가공이 반복되면 생식 또는 자연식품의 '측근 효과entourage effect'도 사라진다. 이는 각각의 신선 식품에 들어 있는 다양한 미생물 군집이 불러오는 효과를 말한다. 이들이 천연 비타민과 미네랄, 항산화제와 협력해서 우리 개들의 건강을 지원하는 것이다. 이 모든 효과가 열 가공으로 사라진다.

또 초가공 식품은 병행 손상을 일으킨다. 반복 가열은 질병과 퇴화를 예방하는 영양소와 생체 활성 화합물을 제거하고 세포 노화와 사멸 과정을 가속시키는 생체 독소를 생성한다. **열 가공으로 만들어진 최종당화산물(AGE)은 급격한 노화를 일으키고 개를 병들게 한다. 초가공 사료를 먹는 개들은 이러한 독성 물질을 매일 엄청나게 섭취하는 것이다.** 재료를 반복해서 가열하면 사료 업계가 애써 무시하고 싶어 하는 미세한 괴물들이 만들어진다. 반복된 마이야르 반응으로 최종 제품에 AGE가 만들어져서 상상할 수 있는 모든 방법으로 개의 건강에 영향을 미친다. 고열일수록, 가열 시간이 길수록, 가열이 여러 번 이루어질수록 AGE가 많이 생성된다.

생원료의 품질이 좋고 종류가 다양할수록 진짜 식품의 초기 영양소가 제품에 남게 된다(이건 특히 생식 제품 브랜드에서 중요하다). 당연히 원료에 열처리를 덜 할수록 최종 제품에 남아 있는 영양분이

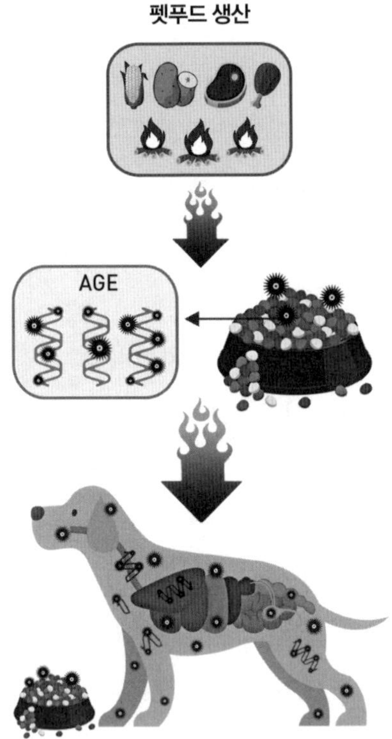

많아진다.

열 가공 수준을 계산하는 방법: 사료에 든 재료들이 열처리된 횟수를 더하는 것은 간단하지만, 각 식품 유형이 어떻게 생산되는지 아는 것은 좀 더 어려울 수 있다. 몇 가지 보기를 통해 차이를 살펴보자.

건식: 동물의 사체를 갈아서 삶아 동물성 지방을 뼈와 조직에서 분리한다. 이 과정을 '융출법rendering'이라고 한다(첫 번째 열처리). 뼈와 조직을 압착해 습기를 제거하고 열 건조(두 번째 가열)와 분쇄를 거쳐 육분을 만든다. 라벨에 들어 있는 콩, 옥수수 및 기타 채소는 대부분 건조(열처리) 및 분말 상태(완두콩 단백질, 옥수수글루텐박 등)로 사료 공장에 도착할 가능성이 크다. 이미 열 가공을 거친 이 건

조 상태의 재료들을 다른 재료들과(역시 이미 조리 및 건조된 것들) 혼합해 반죽을 만들어 압출기 안에서 고압으로 조리하거나 굽거나 고열로 '공기 건조'한다. 사료는 압출기에서 나올 때 네 번째로 가열해 수분 함량을 줄인다. 이것이 마지막 가공 단계이다(열처리 과정 최소 4회). **건식 사료에는 적어도 네 번 고열 가공한 재료가 들어간다. 말 그대로 죽은 음식이다.**

반면 식품 유형의 반대쪽 끝에는 최적의 영양 기준을 충족하기 위해 신선한 재료를 가열하지 않고 혼합만 하는 무가공 생식이 있다. 생재료를 섞은 다음 한 번(신속) 처리 과정을 거쳤다면 순간 가공 식품이라고 부른다.

이 식품에는 다음과 같은 것들이 포함된다.

냉동 생식: 원료를 혼합해 냉동한다. 생식 사료는 냉수압(고압 멸균, HPP) 살균으로 세균을 제거한다(두 번째 비열 처리).

동결 건조 사료: 신선 혹은 냉동 고기를 역시 신선하거나 냉동된 채소, 과일, 보충제와 혼합해 동결 건조한다(첫 번째 비열 처리). 처음부터 냉동된 원료를 사용했다면 두 번째 가공이겠지만 열처리가 아니므로 영양소 손실과 AGE 생성은 무시할 수 있다.

화식: 펫푸드 산업에서 가장 빠르게 성장하고 있는 부문인데 그럴만한 이유가 있다. 식용 가능 등급의 원재료를 이용해 반맞춤 식의 매우 편리한 사료를 만드는 투명한 기업들이 많이 생기고 있다. 이 기업들은 대부분 고객의 경험에 큰 관심을 기울인다. 그들은 깨어 있는 반려견 엄마, 아빠들이 반려견의 나이와 체중, 견종, 운동 습관과 함께 민감 음식 또는 사료 선호도 정보를 홈페이지에 기입하도록 독려한다. 이를 바탕으로 맞춤 사료 또는 사료 플랜(냉동)을 정기 배

송 서비스로 고객들에게 보내준다. 유기농 재료로만 만들어진 사료를 원하는가? 문제 없다. 반려견이 여러 단백질에 알레르기가 있는가? 문제 없다. 이런 기업들이 다른 유형의 사료 업체들을 위협하고 있는 건 놀라운 일이 아니다. 화식 사료는 냉동을 통해 유통 기한이 연장되므로 생식이나 멸균 생식(HPP) 사료와 함께 동네 펫스토어의 냉동 코너에서 찾아볼 수 있다.

하지만 아무리 인기 있는 냉동 화식 브랜드라도 원료 수급의 투명성과 합성 영양 첨가물에 관한 이슈에서는 머뭇거린다. 고객 센터에 전화해서 '고기의 출처가 어디인지, 어떻게 고기가 냉장고에서 6개월을 버틸 수 있는지, 어떻게 그것이 보존식일 수 있는지' 같은 질문을 하면 길고 어색한 침묵이 흐를 수 있다. 포장지에 적힌 합성 비타민과 미네랄의 기나긴 목록은 생식 원료의 영양 밀도와 열 가공 기법에 대한 의문을 불러일으킨다. 개인의 철학에 따라 이것은 큰 문제가 되지 않을 수도, 혹은 매우 큰 문제가 될 수도 있다. 그러나 반드시 떠올려봐야 할 질문이기도 하다.

탈수 건조: 많은 브랜드가 질 좋은 탈수 건조 제품을 만들고 있다. 최소한의 녹말 함량으로 생식 원료를 낮은 온도에서 짧은 시간 동안 탈수한다. 몇몇 탈수 건조 제품은 '양호' 등급에 들지 못한다.

교훈: 제품 라벨을 자세히 살펴보자. 탄수화물 계산을 통해 열량이 진짜 고기와 건강한 지방에서 나오는지, 아니면 녹말에서 나오는지 알아내자. 신선한 생식 원료를 사용하는 업체라면 분명히 라벨에 표시할 것이다(예를 들어 닭고기, 그린빈 등). 반면 라벨에 기재되어 있는 성분이 '탈수 닭고기, 탈수 그린빈'이라면 상온에서 보관 가능한(신선한 것이 아닌) 재료로 만든 사료라는 뜻이다. 한마디로 원료 공

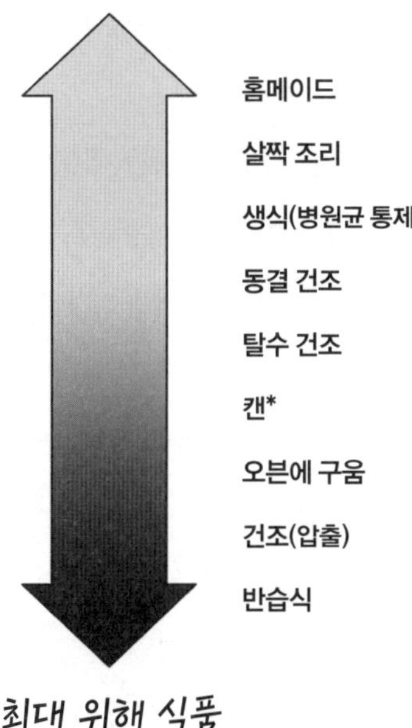

급업체에서 열 가공을 적어도 한 번 거친 것이다. 마지막으로 합성 영양 첨가물(다음에 알아볼 계산법)이 당신의 철학에 부합하는 브랜드를 결정하는 데 도움이 된다.

라벨의 성분 표시를 통해 열 가공이 몇 회나 이루어졌는지 알아내자. 냉동 보관 필수 제품이라면(상온 보관 불가능) 신선하다는 좋은 증거이다. 상온에서 보관 가능한 제품은(냉동 불필요) 몇 가지 가공을 거쳤다는 뜻이다. 동결 건조가 영양소 손실이 가장 덜하고 다음은 저온 탈수이다. 원료가 신선한지 기존에 가공된 것인지(건조) 궁금하다면 업체에 전화해서 물어보자. 식품에 가해진 위해가 적을수록 건강하다는 뜻이다.

우리는 사우스캐롤라이나 의대의 AGE 전문가 데이비드 터너David Turner 박사를 인터뷰했다. 그는 반려견 사료 가공 기법과 AGE 생성을 비교한 최신 연구에서 캔 사료(123℃에서 조리)의 AGE 수치가 가장 높게 나타났다고 설명했다. 당/녹말의 양, 사용된 재료의 AGE 누적 효과, 캔 사료의 긴 가열 시간 때문일 가능성이 컸다. 그런데 다른 연구들에서는 수분이 많은 식품(즉, 캔 사료 등)은 AGE 생성을 완화할 수 있으므로 녹말 함량, 온도, 가열 시간에 따라 AGE 수치가 달라졌다. 캔 사료 옆에 별표를 붙인 건 그 때문이다. 반습식 사료는 모든 반려견 사료 숙제에서 F를 받는다. 이 식품 유형에는 양호, 더 나음, 최선의 옵션이 없다. 절대로 먹이지 않을 것을 권장한다.

사료가 어떤 가공법으로 만들어졌는지 알기 어려울 수도 있다. 요즘 제조업체들은 제품이 전통적인 건식 사료(키블)처럼 보이는 것을 피하기 위해 '클러스터cluster', '청크chunk', '모셀morsel' 같은 고유한 표현을 만드는 등 온갖 애를 쓴다. 건식 사료에는 '생식 코팅raw coated' 사료처럼 더 큰 혼란을 일으키는 새로운 유형의 제품이 등장하고 있다. 이것은 건강에 좋은 것처럼 보이도록 건식 사료에 동결 건조한 생식 재료를 한겹 입힌 AGE 범벅 제품이다. 마치 빅맥과 감자튀김에 브로콜리 새싹을 조금 추가한 것과 같다. 좋은 재료와 나쁜 재료가 균형을 이루지도 않고 가격만 비싼 패스트푸드에 불과하다.

'최소 가공'은 요즘 펫푸드 업계의 새로운 유행어이다. 사료 제조업체들은 어떤 가공법을 사용했는지에 상관없이 모든 유형의 제품에 이 표현을 쓴다. '최소 가공'을 정의하는 지침이 권장되기는 하지만 공식적으로 채택된 것은 없다. 그래서 이 표현은 압출 가공법을 제외한 모든 가공법을 기만적으로 포괄하고 있다. 편견에 빠지지 않고 사실적으로 사료를 평가하려면 업체들의 광고 내용이 아니라 반려견 사료 숙제를 통해 도출된 결과를 참고하는 것이 좋다. 웹사이트를 보고 어떤 가공법이 사용되었는지 모르겠다면 전화나 이메일로 몇 도에서 몇 번이나, 얼마나 오래 가열한 재료가 사용되었는지 물어보자.

흥미로운 사실이 있다. 심지어 날 닭고기조차도, 도축 전 공장에서 사육되고 고열 가공된 사료(글리포세이트와 AGE 범벅)를 먹고 자란 닭일 경우 낮은 수치지만 AGE가 들어 있다. AGE는 먹이 사슬을 통해 전달된다. 반려견 사료의 AGE 연구에 따르면 (130도로 조리한) 압출 사료는 AGE 수치가 두 번째로 많았다. 물론 생식 제품에 가장 적게 들어 있다. '공기 건조' 사료는 캔 사료와 마찬가지로 녹말 함량과 온도 차이 때문에 제품마다 천차만별이므로 업체에 문의하는 것이 좋다(웹사이트에서 원하는 정보를 얻지 못할 경우).

위해 횟수 계산법

양호: 이미 가공된 재료를 혼합해 1회 열 가공(대부분의 탈수 사료).

더 나음: 신선한 생원료를 혼합하여 동결 건조 또는 고압 멸균(HPP)하거나, 신선한 생원료를 혼합하여 비가열 또는 저열 가공 1회(대부분의 생고기 탈수 사료와 화식 사료).

최선: 신선한 생재료를 혼합 제공하거나 냉동 상태(가열 과정 없음)로 3개월 이내에 섭취해야 하는 제품(홈메이드 사료 또는 시판 냉동 생식 사료).

합성 영양 첨가물

반려견 사료 숙제의 마지막 과제는 음식의 영양 공급원을 알 수 있게 해준다. 요약하자면, 제품에 비타민과 미네랄이 추가되었다는 것은 원재료의 비타민과 미네랄이 부족하거나 열 가공으로 손실되었다는 뜻이다. 필수 영양소는 둘 중 하나다. 즉, 식품 원료에서 왔거나, 합성 영양소(인위적으로 만든 비타민, 미네랄, 아미노산, 지방산)이다. 사료의 영양 밀도가 낮을수록 또는 더 많은 열에 노출되어 생산된 사료일수록 합성 영양소를 더 많이 첨가할 필요가 있다.

이 평가의 양호, 더 나음, 최선 기준은 개인의 철학에 좌우되므로 이 책에서 제공하는 세 가지 과제 중에서 가장 주관적이다. 우리의 경험상, 반려인들은 어떤 식으로든 이 주제에 대해 강력한 견해를 드러내는 경향이 있다. 대안이 없는 사람들은 어차피 우리도 수많은 강화 식품fortified foods에 든 합성 비타민과 미네랄을 먹는다는 사실을 지적한다. 반려인 중에는 합성 비타민과 미네랄 보충제를 많이 섭취하는 사람들도 있다. 이런 사람들이라면 반려견에게도 같은 방법으로 미량 영양소를 먹이는 것을 개의치 않을 것이다. 반려견 사료 숙제의 묘미는 당신과 반려견에게 무엇이 옳은지를 당신 나름의 철학을 바탕으로 결정할 수 있다는 점이다. 수학은 다만 반려견의 식단과 건강을 위해 정보에 입각한 결정을 내릴 수 있도록 돕는 도구일 뿐이다.

위해 횟수 계산법은 영양학적으로 적절한 제품을 만들기 위해 얼마나 많은 합성 영양소가 추가되었는지 알려준다. 원료의 품질이 낮거나(식용 등급 vs 사료 등급), 영양소 풍부한 재료가 적으면(비용 문제) 합성 영양소가 더 많이 들어갈 수밖에 없다. 라벨에서 합성 비타민과 미네랄이 얼마나 추가되었는지 살펴보고 일명 더티 더즌도 확인한다. 즉 에톡시퀸, 메나디온, 염료 및 색소(캐러멜 포함), 가금류 또는 동물성 다이제스트, 동물성 지방, 프로필렌 글리콜, 대두유, 옥수수글루텐박, BHA/BHT, 육분, 아셀렌산나트륨을 확인한다.

방법: 식품 라벨의 합성 영양소를 더한다(업체 웹사이트나 포장지 뒷면에서 성분표를 찾을 수 있다). 자신의 음식 철학을 고려하면서 업체 웹사이트를 조사한다. 첨가된 비타민과 미네랄은 식품 성분표 다음에 나온다(아래 그림 참조). 각 영양소는 쉼표로 구분되며 단어가 어려워도 함유 유무만 계산하면 된다.

양호: 라벨에 더티 더즌이 하나도 없고(363쪽 참고) 합성 영양소가 12가지 미만인 사료.

더 나음: 라벨에 더티 더즌이 하나도 없고 합성 영양소가 8가지 미만이며 유기농 성분, GMO 프리 재료 등 건강에 좋은 특징이 추가된 사료.

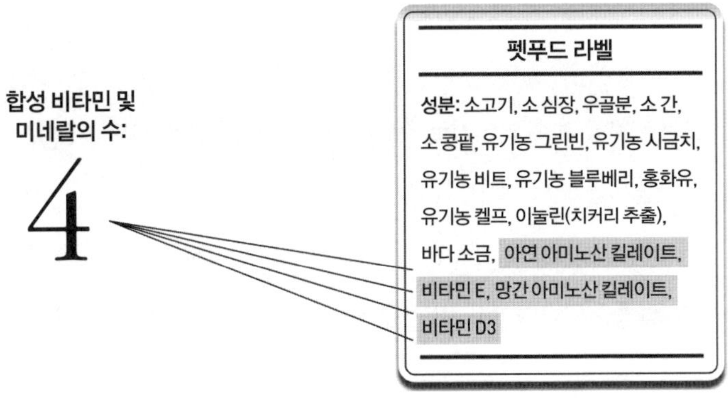

최선: 더티 더즌이 하나도 없고 합성 영양소가 4가지 미만이며 휴먼 그레이드 원료 사용. 유기농, GMO 프리, 자연산/자연 방목/목초 사육 등 건강에 좋은 특징이 다수 추가된 사료. 모든 유형의 사료 중 여기에 속하는 제품이 가장 비싸다. 비타민-미네랄을 첨가한 것이 아니라 값비싼 진짜 재료의 영양소가 함유되어 있기 때문이다.

이 과제의 목적은 당신의 가치관, 신념, 우선순위, 예산에 따라 반려견을 위해 올바른 결정을 내리는 것이다. 고려해야 할 변수가 많다. 예를 들어 생식 제품은 열 가공을 하지 않은 것이다(열로 인한 영양소 손실 및 AGE 생성이 없다). 영양학적으로 완전하고 균형 잡힌 생식 식품의 라벨에 합성 영양소 목록이 보인다면, 그건 제조사가 반려견에게 필요한 최소 영양분을 제공하기 위해 합성 첨가물을 활용했다는 뜻이다(따라서 라벨에 기재된 원재료가 다양하지 않을 수 있다). 이런 사료는 영양소를 비싼 원재료로 제공하지 않으므로 가격이 더 쌀 것이다. 합성 영양소가 두 가지뿐인(보통 비타민 E와 D) 생식 사료와 비교해보라. 그런 제품의 라벨에는 영양소의 공급원인 비싼 원재료 명이 길게 나열되어 있을 것이다.

건식 사료를 계속 먹이기로 했다면(10퍼센트는 CLT로 급여) 사료 브랜드를 어떻게 평가해야 할까?

건식 사료는 그보다 신선한 사료 브랜드를 평가하는 것과 똑같은 방법으로 평가해야 한다. 반려견 사료 숙제(탄수화물 계산, 위해 횟수 계산, 합성 영양소 확인)의 결과에 따라 양호, 더 나음, 최선 등급으로 평가하는 방법은 모든 유형의 사료를 평가할 때 활용할 수 있다. 특히 더티 더즌을 조심하는 것이 중요하다. 같은 건식 사료라도 품질이나 가공법이 천차만별이다. '저온 압출', '오븐에 살짝 굽기', '공기 건조'는 여러 다양한 온도에서 이루어지는 열처리 방법이다. 이러한 제품은 탄수화물 함량도 제각각이다. 사료를 구매할 때는 당신의 철학이 중요하므로 건식 사료를 살 때도 다른 제품과 똑같은 질문을 떠올려봐야 한다. 비용에 관해서는 특히 좀 더 값이 비싼 건식 사료 브랜드와 현명하게 비교해본다. 비용이 문제가 될 경우, 유기농 '슈퍼 프리미엄' 사료가 집까지 배송해주는 냉동 생식 사료보다 오히려 더 비쌀 수 있다는 사실을 염두하자.

프로 팁: 건식 사료는 다른 유형의 사료보다 산패하기 쉬우므로 서늘하고 건조한 곳에 보관하는 것이 필수다(냉장 보관이 가장 좋다). 3개월 안에, 이상적으로는 30일 이내에 소비할 수 있도록 작은 포장으로 산다.

생식 사료의 커지는 인기

생식 사료를 선호하는 반려견 엄마, 아빠들이 늘어나고 있다. 반려견 사료 숙제에서 탄수화물과 AGE, 합성 영양 성분이 최대한 적게 나와야 좋은 생식 브랜드이다. 열에 민감한 식품 효소와 필수 지방산, 식물 영양소는 사료에 온전히 남아 반려견의 몸속으로 들어간다. 미국에서 시판되는 생식 사료의 약 40퍼센트가 비열 고압 멸균 가공을 거친다. 사료에서 살모넬라균이 발견되지 않도록 FDA가 승인한 가공법 중 하나다. 생식 사료를 구매할 때는 영양 적정성 표시가 분명히 되어 있는 것을 골라야 한다. 그것이 이 사료 유형의 가장 큰 문제이기 때문이다.

반려견 사료 숙제는 브랜드를 평가하는 기준틀을 제공한다. 더 중요한 것은 그것이 반려견에게 먹이고 싶은(또는 피해야 할) 사료 브랜드를 평가하는 도구라는 점이다. 물론 정답은 없다. 정보의 힘을 바탕으로 당신의 생활 방식과 믿음, 반려견의 니즈에 맞는 현명한 결정을 내려야 한다. 포에버 도그 식단을 만들 때는 이상과 현실을 구분할 줄 알아야 한다. 그 누구도 항상 올바른 선택만 할 수는 없다. 작은 변화라도 일단 실행에 옮겨서 반려견의 건강에 점진적으로 긍정적인 영향을 미치는 것에 만족을 느끼는 것이다. 지식이 늘수록 죄책감이 느껴지고 많이 배울수록 오히려 부족함이 느껴질 수 있다. 하지만 마음가짐을 주도적으로 바꾸는 것만으로도 좋은 첫걸음이다.

물론 양호, 더 나음, 최선으로 사료를 평가하는 방법에도 여러 주의할 점이 있으므로 약간의 상식과 분별력이 도움이 될 것이다. 반려견 사료 숙제는 영양학적으로 완전하다고 주장하는 브랜드를 평가할 때 가장 유용하다. 예를 들어, '영양 보충 또는 간헐적 영양 공급(부족한 영양소 균형을 따로 맞춰줘야 하는 사료)' 같은 라벨이 붙은 제품은 영양학적으로 완전하지 않지만 합성 비타민이나 미네랄이 추가되지 않아 '최선' 등급으로 분류될 수 있다. 당연히 실제로 '최선'은 아니다(결핍 영양소를 따로 채워주지 않는 한). 저자들은 최근 지역 농산물 시장에서 라벨에 '자연 방목 오리고기, 오리 심장, 오리 간, 유기농 시금치, 유기농 블루베리, 유기농 강황'이라고 표기된 반려견 사료를 보았다. 좋은 출발이고 훌륭한 토대이지만 갑상선 건강에 필요한 요오드 공급원이 없고 다른 비타민과 미네랄도 빠져 있었다. 당신에게 비록 라벨을 보고 요오드가 부족하다는 것을 파악할 만한 지식은 없더라도 좋은 질문을 하는 법은 배워야 한다.

반려견 사료 산업이 호황을 이루다보니 선택지가 매우 다양하다는 점은 긍정적이다. 거의 매주 새로운 브랜드가 생길 정도이니 말이다. 마음에 드는 업체를 몇 군데 찾아서 여러 브랜드와 단백질을 번갈아 시도해보는 것을 권한다. 여러 브랜드를 시도하는 것은 반려견에게 시판 사료를 먹일 때 다양한 영양소를 공급하는 가장 좋은 방법이다. 처음에는 우왕좌왕할 수도 있지만 다양한 선택권이 존재한다는 사실에 감사하게 될 것이다. 개인의 철학, 시간, 예산에 맞는 선택권이 분명히 있다. 양호, 더 나음, 최선 등급의 사료 유형을 섞어서 급여해도 된다. 브랜드, 단백질, 사료 유형을 골고루 시도하자. 반려견의 장수를 위한 맞춤 식단 레시피와 급여 유형은 무궁무진하다. 다음번에 당신이 구입하거나 급여할 식단은 지금과는 완전히 다를 수 있다. 하지만 먼저 숙제를 끝마쳐서 당신이 무엇을 구입하는지 제대로 알아야 한다.

과제 2:
신선한 순간 가공 사료의 유형을 결정하라

모든 사료에 적용되는 절대적인 법칙은 없다. 고려해야 할 변수가 너무 많기 때문이다. 이 변수들이 당신의 생활 방식과 반려견의 특별한 니즈에 어떻게 영향을 미치는지는 오직 당신만이 평가할 수 있다. 반려견에게 신선식을 시도해보기로 했다면 어떤 유형의 식품을 선택할지 결정하는 일이 무척 혼란스럽고 부담스러울 수 있다.

신선한 사료의 범주에는 여러 다양한 유형이 포함된다. 홈메이드는 물론 시중에서 판매하는 생식, 화식, 동결 건조, 탈수 건조 제품 등(근처에 있는 반려동물 사료 매장에 방문해보면 좋다). 물론 온라인에서도 놀라울 정도로 다양한 신선 제품을 주문할 수 있다. 워낙 종류가 다양해서 결정할 것도 많아질 것이다. 당신의 생활 방식 및 음식 철학과 관련 있는 여러 가지 측면을 고려해야 한다. 여기에서는 각 사료 유형의 장단점을 강조하고, 탐색 과정에서 발생할 수 있는 혼

신선한 순간 가공 식품 분류

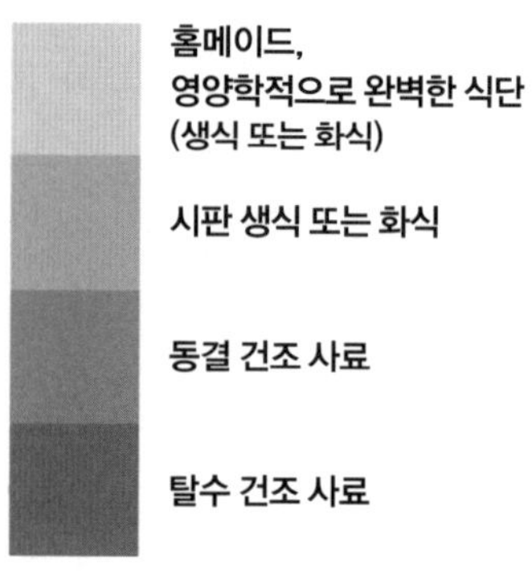

란스러운 주제를 명확하게 짚고 넘어갈 것이다. 신선식에 어떤 선택지가 있는지 전반적으로 알려주고, 개인의 상황에 가장 잘 맞는 레시피나 브랜드를 직접 선택하도록 돕는 것이 이 책의 목표이다. 그 다음에는 이용 가능한 신선 식품의 옵션을 전부 다룰 것이다. 각 사료 유형에 대해 읽으면서 자신의 생활 방식과 예산, 반려견의 니즈에 가장 적합한 것을 찾아보자.

홈메이드 식단, 시판 사료, 또는 혼합 식단

홈메이드 식단

반려견 식단을 집에서 직접 만들면 들어가는 재료를 마음대로 제어할 수 있다. 하지만 홈메이드 식단은 비용과 시간이 많이 들수 있다. 매일 음식을 준비할 생각이 아니라면 냉동 공간도 필요하다. 물론 매일 새로 만들면 좋겠지만 금방 지쳐버릴 것이다. 반려견 사료를 직접 만드는 사람들은 보통 일주일이나 한 달, 심지어 3개월에 한 번 만들어 소분해서 냉동해둔다. 수의사들이 홈메이드 식단을 반대하는 이유는 견주들이 그것을 잘못된 방식으로 하는 경우가 많아서이다. 반려견에게 최소 영양소 필요량을 어떻게 제공해야 할지 제대로 알지 못한다는 뜻이다. '균형 잡힌 식단'(사람마다 정의가 다르므로 사실은 아무런 의미도 없는 용어)에 대한 아주 간략한 버전의 배경 이야기를 소개한다.

이미 설명한 바와 같이 NRC(미국국립연구협의회)는 최소 영양소 필요량을 제시했다. 강아지와 새끼 고양이, 임신했거나 수유 중인 암컷, 성견이 영양 결핍을 피하는 데 필요한 비타민과 미네랄의 기본적인 수치이다. 관련된 실험은 오래전에 윤리적이지 못한 방법으로 행해졌다. 연구자들은 실험 동물들에게 영양을 공급하지 않고 임상적으로 어떤 일이 일어났는지(또는 일어나지 않는지) 기록했다. 그 다음에는 동물들을 희생시켜서 몸 안에서 일어나거나 일어나지 않은 일들을 분석했다. 결과적으로 무수히 많은 영양 관련 질병을 막는 데 필요한 최소 수준의 미량 영양소가 확실히 밝혀졌다. 영양소가 너무 많거나 잘못된 비율로 공급되면 어떤 결과가 나타나는지도 알게 되었다. NRC가 최소 영양소 필요량을 발표한 후 AAFCO(미국)와 FEDIAF(유럽)도 NRC의 정보를 바탕으로 기준을 따로 고안했다. 이 모든 영양 기준에 결함이 있다고 주장하는 사람들이 많고 저자들도 동의한다. 하지만 집 안에서 반려동물을 대상으로 자신도 모르게 영양 결핍 실험을 하고 싶은 사람은 없을 것이다. 연구는 개들이 에너지 1,000칼로리당 생명 유지를 위해 필요로 하는 비타민과 미네랄, 지방산의 수치(밀리그램)에 대한 명확한 지침을 제공했다. 그런데 두 가지 문제가 있다. 이 책의 목표는 단순한 생명 유지가 아니다. 우리는 건강 지킴이들이니까! 둘째, 꼭 필요한 기본 영양소를 얼마나, 어떻게 제공해야 하는지 알기가 어렵고 대부분 잘못 추측된다(수의사들이 홈메이드 식단을 경계하는 이유). 우리는 반려인들이 영양소가 풍부한 식단이 왜 중요한지 이해하고 그것을 제공하는 방법도 알 수 있도록 돕고자 이 책을 썼다.

생식에 찬성하는 이들 중 일부는 NRC가 최소 영양소 필요량을 개발할 때 미가공 육류가 아니라 초가공 사료를 사용했다고 주장하기도 한다. 우리도 같은 생각이다. 그리고 그건 확실히 실험 결과를 왜곡시킬 수 있다. 생식 및 순간 가공 식품을 먹여서 진행한 실험이 나오기 전까지는 현재의 기준으로 반려견의 영양 필요량을 평가해야 한다. 하지만 좋은 소식이 있다. 연구에 따르면 신선식은 흡수와 소화가 더 잘 된다. 현재의 최소 영양소 기준(매우 낮은 기준)으로 신선 및 순간 가공 사료를 분석해보면 그야말로 대박이다. 신선식에는 자연적인 영양소가 가장 많이 들어 있다. 쉽게 말하자면, 당신의 신선 및 순간 가공 식단이 비록 이상적인 최소 영양소 필요량에 못 미치더라도 초가공 사료에 비해서는 더 우수한 영양을 제공한다는 것이다.

문제: 사람들은 신선한 고기와 내장육, 채소를 다양하게 먹이면 반려견에게 필요한 모든 영양소가 충족된다고 생각한다. 하지만 결과는 오히려 참담할 수 있다. 우리는 실제로 슬픔에 잠긴 반려인들을 많이 보았다. 수의사나 수의사 단체는 "집에서 만든 식단을 먹이지 마세요. 아주 위험합니다!"라고 경고한다. 집에서 만든 음식에 대한 우려를 정당화할 만큼 큰 고통과 불행을 겪는 반려인들과 반려동물들을 충분히 많이 보았기 때문이다. 그러므로 그들의 회의적인 태도를 탓할 수는 없다. 집에서 만든 사료는 정말로 최선의 식단인 동시에 최악의 식단일 수 있다.

이 책은 당신의 결정을 단순화하고 반려견의 건강을 지키기 위해 꼭 필요한 변화를 자신 있게 실천하도록 도울 것이다.

해결 방법: 개의 영양소 필요량을 충족하도록 고안된 레시피나 템플릿에 따라 당신이 그것을 제대로 수행할 수 있음을 수의사에게 증명하라. 반려견 영양에 대해 얼마나 많이 공부했는지, 영양소 결핍을 예방하기 위한 지침을 어떻게 따를 것인지 설명하라. 분명 이것

이 모두의 불안감을 누그러뜨릴 것이다.

반려견의 식사를 직접 만들기로 했다면 박수를 보낸다! 그럴 수 있다는 사실에 잠시 감사하는 시간을 가졌으면 좋겠다. 여건이 되지 않는 사람이 많으니까. 강아지의 건강과 수명을 끌어올리기 위한 당신의 헌신을 진심으로 존경한다. 분명 엄청난 보상을 얻을 것이다!

우리는 당신이 다양한 레시피를 시도해보기를 바란다. 혹은 비타민, 미네랄, 아미노산, 필수 지방산 등 최소 영양소 필요량을 충족하는지 검사하기 위해 영양 평가 도구를 사용하기 바란다(홈메이드 레시피를 평가하는 방법은 우리 웹사이트를 참고). 홈메이드 식단은 조리되지 않거나(생식) 조리된 음식을(AGE가 적게 생성되도록 삶는 방법을 추천하지만 원하는 대로 익혀도 된다) 제공할 수 있다. 집에서 시간과 에너지, 돈을 들여 반려견의 식사를 만드는 사람들은 최적의 영양을 제공하는 식단이 최소 영양소 필요량을 충족하는 식단과는 완전히 다르다는 사실을 잘 알고 있다. 이 건강 지킴이들은 자연식의 힘을 진정으로 이해하고, 반려견의 건강을 위해 그 강력한 도구를 최대한 활용하기를 원한다.

합성 영양소는 무엇인가? 실험실에서 만든 비타민과 미네랄이 합성 영양소이다. 인위적으로 만든 영양소로 사람 및 동물용 식품에 영양을 강화할 목적으로 들어간다. 합성 영양소는 품질과 순도는 물론 형태와 종류(소화율, 흡수율, 안전성)도 다양하다. 사람이든 개든 진짜 식품에서 더 많은 비타민과 미네랄을 얻을수록 합성 영양소가 적게 필요할 것이다.

홈메이드 식단에는 두 가지 분류가 있다. (1) 자연식품 레시피(합성 영양소 없음) (2) 합성 영양소를 포함한 레시피.

합성 영양소가 없는 홈메이드 식단

자연식품(홀푸드)을 이용하는 레시피로 모든 영양소가 식품에서 나온다. 반려견에게 필요한 영양을 공급하기 위해 비타민이나 미네랄 보충제를 살 필요가 없다. 셀레늄이 든 브라질 너트라든가 아연이 든 굴이나 조개 통조림처럼 구하기 힘들거나 비싼 재료가 필요할 수 있다. 진짜 음식에서 비타민과 미네랄이 공급되면 반려견의 몸은 그것을 어떻게 처리해야 할 지 정확히 안다. 하지만 최소 영양소 필요량을 채우려면 자연식품을 이용하는 레시피를 아주 정확하게 따라야 한다. 야생의 개는 다양한 사냥감을 먹는다. 또 다양한 신체 부위(눈, 뇌, 부신 포함)를 먹어서 필요한 비타민과 미네랄을 얻는다. 반려견에게 아연을 먹여라. 반려견이 사냥감의 고환, 치아, 설치류 털 같은 부위를(전부 아연이 풍부) 먹을 일은 없으니 아연이 부족할 수 있다. 슈퍼마켓에서 파는 고기와 채소를 준다고 반려견에게 필요한 아연 수치가 충족되지 않는다. 아연이 부족하면 피부 건강이 나빠지고 상처 치유가 더디고 위장과 심장, 시력에 문제가 생긴다. 비타민 D와 E, 요오드, 망간, 셀레늄 등 얻기 어려운 여러 영양소가 부족한 경우도 마찬가지다.

안타깝게도 종합 비타민 보충제 한 가지만으로는 홈메이드 식단의 균형을 맞출 수 없다. 레시피에 들어가는 재료를 임의로 바꾸기 시작하면 균형이 깨져서 '식이 표류dietary drift'가 일어난다. 그러면 영양학적으로 불완전한 조리법을 사용할 때와 마찬가지로 영양 문제가 생길 수 있다. 당연히 수의사가 불안해할 것이다.

반려견용 홈메이드 식사는 생식 또는 화식 상태로 제공할 수 있다. 생고기를 취급하거나 먹일 때는 사람이 먹을 때와 마찬가지로 안전한 방식으로 준비하거나 보관해야 한다. 사람이 먹는 것이든 반려견이 먹는 것이든 고기는 식중독 위험이 있다. 물론 건강한 개는 훨씬 더 많은 세균을 감당하도록 진화했으므로 몸속으로 들어오는 미생물을 훌륭하게 관리할 수 있다. 건식 사료를 먹는 개를 포함해서 건강한 개의 위장관에서는 대장균, 살모넬라, 클로스트리듐이 전부 발견된다. 이런 세균들은 그곳의 '정상적인 거주자'이다.

삶기

삶기는 영양분과 수분을 보존하면서 부드럽게 익혀준다. 음식이 갈색으로 변하지 않으므로 MRP도 적게 생성된다. 고기를 냄비에 넣고 정수된 물을(또는 310쪽에 나오는 홈메이드 뼈 육수나 291쪽에 나오는 보약 버섯 육수도 가능) 고기가 잠길 만큼 넣는다. 요리 전문가들은 이때 생사과 식초를 약간 넣으면 단백질을 '굳힐' 수 있다고 말한다. 과학적인 증거는 없지만 전문가들이 좋다니까 해보자.

70℃까지 가열한다. 이 온도에서 세균은 죽지만 AGE가 대량으로 생성되지는 않는다. 삶는 시간은 고기의 양에 따라 달라진다(보통 적은 덩어리는 5~8분). 영양소 가득한 고기 삶은 물은 같이 급여한다. 허브와 향신료를 첨가할 수도 있다(국물의 폴리페놀 함량과 풍미를 높이려면 291쪽 참조).

홈메이드 자연식은 돈이 가장 많이 들지만(특히 유기농, 자연 방목 재료를 사용할 경우) 반려견에게 줄 수 있는 가장 영양 많고 신선한 음식이다. 일반 농산물과 공장식 축산으로 생산된 육류를 사용하면 비용이 줄어든다. 하지만 유기농 및 자연 방목 재료가 영양소 밀도도 높고 화학물질도 적게 들어 있다. 지역 농축산물을 사용하는 것을 추천한다. 도시에 살고 있다면 농산물 시장이나 식품 협동조합을 통해 지역에서 생산된 농산물이나 육류를 살 수 있다. 만약 개에게 알레르기가 있다면 맞춤식 육류를 먹일 수도 있다. 반려견의 의학적 상태나 영양 상태에 따라 필요한 효능을 갖춘 슈퍼푸드를 추가한다. 이렇게 하면 당신의 개가 무엇을 먹고 있는지 정확히 알 수 있다. 모두 당신이 직접 고른 것이니까. www.freshfoodconsultants.org에서 영양학적으로 완전한 홈메이드 레시피를 제공하는 전문가들의 목록을 찾아볼 수 있다.

반려견이 의학적 문제로 인해 '치료' 식단이 필요하다면 맞춤식 홈메이드 레시피를 제공해줄 수 있는 공인 동물 영양사들이 전 세계에 많이 있다. www.acvn.org에서 찾아보자. www.petdiets.com

의 동물 영양사들은 질병이나 특정한 건강상의 목표가 있는 개들을 위한 생식 또는 화식 레시피를 제공한다.

온라인에서 '반려견 홈메이드 레시피'를 검색하면 온갖 멋진 음식 사진으로 가득한 사이트들이 잔뜩 뜰 것이다. 하지만 역시 조심할 필요가 있다. 홈메이드 레시피(온라인이든 책이든)에는 영양 적정성이 명확해야 한다. 즉, "이 레시피는 (AAFCO, NRC, FEDIAF 등의) 표준에 따른 최소 영양소 필요량을 충족합니다" 같은 표시가 있어야 한다. 또한 재료의 중량이나 부피는 물론이고, 필요 육류 살코기 함량, 열량, 비타민과 미네랄, 아미노산, 지방 함량 등이 제시되어야 한다(379쪽의 보기 참고). 이 정보를 제공하지 않는 레시피는 간식이나 토퍼, 이따금 주는 식사에만 활용해야 한다. 올바르지 않은 레시피를 반려견의 기본 식단으로 활용하면 영양 불균형이 일어나 건강 수명에 부정적인 영향을 미칠 수 있다. www.foreverdog.com에서도 영양학적으로 완전한 레시피들을 제공한다. 다음 페이지의 레시피가 한 예이다. 요즘은 AAFCO, NRC, FEDIAF의 영양 지침을 따르는 믿을 수 있는 회사들에서 나오는 냉동식품이 많아서 반려견에게 신선식을 제공하기가 한결 쉽고 편리해졌다. 하지만 직접 준비한다면 반려견이 더욱 행복해할 것이다!

다음 레시피는 자연 재료를 이용해서 성견을 위한 영양학적으로 완전한 식사를 만드는 예이다(강아지는 미네랄이 더 많이 필요하다. 강아지용 레시피가 성견용 레시피보다 훨씬 복잡하다). 살코기 함량이 매우 높은(90퍼센트 이상) 간 소고기를 사용하고 주요 식품을 추가해 특정 영양소를 충족해야 한다. 예를 들어 생해바라기씨를 갈아서 비타민 E를, 헴프씨드로 알파 리놀렌산(ALA)과 마그네슘을, 대구 간유로 비타민 A와 비타민 D 1,300 IU를, 생강으로 망간을, 요오드 풍부한 해초로 갑상선 기능에 필요한 미네랄을 제공할 수 있다. 재료 하나라도 정해진 양만큼 들어가지 않으면 불균형이 일어난다. 그러면 간식이나 일회성 식사로는 괜찮지만 매일 식단으로는 적절하지 않다. 하루에 필요한 영양소가 제대로 들어 있어서 장기적으로 먹여도 문제가 없는, 영양 분석을 통해 검증된 레시피를 활용하는 것이 가장 중요하다.

성견을 위한 홈메이드 소고기 요리

살코기 함량이 높은 간 소고기(익힘 또는 날것) … 5파운드(2.27kg)

소 간(익힘 또는 날것) … 2파운드(900g)

아스파라거스, 잘게 썰어서 … 1파운드(454g)

시금치, 잘게 썰어서 … 4온스(114g)

생해바라기씨, 가루 … 2온스(57g)

헴프씨드, 껍질 벗긴 것 … 2온스(57g)

탄산칼슘(건강식품 매장 구매) … 25g

대구 간유 … 15g

생강 가루 … 5g

켈프 가루 … 5g

이 레시피의 영양 성분을 하나씩 살펴보면(부록 494쪽 참고) 갑자기 상당히 다르게 보인다. 숫자와 형식이 어렵고 복잡해 보일 수 있다. 반려견의 기본적인 매일 식단을 홈메이드로 준비할 때는 최소한의 영양 적정성을 보장하는 지침을 따르는 것이 중요하다.

합성 영양소가 들어간 홈메이드 식단

합성 영양소가 들어가는 홈메이드 레시피는 합성 비타민, 무기질 및 기타 영양 보충제로 영양 필요량을 맞추는 방법이다. 예를 들어, 브라질 너트가 아니라 건강식품점에서 파는 셀레늄 보충제를 공급한다. 보충제는 영양소의 품질과 형태가 엄청나게 다양해서 개인의 지식 수준이나 철학에 따라 부담스러울 수도, 반가울 수도 있다.

합성 영양소는 다음의 두 가지 범주로 나눌 수 있다. DIY 비타민+미네랄 혼합제, 그리고 홈메이드 식사를 영양학적으로 완전하게 해줄 목적으로 출시된 올인원 제품(종합 비타민과 똑같지는 않다)이 그것이다.

DIY: 반려견용 홈메이드 식단 레시피 중 다수는 비타민이나 미네랄(예: 아연, 칼슘, 비타민 E와 D, 셀레늄, 망간 등) 보충제를 따로 구매해 특정량을 넣도록 되어 있는 경우가 많다. 얼마나 많은 종류의 보충제를 어느 정도 넣어야 하는지는 레시피의 영양소 공급원인 자연 재료에 따라 달라진다. 음식에 없는 영양소는 모두 보충제로 채워야 하기 때문이다.

DIY 믹스의 단점: 거의 12가지나 되는 비타민 및 미네랄 보충제를 구매하기가 부담스러울 수 있다. 정확한 용량을 넣는 것이 매우 중요하므로 알약이나 캡슐을 분쇄하여 가루로 사용한다. 음식과 골고루 잘 섞어야 하는 것은 말할 것도 없다. 사람이 하는 일이기에 실수가 있을 수 있으므로 조심해야 한다. 보충제 믹스를 이용하는 홈메이드 레시피(영양 정보는 500쪽 참조)는 다음 페이지를 참조하라. 이 레시피에는 소 간이 들어가므로 구리와 철분을 보충할 필요가 없다.

DIY 믹스의 장점: 선호하는 형태의 보충제를 이용하는 레시피를 선택할 수 있다. 반려견이 수산염 방광 결석에 취약한데 구연산 칼슘으로 칼슘을 섭취하는 것이 좋다는 사실을 알게 되었다고 가정해보자. 반려견의 고유한 니즈에 가장 잘 맞는 형태의 영양소가 들어가는 레시피를 이용하면 된다. 원한다면 킬레이트 형태의 미네랄을 사용할 수도 있다. 이렇게 큰 자율성에 어떤 사람들은 흥분하고 또 어떤 사람들은 겁에 질린다. 필요한 영양소를 전부 따져서 영양적으로 완벽한 홈메이드 레시피를 직접 만들고 싶다면 www.animaldietformulator.com을 구독해보자. 미국(AAFCO)과 유럽(FEDIAF)의 영양 표준에 맞는 홈메이드 레시피를 만들 수 있다.

홈메이드 식단의 균형을 맞춰준다고 주장하는 반려견용 올인원 비타민+미네랄 믹스에도 다양한 장단점이 존재한다.

가장 큰 단점: 실제로 대부분의 제품이 홈메이드 식단의 균형을 제대로 맞추지 못한다. 종합 비타민이나 미네랄 제품 대부분이 무수히 많은 서로 다른 레시피의 영양 적정성을 확보하기 위한 영양 분석을 거치지 않는다. 따라서 시간이 지남에 따라 영양 결핍 또는 과잉을 초래할 수 있다. 최소 영양소 필요량을 충족하지 못하거나 허용치를 초과하는 올인원 제품들은 심각한 영양 문제를 야기한다(예: 방광 결석, 심장·간·신장 질환, 갑상선 기능 저하증, 성장과 발달 문제).

성견을 위한 홈메이드 칠면조 요리 (DIY 보충제 포함)

살코기 함량 85% 간 칠면조(익힘 또는 날것) … 5파운드(2,270g)

소 간(익힘 또는 날것) … 2파운드(908g)

방울다다기양배추, 잘게 썰어서 … 1파운드(454g)

그린빈, 잘게 썰어서 … 1파운드(454g)

엔다이브, 잘게 썰어서 … 8온스(227g)

건강식품점에서 구입한 보충제 추가

연어 오일 … 1.8온스(50g)

탄산칼슘 … 25g

비타민 B … 1,200IU

비타민 E 200IU

칼륨 2,500mg

구연산 마그네슘 600mg

망간 10mg

아연 120mg

요오드 2,520mg

"반려견의 홈메이드 식사에 1작은술만 넣으면 필요한 모든 영양소가 공급됩니다" 같은 문구로 광고되는 보충제를 보면 의심이 들 수밖에 없다.

의사와 수의사들이 건강 이상을 무조건 영양 결핍이나 과잉과 연관 짓는 것은 아니지만, 여전히 직접적인 상관관계가 있을 수 있다.

홈메이드 식사의 균형을 맞춰주는 잘 배합된 올인원 보충제의 장점은 복잡하게 계산할 것도 없이 한 통으로 끝난다는 점이다. 레시피에 표시된 양을 넣고 잘 섞어서 급여하면 된다. 올인원 비타민 및 미네랄 제품은 여러 영양소를 섞는 것보다 훨씬 간단하고 사용자의 실수를 줄여준다.

일반적으로 **적절한 수준의 합성 비타민과 미네랄을 사용하는 홈메이드 식단은 반려견에게 신선한 홈메이드 식단을 먹이는 가장 저렴한 방법이고 수의사들의 반대도 가장 적다.** 한마디로 필요한 미량 영양소를 간단하게 보충제로 충당하는 방법이다. 이 방법은 당신의 철학에 따라 장점일 수도 단점일 수도 있다. 올인원 보충제를 사용한다면 신선한 음식에서 다양한 영양소를 얻을 수 있도록 홈메이드 식단의 메뉴를 최대한 자주 바꾸는 것이 좋다. 홈메이드 식단을 실천하는 사람들에게 가장 인기 있는 옵션은 다음과 같다. 첫째, www.mealmixfordogs.com은 성견을 위한 생식 또는 화식 홈메이드 식사에 사용하는 올인원 보충제 목록을 제공한다. 둘째, www.balanceit.com은 모든 연령대의 반려견에게(강아지 포함) 적합한 올인원 보충제를 제공하며, 신장에 문제가 있는 개들을 위한 보충제 믹스도 있다.

DIY 홈메이드 식단 보충제

즉시 다운로드 가능한 영양학적으로 완전한 레시피:

- www.foreverdog.com(무료!)
- www.planetpaws.ca

- www.animaldietformulator.com(앱으로 식단 구성을 도와줌)
- www.freshfoodconsultants.org(즉시 다운로드 가능한 영양학적으로 완전한 레시피를 제공하는 전문가와 웹사이트 링크 제공)

올인원 보충제로 직접 식사 설계(재료 직접 선택):

- www.balanceit.com
- www.mealmixfordogs.com

동물 영양사와 함께 만드는 반려견의 건강 상태에 맞춤한 화식 식단:

- www.acvn.org
- www.petdiets.com

신선 식품 컨설턴트와 함께 만드는 영양적으로 완벽한 맞춤 생식 또는 화식 레시피:

- www.freshfoodconsultants.org

반려견 사료 제조 소프트웨어를 구매해 직접 만들기:

- www.animaldietformulator.com(AAFCO와 FEDIAF의 영양 지침 따름)
- www.petdietdesiger.com(NRC 영양 지침 따름)

시판 신선 제품을 이용한 식단

시간 부족이나 여러 가지 여건으로 인해 반려견 식사를 직접 만들기 어렵다면 펫스토어 매장에서 구입할 수 있는(혹은 택배로 배송해주는) 신선식을 이용한다. 선택할 수 있는 옵션이 많고 제각기 장단점이 있다. 다시 한번 강조하지만 반드시 영양 적정성 표시가 된 제품을 구매해야 한다. 생식 제품은 특히 그렇다. 해외에서 판매되는 습식 사료는 최소 영양소 필요량을 충족하지 않는 경우가 많다. 미국의 경우 모든 반려견 사료는 영양학적으로 완전/불완전을 반드시 라벨에 표시해야 한다. 영양학적으로 불완전한 제품에는 '간헐적 또는 보충적 급여용'이라는 라벨이 붙어야 한다. 즉, 간식이나 토퍼, (주 1회) 식사로만 급여해야 한다. 한 단계 수준 높은 접근법에 투자할 시간과 관심이 있는 반려견 부모라면 부족한 영양소를 계산하고 보충해서 식단의 균형을 맞춰줄 수 있다. 이 제품들은 영양학적으로 완전한 제품보다 훨씬 저렴해서 이용하는 사람들이 많다. 그들이 집에서 고기나 뼈, 내장육, 간 고기의 균형을 맞출 수 있도록 도움을 주는 웹사이트도 많이 있다. 이 옵션을 선택하면 계산 작업이 꽤 많이 필요할 것이다. 다수의 생식 사료 업체들은 '진화적으로 개가 필요로 하는 모든 비타민과 미네랄 제공'이라는 교묘한 문구를 내세워 영양소가 부족한 일명 '프레이 모델prey model 제품'을 판매한다. 포장지에 NRC나 AAFCO, FEDIAF의 기준을 충족한다는 표시가 없는 제품은 간식이나 토퍼로만 급여하자. 매일의 식사로 주어서는 안 된다(부족한 영양소를 직접 채우지 않는 이상). 그러나 영양소 배합이 제대로 된 생식 제품도 많으므로 라벨을 잘 조사한다.

영양학적으로 완전한 생식 또는 화식
(합성 영양소 유무)

영양학적으로 완전한 화식 또는 생식 제품은 매우 편리하다. 해동해서 먹이기만 하면 된다. 물론 냉동 공간이 필요하고 급여할 음식을 미리 해동해두는 것을 까먹으면 안 된다. 또 스스로 공부도 많이 해야 한다. 새롭게 생겨나는 많은 생식 사료 업체들(특히 외국의 업체들)이 최소 영양소 필요량을 충족하지 못하는 제품을 생산한다. 일부는 질 나쁜 재료를 사용하기도 한다. 세계적으로 반려견 생식 급여가 늘어나는 추세인 것은 무척 반가운 일이다. 하지만 영양학적으로 불완전한 식단을 제공하는 견주들이(또는 영양 지침을 따르지 않는 기업들이) 많이 늘어나고 있다는 점은 큰 문제이다. 511쪽에서 영양 적정성 표시가 없는 제품이나 '간헐적 또는 보충적 급여용' 제품들에 관해 더 자세한 정보를 얻을 수 있다.

앞서 언급한 것처럼 FDA는 미국에서 판매되는 모든 반려견용 식품에서 병원성 세균 무관용 정책을 실행한다. 사료 업체의 웹사이트에서도 식품 안전 문제를 어떻게 취급하고 있는지 확인할 수 있다.

가볍게 조리한 화식 제품은 품질이 천차만별이다. 한마디로 시중에서 판매하는 반려견용 화식은 영양 적정성, 원재료의 품질, 업체의 품질 관리 기준에 따라 최고의 식품이 될 수도, 최악의 식품이 될 수도 있다. 슈퍼마켓이나 대형 할인점에서 파는 일부 휴먼 그레이드 냉장 사료는 보관 기간이 6개월이라고 되어 있는데, 도저히 불가능한 일처럼 느껴진다. 상식대로라면 냉장육은 최대 1주일 내로 사용해야 한다. 덜 가공된 더 품질이 좋은 제품을 냉동 코너에서 찾을 수 있다. 반려견 사료 숙제는 이 카테고리의 좋은 제품과 나쁜 제품을 평가하는 유용한 도구가 되어준다.

동결 건조 사료

이 식품 유형은 중량당 가격이 가장 비싸다. 동결 건조 기술에 많은 비용이 들기 때문이다. 하지만 최소한의 가공을 거친 상온 보관 사료를 찾는다면 이것이 좋은 선택이 될 수 있다. 이것은 기본적으로 생원료를 진공 상태에서 순간 동결시킨 제품이다. 동결 건조는 제품을 얼린 후에 기압을 낮춰 얼음을 승화시켜서 수분을 거의 전부 제거하는 과정을 거친다(승화는 얼음이 액체 상태를 건너뛰고 기체로 변하는 것을 말한다).

앞에서 말했듯이 동결 건조 사료는 물이나 육수, 식힌 차(307쪽 참조)로 불려서 급여해야 한다(그렇게 어려운 일은 아니지만 사료 봉지에서 그냥 퍼주는 것보다는 수고가 더 필요하다). 동결 건조 사료는 보관이 편리해서 바쁜 사람들에게 안성맞춤이다. 냉동실도 필요 없고 전날 미리 꺼내둘 필요도 없다. 일부 동결 건조 제품은 '토퍼' 라벨이 붙어 있고 영양학적으로 완전하지 않다. 반려견의 기본 식사로 제공할 때는 영양 적정성 표시를 반드시 확인한다.

탈수 건조 사료

사료 브랜드를 선택하기 전에 반려견 사료 숙제를 완료하는 것을 추천한다. 특히 탈수 건조 사료를 고를 때는 더욱 중요하다. 이 사료 유형은 연구가 가장 많이 필요하다(그래서 마지막에 소개한다).

탈수 건조 사료를 만드는 방법은 두 가지가 있다. 첫째, 생식 사료 업체가 생식 사료의 수분을 제거해서 만든다. 그런 제품은 생원료로 만들고 곡류나 녹말을 많이 포함하지 않아서 매우 훌륭하다. 동결 건조 사료 못지않게 괜찮다.

탈수 건조 사료가 만들어지는 두 번째 방법은 약간 혼란을 일으킨다. 즉, 업체가 이미 탈수가 이루어진 원재료를 구매해서(탄수화물 포함) 사료로 재가공한다. 시중에 판매되는 탈수 건조 사료는 대부분 탄수화물이 많이 들어 있다. 또한 재료를 공급하는 업체들이 제각각 다른 온도로 재료의 수분을 제거하므로(영양소 손실과 AGE 생성) 일부 탈수 건조 사료는 최선 등급(순간 가공 사료)에 속하지 않는다. 그래도 많은 브랜드의 탈수 건조 사료가 최선 등급에 속한다. 라벨을 제대로 살펴보는 것이 중요하다.

탈수 건조 사료는 저온의 약한 열로 재료에서 수분을 서서히 제거한다. '공기 건조' 사료를 생산하는 일부 기업은 탈수와 공기 건조가 똑같은 가공법이라고 주장한다. 원칙적으로는 맞는 말이지만(두 공법 모두 공기로 수분을 제거한다) 공기 건조는 계속해서 고열을 가하므로 MRP가 생성된다. 제조업체에 가공 온도를 문의하면 혼란이 바로 해결될 것이다. 반려견 사료 수학 점수가 괜찮게 나오는 브랜드, 즉 가장 낮은 온도에서 탈수 건조하는 회사의 제품을 선택하라.

과제 3:
신선식 비율을 선택하라 -
25퍼센트, 50퍼센트, 100퍼센트 업그레이드

이제 반려견의 식단과 관련된 첫 번째 목표를 세워야 할 시간이다. 더 신선한 순간 가공 사료를 얼마나 자주 먹일 것인가? 매끼? 아니면 일주일에 몇 번? 잘 감이 잡히지 않는다면 반려견의 식단에서 초가공 사료를 얼마나 줄일지(혹은 아예 없앨지) 생각해보자.

선택이 복잡하지 않도록 식단 업그레이드의 기본적인 비율을 미리 정해두었다. 즉, 4분의 1 또는 절반 또는 전체를 신선식으로 바꾸는 것이다. 초가공 식단을 신선식 또는 순간 가공 식품으로 바꾸면 반려견의 건강을 끌어올릴 수 있다. 어떤 비율을 선택하든 칼로리의 10퍼센트를 CLT로 급여하는 규칙은 똑같다. 당장 식단을 바꾸지 않아도 괜찮다. 계속 읽어주기 바란다.

초가공 사료 강화: 신선식 비율이 25퍼센트만 되어도 좋다. 반려견의 하루 열량 중 25퍼센트만 좀 더 신선한 순간 가공 식품으로 급여해도 건강에 좋은 효과가 있다. 신선 식품이 25퍼센트이고 핵심 장수 토퍼가 10퍼센트이므로 결과적으로 하루 칼로리의 약 3분의 1을 신선 식품으로 섭취하는 것이다.

50퍼센트 업그레이드: 하루 칼로리의 50퍼센트를 좀 더 신선한 순간 가공 식품으로 바꾸는 것이다(거기에 CLT 10퍼센트까지). 결과적으로 하루 칼로리의 약 3분의 2를 신선한 음식으로 섭취하는 셈이다!

100퍼센트 업그레이드: 반려견의 장수에 집요한 사람들이 가장 선

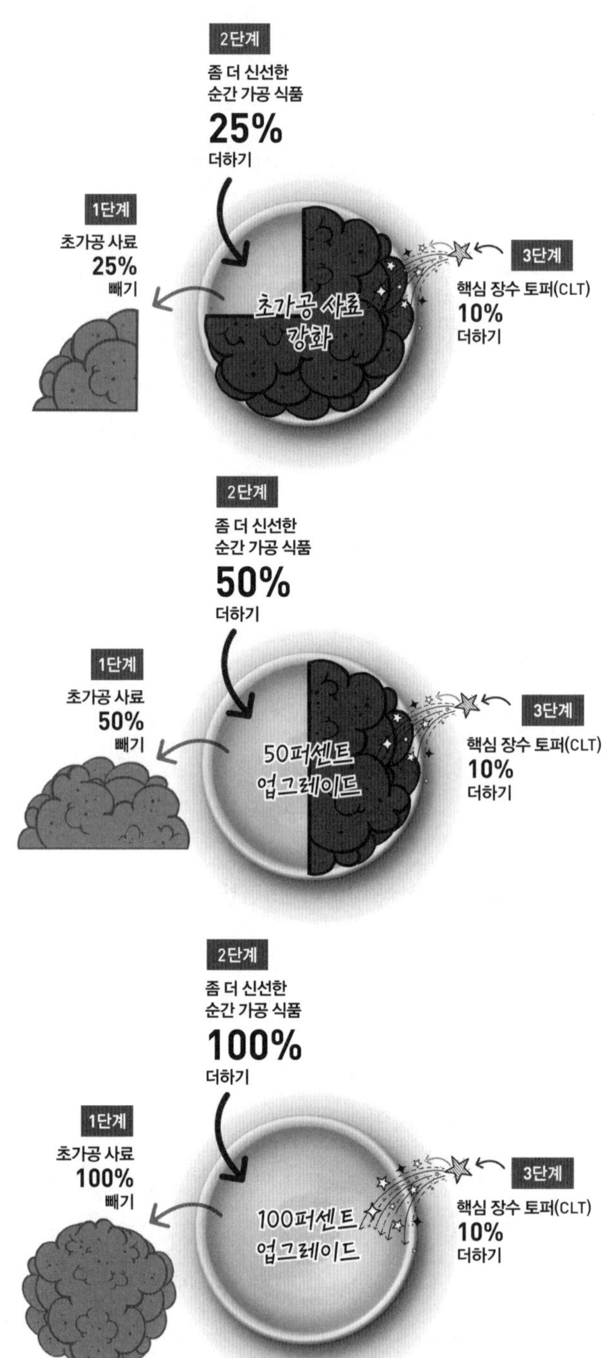
2단계
좀 더 신선한
순간 가공 식품
25%
더하기
1단계
초가공 사료
25%
빼기
초가공 사료
강화
3단계
핵심 장수 토퍼(CLT)
10%
더하기
2단계
좀 더 신선한
순간 가공 식품
50%
더하기
1단계
초가공 사료
50%
빼기
50퍼센트
업그레이드
3단계
핵심 장수 토퍼(CLT)
10%
더하기
2단계
좀 더 신선한
순간 가공 식품
100%
더하기
1단계
초가공 사료
100%
빼기
100퍼센트
업그레이드
3단계
핵심 장수 토퍼(CLT)
10%
더하기

호하는 것은 반려견의 식단에서 초가공 식품을 아예 없애는 것이다. 만세! 하루 열량의 100퍼센트를 가장 건강에 좋은 식품, 즉 신선한 순간 가공 제품으로 섭취하게 된다. 지금쯤이면 잘 알겠지만 우리의 목표는 개인의 예산과 생활 방식에 따라 반려견에게 가장 신선하고 가장 영양이 풍부한 음식을 제공하는 것이다. 따라서 100퍼센트 업그레이드가 가장 좋은 방법이다!

물론 이 비율은 그저 제안일 뿐이다. 신선식을 하나만 고를 필요도 없다. 다양한 신선식을 조합하는 방법이 실용적이라고 생각하는 사람들이 많다. 시간이 넉넉할 때는 직접 만들어주고, 주말에 캠핑갈 때는 동결 건조 사료를 먹이고, 주중에는 시판 생식 및 화식 사료를 먹이는 등 여러 방법을 섞어서 활용하는 것이다. 이미 반려견에게 신선한 음식을 먹이고 있다면 미생물 군집과 영양소 다양화를 위해 레시피, 브랜드, 단백질 공급원 변수를 개선하기 위해 노력할 수도 있을 것이다. 반려견이 다양한 음식을 먹는 것에 익숙하지 않다면 당신의 일정, 예산, 냉동실 공간에 따라 여러 유형을 조합해 급여할 수 있다.

포에버 도그 식단의 첫 번째 보기는 일주일에 3회 식사를 100퍼센트 신선식으로만(체크 표시된 부분) 제공한다. 이를테면 퇴근이 빠른 날 반려견에게 홈메이드 식사를 만들어준다. 나머지 식사는 CLT를 통해 영양을 강화한다.

두 번째 보기는 50퍼센트 업그레이드이다. 식사의 50퍼센트, 즉 주 14회 식사의 6회를 신선식으로 급여한다. 생식 사료와 건식 사료를 절반씩 주거나, 동결 건조 사료와 화식 사료를 섞어서 줄 수도 있

〈보기 1〉
사료 급여 일정

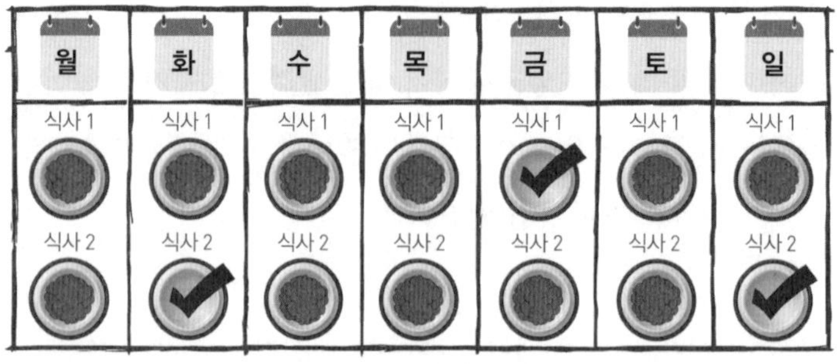

〈보기 2〉
사료 급여 일정

월 화 수 목 금 토 일
식사 1
식사 2

다. 짐작 가겠지만 조합의 가능성은 무궁무진하다. 10% CLT를 잊지 않는다.

식사 업그레이드는 모 아니면 도 같은 일이 아니다. 우선 일주일에 몇 끼를 업그레이드하자. 작은 것부터 시작하라. 간식의 질을 높이는 일부터 시작해도 된다. 동결 건조나 탈수 건조한 100퍼센트 육류 간식이 슈퍼마켓에서 파는 탄수화물 범벅의 초가공 간식보다 훨씬 낫다. 집에 건조기가 있다면 신선한 장수 식품을 저렴하고 안전한 간식으로 직접 만들 수 있다. 식사를 업그레이드하는 데 시간이 오래 걸려도 괜찮을까? 물론이다. 좀 더 나은 건식 사료를 시도하는 것부터 첫발을 떼도 될까? 당연하다. 편한 것부터 뭐든 일단 시작하는 것이 중요하다.

새로운 음식을 처음 시도할 때

반려견의 식단에 새로운 음식을 추가할 때는 절대로 서둘러선 안 된다. CLT를 시도하는 동안은 기본 식단을 똑같이 유지하자. 그래야 개의 미생물 군집이 '추가'로 섭취되는 새로운 음식에 적응할 시간이 생긴다. 특히 현재 초가공 사료를 주로 먹거나 소화 장애가 있는 반려견이라면 더욱 신경 써야 할 문제이다. 그런 반려견은 미생물 군집이 다양하지 않아서 음식이 갑자기 크게 바뀌면 장에 문제가 생길 수 있다. 음식 다양성을 추구할 때는 절대 서둘러서는 안 되고 꾸준함이 필요하다. 반려견이 예민하다면 상(간식)이나 식사 토퍼로 CLT를 하나씩 시도해보는 것을 추천한다. 그리고 인내심을 가져라. 반려견이 오늘 동전만 한 지카마를 먹지 않는다고 좌절할 필요는 없다. 내일 다시 시도하자. 건강은 장거리 마라톤이니까.

프로 팁: 100퍼센트 호박 퓌레 통조림(또는 찐 생호박)을 식사에 섞어서 주면 묽은 변을 예방해 개들의 식이 변화가 좀 더 수월해질 수 있다(체중 10파운드당 1작은술씩). 건강식품점에서 구매 가능한 슬리

퍼리 엘름 분말도 묽은 변을 막아주는 효과가 뛰어나다. 천연 위장약이다. 또 설사에는 활성탄이 효과가 좋다(역시 건강식품점에서 구매 가능). 보통 체중 25파운드(약 11킬로그램)당 1캡슐을 먹이면 된다. 변이 100퍼센트 정상으로 돌아온 후에 새로운 음식을 다시 시도하자.

예민한 위장을 위한 또 다른 보충제

(새로운 음식을 시도하기 전에) 현재 반려견의 식사에 프로바이오틱스와 소화 효소를 첨가해주면 위장이 새로운 음식과 영양소를 좀 더 수월하게 받아들일 수 있다. 이 보충제들은 가스가 차고 위장에 탈이 나기 쉬운 반려견들의 소화 스트레스를 줄여준다. 소화 효소가 음식물의 소화와 흡수를 돕는다면, 프로바이오틱스는 (8장에서 살펴보았듯이) 위장관 내의 균형을 유지해주는 유익균이다. 온라인이나 오프라인에서 아밀레이스(탄수화물 소화)와 리파아제(지방 소화), 프로테아제(단백질 소화)를 추가로 공급해주는 소화 효소를 다양하게 구입할 수 있다. 다양성을 위해 여러 브랜드 제품을 사용해 보자.

다양성은 삶의 향신료

반려견의 식단 다양화는 근본적으로 영양소와 미생물 군집의 다양화를 의미하므로 개의 전반적인 면역에 도움이 된다. 생허브와 향신료를 더하거나, 간식으로 새로운 단백질을 공급하거나, 사료 브랜드를 바꾸는 일들이 전부 반려견의 몸과 미각에 새로운 모험을 선사한다. 반려견의 식사와 단백질, 조리법을 얼마나 자주 바꿔줄지는 당신의 생활 방식에 달려 있다. 어떤 사람들은 자신이 매번 새로운 음식을 먹는 것처럼 반려견에도 매번 다른 음식을 준다. 또 어떤 사람들은 한 봉지(혹은 한 상자)를 다 먹을 때마다 또는 달마다, 계절마다, 분기마다 단백질과 브랜드를 바꾼다. 얼마나 자주 바꿔야 할지 정답은 없으니 당신의 생활 방식과 개의 몸 상태에 따라 진행하면 된다.

반려견의 입맛이 까다롭거나 장이 예민하다면 새로운 음식과 브랜드를 좀 더 천천히 시도한다. 또한, 알레르기나 과민성대장증후군처럼 특정한 건강 이상이 있는 개들에게는 특히 효과가 뛰어난 간식이나 토퍼, 단백질, 브랜드, 레시피가 있을 것이다. 효과적인 것들을 다양하게 활용해보자. 어떤 음식을 처음부터 잘 먹는지, 처음에는 거부하다가 새로운 방식으로 여러 번 주면(처음에는 생으로 주지 말고 살짝 익혀서 준다) 잘 먹는 음식은 무엇인지, 전부 반려견 일지에 기록한다. 음식의 종류, 급여 일정, 포에버 도그 식단을 여러모로 즐겁게 실험해본다. 이 과정에서 자신과 반려견에게 맞는 방식을 추구한다. 절대로 다른 사람들이나 다른 반려견과 비교하지 말라. 당신과 당신의 반려견은 다른 이들과 다르다. 따라서 당신의 철학도, 접근법도 고유할 수밖에 없다.

반려견과 함께하는 미각 발견 여행

당신의 강아지가 이 책에서 제안하는 모든 음식을 좋아하지는 않겠지만 바로 거기에 즐거움이 숨어 있다. 반려견이 좋아하는 음식을 찾아가는 여정이 당신과 반려견 모두에게 큰 즐거움을 주리라 확신한다. 반려견에게 새로운 생식을 한 조각 줄 때마다 녀석의 감각을 자극하고 두뇌를 움직이게 하는 것이다. 녀석이 새로운 음식을 좋아하지 않더라도 계속해서 개가 먹어도 안전한 여러 음식을 시도해보자. 당신과 반려견의 미각 여행은 반려견이 세상을 떠나는 날까지 계속될 것이다!

변을 유심히 살펴라

변은 반려견의 소화계가 새로운 음식에 얼마나 잘 반응하는지(장이 얼마나 건강한지) 보여주는 훌륭한 지표이다. 매일의 변 상태를 살펴보면서 CLT나 식단 전환 속도를 가늠하는 것이 좋다. 묽은 변을 본다면 속도를 늦추고 양을 줄인다. 모든 개가 저마다 다르므로 반려견의 고유한 생리를 이해하고 맞추는 것이 중요하다. 만약 한 번도 신선하고 새로운 음식을 먹어본 적 없는 강아지라면 CLT에 관심조차 보이지 않을지 모른다. 실망하지 말고 다른 음식을 계속 시도하자. 마침내 녀석이 좋아하는 것을 한두 개 찾을 때까지. 반려견의 뇌와 몸이 감당할 수 있는 속도로 천천히 음식을 다양화한다. 반려견의 미각이 확장됨에 따라 녀석의 취향을 알 수 있는데, 시간이 지나면서 그것이 어떻게 변하는지도 관찰할 수 있다.

변이 안정되고 식단을 업그레이드할 준비가 되었다면, 변의 상태를 바탕으로 변화의 속도를 결정할 수 있다. 보통 건강한 개의 식단을 변경할 때의 지침은 기존 식단의 10퍼센트를 새로운 음식으로 바꾸는 것부터 시작하라는 것이다. 다음날 변 상태가 괜찮으면 새로운 음식의 양을 매일 5~10퍼센트씩 늘려나간다. 그렇게 기존 식단이 완전히 새로운 식단으로 대체된다. 묽은 변을 본다면 변이 정상화될 때까지는 새로운 음식의 양을 늘리지 않는다. 반려견 사료 숙제의 결과에 따라 현재 사료 브랜드를 더 건강한 브랜드로 바꾸기로 했다면, 기존의 사료가 떨어지기 훨씬 전에 새로운 사료를 구입하거나 직접 만들어야 한다. 현재 사료를 다 소진한 다음에 곧바로 식단을 바꾸는 것은 결코 좋은 생각이 아니다. 장내 미생물이 적응할 시간이 있어야만 몸도 식단 변화를 잘 받아들인다.

반려견이 새로운 음식을 잘 먹고 변 상태도 괜찮다면 그때 새로운 브랜드나 레시피, 새로운 단백질 공급원을 찾는 즐거운 과정을 시작할 수 있다. 장이 건강한 사람이 매일 다양한 음식을 먹을 수 있는 것처럼 개도 그렇게 할 수 있다. 다양성이 삶의 향신료라는 말은 정말이다. 미생물 군집과 영양상의 이점을 위해 모든 동물에게 다양성은 꼭 필요하다.

당신의 생활 방식에 효율적으로 잘 맞는 포에버 도그 식단을 세우는 것이 무엇보다 가장 중요하다. 많은 건강 지킴이들이 홈메이드 음식이든 좀 더 건강에 좋은 시판 제품이든 반려견에게 일주일에 몇 번씩 다양하게 제공하는 것을 무척 즐거워한다. 그런가 하면 또 어떤 사람들은 그렇게 세세한 계획을 세우기에는 감정적, 시간적, 금전적 여유가 없다. 그래서 현재 사료가 떨어져가면 새로운 브랜드(또는 새로운 단백질)를 구매해보는 정도만 한다. 현재 사료와 새로운 사료를 절반씩 섞어서 급여하다가 기존 사료가 다 떨어지고 새로운 사료가 절반쯤 남으면 또 새로운 제품을 사고, 그 과정을 반복한다. 매번 사료 브랜드를 바꾸고 CLT나 냉장고에 있는 개에게 안전한 음식을 추가해서 반려견의 미생물 군집을 풍부하게 하는 것이다. 이것도 반려견의 영양소 섭취를 다양화하는 좋은 방법이다. 자신에게 잘 맞는 방법을 활용하면 된다.

건식 사료에 추가하기 좋은 음식들

- **딸기, 블랙베리**는 마이코톡신에 의한 산화적 손상을 방지한다.
- **당근, 파슬리, 셀러리, 브로콜리, 콜리플라워, 방울다다기양배추**는 마이코톡신의 발암 효과를 줄여준다.
- **브로콜리 새싹**은 AGE로 인한 염증을 억제한다.
- **강황**과 **생강**은 마이코톡신에 의한 손상을 완화한다.
- **마늘**은 마이코톡신에 의한 종양 발생을 감소시킨다.
- **녹차**는 마이코톡신에 의한 DNA 손상을 줄여준다.
- **홍차**는 마이코톡신 손상으로부터 간을 보호하고 체내 AGE 형성을 억제한다.

주말 동안 반려견을 맡는 전남편이 건식 사료만 먹인다면 당신이 돌보는 주중에는 신선식을 제공하는 것이 좋다. 음식은 치유할 수도 있고 해를 끼칠 수도 있다. 이건 아무리 강조해도 지나치지 않다. 현명한 선택을 할 수 있는 도구는 당신에게 있다. 그러나 이 지식 때문에 스트레스를 받아서도 안 된다. 어디까지나 가능한 최선을 다해서 반려견을 건강하게 하는 것이 목표다. 지식은 좋은 음식을 다양하게 제공하고 걱정을 없앨 만큼이면 충분하다. 사람과 마찬가지로 개들도 가끔은 '패스트푸드'를 먹어도 괜찮다. 관건은 초가공 사료를 주요 영양 공급원으로 하는 생활 습관을 만들지 않는 것이다.

식사량 조절 및 급여 음식의 양

지금 당장 반려견의 기본 식단을 바꿀 생각이 없고 반려견의 체중도 최적 수준이라면 급여 칼로리를 바꿀 필요는 없다. 하지만 식사 윈도eating window를 계속 감시해야 한다(8시간이 가장 좋다). 식단의 25퍼센트, 50퍼센트, 또는 100퍼센트(또는 그 밖의 비율)를 좀 더 신선한 순간 가공 식품으로 업그레이드할 때, (음식의 부피나 양이 아닌) 칼로리를 기준으로 반려견이 새로운 음식을 얼마나 먹을지 계산해야 한다.

하지만 새로운 음식을 얼마나 급여할지 어떻게 알까? 현재 반려견의 식사량은 알지만(예: 하루에 한 컵씩 두 번) 섭취하는 칼로리가 얼마인지는 모를 수도 있다. 칼로리 정보는 사료 봉지에서 찾을 수 있다. 사료마다 칼로리가 다르고 차이가 클 때도 있으므로 그냥 간단하게 이 브랜드를 저 브랜드로 바꿀 수는 없다. 반려견이 하루에 얼마나 많은 칼로리를 소비하는지 안다면 현재 체중을 유지하는 데 필요한 새로운 음식의 양을 계산할 수 있다. 요컨대, 그동안 먹었던 것과 똑같은 양의 칼로리를 섭취해야만 현재 체중을 유지할 수 있다.

식단을 바꿀 때의 칼로리 계산법

사료 포장지에서 칼로리 정보를 찾자. 예를 들어, 현재 사료가 1컵당 300칼로리이고 하루에 두 컵을 먹는다면 총 600칼로리를 섭취하는 것이다. 식사의 50퍼센트를 신선식으로 바꾼다고 가정해보자. 전체 칼로리의 50퍼센트가 새로운 음식에서 나와야 하므로 기존 음식 300칼로리 + 새로운 음식 300칼로리가 되어야 한다. 새로운 음식이 1컵당 200칼로리라면 새로운 음식 1.5컵(300칼로리)과 기존 음식 1컵(300칼로리)을 먹어야 한다. 체중(킬로그램)에 30을 곱한 다음 70을 더하면 반려견의 일일 필요 열량이 나온다. 체중이 22.7킬로그램(50파운드)이라면, 22.7 × 30 + 70 = 751칼로리가 필요 열량이다. 운동에 필요한 열량을 고려하지 않은 수치이므로 활동량에 따라 높이거나 낮추면 된다.

식단 조합에 관한 잘못된 고정관념

포유류(개와 사람 모두)는 익힌 것과 날것을 동시에 소화하지 못한다는 잘못된 정보가 도시 괴담처럼 퍼져 있다. 지난 10년 동안 기승을 부려온 근거 없는 고정관념을 없애고자 이 소단원 하나를 전부 할

애할 생각이다. 동물 내과 전문의 레아 스토그데일Lea Stogdale 박사는 말한다. "개들은 생리적으로 무엇이든 먹을 수 있도록 적응했습니다. 날것, 익힌 것, 고기, 곡물, 채소…. 이미 잔뜩 먹은 후에도 먹을 수 있죠." 연구에 따르면 날것이나 익힌 단백질, 지방, 탄수화물을 한 끼에 같이 먹어도 소화에 부정적인 영향을 미치지 않는다(사람과 개 모두). 건강한 사람은 샐러드(생채소)와 크루통(익힌 탄수화물), 닭가슴살(익힌 단백질) 또는 초밥(익히지 않은 단백질과 익힌 탄수화물), 해초 샐러드(생채소)를 같이 먹어도 소화계 혼란(구토 또는 설사)이 일어나지 않는다. 마찬가지로, 건강한 개들도 생식과 화식을 동시에 섭취할 수 있다(수천 년 동안 그래왔다). 연구는 개들도 한 끼 식사에 섞여 있는 지방, 단백질, 탄수화물(당류)을 효과적으로 흡수한다는 것을 증명한다. 평소 영양소를 나누거나 시차를 두고 섭취한다면(생식 탄수화물 또는 화식 탄수화물, 지방 및 단백질을 특정한 순서에 따라 먹는다면) 반려견에게도 똑같이 해도 되지만 굳이 그럴 필요는 없다. 개는 똥을 먹고 엉덩이를 핥지만 우리보다 소화계의 회복력이 훨씬 더 강하다. 췌장염에 걸린 적이 있거나 '장이 예민한' 개라면 새로운 음식을 수월하게 받아들일 수 있도록 소화 효소와 프로바이오틱스를 첨가하자.

타이밍의 힘

기억하자. 과학에 따르면 언제 먹는지는 무엇을 먹는지만큼이나 중요하다. **이 두 가지는 수명과 건강 수명을 결정하는 가장 중요한 요소이**

다. 당장 반려견의 식단을 바꾸는 것이 너무 벅차거나 불가능하다고 생각된다면, 일단 타이밍을 바꾸는 것부터 시작해보자. 사치다난다 판다 박사와 데이비드 싱클레어 박사는 규칙적인 칼로리 제한(매일 정해진 열량을 급여하는 것)과 식사 타이밍으로 신체 고유의 일주기 리듬을 맞추고 신진대사를 최적화하는 방법을 적극적으로 추천한다. 판다 박사는 말한다. "모든 호르몬과 소화액, 모든 뇌 화학물질, 모든 유전자(인간의 유전체도 마찬가지)는 저마다 하루 중 다른 시간에 고양되었다가 쇠퇴합니다." 그는 장내 미생물이 신체의 일주기 리듬을 따른다는 사실도 강조한다. 예를 들어 몇 시간 동안 음식물을 섭취하지 않으면 장의 환경이 평소와 달라진다. 다른 세균들이 증식하므로 장 청소에 도움이 된다. 일관성 있는 식사와 공복 리듬은 다양한 장내 세균을 증식시킨다. 미생물 군집의 구성은 햇빛과 호르몬 분비 같은 다른 신호들과의 관계 속에서 우리가 무엇을 언제 먹는지에 따라 좋은 쪽으로든 나쁜 쪽으로든 매일 변화한다.

판다 박사는 시간 제한 급여를 적극적으로 추천한다. 야행성을 제외하고 어둠 속에서 먹는 동물은 없다는 그의 설명은 고개를 끄덕이게 한다. 개는 밤에 사냥하지 않는다. 해가 지면 먹는 것을 멈춘다. 문제는 온종일 블라인드가 굳게 닫힌 집에 살면서 해가 뜨고 지는 시간을 분간하지 못하는 개도 있다는 것이다. 판다 박사는 간헐적 단식보다 시간 제한 급여를 선호한다(하루 중 먹는 시간대, 즉 식사 윈도를 설정하는 것이다). 간헐적 단식은 치팅을 부추기기 때문이다. 예를 들어, 아침에 단식하고 점심에 첫 끼를 먹고 잠자기 전에 또 잔뜩 먹게 될 수 있다.

반려견의 일주기 리듬을 이해하고 거기에 맞추면 이점이 무척 많다. 회복력과 생식 건강, 소화력, 심장 건강, 호르몬 균형이 개선되고 활력이 증가한다. 우울증과 암 위험, 염증, 체지방, 혈압이 줄고 운동 협응 능력이 개선된다. 그 밖에도 장 스트레스 감소, 혈당 개선, 근육 기능 개선, 수명 증가, 감염 중증도 감소, 뇌 건강 개선, 수면 개선, 치매 위험 감소, 불안감 감소, 주의력 개선 등 그 효과가 무궁무진하다!

미국 국립노화연구소 마크 맷슨 박사의 연구가 이를 확인해준다. 섭취 칼로리가 동일하더라도, 8~12시간 주기로 음식물을 섭취한 생쥐가 음식에 무제한으로 접근할 수 있는 생쥐보다 더 오래 산다. 이 사실을 기억하는 가장 쉬운 방법이 있다. 생체 시계가 준비되었을 때 먹으면 건강에 좋다. 생체 시계가 준비되지 않았을 때 먹으면 똑같은 음식이라도 몸에 해로울 수 있다. 개들의 일주기 리듬을 맞추면 건강을 유지하고 노화에 따른 병을 예방하는 데 큰 도움이 될 것이다.

싱클레어 박사도 똑같은 조언을 한다. 저자들은 그에게 단도직입적으로 물었다. "연구를 통해 얻은 지식 중 무엇을 반려견에게 직접 실천하고 있나요?" 그의 대답은 간단하지만 강력했다. "최대한 정상 체중을 유지하고 과식하지 말고 운동을 많이 하는 것이죠. 배고픔을 느껴도 괜찮습니다." 그는 이 사실을 거듭 강조했다. 생각해보자. 고대에는 사람도 개도 하루에 여러 번 식사하고 간식까지 먹는 사치를 누리지 못했다. 매일 아침 똑같은 시간에 배를 채울 보장이 없었다. 개들은 다음 사냥에 성공할 때까지 금식했다. 현대의 식사 관행은 풍요로 인한 문화와 습관의 산물에 가깝다. 시간 제한 급여(time-restricted feeding, TRF)에는 다양한 방법이 있다. 우선 '식사 윈도'

를 정하는 것부터 시작한다. 반려견의 밥그릇에 항상 사료를 채워두는 사람들이 있는데 우선 이것부터 그만두어야 한다. 당신의 반려견이 먹고 싶을 때 '언제든' 먹을 수 있는 시절은 이제 끝났다. 사실 그것은 천국에서나 가능한 일이다. 지구에 있는 동안은 지상의 규칙과 생리 원칙을 지켜야 한다. 반려견의 생리에 맞추는 것도 그중 하나다. 당신의 반려견은 염소가 아니다! 반추동물이나 다른 채식주의 동물(소나 말 등)은 온종일 간식을 먹어야 한다. 풀로 에너지와 영양분을 얻는 덩치 큰 동물은 1,000파운드(약 450킬로그램)의 체중을 유지하기 위해 엄청나게 많이 먹어야 한다. (끊임없이 씹기 위한) 널찍하고 평평한 어금니부터 그 많은 풀을 다 분해하는 기다란 소화관까지, 그들은 끊임없이 먹어서 엄청난 신진대사 기계에 연료를 공급하기 적합하도록 설계되었다. 개는 정반대이다.

수의사들은 특정한 질병에 금식을 종종 권한다. 독성 부작용을 줄이고 화학 요법이나 구토, 설사를 개선하는 목적으로 말이다. 하지만 예방을 중요시하는 수의사들은 TRF가 건강한 개들에게 효과적이라는 사실을 알고 처방한다. 단식은 당신과 수의사의 소관이지만, 시간 제한 급여는 금식이 아니다. 평소와 똑같은 칼로리를 하루 중 특정 시간에만 먹도록 하는 것이다.

정해진 시간대에 '표적 칼로리 섭취'를 하고(정상 체중의 개들은 8시간이 가장 좋다) 잠자기 최소 두 시간 전에는 모든 칼로리를 끊는다. 하루 8시간 동안만 먹는 표적 칼로리 소비는 시간 제한 급여를 가리키는 우리만의 표현이다. 시간 제한 급여보다는 좀 더 부드러운 느낌을 준다. 실제로 뭔가를 제한하는 것이 아니라 전략적으로 칼로리를 의식하는 것이다.

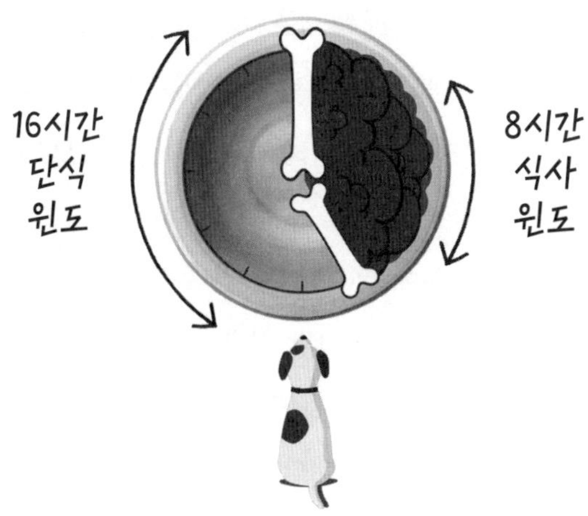

우리는 수많은 건강 지킴이들에게 TRF를 추천했는데 피드백이 대단했다. '온 가족이 밤에 숙면하게 되었다,' '개가 낮에 별로 불안해하지 않는다,' '소화도 더 잘하고 밤에 잘 잔다' 등. 하지만 가장 중요한 피드백은 TRF가 여러모로 건강에 좋다는 사실이었다. 식단을 바꾸지 않고도 TRF만으로 눈에 띄는 효과가 나타났다. **1일 필요 칼로리를 매일 정해진 시간에 섭취시키면 반려견의 신진대사와 전반적인 건강에 긍정적인 영향을 줄 수 있다!**

늘 해온 것과 달리, 저녁 식사 후에 간식을 주지 않는 것은 당연히 절대로 쉬운 일이 아니다. 하지만 저녁 식사 후의 간식을 산책으로 바꿀 절호의 기회이기도 하다. 저녁 식사 후에 항상 뭔가를 먹어 온 개라면 평소의 간식 대신 얼려둔 뼈 육수(310쪽 참고)를 조금 준다. 너무 늦게 퇴근하는 날에는 저녁을 굶긴다. 사실 건강한 개가 밥을 먹기 싫어하면 마음대로 하게 둬도 된다. **한 끼를 거른다고 전혀 해롭지 않다. 오히려 치유 효과가 있는 미니 단식이 된다.**

로드니의 개 슈비는 가끔 스스로 24시간 금식을 하고 36시간 또는 48시간 후에 주인에게 배가 고프고 식사할 준비가 되었다는 걸 알린다. 만약 당신의 개가 자연스럽게 아침을 먹고 싶어 하지 않는다면 배고프다고 할 때까지 금식하게 놔두자. 배고프다고 할 때 첫 번째 식사를 급여한다. 식사 윈도가 이때 열린다.

건강한 반려견이 하루에 몇 번 먹든 별로 신경 쓰지 않는다면, 당신이 가장 편리한 시간에 한 번만 식사를 제공하라(적어도 잠자기 2시간 전). 하루에 세 끼를 먹인다면 하루 두 번으로 줄이자. 두 번째 식사량을 첫 번째 식사와 마지막 식사에 절반씩 더하면 된다. '점심'을 먹도록 훈련되었다면 그 시간에 밥 대신 짧게 놀아준다. 노는 게 좋아서 분명 점심은 잊어버릴 것이다. 보통 식사하던 시간에 스낵 볼이나 스너플 매트 같은 장난감을 가지고 놀면서 장수 식품이나 CLT를 간식으로 줄 수도 있다. 갑자기 달라진 식이요법에 반려견이 밥을 달라고 애원한다든지 의사 표현을 할 수도 있다. 녀석이 아무리 사랑스럽게(또는 짜증 나게) 굴어도 절대로 넘어가면 안 된다. 이 '엄한 사랑'으로 녀석은 더 건강해질 수 있다. 이 두 가지를 꼭 기억하자. 개는 소가 아니다. 곧 적응할 것이다. 하루 2회의 저혈당 식사로 소화기관이 잠깐 쉴 수 있어서 건강에 매우 유익하다.

우리가 인터뷰한 전문가들은 식사 윈도 안에서 식사 시간을 자주 바꾸는 방법을 추천했다. 식사하는 시간에 변화를 주면 신진대사 유연성이 향상된다. 식사 시간에 대해 엄격한 편이라면 반려견의 첫 번째 식사를 평소보다 30분 일찍 주고 두 번째 식사는 15분 후에 준다. 이 전략은 시계처럼 정확하게 규칙적으로 위산을 생산하고 정확한 시간에 먹지 않으면 담즙을 토하는 개들에게 효과적이다. 아무리 떼를 써도 무시하면서 식사 시간을 점차 변경하고 식사 시간대 안에서 CLT를 훈련용 간식으로 주면, 결국 신진대사 유연성이 훈련되고 섭취 칼로리를 바꾸지 않고도 시간 제한 식사의 장수 효과를 누릴 수 있다.

식사 시간대를 설정하는 정상 체중 검사

저체중 반려견: (원한다면 수의사와 상의하여) 반려견의 이상적인 체중이 얼마인지, 그 체중을 유지하는 데 칼로리가 얼마나 필요한지 알아본다. 그 칼로리를 10시간 내에 3회의 식사로 제공한다. 최적 체중에 이른 후에는 칼로리를 1~2회 식사로 나누어 급여해서 체중을 유지한다.

날씬 또는 평균 체중의 반려견(이상 체중): 하루에 필요한 칼로리를 8시간 내에 1~2회 식사로 섭취해 이상 체중을 유지한다.

건강한(당뇨 없음) 과체중/비만 반려견: 만약 당신의 반려견이 체중을 많이 줄여야 한다면 수의사의 도움을 받아 점진적으로 안전한 감량 목표를 정한다. 매주 1퍼센트 감량이 적절하다. 예를 들어, 4킬로그램을 감량해야 하는 20킬로그램의 개는 1주일에 0.2킬로그램, 혹은 한 달에 0.8킬로그램을 줄여야 한다. 목표를 향해 잘 나아가고 있는지 일주일에 한 번 체중을 잰다. 처음 2주 동안은 하루 칼로리를 10시간 내에 급여한다(10시간은 대사증후군이 있는 사람에게 가장 성공적인 식사 윈도이며 동물에게도 효과가 증명되었다). 그다음에 식사 윈도를 8시간으로 줄인다. 하루 총칼로리를 원하는 횟수의 식사로 급여해도 된다(반려견 엄마, 아빠들은 대부분 적게 자주 먹는 3회를 선호한다). 당신의 반려견이 이상적인 체중에 도달한 후에는 8시간의 식

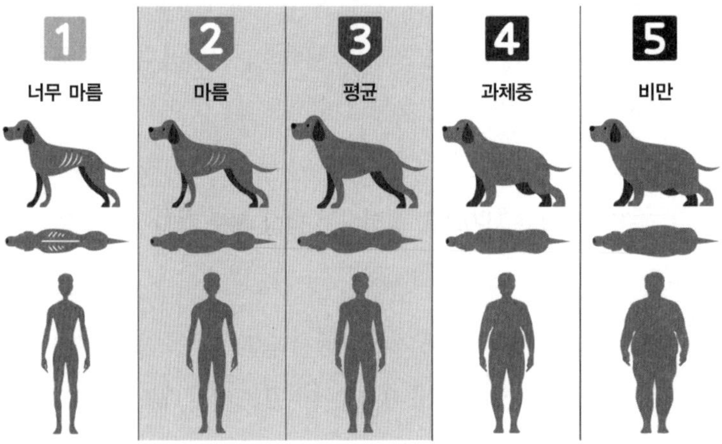

사 윈도 내에서 1~2회 식사를 제공한다.

반려견이 비만이라면 신선한 식단으로 바꾸는 비용을 계산할 때 비만 상태가 아니라 이상적인 체중을 유지하는 데 필요한 음식 량을 계산해야 한다. 훨씬 더 건강한 음식을 훨씬 더 적은 양으로 먹이면 실제로 큰 비용을 들이지 않고도 반려견의 식단을 극적으로 개선할 수 있다. 이런 것이 바로 똑똑한 선택이다.

1일 1회 식사의 놀라운 효과

우리가 인터뷰한 과학자들과 연구자들은 건강한 개들에게 1일 1회 식사가 세포의 자가 포식을 최대화하고 대사 스트레스를 최소화하는 데 가장 이상적이라고 입을 모았다. 판다 박사는 하루에 필요한 칼로리를 한 번에 거하게 먹든, 적게 자주 먹든 8시간 안에 섭취하도록 하는 것이 반려견의 수명을 극대화하는 가장 중요한 도구라 고 강조했다. 펑 박사는 개들이 음식을 먹을 때마다 몸이 회복 모드에서 소화 모드로 전환하므로 식사 횟수가 적을수록 좋다고 말한다. 저자들은 회복 모드(음식을 먹지 않을 때)에서만 일어나는 건강상의 이점을 극대화하기 위해 반려견들의 식사 횟수를 1일 1회로 정해서 실천한다.

적절한 간식 타이밍

개들에게 간식은 사람과 똑같다. 무엇을, 얼마나 많이, 얼마나 자주 먹는지가 전반적인 건강과 웰빙에 영향을 미친다. 평소 당신도 강아지도 간식을 먹지 않는다면 이 부분은 건너뛰어도 된다(하지만 먹는 경우가 대부분일 것이다).

간식은 특정 목적을 위해 사용하는 것이 가장 좋다. "잘했어!"라고 칭찬할 때처럼 전략적 보상으로 말이다. 물론 귀엽고 사랑스러워서 간식을 주는 것도 충분히 이해되지만(당연히 개들은 귀엽고 사랑스러우니까) 칼로리만 보태는 그런 간식은 포옹과 키스, 놀이, 산책으로 대신하자. 간식을 너무 많이 먹으면 또는 잘못된 타이밍에 먹으면 자가 포식이 꺼질 수 있다. 식사량의 아주 작은 부분만 간식으로 주는 것을 추천한다. 재미는 없지만 유익하다.

반려견에게 음식 대신 풍부한 감정을 주자: 사람들은 종종 감정의 대용품으로 음식을 사용한다. 감정(마음을 쓰는 것)은 사람의 건강과 웰빙에 꼭 필요하다. 반려견의 간식을 건강에 좋은 음식으로 조금씩 바꿔갈 때, 줄어드는 칼로리를 의도적이고 사려 깊은 관심으로 채우자. 핸드폰을 치우고 당신의 개를 보라. 말도 걸고 함께하는 시간에 집중하라. 몇 분만 시간을 내서 개를 껴안아주자. 당신과 개 모두 옥시토신이 샘솟을 것이다. 마음을 쓰는 것은 모두에게 보약 같은 효과가 있다.

개 훈련사와 행동학자들이 잘 알고 있는 것처럼, 반려견에게 주는 보상이 작은 음식 조각이어야 하는 데는 중요하고도 실용적인 여러 이유가 있다. 특히 훈련과 원하는 행동을 강화할 때 그렇다(밖에서 볼일을 보게 하거나 새로운 기술을 익힐 때 등). 간식/보상 목표는 완두콩만 한(또는 더 작은) 조각이어야 하는데, 인슐린이 과도하게 치솟는 인슐린 스파이크를 피하기 위해서이다. 건강한 간식은 7장에서 소개한 장수 식품을 잘게 나누어 주면 된다. 10% CLT도 훈련용 간식으로 활용할 수 있다(그릇에 담아주는 것이 아니라). 블루베리는 큰 개들에게 딱 맞는 크기의 간식이다. 미니 당근을 얇게 썰면 훈련용 간식 4~6개가 나온다. 훈련을 시키거나 교감할 목적으로는 얇게 자른 미니 당근 2개가 하루치 간식으로 충분하다. 저자들이 직접 실험한 결과, 이 책에 소개한 장수 식품 중에서 하루 동안 훈련용 간식으로 줄 때 혈당을 치솟게 하는 식품은 하나도 없다. 혈당 측정기로 직접 확인한 바이다.

당신의 반려견이 하루 동안 기본 식사를 제외하고 무엇을 먹는지 전부 떠올려보자. 습관적으로 반려견에게 샌드위치를 조금 떼어주거나 마지막 남은 피자 한입을 주는가? 그렇다면 그만둬야 한다. 물론 사람이 먹는 음식을 개에게 나눠줘도 괜찮지만 생물학적으로 적절해야 한다. 탄수화물을 배제해야 한다는 뜻이다. 깨끗한 고기, 신선한 농산물, 씨앗과 견과류 같은 것을 주자. 찬장에 가득한 초가공식품은 버려라. 다행스럽게도 반려동물 식품업계는 생물학적으로 적절한 동결 건조나 탈수 건조한 100퍼센트 육류 간식을 많이 선보이고 있다. 장수 식품과 함께 시판 간식도 사용한다면 라벨을 잘 읽어야 한다. 100퍼센트 고기나 채소처럼 단일 재료로 된 간식을 추천한다. 당이 적고 첨가물이나 보존제도 없고 휴먼 그레이드, 유기농, 자연 방목 옵션도 선택할 수 있기 때문이다. 간식의 라벨은 '탈수 건조, 자연 방목 토끼 고기'나 '동결 건조한 양 폐', '소 간, 블루베리, 강황'처럼 단순하고 쉽게 이해되어야 한다. 최소 필요 영양소를 충족하는 순간 가공 간식을 고르는 것이 현명하다. 또한, 완두콩 크기로 자를 수 있어야 한다. 기억하라. 당신의 반려견이 식사 외에 먹는 것은 모두 '추가 칼로리'이다. 이 칼로리(10퍼센트)를 좋은 음식으로 채워주자! 건강한 간식은 일주기 리듬을 깨거나 대사 스트레스를 일으키지 않는다.

반려견이 좋아하는 신선한 간식을 찾았다면 당분간 그것을 주되 새로운 식품도 계속 시도해야 한다. 반려견의 미각이 점점 넓어지는 것은 모두에게 즐겁고 흥분되는 일일 것이다. 반려견이 신선한 음식을 처음 접하고 관심 없거나 혼란스러운 모습을 보여도 당황하지 말

라. 개들은 처음에는 그게 뭔지 이해하지 못한다. 혀가 새로운 음식에 반응하기 시작하면서 이전에 거부한 음식도 받아들일 가능성이 커지니 포기하지 말자.

어디서부터 시작해야 할지 모르겠는가? 예산이 빠듯하거나 변화가 조심스럽다면 지금의 식단을 그대로 유지하되 식사 타이밍에 관심을 기울이자. 식사 윈도를 설정해 반려견이 적정 체중을 유지하는 데 필요한 칼로리를 가장 이상적인 횟수로 섭취할 수 있게 만들자. 간식 습관도 바꾸고 CLT를 추가한다. 매일 운동 루틴을 다양화한다. 스니파리 등으로 환경과 직접 접촉할 기회를 준다("반려견이 주도하는 행복한 시간"). 집 안 환경을 최적화한다. 공기를 정화하고 화학 성분이 많이 들어간 세정제를 버린다. 운동이나 사회적 교류를 통해 스트레스를 줄인다.

변화를 시도하고 싶지만 아직 전력을 다할 준비가 미처 안 됐다면 좀 더 나은 품질의 사료를 섞어서 반려견의 식단을 점진적으로 개선할 수 있다. 또 식사 타이밍에 신경을 쓰고 장수 식품을 다양하게 추가한다.

반려견을 포에버 도그로 만들고 싶은 건강 지킴이라면 가공 식품을 끊고, 진짜 음식을 먹이고, 더 좋은 식사 타이밍을 설정하고, 장수 식품을 최대한 많이 추가하는 동시에 집 안 환경을 최적화하고 운동과 사회적 교류로 스트레스를 줄이자.

건강 지킴이를 위한 교훈

- 시작(1단계): 핵심 장수 토퍼(CLT) 시작.
  - CLT 외에 어떤 간식을 시도할지 결정한다. 작은 크기이거나 깍둑썰기할 수 있는 식품들: 블루베리, 완두콩, 당근, 파스닙, 방울토마토, 셀러리, 호박, 방울다다기양배추, 사과, 돼지감자, 아스파라거스, 브로콜리, 오이, 버섯, 초록 바나나, 베리류, 코코넛, 작은 내장육, 생해바라기씨, 호박씨.
- 계속(2단계): 기본 식단 평가와 신선 식단 추구.
  - 반려견 사료 숙제를 통해 양호, 더 나음, 최선 등급 평가: 탄수화물 계산, 위해 횟수 계산, 합성 영양소 첨가물 계산.
  - 신선 식품 유형 선택: 생 또는 익힌 홈메이드 식단, 시판 생식, 화식, 동결 건조 및 탈수 건조 제품, 또는 조합해서.
  - 신선식 비율 정하기: 20퍼센트, 50퍼센트, 또는 100퍼센트.
- 반려견 일지에 성공과 실패, 새로운 아이디어 기록.
- 설사가 발생하지 않도록 신선한 식품과 CLT를 조금씩 시도하면서 식단을 천천히 바꾼다.
- 신체충실지수에 따라 이상적인 체중 및 유지에 필요한 칼로리를 제대로 제공한다.
- 식사 윈도(8시간 이내)와 식사 횟수를 정한다. 개가 건강하다면 식사를 건너뛰어도 아무 문제가 없다. 잠자기 2시간 전에는 먹이지 않는다.

10장 포에버 도그의 나머지 법칙
— 피트니스 지침, 유전과 환경 영향 제어

다이아몬드가 여자의 가장 좋은 친구라고 말한 사람은
개를 키워본 적이 없는 게 분명하다.
— 작자 미상

21살의 자그마한 잡종견 다아시Darcy는(우리는 비디오 채팅으로 녀석의 생일을 축하해주었다) 균형 잡힌 식사를 하루에 한 번 했다. 판다 박사가 추천하는 방법 그대로였다. 다아시의 엄마, 아빠는 그 밖에도 여러 가지 건강한 생활 방식을 선택했다. 그들은 일곱 살 때부터 집에서 만든 식사를 먹인 것이 다아시의 장수 비결인 것 같다고 말했다. 일생의 3분의 2에 이르는 시간 동안 휴먼 그레이드의 신선한 재료로 만든 저탄수화물 식단을 먹었다. 신선한 연어와 초록입 홍합, 강황, 사과 식초 같은 것도 곁들였다. 어떤 날은 스스로 단식을 했다. 엄마, 아빠는 다아시가 원하는 만큼 금식하도록 뒀고 한 끼 이상 식사를 건너뛰기도 했다.

다아시는 어렸을 때 하루의 대부분을 스패니얼 믹스견 형제와 함께 마당에서 보냈다. 녀석들은 건강에 좋은 흙과 신선한 공기를 접하며 화학물질 없는 풀밭에서 풀도 뜯고 다양한 형태의 환경 자극을 누렸다. 다아시의 엄마, 아빠에 따르면 다아시는 정기적으로 동물병원을 방문하지 않았고, 집 안 화학물질에 노출되지도 않았다. 강아지 때 예방 접종을 받았지만 커서는 해마다 주사를 맞지는 않았다. 나이가 들어서 몸이 뻣뻣해지고 움직임이 느려지자 관절과 근육의 움직임을 도와주는 수치료(물 치료)를 받았다. 다아시의 보호자들은 포에버 도그 원칙을 따랐고 다아시는 행복하게 오래 살았다.

앞에서 식사 규칙을 설명했으니 이제 장수하는 반려견을 위한 포에버 도그 공식(DOGS)의 나머지 세 측면을 살펴봐야 한다.

- O: 최적 활동량
- G: 유전적 소인
- S: 스트레스와 환경

자, 이제 시작하자.

최적 활동량

우리가 이 책을 쓰는 지금, 독일에서는 개들이 하루에 2시간씩 야외에서 시간을 보내는 것(산책)을 의무화하는 법안이 발의되었다. 우리가 만난 모든 포에버 도그의 공통점은 하루 신체 활동량이 무척 많다는 것이었다. 모든 개는 타고난 운동 선수이다(정상적으로 숨을 쉬거나 움직일 수 없는 견종 제외). 재활 수의사와 물리 치료사들은 개들이 유산소 컨디셔닝(운동)과 더불어 하루에 적어도 한 번 뛰거나 전력 질주할 때 가장 건강하다고 믿는다. 더 좋은 것은 수영이다. 개들은 수영할 때 몸을 매우 자연스럽고 유연하게 움직일 수 있다. 모든 관절의 가동 범위가 넓어진다. 목줄을 매고 있을 때는 있을 수 없는 일이다.

장수견 연구를 이끄는 에니쾨 쿠비니 박사에 따르면 27세의 부스키와 22세의 케드베스는 '자유로운 삶'을 살았다. 녀석들은 자신의 선호도에 따라 선택을 내렸고 항상 구속되어 있지도 않았다. 두 마리 모두 야외에서 많은 시간을 보냈다. 쿠비니 박사는 오스트레일리아 출신의 세계 최고 장수견 블루이와 매기 역시 매일 밖에서 많은 시간을 보내는 생활을 했다고 적었다. 이 개들의 흥미로운 공통점이 또 있다. 모두 가공하지 않은 생식을 먹었고 자연의 풀과 식물을 맛보았으며 정해진 예방 접종 일정을 지키지 않았다.

도시에 사는 개들은 주인과 함께 더 좋은 삶을 사는 것처럼 보일지도 모른다. 하지만 연구에 따르면 몸을 움직이지 않는 생활을 하기 쉽고, 심한 스트레스로 인해 코르티솔 수치와 행동 문제가 커지며, 사회성이 떨어지고, 흙을 그리고 면역력을 올려주는 미생물을 접촉할 기회도 많지 않다. 솔직히 도시 생활은(교외 생활도 마찬가지) 사람도(견주들) 바쁘고 스트레스가 심하다. 일에 치여서 살아가고 인공 조명 아래 실내에서 보내는 시간이 많다. 그들의 반려동물은 제한된 시간 동안 포장된 길을 걷는다. 여기저기 마음대로 킁킁거리거나 몸을 움직일 수 없다.

도시에서는 창의적인 운동 계획이 필요하다

디자이너이자 저술가인 잉그리드 페텔 리Ingrid Fetell Lee는 이렇게 적었다. "8만 세대 동안 자연은 우리가 방문하는 곳이 아니라 (동물과 함께) 살았던 곳이었다." 농업 혁명으로 영구적인 공동체가 만들어진 지 겨우 600세대가 지났고, 콘크리트로 둘러싸인 근대 도시가 탄생한 지는 12세대밖에 지나지 않았다. 개들이 도시에 산 지는 6세대도 채 안 되었으니 너무 심하게 몰아붙이면 안 된다. 콘크리트 정글로 둘러싸인 도시에 살더라도 매일 필요한 운동량을 충족시키는 창의적인 방법이 많다. 러닝머신에서 뛰도록 훈련하기, 강아지 유치원 보내기, 산책 아르바이트 고용하기, 아파트 건물 계단 달리기, 수중 트레드밀 등록하기, 늦은 시간에 빈 야구장을 찾아서 원반 던지며 놀기 등. 반려견의 몸과 마음이 균형을 이루도록 매일 몸을 움직일 방법이 뭐가 있을지 창의력을 발휘해보자!

현실적으로 반려견 대부분이 운동을 충분히 하지 못하고 원하는 만큼 움직일 기회를 얻지 못한다. 억눌린 에너지는 과잉 행동, 불안 증가, 파괴적인 행동으로 이어진다. 결국 개들이 버려지는 가장 큰 이유이다. '피곤한 개가 말썽 안 부리는 개'라는 말 뒤에 숨은 과학이 바로 이것이다(아이들도 피곤해야 말썽을 부리지 않는 것처럼). 매일 얼마나 운동을 시켜야 하는지 질문을 자주 받는데 우리의 대답은 간단하다. "밤에 피곤해서 곯아떨어질 만큼 오래요." 물론 사람에게 운동의 기본 지침이 있는 것처럼 개들도 마찬가지이다. 일반적으로 개는 정신적으로나 육체적으로 건강하기 위해 많은 양의 유산소 운동이 필요하다. 사람보다 훨씬 더 많이. 바로 그게 문제다.

우리는 세계에서 가장 나이 많은 개들의 보호자들을 인터뷰했다. 어지의 아빠에 따르면 어지는 열다섯 살 때도 매일 하루에 한 시간씩 수영했고, 스무 살이 된 후로는 2021년 봄에 세상을 떠날 때까지는 주로 걷기 운동을 했다. 30세까지 산 매기의 주인 브라이언 맥클라렌은 매기가 20년 동안 일주일 내내, 하루에 두 번씩, 그가 탄 트랙터를 따라 농장 이쪽에서 저쪽까지 약 5킬로미터를 달렸다고 말했다. 결국 하루 평균 약 20킬로미터를 운동한 것이다. 세계 최고 장수견들에게 일관적으로 나타나는 특징이 바로 이것이다. 비가 와도 눈이 와도 매일 혹독하게 몸을 움직였다는 것. 앤 헤리티지Ann Heritage는 그녀의 25세 반려견 브램블이 매일 몇 시간씩 걸었다고 적었다. 유목민들과 함께 떠돌며 생활하는 몽골의 방카르 견종은 18세 정도 나이까지도 가축을 지키는 혹독한 임무를 맡아 수행한다. 이 덩치 큰 개들은 운동 신경이 뛰어나고 책임감이 강하며 덩치에 비해 그렇게 많이 먹지도 않는다(과식하지 않는 것이 건강에 좋다는 증거).

운동이 건강에 좋다는 사실을 모르는 사람은 없다. 운동이 사람에게 좋다는 사실을 입증하는 연구들을 상세하게 소개하지는 않겠다. 반려견을 산책시키는 사람일수록 건강하고 행복하다는 연구 결과가 있다는 정도로만 해두자. 운동은 개의 건강과 삶을(태도와 행동도) 극적으로 개선시킨다는 사실을 보여주는 연구와 증거가 압도적으로 많다. 1부에서 활동적인 생활의 좋은 점을 이미 언급했지만 운동이 개에게 미치는 과학적으로 증명된 효과를 여기에서 소개한다.

- 두려움과 불안감이 줄어든다.
- 반응성reactivity이 줄어들고 바람직한 행동이 증가한다(즉 지루함

으로 인한 행동 문제가 줄어들거나 사라진다).

- 소음 공해 및 분리 불안에 대한 내성 증가.
- 림프계 해독 수단 제공(림프계는 면역 기능의 중요한 부분이라 깨끗하고 건강하게 유지되어야만 한다).
- 과체중과 비만부터 관절 질환, 심장 질환, 신경퇴행성 질환까지 온갖 다양한 질환의 위험 감소(관리에도 도움이 됨).
- 노년기에 중요한 근골격계 건강 유지.
- 소화계 정상화 및 조절에 도움.
- 항산화 물질인 글루타티온의 생성을 촉진하고 항노화 분자 AMPK 증가.
- 혈당 관리를 돕고 인슐린 저항과 당뇨 위험을 줄인다(팁: 식사 후 단 10분이라도 걸으면 혈당이 치솟는 것을 막을 수 있다).
- 침착함을 배우는 동시에 자신감과 신뢰도 쌓인다.

지나치게 활동적이고 흥분하기 쉬운 개일수록 더 움직여야 한다. 불안과 스트레스가 심한 개들은 강도 높은 심혈관계 활동으로 스트레스 호르몬을 더 건강한 수준으로 되돌릴 수 있다. 운동 능력이나 몸집, 나이 또는 품종에 상관없이 모든 개는 운동을 해야 한다. 하지만 운동을 충분히 하지 못하는 개들이 대부분이다. 오늘날 과체중과 관절 통증에 시달리고, 권태에서 비롯된 산만한 행동을 보이는 개들이 많은 것도 이 때문이다. 주인들은 나이 많은 개일수록 특히 운동의 필요성에 소홀하기 쉽다. 하지만 몸도 감각도 예전 같지 않더라도 노견들은 오히려 더 많이 냄새를 맡으며 돌아다녀야 한다. 매일 밖으로 나가 냄새를 맡는 시간은 운동일뿐만 아니라 세상과의 상호

작용을 위해서도 중요하다.

매일 좀 더 많이 움직여야 하는 것은 사람도 마찬가지이다. **개들은 근 위축을 막으려면 일주일에 적어도 3일은 최소 20분 동안 심장이 뛰는 운동을 해주어야 한다. 물론 더 오래, 더 자주 움직이면 대부분의 개에게 더 좋다. 20분보다는 30분이나 1시간이 더 좋고 일주일에 3일보다는 6, 7일이 더 좋다.** 개의 조상들과 다른 야생 동물들은 먹을거리를 사냥하고, 자신의 영역을 지키고, 놀고, 짝짓기하고, 새끼를 보살피며 하루를 보냈다. 밖에서 보내는 그들의 일상은 매우 활동적이고 사회적이고 신체적·정신적으로 큰 도전이었다. 개들은 옆에 다른 개가 있으면 가만히 앉아서 쉬는 시간이 약 60퍼센트 줄어든다. 사람과 마찬가지로 개도 몸을 움직여야 할 이유가 필요하다. 크고 푸르른 마당, 한집에 사는 멍멍이 친구들만으로는 몸과 마음을(그리고 행동을) 건강하게 유지하기 위해 움직여야 할 동기가 충분히 촉발되지 못한다. 당신은 사랑하는 반려견이 계속 활발하게 몸을 움직이도록 시간을 함께 보내고 동기를 부여해야 한다. 달리고 놀고 운동할 기회가 규칙적으로 주어지지 않는 반려견은 과체중이 아니더라도 관절염을 비롯해 뼈, 관절, 근육, 장기에 영향을 주는 질환에 시달릴 수 있다. 규칙적인 신체적, 정신적 자극이 없으면 행동과 인지 기능도 나빠질 것이다. 운동량과 자극이 부족한 개들에게는 바람직하지 않은 행동이 나타난다. 부적절한 씹기, 난폭성, 사람에게 달려들기, 심한 긁기, 파헤치기, 부적절한 포식 행위, 쓰레기통 뒤기기, 짖기, 거칠게 놀기, 과잉 반응, 과잉 행동, 관심을 얻으려는 행동 등등.

매일 '운동 치료'의 기회를 주면 개는 정말로 건강해진다. 다양한 활동과 운동으로 자연스럽게 가동 범위의 관절을 전부 움직이면서

근 긴장도가 높아지고 힘줄과 인대가 튼튼해진다. 매일의 규칙적인 운동은 장기적으로 반려견의 건강 수명을 최적화하는 필수 조건들을 갖추게 한다. 개들이 나이 들면서 나타나는 가장 큰 문제는 근 긴장도 저하인데, 근육이 약해지면 서서히 퇴행성 관절 질환과 가동범위 감소로 이어진다(부상 및 통증 증가는 말할 것도 없고, 잘 알려지지 않았지만 공격성과 행동 변화의 이유가 되기도 한다).

속보: 주말 운동만으로는 부족하다. 어떤 반려견 엄마, 아빠들은 주말에 많이 움직이게 해주면 평상시의 부족한 운동량이 채워질 수 있다고 생각한다. 하지만 오직 주말에만 움직이는 방법은 부상을 유도할 수 있어서 문제가 된다. 평소에 몸을 움직이지 않는 것이 버릇되어 있는 상태에서 갑작스럽게 활동량이 폭발하면 부상이 일어나고 이는 장기적인 관절 손상으로 이어질 수 있다(사람도 마찬가지이다!).

아마도 당신의 개는 온종일 누워 당신이 집에 오기만을 기다리고 있을 것이다. 힘줄과 근육, 인대도 함께 가만히 쉬고 있다. 당신이 집에 돌아와서 공 던지기를 20번 시도한다면 반려견의 십자인대가 찢어지는 불상사가 생길지도 모른다(동물병원에서 가장 흔하게 볼 수 있는 무릎 부상). 게다가 그렇게 몇 분 논다고 해서 유산소 운동 30분처럼 근육이 강해지거나 건강에 특별히 좋은 것도 아니다. 개들은 순식간에 활동 스위치가 '켜지고,' '끄는' 스위치는 아예 없는 경우가 많다. 녀석들은 우리가 다가오기만을 기다리고 있다. 강도 높은 운동 전에 몸을 풀어주고, (녀석의 보디랭귀지를 읽어서) 그만 움직여야 할 때를 알려주는 것이 당신의 역할이다. 가장 중요한 사실은 매일 즐겁게 몸을 움직이고 근골격계를 훈련하는 기회를 주면 개들이 최선을 다한다는 것이다. 모든 개는 (아무리 어린 강아지라도) 야외에서 활동하도록 설계되어 있다. 원래부터 몸을 최대한 많이 움직이도록 만들어졌다.

나이가 들면서 찾아오는 반려견의 근골격계 위축을 예방하는 유일한 방법은 매일 움직이게 하는 것이다. 약으로 어쩔 수 있는 게 아니다. 특히 중년기의 반려견에게 중요하다. 건강한 노년을 향해 나아갈 수 있도록 이때 지구력과 근육량을 키워주어야 한다. 특히 몸집이 큰 품종의 개들에게 유익하다. 회복력 있는 몸을 만드는 것이 목표이다.

하지만 반려견과 함께 보낼 시간을 내기가 쉽지 않은 것이 현대인의 현실이다. 따라서 개와 함께 운동하는 루틴을 세우는 방법이 궁극적인 해결책이 될 수 있다. 우리는 몸을 움직이고 싶지 않을 때가 종종 있지만 개는 대부분 언제라도 당장 움직일 준비가 되어 있다. 주의할 점은 개와 한가로이 거니는 것은 적절한 운동이라고 할 수 없다는 것이다. 꼭 걸어야 한다면 시속 약 7킬로미터의 속도로 파워워킹을 해주어야 한다는 사실을 기억하자.

하지만 반려견이 평소 산책할 때 여기저기 코를 킁킁거리고 오줌을 누면서 꾸물거린다면 변화를 줄 필요가 있다. 그런 산책(스니파리)은 정신적 자극에 좋지만 유산소 운동에 포함되지는 않는다. 하지만 한순간에 바뀔 수는 없을 것이다. 반려견이 상황을 이해할 수 있고 지구력을 기르려면 몇 주가 필요하다. 활동 유형에 따라 다른 목줄과 하네스를 사용하면 개들이 미리 활동을 예측할 수 있다. 저자들은 강도 높은 유산소 운동에는 하네스와 짧은 리드줄을 사용하고, 여유로운 스니파리 산책에는 긴 목줄을 사용한다.

파워워킹이 힘든 사람은 반려견과 함께할 수 있는 다른 유산소 운동을 고려한다. 이를테면 수영이 있다. 내가(닥터 베커) 몇 년 전 동물 재활/물리 치료 센터를 연 가장 큰 이유는 개들에게 겨울에도 안전하게 운동할 수 있는 장소를 마련해주고 싶어서였다. 수중 트레드밀은 개들에게 훌륭한 운동 기회를 제공하고, 특히 나이가 많거나 비만이거나 장애가 있는 개들에게 최고이다. 몸집이 작은 개들은 가정의 욕조에서 수영할 수도 있다. 강아지 유치원에서는 큰 개들에게 러닝머신 서비스를 제공한다. 전 세계의 동물 재활 전문가들은 반려견의 특정한 니즈에 맞는 맞춤식 운동 프로그램을 고안하는 것을 돕는다(재활 전문가 목록은 부록 509쪽에서 확인할 수 있다). 주인과 반려견이 함께 즐길 수 있는 재미있는 개 '스포츠'가 많다. www.dogplay.com은 반려견을 위한 조직적이고 구조화된 놀이 기회를 제공한다. **다양성 만큼이나 즐거움도 중요하다. 반려견의 관점에서 활동을 선택하라.** 반려견의 성격이나 능력에 잘 맞는 것을 선택해야 한다. 개가 나이 들면서 운동 요법도 바뀌어야 한다. 나이 많은 개들은 앉았다 일어서기 같은 근육 강화 운동이 좋다(재활 전문가가 원격으로 반려견에게 가장 좋은 운동을 가르쳐주는 경우도 많다). 집에서 해주는 마사지나 강도 낮은 스트레칭도 반려견의 컨디션을 끌어올리는 좋은 방법이다. 규칙적으로 반려견의 몸을 낱낱이 살피면서 혹이나 덩어리 같은 변화가 없는지 확인해볼 수도 있다. www.foreverdog.com에서 집에서 할 수 있는 검사와 주의할 점에 대한 자세한 정보를 찾을 수 있다.

두뇌 놀이: 개들은 머리와 신체를 모두 써야 한다. 신체적 운동도 중요하지만 노년에 인지 능력이 떨어지지 않으려면(지루함도 막아준다) 정신적 운동도 필수적이다. 평생 노즈 워크(후각 활동), 민첩성

(여러 운동), 뇌 쓰는 퍼즐을 가까이한 개일수록 나이 들면서 인지 능력 저하가 적게 나타난다. 니나 오토슨Nina Ottosson과 마이 인텔리전트 펫My Intelligent Pets에서는 개들이 뇌를 쓰도록 자극하는 훌륭한 퍼즐 제품을 만든다. 직접 만들어도 된다. 포에버 도그 웹사이트에서 아이디어를 얻을 수 있다.

운동이나 활동은 반려견의 체형과 능력(예: 단두종 증후군이 있는 견종들은 호흡기 상태를 고려해야 한다), 기질(예: 같은 개들에게 공격적인 개), 나이(예: 영구적인 신체 장애가 있는 나이 많은 개)에 반드시 맞추어야 한다. 당신이 반려견을 위해 선택하는 운동의 종류, 시간, 강도는 시간이 지남에 따라 조정이 필요하지만 어쨌든 개들은 절대로 움직임을 멈춰선 안 된다.

어떤 견종은 신경퇴행성 질환에 걸리기 쉽고 또 어떤 개들은 사고나 부상으로 인한 근골격계 외상이 있을 수 있다. 신체적 장애가 있는 개들은 고유한 니즈에 따라 맞춤형 운동 프로그램을 만들어주는 것이 특히 중요하다. 특수 하네스나 보조 장치의 도움을 받을 수도 있다.

일주기 리듬을 설정해주는 스니파리

아침에 커튼과 블라인드를 열어놓고 출근한다. 개를 어둠 속에 남겨두지 말자! 판다 박사에 따르면 낮 동안 어두운 조명과 닫힌 블라인드 안에서 지내는 동물은 우울증 위험이 크다. 낮밤을 분간할 수 없을 때도 마찬가지이다. 그는 아침 산책 10분, 저녁 산책 10분으로 반려견이 깨거나 잠들 때 필요한 신경화학물질이 적절하게 만들어지게 하라고 조언한다. 이 현명한 조언은 개가 하루에 한 번이라도 마음 내키는 대로 냄새를 맡는 스니파리 시간을 마련해주라는 호로비츠 박사의 제안과도 완벽하게 일치한다. 앞에서 말한 것처럼 우리는 스니파리를 하루에 두 번, 아침과 저녁에 실시해 일주기 리듬을 설정하는 것을 추천한다. 스니파리 동안 반려견은 무엇을 얼마나 오래 냄새 맡을지 직접 선택할 수 있다. 반려견을 위한 정신적 운동이므로 줄을 당기지 말자! 느긋하게 냄새 맡을 기회는 반려견의 정신적, 정서적 건강에 매우 중요하다(연구에 따르면 식후 15분 정도 여유로운 산책을 하는 사람은 하루 내내 혈당 상승 위험이 줄어든다!).

반려견의 움직이는 시간을 늘리는 것도 중요하지만, 우리는 당신이 앞으로 반려견의 헌신적인 건강 조력자가 되어주기를 바란다.

먼저 맹세 서약부터 하자.

맹세 서약

당신은 보호자로서 반려견의 신체적, 정서적 상태를 살펴야 할 책임이 있다. 당신은 반려견의 조력자이다. 아래는 친구 베스와 내가(닥터 베커) 오래전 반려견 엄마, 아빠들에게 그들이 맡은 훌륭하고 보람 있는 책임을 일깨워주기 위해 만든 맹세문이다.

> 나는 내 건강과 행복은 물론 내가 키우는 개의 건강과 행복에 책임이 있다. 나는 나 자신과 반려견을 위해 삶의 모든 영역에서 지식을 갖춘 조력자가 될 것이다. 삶, 치유, 건강은 항상 변화하므로 나도 끊임없이 배우고 발전해야 유능한 조력자가 될 수 있다. 나는 이 책임을 그 어떤 개인이나 의사에게 떠넘기지 않을 것이다. 내 개의 육체적, 정신적 건강은 내 손에 달려 있다.

포에버 도그 일지에 반려견의 웰빙 상태를 꾸준히 추적하자. 몇 달마다 체중과 사이즈, 자가 검진으로 발견된 혹이나 덩어리, 사마귀의 위치를 기록한다. 신체 검진, 혈액 검사, 임상 검사 결과표를 통해 장기 기능의 변화를 추적한다. 새로운 증상이 시작되면 기록하고 행동 변화, 현재 먹는 음식과 보충제도 적는다. 이 건강 일지는 언제 음식이 바뀌었는지, 언제 심장사상충 약을 먹었는지, 수분 섭취가 늘어나기 시작한 달이 언제인지 알아야 할 때 유용하다. 일지를 메모하기 쉬운 곳에 놓아둔다. 우리는 스마트폰으로 사진도 찍고 음성 메모도 쉽게 추가할 수 있는 데이 원(Day One)이라는 저널 앱을 사용한다.

꼭 떠올려봐야 할 질문이 있다. 반려견의 몸속이 건강한지 어떻게 알 수 있을까? 임상 검사는 좋은 지표이다. 어린 개와 나이 많은 개를 위한 혈액 검사도 있고 더 많은 정보를 원하는 견주들을 위한 특수 진단법도 있다. 건강해 보이고 잘 먹고 아무 문제 없는 것 같아도 혈액 검사나 다른 진단이 필요하지 않다는 뜻은 아니다. 당신의 개에게 영향을 미치는 모든 대사 및 장기 문제는 증상이 나타나기 수개월에서 수년 전부터 그 생화학적 변화를 혈액 검사로 감지할 수 있다. 반려견이 신장이나 간, 심장 질환을 진단받았을 때 "더 일찍 알았더라면 얼마나 좋았을까" 하고 안타까워하는 주인들이 많다. 요즘은 발달한 기술 덕분에 더 일찍 알 수 있다. 증상이 나타나기 전에 이상을 감지하는 간단하고 비침습적인 검사를 꼭 활용하기 바란다. 그러면 어떻게든 손을 쓸 수 있다.

징후가 나타난 후에는 너무 늦을 수 있다. 예방에 힘쓰는 반려인과 수의사들은 병이 나타나기 전에 세포의 기능 이상을 알려주는 검사를 정기적으로 받아 초기의 변화를 확인하는 데 집중한다.

정기적인 혈액 검사는 개의 장기 기능이 정상임을 확인시켜서 마음의 평화를 줄 수 있다. 노화 과정이 진행되면서 정상 수치는 바뀔 수밖에 없다. 검사 결과 비정상 수치가 있으면 재검진을 받거나 반드시 조치해야 한다. 이때 견주들은 보통 다른 수의사를 찾아 이차적인 소견을 들으려고 한다. (사람이든 반려동물이든) 노화에 따른 여러 징후를 한 병원에서 정확하게 진단하기는 어렵다. 나이 든 반려견의 건강 또한 마찬가지로 여러 수의사의 견해를 듣고 다양한 의료 서비스를 이용해보는 것이 좋다(연간 권장되는 혈액 검사에 관한 내용은 부록 491쪽, 새로운 진단법은 www.foreverdog.com 참고).

유전과 환경 스트레스

생활 방식이 건강 수명에 미치는 영향에 관해서는 이미 앞에서 자세히 살펴보았다. 유전의 영향력도 무시해서는 안 된다. 유전은 개 브리딩(교배)에서 특히 중대한 문제이다. 오늘날 건강한 게놈을 보호하고 촉진하는 최선책은 브리딩 방법을 재고하는 것이다. 브리딩 관행을 개선하는 것이야말로 건강한 유전체 구성을 보장하는 유일한 방법이다. 앞에서 말했듯이 DNA 검사는 유전적 소인과 특정 질병에 대한 잠재적 위험을 알려주는 더 일반적이고 더 쉽고 더 유용한 도구로서 이용되고 있다. 개의 DNA 검사도 증가 추세에 있으며 앞으로 검사 범위가 더 확대될 것이다. 하지만 외형에 대한 인간의 욕구를 반영하기 위해 개들의 건강을 희생시키는 무분별한 브리딩은 여전히 계속되고 있다.

물론 인간의 허영심보다 개들의 건강을 우선하는 브리더들도 많다. 그러나 강아지에 대한 수요가 업계의 타락을 부추기고, 개의 웰빙에 전혀 무지한(아예 관심도 없는) 이들이 소비자들의 잘못된 니즈를 기꺼이 충족하려고 한다. 건강한 뇌와 신체를 예쁜 외형과 맞바꾼 것은 많은 개에게 큰 재앙이 되었다. 품종 보존 브리더들이 개인 브리더나 강아지 공장과의 경쟁에서 밀려나고 있다. 강아지 공장은 지난 몇십 년 동안 수많은 강아지를 생산해 애완동물에 굶주린 시장에 내놓았다. 신중하게 선별된 유전과 기질은 뒷전이 되었고, 건강하지 못한 강아지들이 대량 생산되었다.

팬데믹으로 급등한 반려동물 수요도 착취적인 브리딩을 더욱 부추겼다. 끝이 보이지 않는 고립감 속에서 충직한 벗을 간절히 원하는 사람들이 많아지면서 온라인 분양 사기가 넘쳐났다. 사람들은 대부분 책임감 있는 브리더를 찾는 대신 그냥 애견숍을 찾는다. (전부는 아닐지라도) 애견숍에서 분양하는 강아지들 대부분은 유전적 건강을 우선하지 않는 곳에서 공급된다. 웹사이트에서 분양하고 집까지 배달해주는 사랑스럽지만 비싼 강아지들도 다르지 않다. 분양 사기를 당하거나 무분별하게 대량 생산된 강아지들 때문에 마음 아플 일을 피하려면 정보로 무장하는 수밖에 없다.

공급과 수요의 기본 원칙을 생각할 때 무분별한 브리딩은 유전적으로 건강한 강아지를 만드는 데 신경 쓰지 않는 이들에게 사람들이 관심을 주지 않을 때 바뀔 것이다. 따라서 절대로 충동적으로 강아지를 사면 안 된다. 강아지를 데려오는 것은 아기를 입양하는 것과 똑같다. 알다시피 아기 입양은 많은 시간과 계획, 연구가 필요하다. 브리더를 선택할 때 반드시 해야 할 질문은 부록 504쪽을 참조하자. 이 질문 목록은 강아지의 건강에 영향을 미치는 후생 유전적 요인에 대한 통찰을 제공하므로 매우 유용하다. 예를 들어, 최신 연구에 따르면 임신한 모견이 생식을 먹고 강아지가 어릴 때부터 생식을 접하면 위장 장애와 아토피(알레르기) 위험이 줄어든다. 환경 위험 요인은 우리가 어떻게 해볼 수 있지만 유전은 아니다. 유전에 대해 우리가 할 수 있는 일은 개들의 유전자 풀을 개선하기 위해 노력하는 책임감 있는 브리더나 기관을 이용하는 것뿐이다. 품종 보존 브리더들은 '복원 형태reparative conformation'라는 교배법을 사용한다. 모든 DNA 검사와 건강 검사를 주도적으로 완료하고(그 결과를 고객에게 기꺼이 공유하고), 유전적 결함을 개선하고자 노력한다는 뜻이다. 이 기능적 브리더들은 건강, 기질, 목적(기능)에 초점을 맞춰 유전자 풀을 다양화하기 위해 노력한다. 그들은 알려진 유전 질환을 검사하고, 유전적으로 문제가 있는 개의 교배를 피하는 것 이상을 해야 한다는 사실을 잘 안다.

개 생물학 연구소Institute of Canine Biology의 캐럴 뷰챗Carol Beuchat 박사는 유전자 검사와 선택 교배만으로는 유전적인 문제들을 고칠 수 없는 이유를 명쾌하게 설명한다. 간단히 말해서, 개들의 폐쇄적인 유전자 풀(순종견들은 전부 같은 조상으로부터 내려왔다)로 인해 전략적인 유전자 감독 없이 순종 강아지들이 태어나면(전통적이고 때로는 의도적인 근친 교배로) 몇 가지 나쁜 일이 일어날 가능성이 크다. 즉, 유전적 유사성 증가, 열성 돌연변이 발현, 유전적 다양성 감소, 궁극적으로 유전자 풀의 크기가 감소할 수 있다.

순종 개들끼리 교배가 이루어지는 일이 점점 늘어나면서 수명 단축 같은 심각한 결과로 이어지는 유전적 불상사가 발생하고 있다. 유전학자들은 이렇게 근친 교배의 반복으로 후대의 유전자가 약해지는 것을 '근친 퇴화inbreeding depression'라고 부른다. 근친 퇴화는 정말로 우울한 결과를 초래한다. 강아지들에게 암 같은 다중유전자 질환, 뇌전증, 면역계 장애, 심장, 간, 신장 질환이 나타날 수 있다. 그렇다면 도그쇼 상위 25퍼센트를 차지하는 '최고 중의 최고'끼리 교배하면 어떻게 될까? 뷰챗 박사는 좁은 범위의 순종 교배가 일부 품종들을 구할 수도 있는 독특하고도 다양한 유전자 풀을 발견할 기회를 날려버릴지도 모른다(무려 75퍼센트나)고 지적한다. 문자 그대로 '진흙 속의 진주' 같은 유전자를 찾아낼 가능성을 무력화한다. 장기적으로 볼 때 순종 강아지를 사는 사람들은 결국 병원비가 어마어마하게 나오는 순간, 부견의 인기나 유명세보다 얼마나 건강한지(또는 건강하지 못한지)에 신경 쓰게 된다. 뷰챗 박사는 암울한 결론을 전한다. "적절한 개입이 이루어지지 않는 한 앞으로 개들의 건강은 세대를 거치며 계속 악화할 것이다."

그녀가 말하는 적절한 개입이란 잃어버린 유전자를 다른 개 개체군과의 '이계 교배'(특정의 유전적 결과를 피하기 위해 특정 품종을 교차적으로 교배하는 것)로 대체하거나, 이종 교배 프로그램을 통한 새로운 유전 물질 도입으로 순종견의 유전자 풀을 확대하는 것을 말한다. 하지만 순종주의(純種主義) 브리더들은 이에 반대한다. 우리가 이야기를 나눠본 유전학자들은 한결같이 이 점을 강조했다. 순종이든 아니든 장기적으로 모든 개의 건강을 증진하는 방법은 제대로 된 유전자 관리뿐이라고 말이다. **유전병은 신체가 제대로 기능하는 데 필요한 유전자를 잃어버려서 생긴다.** 아무리 좋은 방법을 다 실천한다 해도 건강한 심장 DNA가 없는 강아지는 심장병에 걸릴 것이다. 종양을 억제하는 유전자에 돌연변이가 생기면 암이 생긴다. 건강한 망막 유전자가 없으면 망막 이형성증이 나타나고, 다양한 면역계 유전자가 없으면 면역계 장애를 피할 수 없다. 반려동물에게 유전자 변이(SNP)가 있다면, 후생 유전학을 통해 발현을 조절할 수 있다. 하지만 유전 물질이 없으면 유전자 풀을 확대(새로운 DNA 도입)하지 않고는, 즉 이계 교배를 하지 않고서는 결실을 대체할 방법이 없다.

DNA 검사만으로는 반려견의 건강을 노년까지 지켜줄 수 없다. 폐쇄적인 유전자 풀로 이루어진 선택 교배의 결과를 줄이려는 의도적이고도 전략적인 계획이 필요하다. 이것은 오직 사려 깊은 유전자 관리를 통해서만 가능한데, 반려견의 건강을 위해 애쓰는 비영리 단체 인터내셔널 파트너십 포 독스International Partnership for Dogs의 목표이기도 하다. DNA 검사는 순혈견들이 처한 역경을 해결해줄 수 없지만, 평생 반려견의 건강을 지키는 조력자가 되려는 당신에게는 무척 유용할 것이다. 유전자 검사는 반려견에게 장기적으로 영향을 미치는 유전적 소인을 찾아주므로 중요한 단계가 될 수 있다. 일상에서의 선택은 유전자의 발현에 막대학 영향을 끼친다. 이 사실은 우리에게 커다란 힘을 실어준다. 가장 흥미진진한 사실은 이것이다. **우리는 우리의 건강과 장수에 직접적으로 관련 있는 많은 유전자의 발현에 영향을 미칠 수 있다.** 개들도 마찬가지이다. 단, 개들을 위해 지혜로운 선택을 내리는 일은 우리의 몫이다.

안타깝게도 많은 품종에서 DNA 손상이 이미 일어났다. 예를 들어, 특정 불안 장애는 특정 품종에 집중적으로 나타난다. 2020년 유전과 행동의 연관성을 살펴본 노르웨이 연구진은 라고토 로마뇰로(크고 털이 북슬북슬한 이탈리아산 레트리버), 휘튼 테리어, 그리고 잡종견의 소음 민감도가 가장 높다는 사실을 발견했다. 가장 걱정스러운 견종은 스패니시 워터 도그, 셰틀랜드 시프도그(셸티), 잡종견이다. 미니어처 슈나우저의 약 10분의 1이 낯선 사람을 두려워하고 공격적이지만, 래브라도레트리버에게서는 그런 특징을 찾아볼 수 없다. 2019년 핀란드 연구진이 시행한 연구에서는 사회성과 관련된 유전자가 높은 소음 민감도와 연관된 DNA에서도 발견된다는 사실이 드러났다. 즉, 사회성 좋은 개를 선택하는 것이 의도치 않게 소음에 더 민감한 개를 선택하는 일이기도 한 것이다. 이러한 상쇄 효과는 우리가 인식하는 것보다 훨씬 더 자주 발생한다. 현재 DNA 연구가 가속화되고 있으므로 나쁜 결과가 제한되고, 좀 더 효과적인 유전자 관리가 가능해져서 문제를 더 많이 만들지 않기를 바란다. 적절한 유전자 관리를 통해 예방할 수 있는 수많은 질병들을, 우리가 설계한 교배로 인해 특정 견종들이 시달리게 하는 것은 온당치 않은 일이다. 우리는 사실상 일부 견종을 완전히 말살하고 있다. 한 예로 잉글리시 불도그는 유전자의 막다른 골목에 도달했을 수 있다. 전문가들에 따르면, 짧은 주둥이와 작고 주름 많은 몸이 특징인 잉글리시 불도그는 오늘날 모든 개체가 유전적으로 너무나 유사해서 더 건강한 방향으로 품종을 개량하는 것이 사실상 불가능하다.

반려견을 분양받는 책임감 있는 방법은 두 가지뿐이다.

옵션 1: 브리더를 통해 분양받으려면 견종의 유전자 개선을 위해 적극적으로 노력하는 브리더를 찾는다. 브리더를 찾을 때 504쪽의 질문을 참고한다. www.gooddog.com에서 책임감 있는 브리더를 찾는 방법을 제공한다.

옵션 2: 평판 좋은 유기견 보호소나 구조 기관에서 입양한다(요즘 온라인에서 브로커들이 구조 또는 위탁 단체로 위장하는 경우가 많으므로 주의가 필요하다. Pupquest.org에서 이 신종 사기 기법에 관한 자세한 정보를 얻을 수 있다). 유기견을 입양할 수도 있다(그러면 개의 DNA 정보를 알 수 없지만 생명을 구하는 일이 훨씬 중요하니까). 동물보호소에 집 없는 개들이 넘쳐나다보니 브리더를 통한 분양은 무조건 거부하는 사람들도 많다. 구조된 잡종견 강아지들에게 DNA 검사를 실시하는 보호소들이 점점 늘어나고 있다. 강아지에 대한 정보가 많을수록 분양 성공률도 높아지기 때문이다. 예를 들어 목축견 잡종 강아지를 입양하면 아무래도 목축견 기질이 나타날 가능성이 크다. 입양하기 전에 이 사실을 알면 도움이 될 것이다! 구조된 동물을 입양하는 것은 절대로 쉽게 볼 일이 아니다. 구조된 동물을 입양했다가 녀석들이 안고 있는 여러 문제 때문에 힘들어하는 사람들이 많다. 예를 들어, 동물 보호소에 머무르는 개들은 생후 8주 정도에 중성화나 난소 제거를 하는 경우가 많다. 사춘기 이전에 주요 호르몬이 제거되면 건강상 그리고 훈련상 많은 어려움이 생기고, 호르몬 불균형으로 인해 면역계에 부정적인 영향을 미칠 수 있다. 어떤 개를 입양하든 선택은 순전히 개인의 몫이다. 무료 입양이든 유료 입양이든 가장 중요한 것은 책임감 있는 선택이다. 털북숭이 친구를 집으로 데려오는 일이 앞으로 평생 거대한 책임이 따르는 일이라는 사실을 입양 전에 제대로 이해해야 한다.

이 책에서 견종에 따른 유전적 결함이나 돌연변이 목록을 제공하기는 역부족이다. www.caninehealthinfo.org이나 www.dogwellnet.com에서 견종별로 권장되는 검사를 대략적이나마 확인할 수 있다. 반려견의 유전적 구성을 알고 가능하다면 일상에서의 현명한 선택을 통해 후생적으로 유전적 결함을 뒷받침하는 것이야말로 보호자로서 할 수 있는 최선이다. 기술은(DNA 검사 등) 반려견의 환경 및 경험에 긍정적인 영향을 줌으로써 우리가 유전자 발현에 영향을 미칠 수 있도록 해주었다. 반려견의 유전자가 궁금하다면 DNA 검사 후, 이 책과 www.foreverdog.com의 정보를 활용해 녀석의 고유한 유전체를 뒷받침하는 평생 웰빙 플랜을 수립하라. 유전자 검사를 굳이 하지 않더라도 이 책에서 소개하는 과학적으로 입증된 제안들이 반려견의 건강 수명을 늘리는 데 큰 도움이 될 것이다.

요약하자면, 우리는 반려견의 DNA를 바꿀 수 없지만(또는 잃어버린 유전자를 다시 추가할 수 없지만), 생활 방식과 관련된 선택을 통해 DNA의 발현을 바꿀 수 있다(후생 유전자 방아쇠 목록은 133쪽을 참조한다. 모두 우리가 통제할 수 있는 것들이다). 많은 연구자와의 인터뷰에서 반복적으로 등장한 주제는 개의 정서적 건강을 둘러싼 최신 과학 이야기였다. 인간은 오랫동안 개의 사회적 상호작용이 건강에 미치는 영향을 과소평가했다. 개는 사회적 동물이고, 사회적 역량을 키울 수 있고, 자신의 개성을 표현하고 즐거운 시간을 만끽하게 할 사회적 환경이 필요하다.

사회적 참여와 자극으로 정서적 스트레스를 최소화하라

당신의 개는 친구가 몇 명이나 있는가? 블루 존의 100세 이상 장수자들의 비결 중 하나가 탄탄한 사회적 유대 관계라는 사실은 놀랍지 않다. 그리고 이 사실은 개에게도 사회적 네트워크가 중요하다는 것을 알려준다. (당신의 개가 신체 접촉을 좋아한다면) 포옹과 입맞춤의 힘을 과소평가하지 말라. 당신과의 우정은 반려견에게 대단히 중요하다. 어쩌면 당신이 녀석의 유일한 사회적 배출구일지 모른다.

당신이 반려견에게 본보기 역할을 제대로 수행하고 있는지 계속 점검해볼 필요가 있다. 스트레스를 관리하고 항상 주의를 기울이고 유쾌하고 공감하는 모습을 보여주어야 한다. 반려견과 지속적으로 탄탄한 관계를 유지하는 일은 평생의 과정이다.

나이가 많고 훈련이 잘된 개라도 매일 몇 분씩 의사소통 기술을 훈련하는 것이 중요하다. 개들은 할 일이 필요하다. 머리를 써야 하는 뭔가 재미있는 생각거리 말이다. 매일 몇 분씩 훈련을 하기 어렵다면 반려견에게 두뇌 게임이나 스낵 볼 장난감을 제공한다. 적어도 하루에 한 번은 시간을 내서 놀아줘야 한다는 걸 잊지 말라. 스탠퍼드 대학교의 에마 세팔라Emma Seppälä는 저서 『해피니스 트랙』에서 놀이 시간을 따로 내지 않는 성체 포유류는 인간밖에 없다고 지적한다. 반려견은 주인이 같이 놀아주기를 간절히 바란다. 옆에 서서 주인과 소통하기를 간절히 기다린다. 반려견과 더 많이 놀아주자. 그게 우리에게도 좋다.

프로를 위한 팁: 반려견과 몇 분 동안 놀아주는 소중한 시간에는 핸드폰을 비행기 모드로 설정해두자. 오롯이 반려견과의 시간에만 집중해야 더욱 탄탄한 유대감을 쌓을 수 있다.

당연하지만 개들에게도 어린 시절의 '노출' 경험이 평생 영향을 미치므로 중요하다. 연구에 따르면 어린 시절(생후 4주~4개월)의 적절한 사회화는 나중에 개가 느끼는 두려움의 수준에 직접적인 영향을 미친다(다른 개는 물론 낯선 사람에게 느끼는 두려움도).

개의 기질은 주로 유전자와 생후 63일간의 경험(또는 경험 부족)에 좌우된다. 그래서 애견 훈련사이자 브리더인 수잰 클로지어는 강아지를 위한 강화 프로토콜Enriched Puppy Protocol을 만들었다. 서비스견이 되기 위해 훈련받는 개들을 포함해 15,000마리가 넘는 개들이 이 프로그램으로 긍정적인 효과를 보았다. 동물행동학자 리사 라도

스타Lisa Radosta 박사는 모견의 임신 중 경험과 스트레스 수준이 강아지의 평생 불안, 두려움, 공격성, 공포증의 임계점에 영향을 미친다고 말한다. "환경의 영향은 강아지가 나중에 어떤 행동을 보이는지는 물론 뇌와 기질의 발달에도 영향을 준다." 브리더를 통해 입양할 때는 모견에 관해서도 깊이 대화를 나눠보아야 한다.

avidog.com의 게일 왓킨스Gayle Watkins 박사는 강아지 공장의 모견들이 쉴 새 없이 새끼를 낳으며 환경과 감정, 영양적 스트레스에 시달린다는 사실을 지적한다. 이 모견들에게서 태어난 강아지들은 후생적으로 모견의 스트레스와 트라우마에 영향을 받아서 여러 가지 바람직하지 않은 행동적 특성이 촉발될 수 있다.

발달 연구에 따르면 강아지에게는 세 가지 중요한 사회화 기간이 있다. 1단계는 생후 4주부터로, 브리더와 함께 또는 구조 기관에 있을 때 시작된다. 강아지는 생후 4주부터 사회화 프로그램을 시작해야 한다. 사회화 프로그램은 매우 짧은 시간 동안 중요한 감각 경험을 제공하도록 설계되며 강아지에게 적응력과 편안한 기질을 길러주는 데 무척 중요하다(추천할 만한 초기 강아지 사회화 프로그램 목록은 부록 510쪽 참조).

생후 9주 정도의 강아지를 입양한다면 중요한 사회화의 두 번째 단계는 당신과 함께 일어난다. 이후 몇 개월은 앞으로 강아지의 행동 및 성격 특성, 반응, 환경 변화에 대처하는 능력에 중요한 토대를 쌓는 기간이다. 적절하고 안전한 사회화는 강아지가 앞으로의 삶을 헤쳐나가는 데 필요한 대처 기술을 기르게 한다. 사회화가 잘 된 강아지들은 적응력이 뛰어나고 코르티솔 수치와 불안, 두려움, 공포증, 공격성이 낮게 나타난다. 마찬가지로 사회화가 적절히 이루어지지 않은 강아지들은 평생 스트레스 반응이 크게 나타날 수 있다(높은 코르티솔 수치).

생후 4주부터 4개월까지 신중하고 안전하게 세상의 풍경과 소리에 노출되는 강아지들은(청소기나 총성 같은 시끄러운 소리, 불꽃놀이, 폭풍우, 휠체어, 아이들, 초인종 등) 이러한 상황에 당황하거나 과민 반응할 필요가 없다는 것을 배운다. 개들은 어린 시절의 경험에 따라 자신감 있게, 풍요롭게, 모험적으로 살 수도 있고, 무서운 세상에서 새롭고 예측할 수 없는 일을 적극적으로 피하고 방어하면서 살 수도 있다. 왓킨스 박사는 사회화의 가장 중요한 점이 강아지를 무서운 세상으로 내몰지 않고 신뢰를 쌓고 유지하면서 새로운 경험을 하게 해줌으로써 (비록 사람보다 훨씬 짧은 생애지만) 삶을 온전히 즐길 준비를 시키는 것이라고 강조한다.

집에서 시행하는 초기 및 지속적인 사회화 프로그램은 반려견들이 첫 단추를 제대로 끼울 수 있도록 해준다. 정서적 회복력을 길러주려면 이는 권장 사항이 아니라 필수적이다. 한마디로 특히 생후 4개월 이전의 노출과 경험은 (좋은 것이든 나쁜 것이든) 반려견의 행동과 성격에 평생 큰 영향을 끼친다. 이것은 지속적인 스트레스 호르몬 생성 수준에도 영향을 끼치므로 결국 건강 수명을 좌우한다. 강아지를 집에 데려오기 전에 의도적이고 다양하고 흥미롭고 정서적으로 안전한 사회화 계획을 미리 준비해두어야 한다.

왓킨스 박사는 두려움 없는 관계 중심 훈련이 최소한 생후 1년까지 계속되어야 한다고 강조한다. 생후 6개월부터 12~16개월에 해당하는 청소년기는 약간 힘들 수 있다('사춘기'). 이 힘든 시기를 잔혹한 처벌 없이 성공적으로 헤쳐나가는 것은 반려견의 장기적인 웰빙에 필수적이다. 왓킨스 박사는 말한다. "반려견이 신체적으로 다 컸고 성견처럼 보여도 인지적으로는 아직 발달하는 중이라는 사실을 기억해야 합니다." 안타깝게도 팬데믹 기간의 '사회화 덜 된 강아지'들이 질풍노도의 사춘기 아이들처럼 부모들에게 큰 스트레스를 안겨주고 있다. 지금 당장 상황을 바로잡기 위한 계획을 세워야 한다(전문가의 도움으로 과학에 기반을 둔 훈련 방법 마련해야 한다). 왓킨스 박사는 이렇게 강조한다. "훌륭한 강아지가 훌륭한 개가 됩니다."

"당신이 원하는 반려견이 되는 법을 가르쳐주세요."

저자들은 동물행동학자들의 의견에 동의한다. 관계 중심의 지속적인 훈련은 선택이 아니라 의무라는 것이다. 훈련은 강아지가 신경에 거슬리는 행동을 보일 때 시작하는 게 아니라 그런 행동 문제를 애초에 예방하는 방법이다.

불안이나 공포를 일이키지 않는 속도라면, 반려견에게 새로운 경험을 소개하기에 늦은 때란 없다. 라도스타 박사는 "반려견의 보디랭귀지를 읽는 것이야말로 가장 중요한 일"이라고 말한다. 개의 비언어적 신호를 정확하게 읽는 것은 여러 가지 이유에서 중요하다. 이를테면 부정적인 경험과 관련된 과도한 스트레스가 있을 때 일찌감치 개입하기 위해서이다(개의 보디랭귀지를 공부하려면 릴리 친Lili Chin의 『개의 언어*Doggie Language*』를 읽어보자). Pupquest.org의 조사에 의하면, 전체 강아지의 50퍼센트가 첫 번째 집에서 1년을 버티지 못하고 열 마리 중 한 마리만이 평생을 같은 가족과 산다. 가족이 바뀐 개들은 PTSD 징후를 포함해 전문가의 개입이 필요한 수많은 문제 행동을 보인다. 강아지의 사회화가 제대로 이루어지지 않았다면 나이에 상관없이 손상 복구(행동 수정)를 통해 개가 느끼는 안전감과 행복감을 높여줄 수 있다. 얼마나 반응적인가 또는 폐쇄적인가에 따라 전문가의 도움이 필요할 수 있다. 반복되는 행동 문제나 우려가 나타나면 이른 시일 안에 자격증을 갖춘 전문가의 도움을 받는 것이 좋다. 서두를수록 상황이 더 빨리 개선될 것이다. 아이를 위해 보모를 선택하는 것처럼 훈련사를 신중하게 골라야 한다. 부록 509쪽의 제안 목록을 참고한다.

반려견이 가정과 공동체 안에서 행복하고 제대로 된 관계를 맺으며 살아갈 수 있도록 사회적, 정서적 기술을 갖춰주는 것(또는 그런 기술을 갖추지 못할 때 세심하게 관리해주는 것) 말고도 반복적인 스트레스의 원천을 관리하는 것 또한 잠재적인 불안을 막아주는 좋은 방법이다. 동물병원 방문, 손발톱 손질, 귀 청소, 목욕 등 개들이 일반적으로 큰 불편함을 느끼는 경험들이 많이 있다. **스트레스 반응을 제대로 관리하는 법을 배우는 것은 반려견과 돈독한 관계를 맺는 최고의 도구일 뿐만 아니라 반려견에게 평생 큰 선물이 된다.**

우리의 친구 수전 개럿Susan Garrett의 특기는 세계 최고 수준의 운동 선수견을 배출하는 것이다. 그녀는 민첩성 부문 세계 챔피언을 10마리나 훈련시켰다. 하지만 수전은 다른 종과의 의사소통에서 흔히 발생하는 문제들을 해결하는 능력도 탁월하다. 그녀는 개를 키우는 사람은 누구나 개 훈련사가 되어야 한다고 강조한다. 그녀에 따르면 좋은 훈련이란 개들에게 다음의 두 가지를 길러주는 것이다. 바로 자신감과 보호자에 대한 믿음이다. 어떤 훈련이나 교육을 하든 녀석이 항상 최선을 다할 것이라는 믿음으로 상호작용을 이어나가면 두 가지 목표를 동시에 달성할 수 있다. 개들은 절대 우리를 실망시키고 싶어 하지 않는다. 안타깝게도 개들은 '개답게' 행동했다는 이유로 혼이 난다. 결과적으로, 사람에 대한 신뢰가 깨질 수밖에 없다. 앞서 말했듯이 당신과 개의 관계는 신뢰와 훌륭한 쌍방향 의사소통을 통해 구축된다. 갓 태어난 강아지든 구조된 개든 반려견의 이해력을 키워주려면 매일의 교육(훈련)이 필요하다.

개는 스트레스나 공포를 경험할 때(불꽃놀이, 집에 온 낯선 사람, 연기 감지기 소리, 새로운 하네스, 자동차 탑승, 청소기 등) 의식적인 결정 과정 없이 반사적으로 반응한다. 녀석들의 몸은 자신을 보호하도록 프로그래밍이 되어 있다. 수전은 우리가 그들의 보호자로서 **스트레스와 두려움이 학습의 즉각적인 걸림돌이 된다**는 사실을 반드시 기억해야 한다고 지적한다. 두려움 반응이 촉발되면 사람이나 동물이나 '학습'이 불가능해진다. 스트레스 호르몬이 즉각적으로 분비되고 위협으로부터 자신을 보호하는 원초적인 투쟁-도피 반응이 촉발된다. 몸이 모든 자원이 '생존 모드'에 투입된다. 또한 개의 공포 반응은 으르렁거리기, 물어뜯기, 짖기, 달려들기, 움츠리기, 공황 상태, 탈출 행동으로 이어진다.

개들은 우리가 더 바람직한 대안적 반응을 보이도록 훈련시키지 않는 한, 스트레스 상황에서 정상적으로 반응하지 않을 것이다. 한마디로 스트레스가 극도로 심한 상황을 위한 대응 기제를 마련해주어야 한다. 공황 상태에 빠지면 주인의 목소리가 들리지 않을 것이다. 그렇다고 벌을 주어서는 안 된다. 개가 스트레스나 두려움 징후를 보일 때 긍정적인 '조건부 감정 반응'이 나타날 수 있도록 도와주는 것을 목표로 삼자. 필요에 따라서 전문가의 도움을 받아도 된다. 개가 스트레스를 받는 상황에서는 '훈련'이 불가능하지만, 스트레스 상황을 다르게 경험하도록 훈련을 시작할 수 있다. **당신은 반려견과의 신뢰 관계를 더욱 돈독하게 함으로써 스트레스와 두려움을 성공적으로 헤쳐나가도록 도와줄 능력이 있다.**

헌신적인 과정을 통해 방아쇠를 바꿀 수 있다. 그러면 이전에 반려견을 두렵게 한 방아쇠가 당겨져도 공포에 빠지는 대신 좀 더 바람직한 방식으로 반응할 수 있다. 그러고 나서 우리의 믿음을 확인하고 칭찬받고 싶어 할 것이다.

보호자들을 격려하고 교육함으로써 반려동물의 두려움과 불안, 스트레스를 예방하고 완화해줄 수의사와 그루머를 찾고 있다면 www.fearfreepets.com에서 훌륭한 정보를 많이 얻을 수 있다. 반려동물들의 '두려움'을 없애는 것이 그들의 사명이다. 요점은 이것이다. 당신은 반려견이 그들 몸에 해로운 스트레스 호르몬을 분비하게 만드는 정서적 장애를 이겨낼 수 있도록 할 수 있는 모든 것을 해야 한다. 또 반려견이 정서적 안정을 유지할 수 있도록 최선을 다해야 한다.

물론, 아무리 애써도 반려견의 삶에 스트레스가 전혀 없을 수는 없다. 세상은 예측할 수 없는 무서운 일들로 가득하니까 말이다. 하지만 손에 닿는 일상적이고 반복적인 스트레스 요인에 한해서라도 둔감화와 역조건 형성(훈련사가 활용하는 행동 수정 기법) 과정을 시작하도록 도와줘야 한다. 그래야 다음 해엔 올해보다 스트레스가 덜

할 테니까. 아무것도 하지 않으면 반려견의 행동 문제는 더 나빠질 것이다. 당신과 반려견의 관계도 마찬가지이다.

우리의 목표는 믿을 수 있고 일관적인 반응을 보이는 것이다. 의도치 않게 문제 많은 개를 만들어내지 않으려면 이것이 중요하다. 나는(닥터 베커) 호머를 입양한 직후 발을 만지면 절대로 안 되고(물릴 위험이 있고), 목욕이 녀석에게 거의 사망 선고나 다름없다는 사실을 알게 되었다. 고작 6개월이 지났을 뿐인데 이제 호머는 자랑스럽게도 네 발로 서서 족욕을 하는 동안 간식을 먹는다. 과학에 기반한 '손상 통제 요법'으로 반려견의 원치 않는 행동을 바로잡도록 최선을 다하라. 그것이 당신과 반려견 모두의 건강을 위해 좋은 일이다.

(개가 선택하는) 개의 하루

만약 하루 동안 무엇을 하고 싶은지 직접 선택하게 한다면 개들은 무엇을 할까? 우리는 좀 더 자주 개들의 관점에서 삶을 바라볼 필요가 있다. 개들에게는 어떤 활동이 흥미로울까? 어떤 음식이 가장 맛있을까? 무엇을 냄새 맡고, 누구와 접촉하기를 원할까? 반려견의 취향을 알면 좀 더 좋은 보호자가 되고 유대감도 탄탄해진다. 반려견의 삶의 질이 높아지는 것은 말할 것도 없다. 반려견의 관점에서 생각해보는 시간을 가질수록 우리는 반려견의 사회적, 신체적, 정서적 욕구를 충족시킬 수 있다.

어떻게 반응할지 모르겠다면 반려견을 반려견 놀이터(도그 파크)에 데려가지 말라. 오히려 반려견의 (그리고 당신의) 스트레스가 더 심해질 수 있다. 수잰 클로지어는 **사회화가 잘 안 됐거나 수줍음을 타**

는 개들에게 반려견 놀이터는 최악의 장소라는 점을 분명히 했다. 반응성이 심하고 두려움이 많은 반려견에게 긍정적인 야외 경험을 만들어주고 싶다면 스트레스를 주지 않는 속도와 기법으로 행동 패턴을 다시 잡아주는 데 시간을 쏟아야 한다(연구에 따르면 체벌에 근거한 훈련은 불안감을 악화시켜서 스트레스 호르몬을 더욱 증가시킨다). 사회성이 떨어지고 정서적으로 문제가 있는 개들을 구조해서 사랑 넘치는 안정적인 환경을 제공하면 문제가 모두 해결될 걸로 착각하는 사람들이 많다. 라도스타 박사는 "절대 그렇지 않습니다"라고 말한다. 사랑만으로는 문제가 해결되지 않는다. 당장 전문가의 도움을 받는 편이 바람직하다. "마치 결혼식을 계획하듯 행동 수정 팀을 꾸리세요." 라도스타 박사는 조언한다. www.dacvb.org에서 미국 수의행동학자들의 명단을 참고하자.

우리가 강아지들을 위해 할 수 있는 가장 중요한 일은 성격과 신체 능력에 따라 안전한 경험과 활동, 정말로 좋아하는 운동을 찾아서 제공하는 것이다. 개도 사람처럼 저마다 취향이 다르다. 내 개가 무엇을 좋아하는지 알아가는 일은 당신에게 큰 기쁨을 선사할 것이다. 당신의 개가 무엇을 좋아하는지 아직 모른다면, 여러 다양한 시도를 해보자. 어릴 때는 별로 흥미를 보이지 않았던 활동이라도 중년이나 노년기에는 다를 수 있으니 다양하게 시도해보자!

뇌에 계속해서 긍정적인 자극을 줘야 한다는 사실도 잊지 말자. 앞에서 알아보았듯시 항염증성 식단과 사회적 경험, 적절한 운동의 조합은 뇌의 중요한 성장 인자(BDNF) 수치를 높여준다. 그러면 뇌세포에 영양이 공급되고 새로운 뇌세포의 탄생이 촉진된다. 모든 연령대에 좋은 일이다!

동물행동학자 이안 던바Ian Dunbar는 개의 정서적 행복을 위해 우리가 할 수 있는 최선은 **사회생활을 풍요롭게 가꿔주는 것**이라고 말한다. 당신의 개가 좋아하는 개들을 알아내서(멍멍이 친구들) 놀이 만남을 만들어주자. 개들에게는 개답게 행동할 기회가 많이 주어져야 한다. 전속력으로 질주하고 흙을 파헤치고 땅에서 뒹굴고 엉덩이 냄새를 맡고 장난치고 당기고 갉아먹고 짖고 쫓고 등등. 반려견에게 반드시 이런 기회를 제공해야 한다. 반려견의 보호자로서 당신이 맡은 또 다른 역할은 바로 지루함을 타파해주는 것이다. 가족들에게 사랑받는 개들도 무척 지루한 삶을 사는 경우가 많다. 물론 원해서 그러는 건 아니다. 개들은 원하는 삶을 스스로 선택할 수 없으니까.

줄리 모리스는 22살의 핏불 티거가 멍멍이 친구들과 정기적으로 놀이 만남을 갖도록 했다. 특히 나이 들수록 친구들과 사회적 교류를 많이 할 수 있도록 신경 썼다. 별것 아닌 것처럼 들리겠지만, 쿠비니 박사는 블루 존 지역의 인간 연구에서와 마찬가지로 상호작용이 개들에게 정서적으로 대단히 중요하다는 사실을 확인시켜준다. 개도 사람도 사회적 동물이고 살아가는 동안 긍정적인 사회적 참여가 계속 필요하다.

만약 당신의 개가 다른 개들과 어울릴 만큼 사교성을 갖추지 못했다면 녀석이 좋아하는 머리나 몸을 쓰는 종류의 놀이를 찾아서 정기적으로 시켜야 한다. 공격성이나 반응성이 강하고 수줍음을 타거나 PTSD가 있는 개들에게는 노즈 워크(후각 놀이)가 안성맞춤이다(취미 또는 직업견의 '일'이 되기도 한다). 라도스타 박사는 보호자가 개에게 '5가지 자유'를 제공할 책임이 있다고 말한다.

- 고통으로부터의 자유(불안/두려움)
- 통증이나 부상으로부터의 자유
- 환경 스트레스와 불편함으로부터의 자유
- 굶주림과 갈증으로부터의 자유
- 웰빙을 촉진하는 행동과 종 고유의 행동을 할 자유

뉴질랜드에 있는 매시 대학교 동물복지학과 교수 데이비드 멜러David Mellor 박사는 한 걸음 더 나아가 '5개 영역'이라고 부르는 일련의 지침을 고안했다. 이 모델은 단순히 부정적인 경험을 최소화하는 것이 아니라 긍정적인 경험의 극대화를 강조한다. 이것은 장기적으로 수명을 늘리는 효과가 있다.

- 좋은 영양: 건강과 활력을 유지해주고 즐거운 식사 경험을 가능하게 해주는 식단을 제공한다.
- 좋은 환경: 건강에 해로운 화학물질에의 노출을 최소화한다.
- 좋은 건강: 부상과 질병을 예방하거나 신속하게 진단/치료한다. 근육 긴장도와 신체 기능을 유지해준다.
- 적절한 행동: 다정한 친구들과 다양성 제공. 위협 또는 불쾌한 행동 제한을 최소화. 참여를 촉진하고 활동을 보상한다.
- 긍정적인 정신적 경험: 종에 맞는 안전하고 즐거운 경험 기회 제공. 다양한 형태의 편안함, 즐거움, 관심, 자신감, 통제감을 촉진한다.

뛰어난 영양 공급, 낮은 스트레스, 무독성 생활 환경, 건강한 신체 유지, 보상 활동 참여, 긍정적인 정신적 경험, 모두 블루 존 연구자들이 추천하는 장수 비결이다.

마지막으로, 당신의 개를 관찰하고 귀 기울여라. 몸, 보디랭귀지, 행동 등 모든 것에 세심한 주의를 기울인다. 마치 자식이나 가장 가까운 사람인 것처럼, 당신의 개에 대해 최대한 많은 것을 알아내자. 언제 불편해하는지, 가장 좋아하는 시간과 놀이는 무엇인지, 어디를 어떻게 만져주면 좋아하는지, 어떤 음식을 좋아하는지 등등. 반려견을 정말로 가장 친한 친구나 소중한 가족으로 여긴다면 더 좋은 보호자가 될 수 있을 것이다(반려견의 삶의 질, 그리고 당신의 인간관계도 크게 향상된다).

더 많이 보고 다른 방법으로 참여하고 더 세심해지고 유대감이 커지면 더 나은 질문을 던질 수 있다. 왜 이틀 연속으로 오른쪽 발 윗부분을 핥을까? 혹은 '카펫을 핥은 다음 토했다'에서 '왜 그렇게 카펫을 핥고 싶을까?'로 생각의 범위가 넓어진다. 반려견이 느끼는 고통의 근본적인 원인을 파헤쳐보려고 할 것이다. 매일 반려견의 행동과 선택을 로드맵 삼아서 대처법 또는 해결책을 찾을 것이다. 그냥 반응하는 것이 아니라 개의 행동을 이해하려고 한다. 이렇게 하면 나에게 전적으로 삶을 의존하는 동물을 위해 최선을 다해 헌신할 수 있다. 녀석들을 실망시켜선 안 된다. 하지만 맡은 역할을 제대로 해내려면 나의 개에 대해 잘 알아야 한다. 반려견이 내 집에서 건강하게 살아가게 하려면 녀석의 생활 환경을 더 깊이 들여다볼 필요가 있다.

환경 스트레스를 최소화하고 화학물질 체내 축적량을 줄여라

6장에서 당신은 우리가 현대의 생활 환경에 가득한 해로운 물질에 매일 노출되고 있다는 사실을 알고 깜짝 놀랐을 것이다. 화학물질을 뿜어내는 침대에서 일어나는 순간부터 우리는 셀 수 없이 많은 환경 독소에 노출된다. 그중에는 비교적 해가 없는 것도 있고, 수의사가 처방해준 벼룩이나 진드기 퇴치제 혹은 심장사상충 약처럼 꼭 필요한 것도 있다.

수의학 화학물질은 질병 예방에 중요하지만 개가 신진대사를 통해 배출해야만 한다. 나는(닥터 베커) 개들의 간 효소 수치가 여름에 상승했다가 살충제 살포나 섭취가 줄어드는 겨울에 정상으로 돌아오는 것을 자주 본다. 처방약으로 인한 화학물질 노출이 일반적인 화학물질의 체내 축적량에 더해져서 질병 위험을 키운다. 240쪽의 화학물질 관련 질문지에서 어떤 점수를 받았는가?

환경 '독소'가 너무 많은 것 같아도 걱정하지 말라! 유해물질에 노출되고 있다는 사실을 알았으니 앞으로 노출을 줄이기 위해 적극적인 변화를 추구할 수 있다. 환경 독소가 필수적인 신체 기능을 방해하고 DNA와 세포막, 단백질에 영향을 미치지 않도록 하는 것이 목표이다. 생활 환경을 청소할 때 살펴봐야 할 13가지 체크리스트를 소개한다. 이미 앞에서 언급한 전략도 많지만 한곳에 모아두면 유용할 것이다.

1. **음식부터 시작하라.** 극심한 신진대사 스트레스를 유발해 코르티솔과 인

슐린을 치솟게 하는 음식을 최소화한다(녹말 탄수화물을 줄이자!). 앞서 소개한 방법을 이미 실천하고 있다면 훌륭하다. 좀 더 신선한 식단으로 바꿔주면 반려견이 해로운 마이코톡신과 식품 화학물질, 잔류물, 고열 가공의 부산물(AGE)을 덜 섭취할 수 있다.

2. **내분비계를 교란하는 프탈레이트가 가득한 플라스틱 물그릇을 버려라.** 질 좋은 스테인리스나 도자기, 유리 소재를 사용한다. 스테인리스 스틸도 오염될 수 있으므로 18/10의 최상 소재(STS304)를 사용하고 객관적인 순도 검사를 받는 회사의 제품을 선택한다(몇 해 전 펫코의 메탈 볼 리콜 사태를 떠올려보라). 도자기 소재는 납을 함유하거나 식기로 승인받지 못한 경우가 있으므로 믿을 수 있는 업체가 만드는 좋은 품질의 식기를 산다. 파이렉스나 듀라렉스의 유리그릇은 내구성이 좋고 무독성이라서 좋다. 값싼 유리 식기에는 납이나 카드뮴이 들어 있을 수 있다. 일반적으로 반려견 엄마, 아빠들은 반려견의 식기를 특대 사이즈로 사는 경우가 많다. 큰 그릇에 담으면 적정한 양인데도 적어 보여서 음식을 더 담는 경우가 많다. 밥그릇이 너무 크다면 그것을 물그릇으로 사용하자. 많은 가정에서 반려견의 물그릇이 밥그릇보다 엄청나게 작은 경우가 많다. 개의 식단에서 물이 가장 중요한 영양소인데도 말이다.

3. **반려견에게 정수한 물을 주자.** 당신이 수돗물을 좋아하고 수돗물의 질이 공식적으로 증명된다고 해도 마시거나 요리할 때만큼은 필터를 사용해야 한다. 산업과 농업에 사용되는 화학물질은 결국 우리가 마시는 물로 돌아간다. 가정용 정수 필터는 당신의 개가 수돗물이나 우물물로 섭취할 수 있는 상당량의 독소를 효과적으로 제거해준다. 수동으로 체결하는 단순하고 저렴한 필터부터 싱크대 아래쪽에 저장 탱크가 달린 정수 시스템, 그리고 집 안으로 들어오는 모든 물을 정수하는 탄소 필터까지, 다양한 정수 기

술을 이용할 수 있다. 특히 필터를 정기적으로 교체해주는 서비스를 이용한다면 마지막 옵션이 이상적이다. 주방은 물론 화장실에서 사용하는 물도 모두 안심하고 쓸 수 있기 때문이다. 자신의 환경이나 예산에 가장 적합한 옵션을 사용하면 된다. 필터마다 장단점이 있으므로 충분히 알아본다.

4. **플라스틱을 제거하라.** 일상생활에서 플라스틱 사용을 최소화한다. 플라스틱을 완전히 피하는 것은 불가능하지만 최대한 줄이려고 노력할 수는 있다. 그러면 당신도 반려견도 프탈레이트와 BPA 노출을 줄일 수 있다. 사료나 음료수를 저장할 때는 상식을 활용하라. 가능한 한 품질 좋은 유리, 세라믹, 스테인리스 스틸 소재의 용기를 사용하고 비닐봉지에 음식을 보관하지 않는다. 절대로 플라스틱 용기를 전자레인지나 오븐에 넣거나 조리에 사용하지 않는다. 플라스틱 장난감은 피하고 'BPA 프리'나 100% 천연고무, 유기농 면, 삼베, 기타 천연 섬유로 만든 국산 제품을 고른다.

5. **집에 들어갈 때는 신발을 벗고 반려견의 발도 닦아주자.** 많은 나라에서는 집 안에 들어가기 전에 신발을 벗는 것이 예의이다. 집과 그곳에 사는 사람들에 대한 존중의 의미이다. 하지만 미국을 비롯해 많은 서양 국가들에서는 현관이나 집 밖에 신발을 벗어놓고 들어가는 일은 흔치 않다. 신발을 벗는 것은 병원성 세균, 바이러스, 분변 물질, 독성 화학물질 등 온갖 화학물질을 피하는 가장 간단한 방법이다. 당신의 신발은 인근 건설 현장의 오염된 먼지와 이웃집, 공원, 심지어 집 앞의 잔디밭에 뿌려진 화학물질을 실어 나른다. 특히 개들은 바닥 가까이에서 생활하므로 이 전략이 무척 중요하다. 나아가 젖은 천으로 발을 닦아줄 수도 있다(필요하다면 카스티야 비누 사용). 겨울마다 도로에 소금을 뿌리는 추운 지역에 살고 있다면 더욱더 중요하다. 겨울철 제설용 소금은 개들을 아프게 한다. 집에서는 '반려동물 친화적인' 소금이나 모래를 사용한다.

6. **공기를 정화하라.** 휘발성 유기화합물(VOC)과 기타 유해 화학물질을 최소화하라. HEPA 필터가 달린 진공청소기를 구매하자. HEPA 필터란 '고효율 미립자 제거 필터'라는 뜻이다. 지름 0.3미크론 이상의 입자를 99.97퍼센트 제거해야 HEPA 필터의 요건을 충족한다. 0.3미크론이 어느 정도인지 잘 감이 잡히지 않을 것이다. 보통 사람 모발 지름이 17~181미크론이다. HEPA 필터는 먼지, 세균, 곰팡이 포자를 포함하여 그보다 수백 배 얇은 미립자를 포착한다. VOC는 대부분 먼지에 붙는 경우가 많으므로 HEPA 진공청소기는 집 안의 난연제, 프탈레이트, 기타 VOC를 최소화해줄 것이다. VOC가 많이 든 방향제, 양초, 카펫 세정제를 조심하라. 스프레이, 플러그인, 향초 등 모든 종류의 방향제를 아예 금지하는 게 좋다. 이것들은 프탈레이트와 수많은 다른 화학물질이 가득하다. 의심스러운 제품은 무조건 집 안에서 없애라! 집 안에 카펫이 있으면 진공청소기를 자주 사용하자(최소한 일주일에 한 번). 가장 많은 시간을 보내는 방에 HEPA 필터 공기 청정기를 놓아둘 수도 있다(거실, 침실 등). 주방(요리할 때)이나 욕실(목욕이나 샤워할 때, 화장품을 사용할 때), 세탁실(빨래할 때) 등에서 배기 팬을 사용한다. 젖은 천으로 창문턱을 자주 닦고 진공청소기로 블라인드를 청소해준다. 타일이나 비닐 장판은 물걸레로 닦고, 나무 바닥은 진공청소기나 걸레로 되도록 일주일에 한 번씩 청소한다. 접착제, 페인트, 솔벤트, 세정제처럼 어쩔 수 없이 필요한 독성 물질은 창고나 차고 등 생활공간과 떨어진 곳에 보관한다.

7. **잔디 관리법에 대해 다시 생각하라.** 비료, 살충제, 제초제 같은 야외 잔디 관리용 화학 약품은 개들에게 훨씬 더 해롭다. 개들은 옷이나 신발을 착용하지 않고 샤워 등으로 매일 화학물질을 제거하지도 않기 때문이다. 자연적인 방법으로도 해충 방제와 잔디 관리가 가능하다. 창고나 차고의 살충제나 제

초제를 없애자. 독성이 적고 잡초를 효과적으로 제거해주며 가족들의 암 위험도 줄여주는 유기 제초제가 다양하게 나와 있다(www.avengerorganics.com에서 반려인들에게 인기 있는 제품들 판매한다). 요즘은 세계적으로 www.getsunday.com처럼 화학물질 없이 잔디를 관리해주는 업체들이 생겨나고 있다. 이런 업체들은 유해 성분으로부터 자유로운 종합 잔디 관리 키트를 고객의 집으로 배달해준다(토양과 기후, 잔디 종류에 맞춰서).

합성 농약과 거리가 멀어 보이는 이름을 가진 성분을 찾아라. 유기 제초제들은 구연산, 정향유, 계피유, 레몬그라스 오일, d-리모넨(라임 성분), 아세트산(식초) 같은 성분을 사용하기도 한다. 천연 제초제인 옥수수글루텐박은 건식 사료에 일반적으로 쓰이는 재료이지만 잡초의 일종인 바랭이를 제거하는 데 더 적합하다. 이로운 선충을 정원이나 마당에 사용하면 애벌레, 진드기, 진딧물, 응애, 기타 벌레를 잡아먹고 사람이나 식물, 반려동물에게는 해가 없다. www.gardensalive.com에서 정보를 찾아보자. 납, BPA, 프탈레이트가 침출되는 마당 호스를 NSF(미국위생협회)가 인증한 프탈레이트 없는 호스로 바꾼다. PVC가 없으면 훨씬 더 좋다. 수영장에서 나온 반려견을 그 호스를 이용해 씻겨주자! 지속 가능하고 유기적인 정원 가꾸기에 대한 아이디어는 지속 가능한 식품 신탁Sustainable Food Trust 웹사이트(www.sustainablefoodtrust.org)를 참조한다.

살충약의 해로움을 줄이려면

벼룩이나 진드기, 심장사상충 약을 얼마나 자주, 어느 정도로 사용해야 하는지는 위험-유익 평가와 같은 상식을 활용한다. 당신의 몰

티즈 반려견이 정기적으로 해충제를 뿌리는 뒷마당에 자주 나간다면 숲속 깊은 곳으로 캠핑이나 하이킹을 떠나는 것보다 진드기에 감염될 위험이 훨씬 낮다. 진드기 감염 위험이 큰 숲에서 반려견과 많은 시간을 보낸다면 화학 약품으로 보호하는 동시에 반려견의 체내 해독 경로를 지원해야 한다(4장에서 설명한 프로토콜 참조).

'퇴치제deterrents' 또는 천연 방충제(일반적으로 식물성 재료나 독성이 덜한 화학물질로 만듦)는 반려견을 해충과 멀어지게 해주지만 100% 효과가 있는 것은 아니다(그리고 둘 다 화학 살충제가 아니다). '예방제preventives'는 FDA가 승인한 내복용 또는 외용 화학물질(살충제)이다. 모든 화학물질은 특정 기생충 또는 여러 기생충을 죽이기 위해 승인되었다. 동물용 살충약은 잠재적인 부작용의 범위가 무척 넓다. 2003년 미국농무부(USDA)는 환경 친화적 살충제인 스피노사드를 유기농으로 인정했다. 스피노사드는 *Saccharopolyspora spinosa*(사카로폴리스포라 스피노사)로 불리는 토양 박테리아의 발효액에서 유래한 비교적 새로운 살충제인데, 성가신 곤충에는 독성이 있지만 포유류에는 무해해서 이소옥사졸린 제품(브라벡토Bravecto, 심파리카Simparica, 넥스가드NexGard)보다 안전할 수 있다. 최근에 이소옥사졸린 제품을 사용하는 견주들을 조사한 결과, 66퍼센트가 이 성분에 대해 좋지 않은 반응을 보고했다. FDA는 2018년 9월 20일에 이소옥사졸린을 함유한 제품이 반려동물에게 근육 떨림, 운동 실조, 발작을 포함한 부작용을 일으킬 수 있다고 경고했다. FDA

는 제조업체들로 하여금 이소옥사졸린 제품 라벨에 신경계 경고를 넣도록 조치했다. 모든 살충제는 반려견의 해독 경로 기능(몸에서 화학물질을 얼마나 잘 제거할 수 있는지), 투여 빈도, 면역 상태 및 기타 변수에 따라 그 자체로 위험과 이점이 있다.

반려견마다 위험 정도를 개별적으로 평가해야 한다.

주의: 진드기 같은 기생충이 개에게 일으키는 질병은 사람도 감염될 수 있으므로 당신도 반려견과 똑같이 위험하다. 반려견을 위해 살충약 사용 방식을 선택할 때는 야외 활동을 좋아하는 자녀나 당신 자신에게 사용하는 것처럼 생각해야 한다. 반려견을 위한 기생충 관리 프로그램을 결정할 때 다음 내용을 참고한다.

- 반려견에게 살충제 제거를 힘들게 만드는 의학적 질환이 있는가? (예: 간문맥단락증, 간 효소 이상, 기타 선천성 결함).
- 거주지의 특정 기생충 위협이 어느 정도인가? (낮음/보통/높음).
- 기생충 위협이 낮음/보통/높음이라면, 기생충에 얼마나 자주 노출되는가? (매일, 매주, 매달).
- 노출이 일 년 내내 계속되는가?
- 당신이나 반려견에게 외부 기생충(벼룩이나 진드기 등)이 발견되는지 규칙적으로 확인하는가? 이건 중요한 질문이다. 징그러운 기생충을 누군가 밖에서 데려오지는 않았는지 확인하는 가장 기본적인 방법이기 때문이다.
- 해독 프로토콜이 준비되어 있는가? 기생충 위협이 크고 바깥에서 많은 시간을 보낸다면 화학제품을 사용할 수밖에 없다. 다만 위협이 낮은 시기에는 사용 유형과 빈도를 조정해야 한다. 화학

약품을 사용하는 경우 살충제 성분이 반려견의 몸에 잔뜩 축적되므로 해독 프로토콜을 권장한다. 우리가 인터뷰한 미생물학자들은 벼룩이나 진드기 퇴치를 위해 정기적으로 화학 약품을 쓰는 경우 프로바이오틱스와 미생물 군집을 지원하는 프로토콜 사용을 권했다.

고위험 환경에 살지만 노출 정도가 낮은 사람, 혹은 저위험 환경이지만 노출 정도가 높은 사람이라면 혼합 기생충 프로토콜이 가장 효과적일 수 있다. 자연 퇴치제와 화학적 예방제를 번갈아 사용한다. 진드기가 많은 지역이라면 어떤 예방 전략을 활용하건 적어도 1년에 한 번씩 동물병원에 데려가 진드기 매개 질병 검사를 해야 한다. 자세한 내용은 부록 492쪽을 참고하자.

살충 스프레이 만들기

- 님(neem; 멀구슬나무) 오일 1작은술(5ml) (건강식품 매장 또는 에센셜 오일 제조업체에서 구매)
- 바닐라 추출액 1작은술(5ml) (님 오일이 더 오래 지속되도록 함)
- 위치 하젤(witch hazel; 풍년화) 1컵(237ml) (님 오일이 용액에 잘 섞이도록 함)
- 알로에 베라 젤 4분의 1컵(60ml) (재료들이 겉돌지 않게 함)

스프레이 병에 모든 재료를 넣고 흔들어서 잘 섞어준다. 곧바로 반려견에게 뿌린다(눈에 들어가지 않도록 조심한다!). 야외에 있을 때

4시간마다 한 번씩 뿌려준다. 잘 흔들어서 사용한다. 밖에 있다가 집 안으로 들어올 때는 빗질로 벼룩을 제거한다(그 어떤 살충제나 천연 퇴치제도 100퍼센트 효과가 있는 건 아님을 기억하라). 효능을 최대화하기 위해 2주마다 새로 제조한다.

해충 퇴치 목줄 만들기

- 레몬 유칼립투스 오일 10방울 (모든 오일은 고품질 에센셜 오일 제조업체에서 구매한다)
- 제라늄 오일 10방울
- 라벤더 오일 5방울
- 시더유(Cedar oil) 5방울

모든 오일을 섞은 후 천으로 된 반다나(또는 목줄)에 5방울을 떨어뜨린다. 야외에서 반려견에게 착용한다. 집으로 돌아올 때는 제거한다. 나가기 전에 항상 반다나에 오일을 새로 떨어뜨린다. 외출에서 돌아오면 항상 빗질로 벼룩을 제거한다.

주의: 반려견이 민감한 반응을 보이는 재료가 있다면 이 레시피를 패스한다.

예방의 원칙을 실천한다. 어떤 화학물질의 해로운 효과가 아직 알려지지 않았거나 논란의 여지가 있다면 예방의 원칙으로 대처한다. 나중의 해로운 결과를 피하기 위해 미리 지금 노출을 최소화한다. 의심이 들면 무조건 피하자!

8. **일반 가정용품에 대해 다시 생각하라.** 100퍼센트 천연 재료로 만든 유기농 강아지 침대에 투자하라. 당신의 매트리스를 유기농 제품으로 새로 살 형편이 안 된다면 100퍼센트 유기농 면, 삼베, 비단 또는 양모로 만든 이불을 산다. 유기농 강아지 침대를 살 형편이 안 된다면 반려견에게도 똑같이 한다. 유기농 면 이불이나 담요만으로도 효과적이다. VOC가 없는 세제로 일주일에 한 번 세탁한다. 섬유 유연제를 사용하지 않는다.

세탁 세제, 소독제, 얼룩 제거제 등을 구입할 때는 아주 오래전부터 존재한 되도록 단순한 재료들(예를 들어, 백식초, 붕사, 과산화수소, 레몬즙, 베이킹소다, 카스티야 비누)로 만든 친환경 제품을 선택한다.

집 안에서 화학제품을 사용하는 경우가 점점 늘고 있다. 이는 특히 대부분 시간을 실내에서 보내는 개들에게 큰 재앙이 아닐 수 없다. 집에서 사용하는 모든 제품을 철저하게 평가해야 한다. '안전', '무독성', '환경 친화적', '천연' 같은 표현을 주의한다. 이 단어들에는 법적으로 정해진 의미가 없기 때문이다. 신중하게 성분을 확인하고 경고 사항에도 주의를 기울인다. 해가 없고 효과적이고 저렴한 재료로 직접 청소제를 만들어서 쓰면 여러모로 좋다. 구하기 쉬운 무독성 재료를 사용하는 방법을 온라인에서 쉽게 찾을 수 있다. 연방법에 따르면 제조업체는 '~향' 물질의 화학 성분을 라벨에 공개할 의무가 없다. 해로운 재료를 감추기 위해 많은 업체가 악용하는 그다지 날카롭지 않은 허점이다. 라벨에 부식성이라고 표시되었거나, '섭취시 독극물 관리 센터에 연락하시오' 같은 경고가 붙어 있는 제품을 어쩔 수 없이 사용할 때는 깨끗한 물로 두세 번 잔류물을 제거한다.

9. **반려견의 위생에 신경 쓰자.** 샴푸, 귀 세정제, 치약 등 반려견의 위생 관리 제품을 유기농 또는 화학 성분이 없는 제품으로 사용한다. 반려견의 몸속으로 들어가거나 피부에 닿는 제품의 성분을 잘 살펴본다. 예를 들어, 눈물 자국을 제거하는 가루는 저용량의 항생제(타이로신)라서 미생물 군집에 영향을 줄 수 있다. 그리고 식분증 억제제에는 대부분 동물에게 행동 장애와 신경내분비 문제를 일으킬 수 있는 MSG(글루탐산 모노나트륨)가 들어 있다.

홈메이드 치약 레시피

- 베이킹소다 2큰술 + 코코넛 오일 2큰술 + 페퍼민트 에센셜 오일 1방울(옵션).

재료를 잘 섞은 다음 유리병에 보관한다. 거즈로 손가락을 감싼 채로 치약을 덜어내 매일 저녁 식사 후에 반려견의 이빨을 마사지해 준다.

10. **구강 건강을 유지하라.** 우리는 구강 위생의 힘을 과소평가하는 경향이 있다. 구강 건강이 전신의 염증 수치를 포함해 우리의 모든 것에 영향을 미친다는 것은 과학적으로 증명된 사실이다. 입과 잇몸이 깨끗하고 감염이 없으면 위험한 염증과 치아 질환 위험이 줄어든다. 개들의 90퍼센트가 생후 1년에 잇몸병이 발생한다. 사람의 치약에는 개에게 치명적일 수 있는 감미료인 자일리톨이 들어 있다. 불소도 개들에게 안전하지 않으므로 반려

견용으로 만들어진 구강 위생 제품을 사용해야 한다. 생뼈는 개의 구강 건강에 도움이 된다. 호주의 한 연구에서는 살점이 붙은 생뼈를 주자 3일 이내에 치아 결석의 90퍼센트가 제거되었다!(생뼈 법칙은 부록 506쪽 참조)

11. **백신 항체 역가 검사를 하자.** 역가 검사는 반려견이 예방 접종을 받은 질병에 대한 현재의 면역력 상태를 알려주는 간단한 혈액 검사이다. 사람의 경우 대부분 어릴 때 맞은 백신의 면역력이 수십 년 동안 지속되기 때문에 해마다 추가 접종을 할 필요가 없다. 마찬가지로 강아지도 주요 백신으로 생긴 면역력이 몇 년 동안(종종 평생) 지속된다. 항체 검사는 대부분의 국가에서 법정 전염병인 광견병을 제외한 모든 바이러스성 질환에 대해 꼭 필요한 접종만 제공할 수 있게 함으로써 반려견의 화학물질 체내 축적량을 낮출 수 있다. 양성 항체 역가는 반려견의 면역 체계가 아직 유효해서 추가 백신이 필요하지 않다는 뜻이다. 우리가 만난 포에버 도그는 전부 기존의 백신 일정을 따르지 않았다. 강아지 때 예방 접종을 받았지만 성견이 된 후 매년 접종을 받지는 않았다.

12. **소음과 빛 오염을 차단하라.** 되도록 집 안에 자연광이 많이 들어오게 해서 인공 조명을 많이 사용하지 않는다. 형광등과 백열등은 햇빛과 달리 빛의 파장이 일정하지 않다. 자연광을 쬐지 못하면 일주기 리듬이 깨지는 것부터 우울증까지 건강상 해가 있을 수 있다. 생체 시계를 따르도록 노력을 기울여야 한다. 저녁 식사 후, 또는 늦어도 오후 8시부터는 집 안의 조명을 어둡게 하고 블루 라이트가 나오는 화면(스마트폰, 컴퓨터 등)을 끄자. 판다 박사는 저녁 식사 후에는 천장등을 켜지 않는다. 우리도 그렇게 하고 있다. 박사는 "시력을 위한 빛과 건강을 위한 빛은 같지 않습니다"라며 인상적인 조언을 해주었다. 멜라토닌 수치가 균형을 이루도록 10달러 미만의 저렴한 조광기를 이용해 잠잘 시간이 가까울 때 조명의 밝기를 줄인다. 집

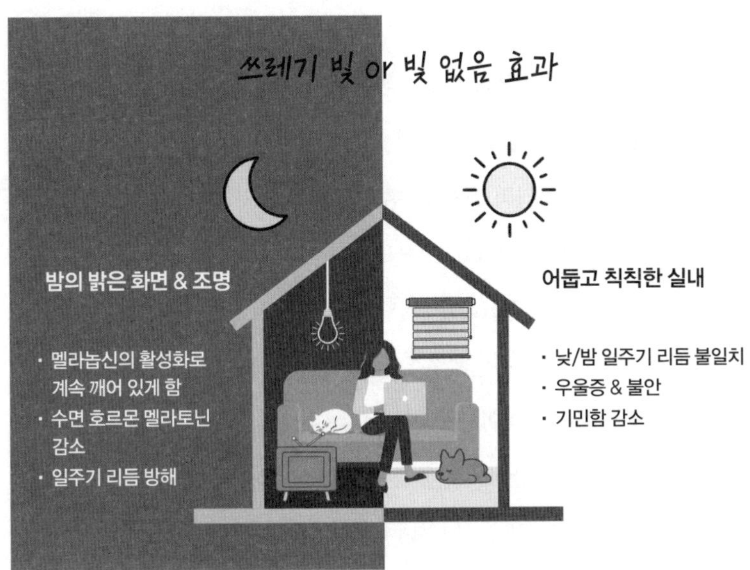

안에 조용한 방을 마련해서 TV 소리 같은 소음을 관리한다. 밤에는 공유기의 전원을 끈다. 반려견이 자야 할 시간을 넘어 밤늦게까지 엔터테인먼트를 즐기는 사람이라면(빛과 소음이 오래 이어진다면), 반려견을 위해 어둡고 시원하고 조용한 안식처를 만들어준다.

13. **예방적인 웰빙 팀 구축.** 반려견의 장수를 위한 여정에서 당신이 기댈 수 있는 것은 소규모의 독립적인 소매업체들이다. 이런 작은 소매업체의 직원들은 매장에서 파는 사료 브랜드에 대해 잘 알고 연구도 많이 한 열정적인 애견인들이다. 또한 이들은 반려동물 건강 커뮤니티의 다른 전문가들과 연결되어 있어서 재활/물리 치료사, 훈련사, 예방 의학 수의사 등에 관해 도움이 필요할 때 유익하다. 사람의 건강과 마찬가지로 반려견의 건강을 지키려면 각 분야의 팀을 꾸려야 한다. 우리는 가정의학과, 산부인과, 척추 지압사 또는 마사지 치료사, 영양 상담사, 개인 트레이너, 치과 의사, 피부과 의사, 상담사, 발 전문의 등 건강을 지키기 위해 수많은 분야별 건

강 전문가를 찾는다. 나이가 들면서 종양의, 심장의, 내과의, 외과의 등 목록이 더 늘어난다. 우리의 목표는 생활 방식에 따른 현명한 선택을 통해 웰빙을 성공적으로 관리해서 나중에 따로 전문가가 필요하지 않도록 하는 것이다. 이를 위해 우리의 신체 한 부분 또는 치료의 한 측면에 초점을 맞추는 여러 전문가들의 지식을 한데 모아야 한다. 시골 의사 한 명에게 모든 것을 맡기던 시절은 지났다. 세계 여러 지역에서 건강 다양화는 수의학에까지 도달했다. 많은 반려동물 주인들이 단골 동물병원, 통합 의학 또는 기능 의학을 실천하는 수의사, 야간에 찾을 수 있는 응급 진료소, 부상 후 재활을 돕는(또는 부상을 예방하는) 물리 치료사, 침술사, 척추 지압사를 확보해두고 있다. 시골에 살거나 다양한 건강 서비스를 이용할 수 없어도 걱정하지 말라. 이 책을 읽는 것부터가 훌륭한 시작이다. 또 인터넷에는 당신과 당신의 개를 위한 건강 관리 정보를 파악하도록 돕는 믿을 만한 출처가 가득하다.

마지막으로, 돈 들이지 않고 웰빙을 개선하는 방법도 많다. 이 책에 나온 아이디어들은 부자가 될 때까지 혹은 연말 보너스가 나올 때까지 기다리지 않아도 언제든지 실행할 수 있다.

운동은 24개가 넘는 보충제를 대신해서 반려견의 몸을 자연적으로 해독하는 방법이다. 무료 디톡스이다! 돈이 부족하다면, 운동을 강력한 노화 방지책으로 활용하자. 보충제로는 섭취할 수 없는 BDNF가 만들어지려면 매일 몸을 움직여야 한다. 스트레스와 활성산소는 BDNF 수치를 줄이고, 유산소 운동과 충분한 비타민 B5 섭취(버섯에 들어 있다!)는 BDNF 수치를 높여준다.

아침 산책으로 멜라놉신을, 저녁 산책으로 멜라토닌을 분비하게 하는 것도 잊지 말라. 자연광이 최대한 들어오도록 블라인드를 열고, 밤에는 공유기를 끄고, 매일 직접 만든 두뇌 놀이를 시키고, 멍멍이 친구들과 놀이 만남을 갖게 하고, 체중을 유지하고, 시간 제한 급여를 하고, 잠자기 최소 2시간 전에는 먹을 것을 주지 않는다. 식사 윈도를 설정하는 것만으로도 개의 신진대사와 면역 건강이 크게 개선될 수 있다.

이것들은 이 책에 소개된 반려견의 수명을 늘리는 방법의 일부분일 뿐이다.

조금만 신경 쓰면 저렴한 방식으로도 얼마든지 웰빙을 추구할 수 있다. 예를 들어, 싸게 파는 못난이 농산물을 사서 냉동실에 보관해두자. 자투리 채소(양념이 묻어 있지 않을 것)를 반려견의 식사에 활용하자. 채소를 직접 기르거나 협동조합에 가입하는 방법도 있다. 지역 농산물 시장에서 단골집을 만들자. 포장해온 음식에 장식으로 들어간 파슬리를 반려견의 CLT로 쓰고 집에 있는 향신료 가운데 반려견이 먹어도 안전한 것을 식사에 얹어주자. 남은 닭 뼈로 육수를 끓이고, 당신과 반려견을 위해 허브차를 만들고(식혀서 반려견의 식사에 넣는다), 숲으로 가서 흙에서 뛰어놀게 하고, 호수에서 수영하게 하자. 조금만 창의성을 발휘하면 반려견이 더 오래 더 건강하게 살게 해줄 돈 안 드는 방법이 무궁무진하다!

반려견의 건강과 웰빙을 향상시키는 과정은 일종의 진화와 같다. 개와 인간은 천 년 동안 서로 의지하고 배우고 도우면서 서로의 육체적, 정서적 행복을 개선해왔다. 포에버 도그 프로젝트를 시작할 때 이것을 꼭 기억하라. 강아지는 지금 이 순간을 산다. 지금 이 순간이야말로 우리가 서로의 건강을 개선하여 가장 길고 행복한 '집으로의 산책'을 즐길 수 있는 가장 알맞은 때이다.

건강 지킴이를 위한 교훈

- 개는 적어도 일주일에 3회, 심장이 뛰는 운동을 최소 20분 동안 해야 한다. 대부분 개에게는 더 길게 더 자주 운동할수록 좋다. 20분보다는 30분이나 1시간이 더 좋고, 일주일에 3일보다는 6, 7일이 좋다. 창의력을 발휘해 다양한 아이디어를 떠올려보고 반려견이 좋아하는 운동을 찾자.
- 뇌 운동도 신체 운동만큼이나 중요하다(www.foreverdog.com에서 더 많은 아이디어를 얻을 수 있다).
- 운동과 더불어 매일 아침과 저녁에 두 번 스니파리를 실시해 반려견의 일주기 리듬 설정을 돕는다. 적어도 하루에 한 번은 밖으로 나가 목줄을 당기지 말고 마음껏 냄새를 맡을 수 있게 하자.
- 무료 입양이든 유료 입양이든 책임감을 가져라. 돈을 주고 강아지를 입양한다면, 유전적으로 건강한 개가 태어나도록 노력하는 책임감 있는 전문 브리더를 만나자(브리더에게 꼭 해야 할 질문은 부록 504쪽 참조).
- 유기견을 입양한다면 DNA 정보를 몰라도 괜찮다. 궁금하다면 유전자 검사에 대해 알아볼 수 있다(www.caninehealthinfo.org, www.dogwellnet.com 참조). 우리가 충분히 통제할 수 있는 생활 방식들이 많은 유전적 소인에 긍정적인 영향을 줄 수 있다.
- 사회적 참여, 정신적 자극, 반려견이 좋아하는 반려견 중심의 활

동 기회를 꾸준히 제공해서 만성적인 정서적 스트레스를 최소화하자.
- 환경 스트레스를 최소화하고 13가지 화학물질의 체내 축적량을 줄이자.

포에버 도그의 평범한 하루를 한 번 살펴보자. 이 책을 읽는 사람들은 대부분 시골 농장에 살지 않을 것이다. 개가 열린 문으로 뛰어나가 제 하고 싶은 대로 하루를 보낼 수 있게 해주지 못한다. 개들은 대부분 우리만을 기다린다. 그러므로 우리에게는 지혜로운 선택과 운동, 참여, 놀이를 개들에게 제공해야 할 책임이 있다. 반려견에게 몸과 뇌를 풍요롭게 하는 경험으로 가득한 '견생 최고의 하루'를 만들어주겠다고 다짐하고 실천하라.

개들에게 좋은 하루는 어떤 모습일까? 저자들은 운 좋게도 수많은 견주들이 각자의 생활 방식에 맞춰 포에버 도그 원칙을 실행에 옮김으로써 반려견에게 최고의 하루를 선사하는 모습을 지켜볼 수 있었다. 여기 반려인 스테이시와 포에버 도그 참의 하루를 소개한다.

피츠버그에 사는 스물여섯 살의 스테이시는 개를 산책시키는 일을 한다. 참은 스테이시에게 구조된 8세의 요키푸Yorki-poo이다. 스테이시는 평일에 일을 일찍 시작하므로 아침에 운동할 시간이 없다. 그녀의 일상은 보통 이렇다.

- 아침에 제일 먼저 집 안의 커튼/블라인드를 전부 연다.

- 파이렉스 유리 그릇에 깨끗히 정수된 물을 담는다.
- 아침: 소량의 홈메이드 음식에 합성물질이 들어가지 않은 건식 사료 1큰술, 여기에 따뜻한 뼈 육수를 섞어 준다. 보충제는 음식 속에 숨긴다(일하는 동안 참이 변을 보지 않도록 아침에는 식사를 많이 주지 않는다).
- 일주기 리듬을 설정하는 10분 스니파리(참은 냄새를 맡고 볼일을 보고 또 냄새를 맡는다. 스테이시는 신선한 공기를 쐬며 커피를 한 잔 마신다).
- 스테이시는 6시간 동안 일하고 늦은 점심을 먹으러 집에 돌아온다. 자신이 먹을 점심을 데우는 동안 CLT를 간식으로 주며 '앉아', '기다려' 같은 훈련을 시킨다. 참에게 동결 건조 고기를 넣은 두뇌 놀이 장난감을 주고 점심을 먹는다.
- 참과 20분 파워워킹을 하고 다시 일하러 간다.
- 퇴근한 스테이시는 집으로 돌아와 준비운동 삼아 먼저 터그 놀이를 하고 마당에서 강도 높은 공놀이를 한다. 참의 저녁 식사(참의 하루 칼로리의 대부분을 차지)를 준다[보약 버섯 육수(291쪽 참조)로 불린 동결 건조 사료와 건강 보충제]. 스테이시는 자신의 저녁 식사에 사용하는 채소를 잘게 썰어서 참의 식사에 CLT로 추가해준다.
- 저녁을 먹는 동안 릭매트lick mat에 생식 사료 1큰술을 놓아주고 잠깐 관심을 딴 데로 돌린다.
- 저녁 식사 후 일주기 리듬 설정을 위해 10분간 스니파리를 한다. 다른 강아지들을 만나 인사하고 교류한다.
- 집 안의 조명을 줄이고 커튼을 닫는다.

- TV와 공유기를 끄고 양치질과 가벼운 마사지를 해주고(머리부터 발끝까지 바디 스캔) 모든 조명을 끈 뒤 잠자리에 든다.

당신의 포에버 도그의 하루는 어떤 모습인가?

끝마치며

최신 연구에 따르면, 반려견을 키움으로써 얻는 심리적 이점은 현실적이고도 강력하다. '팬데믹' 기간에 미국에서 반려견 입양 사례가 급증한 것은(비영리 데이터베이스 셸터 애니멀 카운트Shelter Animals Count에 따르면 2020년에 30퍼센트 증가) 반려견이 정신 건강을 개선하고 외로움을 줄이는 효과가 있다는 생생한 증거이다. 우리가 수천 년 동안 경험을 통해 알고 있던 것이 이제 과학적 연구로 증명되었다. 반려동물을 키우는 것이 낙관적인 태도를 유지해주고 우울증과 불안감을 줄여준다는 연구 결과가 잇따르고 있다. 개는 우리의 영혼에 좋다. 우리의 건강에도.

건강 분야 작가이자 동물 전문가인 캐런 와인거Karen Winegar의 말이 이를 완벽하게 설명해준다. "인간과 동물의 유대감은 지성을 우회하고 곧바로 심장과 감정으로 옮겨가 다른 것으로는 불가능한 방법으로 우리를 보살펴준다." 정말로 그렇다. 개는 그 무엇으로도 불가능한 방법으로 우리의 영혼을 보듬어준다. 삶을 풍요롭게 해준다.

사랑하는 반려동물을 잃으면 사랑하는 가족이나 친구를 잃은 것만큼, 혹은 그보다 더 슬픈 이유도 이 때문이다.

개들은 우리에게 너무나 많은 것을 주었다. 이제 우리가 그들에게 줄 차례이다. 우리는 이 책이 반려견에게 최선을 다하도록 사람들을 독려하기를 바란다. 우리가 반려동물을 돌보기 위해 헌신할 때, 우리는 그들에게 옳은 일을 해야 할 도덕적 의무을 떠맡는 것이다. 반려견에게 좋은 부모가 되어주겠다고 마음으로 맹세하는 것이다. 우리는 소중한 새 가족이 최대한 개답게, 행복하고 건강하게 살기를 바란다. 이를 위한 가장 좋은 방법은 반려견의 몸과 뇌, 영혼을 자극하고 자양분을 공급하는 환경을 만들어주는 것이다.

'그동안'의 방식에 죄책감을 느끼지는 말기를 바란다. 반려동물 사료업계는 영양이 부족한 고도 가공 사료가 반려견의 건강과 장수에 꼭 필요한 음식이라고 믿게 만들었다. 하지만 이제 당신은 진실을 알게 되었다.

이 책을 읽고 난 지금 당신은 포에버 도그의 건강 계획에 필요한 과학('왜')과 도구('어떻게')를 손에 넣게 되었다. 그 계획은 반려견의 건강에 커다란 변화를 일으킬 여정으로 당신을 안내할 것이다. 대대적인 변화는 필요하지 않다. 점진적인 변화로도 강력한 결과를 만들 수 있다. 많은 돈이 필요하지도 않다. 냉장고에 든 유기농 블루베리의 강력한 항산화 물질이 반려견의 유전자에 말을 걸 것이다.

우리가 이 책을 쓴 이유는 당신과 당신의 개를 위한 올바른 선택에 필요한 정보를 제공하기 위해서이다. 잘 알면 잘 할 수 있다. 이 책을 곁에 두고 확인하면서 반려견을 위한 식사와 활동을 계획하라. 여러 방법을 다양하게 조합하는 것을 잊지 말라. 다양성은 삶의 향신료일 뿐 아니라 포에버 도그에게도 중요하다.

지금 당장 어디서부터 시작해야 할지 두려울 수 있다. 제대로 해낼 수 있을지 자신이 없을지도 모른다. 그렇다고 포기해선 안 된다. 장담컨데 당신은 할 수 있다! 그렇게 어렵지 않다. 헌신과 시간 투자는 필요하지만 당신이라면 괜찮을 것이다. 이 책을 끝까지 다 읽었으니까! 자신감이 지식을 따라잡을 날이 올 것이라고 믿는다. 그때까지 포기하지 말고 계속 나아가자. 계속 읽고(라벨, 기사, 책), 연구하고(온라인에서 굉장히 많이 찾을 수 있다), 동물 건강 커뮤니티에 적극적으로 참여하라. 전 세계에 동지들이 있다. 조금만 찾아보면 마음 맞는 커뮤니티를 발견할 수 있을 것이다. 그러는 동안 두려움은 줄고 자신감이 커진다. 당신과 무척 잘 맞아서 앞으로 루틴이 될 방법도 있고, 잘 맞지 않아서 그만둘 방법도 있을 것이다. 그것이 올바른 과정이다.

가장 좋은 점: 언젠가는 자연스럽게 알게 된다. 당신이 반려견에게 잘하고 있다는 것을. 반려견이 당신에게 말해줄 것이다. 넘치는 에너지, 빛나는 얼굴, 개선된 건강, 한결 가벼워진 발걸음, 반짝이는 눈으로 말해줄 것이다. 그때 당신은 반려견에게 놀라운 선물을 주었다는 사실을 깨닫는다. 포에버 도그를 만들었다는 사실보다 더 만족스러운 감정은 없다. 잘하셨습니다, 견주님.

앞으로도 행운이 가득하기를 바랍니다. 영원히.

감사의 말

감사한 분들이 참 많습니다. 이 책이 탄생하기까지 통찰과 시간, 전문 지식을 아낌없이 나누어준 수십 명과 함께한 즐거운 협업 과정이 있었습니다. 그분들이 있었기에 이 책이 원래 의도한 대로 전 세계 반려견의 건강에 혁명을 일으킬 책으로 만들어질 수 있었습니다. 우리는 본문에 소개된 세계적인 전문가와 과학자를 시작으로 많은 훌륭한 분들을 인터뷰하고 연락을 주고받으며 정말 많은 것을 배웠습니다. 그들은 처음부터 이 프로젝트를 지지해주었습니다. 그들이 이 책에 보여준 관심과 기대 그리고 오로지 개들이 더 건강하게 오래 살 수 있도록 하겠다는 일념에서 이루어진 연구 내용을 소개하려는 열정은 처음부터 우리에게 큰 영감을 주었습니다. 특히 세계 최고령견들과 그들의 멋진 주인들을 직접 만나본 것은 평생 잊지 못할 소중한 경험이었습니다. 신디 미엘, 나에게(로드니) 조니 에반스를 소개해주셔서 감사합니다. 조니는 나에게 킴 위더스푼과 얘기를 해보라고 권했고 결국 킴이 이 책이 세상에 나오기까지의 과정을 이끌어주었습니다. 하퍼콜린스의 모든 분들께도 감사드립니다. 브라이언 페린, 케네스 길렛의 팀, 마크 포티어의 팀, 레이첼 밀러, 마크 루이스, 베아 애덤스는 서로 긴밀하게 작업하며 팬데믹 기간 동안 책을 만드는 결코 쉽지 않은 도전을 훌륭하게 처리해주었습니다. 하퍼 웨이브의 캐런 리날디는 프로젝트 전체를 능숙하게 지휘했고 우리에게 이 프로젝트의 가장 큰 자산인 과학 전문 작가 크리스틴 로버그를 소개해주었습니다. 크리스틴, 수백 건이나 되는 참고자료와 인터뷰 자료, 로드니가 몇 년 동안 모아온 과학 자료를 정리해주어서 고마워요. 그렇게 방대한 자료를 일반 독자들이 이해하기 쉽도록 정리하는 것은 결코 쉬운 일이 아니었지요. 크리스틴은 약속대로 그 자료들을 하나로 합쳐주었습니다. 함께 작업하기로 한 건 탁월한 선택이었습니다. 소중한 편집 조언으로 원고의 수준을 높여준 보니 솔로에게도 감사를 전합니다. 조 숙모(샤론 쇼 엘로드 박사), 스티브 브라운, 수전 틱스턴, 태미 애이커먼, 로리 코거 박사, 사라 맥케이건, 잰 커밍스, 나의(닥터 베커) 가장 친한 친구 수전 렉커 박사, 편집과 관련한 조언 감사합니다. 우리는 반려동물의 건강에 헌신하는 뛰어난 전문가들의 공동체에 속한다는 사실이 자랑스럽습니다. 2.0 반려동물 엄마, 아빠들을 위한 온라인 커뮤니티 인사이드 스쿱Inside Scoop을 뒤에서 묵묵히 지원해준 르네 모린에게도 감사를 전합니다. 니키 터지, 휘트니 러프, 플래닛 포스 팀원들, 가족들 그 밖에도 많은 분이 물심양면으로 도와주었습니다. 이 책을 쓰는 동안 열심히 일할 수 있도록 맛있는 집밥을 해주신 우리의 엄마 샐리와 지니, 정말 감사합니다! 엄마, 제가(닥터 베커) 이 책을 쓰느라 바쁠 때 강아지들 간식을 만들어주셔서 감사해요. 그리고 며칠 밤을 새우며 편집을 도와준 애니(닥터 베커의 동생)도 고마워요. 덕분에 더 선명하고 일관성 있는 원고가 될 수 있었어요. 이 책의 집필을 부탁한 전 세계 동물을 사랑하는 웰니스 커뮤니티와 건강 지킴이들에게도 커다란 감사를 표합니다. 지식으로 무장한 반려동물 웰니스 옹호자들의 전 세계 네트워크는 점점 더 커지고 있습니다. 포에버 도그 법칙으로 큰 효과를 보고 있는 분들의 변함없는 지지와 감동적인 후기는 우리의 사명에 더 큰 힘을 실어줍니다. 마지막으로, 처음과 똑같은 방식으로 이 책을 마무리 지으려 합니다. 우리 인생의 가장 훌륭한 스승이자 가장 친한 친구였던 반려견들에게 감사를 전하면서요. 개들은 우리를 더 나은 사람으로 만듭니다. 이 책이 우리 모두를 더 훌륭한 반려인으로 만들어주기를 기대합니다.

권장 검사 목록

연간 검사는 건강에 중요하다. 개는 사람보다 훨씬 더 빨리 나이가 들어서 중년이 시작되기 때문이다. 나는 많은 멍멍이 환자들을 6개월에 한 번씩 만난다. 노화가 진행됨에 따라(또는 새로운 증상이 나타날 때) 웰니스 프로토콜을 갱신하기 위해서다. 웰니스는 건강 수명을 극대화하기 위해 환자의 식단과 맞춤형 건강 전략을 지속적으로 수정하는 동적인 프로세스이다. 종합 건강 검진과 더불어 기본 검사[일반 혈액 검사(CBC), 혈액 화학치 포함], 분변 기생충 검사, 소변 검사는 개에게 꼭 필요한 연간 검사이다. 그 밖에도 개의 건강 상태나 얼마나 정상적으로 늙어가고 있는지를 알려주는 검사들이 있다. 다음 검사들은 반려견이 큰 병에 걸리는 것을 예방할 수 있다.

- **비타민 D 검사** — 개와 고양이들은 햇빛으로 비타민 D를 합성할 수 없어서 식이요법으로 섭취해야 한다. 안타깝게도 다수의 펫푸드에 함유된 합성 비타민 D는 반려동물들이 흡수하기 어려울 수 있다. 그리고 많은 홈메이드 식단은 비타민 D가 부족하기 쉽다. 비타민 D 검사는 일반 혈액 검사에 추가될 수 있지만 수의사에게 따로 부탁해야 한다. 낮은 비타민 D 수치는 면역력 감소 등 여러모로 반려견에게 부정적인 영향을 끼친다.
- **장내 미생물 불균형 검사** — 면역계의 70퍼센트 이상이 장내에 위치한다. 많은 반려동물이 장 질환으로 인한 흡수 불량과 소화 불

량에 시달리고 궁극적으로 면역력이 약해져서 문제가 생긴다. 장내 미생물 불균형이나 장 누수를 파악하는 것은 특히 쇠약하거나 만성 질환이 있거나 나이 많은 반려동물의 건강에 필수적이다.

- **C-반응성 단백질 검사(CRP)** — 이것은 반려견에게서 가장 민감한 전신 염증 지표 중 하나이다. 요즘은 병원에서 바로 검사가 가능하다.
- **심장 생체 지표 검사(뇌나트륨이뇨펩티드, BNP)** — 단순 혈액 검사로 심장이 손상되거나 스트레스를 받을 때 분비하는 물질을 측정할 수 있다. 심근염, 심근증, 심부전 증상을 알려주는 효과적인 검사이다.
- **A1c** — 원래 당뇨를 감시하는 도구로 사용된 검사인데, 바이오해커, 신진대사 연구자, 기능 의학 전문가들이 약 10년 전부터 A1c를 대사 건강의 지표로 사용하기 시작했다. A1c는 실제로 최종당화산물(AGE)이다. 헤모글로빈(산소를 운반하는 단백질)이 얼마나 당에 덮여 있는지를(당화) 측정하는 것이다. A1c가 높을수록 염증과 당화 작용, 대사 스트레스가 심해진다.
- **진드기 감염 전염병과 심장사상충 종합 검사** — 북아메리카를 비롯해 세계 많은 곳에서 간단한 심장사상충 검사를 하던 시대는 갔다. 진드기는 사방에 있으며 심장사상충보다 훨씬 더 흔하고 치명적인 병을 품고 있다. 라임병을 비롯한 진드기 매개 질병들은 특정 지역에서 개와 사람 모두에게 급속히 확산하고 있다. 수의사에게 SNAP 4Dx Plus(Idexx Labs) 또는 AccuPlex4 검사(Antech Diagnostics)를 요청하자. 심장사상충과 라임병 그리

고 에를리키아와 아나플라스마 감염 여부를 확인할 수 있다. 양성은 병에 노출되었다는 뜻이지 라임병에 걸렸다는 뜻은 아니다. 실제로 연구에 따르면 개의 면역 체계는 맡은 임무대로 스피로헤타(라임병을 일으키는 세균)에 면역 반응을 일으켜 제거해버린다. 하지만 약 10퍼센트가 그 세균을 제거하지 못하고 감염된다. 그런 개들은 증상이 나타나기 전에 진단과 치료가 이루어져야만 한다. 라임병 노출과 감염을 구별하는 검사는 Quantitative C6(QC6) 혈액 검사이다. QC6 검사로 반려견이 라임병 감염에 양성 반응을 보이는 것이 확인되기 전까지는 항생제를 처방받으면 안 된다. 그리고 어떤 이유에서든, 반려견이 항생제를 복용한다면 이 책에 설명된 대로 미생물 군집 형성에 집중해야 한다. 진드기 매개 질병을 확인하는 간단한 혈액 검사를 6~12개월마다 받는 것이 좋다(이러한 질병이 지역에 얼마나 만연한지, 그리고 벼룩 및 진드기 살충제의 강도와 빈도에 따라). 만약 천연 살충제를 사용한다면 강력한 살충제보다 효과가 떨어지므로(독성은 약하지만) 검사를 좀 더 자주 받는 것이 좋다. 수의사에게 처방받은 벼룩과 진드기 약물을 사용한다면 AccuPlex4 또는 SNAP 4DX Plus 검사를 매년 받고 해독도 한다!

참고: 혁신적인 생체 지표와 웰니스 진단, 검사, 실험실 관련한 더 많은 정보는 wwww.foreverdog.com에서.

성견을 위한 홈메이드 소고기 요리(본문 393쪽) 영양 분석

성분표				
사용 원료	그램	파운드	온스	%
소고기 분쇄육(살코기 93%, 지방 7%), 팬에 크럼블 형태로 노릇하게 익힘	2,270.0	5.00	80.00	58.07%
소 간, 삶음	908.0	2.00	32.00	23.23%
아스파라거스, 날것	454.0	1.00	16.00	11.61%
시금치, 날것	113.5	0.25	4.00	2.90%
해바라기씨, 건조	56.8	0.13	2.00	1.45%
햄프시드	56.8	0.13	2.00	1.45%
탄산칼슘	25.0	0.06	0.88	0.64%
대구 간유(칼슨), 400IU/tsp	15.0	0.03	0.53	0.38%
생강분	5.0	0.01	0.18	0.13%
켈프 분말(타이달 오가닉스)	5.0	0.01	0.18	0.13%
총량	3,909	8.61	137.76	100.00%

대량 영양소 분석 (애트워터 표준)			
구성	함량	건조물	칼로리
단백질	25%	66%	54%
지방	9%	23%	42%
조회분	2%	6%	
수분	63%		
섬유질	1%	2%	
순탄수화물	2%	4%	3%
당류(제한적 자료)	0%	1%	1%
녹말(제한적 자료)	0%	0%	0%
총량			100%

대량 영양소 정보	
총열량	7,098
칼로리/온스	52
칼로리/파운드	824
칼로리/일일	342
총급여일	20.7
칼로리/킬로그램	1,817
칼로리/kg DM(건물함량 kg)	4,863
하루 급여량(gm)	188
하루 급여량(oz)	6.6

체중과 활동량에 따른 급여량 예시

체중		10파운드(4.5kg)							40파운드(18.2kg)				
성견 활동량 수준 (FEDIAF, 2016)	K인자	칼로리/일	온스/일	그램/일	체중 대비 중량(%)	cpp	cpkg	단위/d	칼로리/일	온스/일	그램/일	체중 대비 중량(%)	cpp
기초에너지	70	218	4.2	120	2.6%	21.8	47.9	3.8	616	12.0	339	1.9%	15.4
성견-실내 좌식 생활	85	265	5.1	146	3.2%	26.5	58.2	4.7	748	14.5	412	2.3%	18.7
성견-덜 활동적	95	296	5.7	163	3.6%	29.6	65.1	5.2	836	16.2	460	2.5%	20.9
성견-활동적	110	342	6.6	188	4.2%	34.2	75.3	6.0	969	18.8	533	2.9%	24.2
성견-좀 더 활동적	125	389	7.6	214	4.7%	38.9	85.6	6.9	1,101	21.4	606	3.3%	27.5
성견-매우 활동적	150	467	9.1	257	5.7%	46.7	102.7	8.2	1,321	25.6	727	4.0%	33.0
성견-작업견	175	545	10.6	300	6.6%	54.5	119.9	9.6	1,541	29.9	848	4.7%	38.5
성견-썰매견	860	2,677	52.0	1,473	32.5%	267.7	589.0	47.2	7,572	147.0	4,167	23.0%	189.3

미네랄					
	단위	최소	최대	함유량	일일 권장량
칼슘(Ca)	g	1.25	6.25/4.5	1.67	0.54
인(P)	g	1.00		1.66	0.57
칼슘인비(Ca:P)	:1	1:1	2:1	1:1	
칼륨(K)	g	1.50		2.27	0.78
나트륨(Na)	g	0.20		0.41	0.14
마그네슘(Mg)	g	0.15		0.22	0.08
염소(Cl)(USDA 자료 아님)	g	0.30		0.01	0.00
철(Fe)	mg	10.00		21.81	7.47
구리(Cu)	mg	1.83		19.02	6.51
망간(Mn)	mg	1.25		1.59	0.54
아연(Zn)	mg	20.00		30.74	10.53
아이오딘(I)(USDA 자료 아님)	mg	0.25	2.75	0.475	0.16
셀레늄(Se)	mg	0.08	0.50	0.124	0.04

비타민					
	단위	최소	최대	함유량	일일 권장량
비타민 A	IU	1,250.00	62,500	42,940.13	14,704
비타민 D	IU	125.00	750	252.63	87
비타민 E	IU	12.50		12.90	4
티아민, B1	mg	0.56		0.73	0.3
리보플라빈, B2	mg	1.30		5.24	1.8
니아신, B3	mg	3.40		46.56	15.9

판토텐산, B5	mg	3.00		11.95	4.1
B6(피리독신)	mg	0.38		2.91	1
비타민 B12	mg	0.01		0.099	0.034
엽산	mg	0.05		0.432	0.148
콜린	mg	340.00		860.95	295

1,000칼로리당

지방					
	단위	최소	최대	함유량	일일 권장량
총량	g	13.80	82.5	47.06	16.11
포화지방	g			15.89	5.44
불포화지방	g			15.19	5.20
다불포화지방	g			7.11	2.43
LA	g	2.80	16.30	5.12	1.75
ALA	g			0.65	0.22
AA	g			0.44	0.15
EPA+DHA	g			0.41	0.14
EPA	g			0.18	0.06
DPA	g			0.09	0.03
DHA	g			0.23	0.08
오메가-6/오메가-3	:1		30:1	5.25	

1,000칼로리당

아미노산					
	단위	최소	최대	함유량	일일 권장량
총단백질	g	45.00		135.74	46.48
트립토판	g	0.40		0.99	0.34
트레오닌	g	1.20		5.26	1.80
이소류신	g	0.95		5.98	2.05
류신	g	1.70		10.84	3.71
리신	g	1.58		10.69	3.66
메티오닌	g	0.83		3.40	1.17
메티오닌-크리스틴	g	1.63		5.08	1.74
페닐알라닌	g	1.13		5.69	1.95
페닐알라닌-티로신	g	1.85		10.06	3.44
발린	g	1.23		6.97	2.39
아르기닌	g	1.28		9.09	3.11

회색 칸은 EU, AAFCO의 성장기 기준을 초과함

성견을 위한 홈메이드 칠면조 요리(본문 396쪽) (DIY 보충제 포함) 영양 분석

성분표				
사용 원료	그램	파운드	온스	%
칠면조 분쇄육(살코기 85%, 지방 15%), 팬에 브로일링	2,270.00	5.00	80.07	51.23%
삶은 소 간	908.00	2.00	32.03	20.49%
소금 없이 익혀서 수분 제거한 방울다다기양배추	454.00	1.00	16.01	10.25%
콩, 스냅빈, 그린빈, 냉동, 모든 유형, 날것	454.00	1.00	16.01	10.25%
엔다이브, 날것	227.00	0.50	8.01	5.12%
연어유, 자연 연어유 혼합, 오메가 알파	50.00	0.11	1.76	1.13%
탄산칼슘	25.00	0.06	0.88	0.56%
비타민 D3, 400IU/g	3.00	0.01	0.11	0.07%
포타슘(솔라레이), 99 mg/캡슐, 1g=1캡슐	25.00	0.06	0.88	0.56%
구연산 마그네슘, 200Mg/정 1g=1정	3.00	0.01	0.11	0.07%
킬레이트 망간, 10mg	1.00	0.00	0.04	0.02%
아연(네이처스 메이드), 30mg/정	4.00	0.01	0.14	0.09%
아이오딘(홀 푸즈), 360mcg/캡슐	7.00	0.02	0.25	0.16%
비타민 E(블루보넷) 400 IU, 1gm=1캡슐	0.13	0.00	0.00	0.00%
총량	4,431.113	9.77	156.30	100.00%

대량 영양소 분석 자연식품의 영양소 함량은 오차가 있을 수 있습니다. 대략적인 기준으로만 참고하세요.			
구성	함량	건조물	칼로리
단백질	19.33%	54.01%	39.78%
지방	11.23%	31.36%	56.1%
조회분	2.52%	7.05%	
수분	64.2%		
섬유질	0.71%	1.99%	
순탄수화물	2%	5.59%	4.12%
당류(제한적 자료)	0.24%	0.67%	0.49%
녹말(제한적 자료)	0.16%	0.44%	0.32%
총량			100%

대량 영양소 정보	
총열량	7,538.38
칼로리/온스	48.23
칼로리/파운드	771.67
칼로리/일일	2,068.33
총급여일	3.64
칼로리/킬로그램	1,701.20
칼로리/kg DM(건물함량 kg)	2,108.97
하루 급여량(gm)	1,215.80
하루 급여량(oz)	42.89
케토 비율= 지방(g)/단백질(g)+순탄수화물(g)	0.53

비타민					
	단위	최소	최대	함유량	일일 권장량
비타민 A	IU	1,515.00	100,000.00	39,965.19	82,661.27
비타민 C	mg	0.00	0.00	12.02	24.85
비타민 D	IU	138.00	568.00	242.30	501.16
비타민 E	IU	9.00	0.00	9.00	18.62
티아민, B1	mg	0.54	0.00	0.62	1.29
리보플라빈, B2	mg	1.50	0.00	5.03	10.41
니아신, B3	mg	4.09	0.00	45.14	93.37
판토텐산, B5	mg	3.55	0.00	13.10	27.10
B6(피리독신)	mg	0.36	0.00	2.75	5.70
비타민 B12	mg	0.01	0.00	0.09	0.19
엽산	mg	0.07	0.00	0.41	0.86
콜린	mg	409.00	0.00	749.15	1,549.50
비타민 K1(최소 자료)	mg	0.00	0.00	158.03	326.87
비오틴(최소 자료)	mg	0.00	0.00	0.00	0.00

아미노산					
	단위	최소	최대	함유량	일일 권장량
총단백질	g	45.00	0.00	113.65	235.07
트립토판	g	0.43	0.00	1.32	2.72
트레오닌	g	1.30	0.00	5.00	10.34
이소류신	g	1.15	0.00	5.08	10.51
류신	g	2.05	0.00	9.56	19.78
리신	g	1.05	0.00	9.55	19.76

메티오닌	g	1.00	0.00	3.16	6.54
메티오닌-크리스틴	g	1.91	0.00	4.61	9.53
페닐알라닌	g	1.35	0.00	4.83	9.99
페닐알라닌-티로신	g	2.23	0.00	8.91	18.43
발린	g	1.48	0.00	5.70	11.80
아르기닌	g	1.30	0.00	7.65	15.83
히스티딘	g	0.58	0.00	3.33	6.89
퓨린	mg	0.00	0.00	0.00	0.00
타우린	g	0.00	0.00	0.02	0.05

지방					
	단위	최소	최대	함유량	일일 권장량
총량	g	13.75	0.00	66.00	136.52
포화지방	g	0.00	0.00	15.85	32.79
불포화지방	g	0.00	0.00	19.03	39.35
다불포화지방	g	0.00	0.00	15.42	31.90
LA	g	3.27	0.00	12.96	26.80
ALA	g	0.00	0.00	0.76	1.56
AA	g	0.00	0.00	0.69	1.42
EPA+DHA	g	0.00	0.00	2.12	4.38
EPA	g	0.00	0.00	1.28	2.64
DPA	g	0.00	0.00	0.04	0.08
DHA	g	0.00	0.00	0.84	1.74
오메가-6/오메가-3 비율	g			4.75:1	

브리더에게 물어봐야 할 20가지 질문

유전자 및 건강 선별 검사

1. 암컷(엄마견)에게 해당 품종에 적합한 DNA 검사를 모두 했는가?(견종별 목록 확인: www.dogwellnet.com.)
2. 수컷(아빠견)에게 해당 품종에 적합한 DNA 검사를 모두 했는가?
3. 부모견에 대한 동물 정형외과 재단(Orthopedic Foundation for Animals, OFA)의 고관절 이형성(또는 PenHip), 팔꿈치, 슬개골 검사 결과는 어떠한가?
4. 엄마견과 아빠견의 갑상선 검사 결과가(해당하는 경우) OFA의 갑상선 데이터베이스에 마지막으로 등록된 것은 언제인가?
5. 해당 품종의 경우, 부모견이 안과 의사로부터 진료를 받았고 그 결과가 Companion Animal Eye Registry(CERF)나 OFA에 보고되었는가?
6. 브리더가 교배를 통해 해결 또는 개선하려는 품종 관련 문제가 있는가?

후생 유전학

7. 부모견의 식단에서 가공되지 않거나 최소 가공된 식품이 몇 퍼센트를 차지하는가?
8. 부모견의 예방 접종 프로토콜은 무엇인가?
9. 강아지의 예방 접종 프로토콜이 노모그래프(엄마견의 항체 수치

를 검사해 강아지에게 효과적인 예방 접종일을 결정하는 것)에 의해 결정되는가?

10. 부모견은 살충제를 얼마나 자주 접촉하는가? (국소적 또는 경구용 심장사상충, 벼룩, 진드기약)

사회화, 조기 발달 및 웰빙

11. 강아지들을 입양시키기 전에 어떤 조기(0~63일) 사회화 프로그램을 활용하고 있는가?
12. 교배 계약에 특정 나이까지 중성화 또는 난소 제거가 이루어져야 한다는 항목이 있는가?
13. 만약 그렇다면, 중성화 조항에 정관 절제나 자궁 절제 옵션이 포함되어 있는가?
14. 계약서에 당신이 강아지와 함께 훈련 교실에 참가해야 한다는 조항이 있는가?
15. 검사가 필요한 품종인 경우, 강아지가 생후 6주에서 8주 사이에 안과 검진을 받았는가?
16. 강아지를 입양시키기 전에 정기적으로 기본 검진을 받는가? 생후 얼마나 되었을 때 강아지를 입양 보내는가?

투명성

17. (직접 혹은 라이브 비디오로) 브리더의 집이나 시설을 방문할 수 있는가? 추천인의 연락처를 제공하는가?

18. 강아지를 키울 수 없거나 문제가 생기는 경우 브리더가 언제든 강아지를 데려갈 수 있는가?
19. 필요할 경우 브리더(또는 주변 관계자)의 도움을 받을 수 있는가?
20. 강아지 입양 계약에 다음의 내용이 모두 포함되는가?
    - 계약서
    - AKC 또는 등록 신청서 또는 출생 증명서(이미 등록했다면)
    - 기타 품종 등록서(예: 미국 오스트레일리아 셰퍼드 클럽)
    - 족보
    - 강아지 눈 검사 결과 사본(해당하는 경우)
    - 수의사가 진행한 강아지 건강 검진 결과(첫 병원 방문 시 기록)
    - DNA 검사 사본을 포함한 엄마견 건강 검진 결과서
    - DNA 검사 사본을 포함한 아빠견 건강 검진 결과서
    - 부모견 사진
    - 교육 자료(급여 일정 제안, 예방 접종 계획 제안, 항체 검사 시기 제안, 교육 자료 등)

생뼈 급여

아삭아삭한 그래놀라나 바삭바삭한 간식을 먹는다고 치석이 제거되지는 않는다. 하지만 사람들은 여전히 도그 비스킷이 이빨을 '깨끗하게' 해준다고 믿는다. 그렇지 않다! 이것은 뻔뻔한 마케팅 전략이다.

개의 치석을 제거하는 방법은 세 가지가 있다. 수의사에게 스케일링을 받거나(가장 효과적인 방법이지만 보통은 마취가 필요하다), 매일 저녁 식사 후 양치질을 해주거나(우리가 선호하는 방법), 개가 씹는 행위를 통해 직접 치석을 제거하도록 하는 것('기계적 마모')이다. 연골과 연조직이 붙어 있는 생뼈를 씹으면 양치질 혹은 치실질과 다름없는 효과가 있다. 그것도 당신이 아닌 개가 직접 한다.

한 연구에서는 개에게 오락 목적으로 생뼈를 주면 사흘 만에 대구치와 제1소구치, 제2소구치의 치석이 대부분 제거된다는 결과가 나왔다! 오락 목적이라고 하는 이유는 개들이 원래 뼈를 갉아 먹는 걸 좋아하지만 씹어서 삼키는 용도가 아니기 때문이다. 생뼈 급여에는 많은 규칙이 따른다.

동네 펫스토어의 냉동 코너에서 생뼈를 찾을 수 있다. 직원이 반려견을 위한 적절한 크기의 뼈를 선택하도록 도와줄 것이다. 근처에 펫스토어가 없다면 동네 정육점이나 슈퍼마켓의 정육 코너에서 지골(趾骨)을 찾을 수 있다(찌거나 훈제하거나 삶거나 굽지 않은 생것)('수프용 뼈'라는 이름으로 냉장 또는 냉동식품 코너에 있을 수도 있다). 생뼈를 구해서 냉동실에 보관한다. 한 번에 하나씩 해동해 반려견에게 준다. 일반적으로 대형 포유동물(소, 들소, 사슴)의 지골이 가장 안전한 옵션이다.

- 뼈의 크기는 반려견의 머리 크기에 맞춘다. 뼈가 너무 클 일은 없지만 일부 반려견에게는 뼈가 너무 작을 수 있다. 뼈가 너무 작으

면 질식 위험이 있고 심각한 구강 외상을 일으킬 수 있다(이빨이 깨지는 등).

- 반려견이 치과 치료나 크라운 시술 후 회복 중일 때, 혹은 이빨이 부러지거나 너무 약하면(노견) 뼈를 주지 않는다.
- 반려견에게 생뼈를 급여할 때는 항상 주의 깊게 관찰해야 한다. 생뼈를 물고 혼자 구석으로 가버리게 하지 않는다.
- 반려견이 여러 마리면 평화 유지를 위해 생뼈를 급여하기 전에 개들을 서로 떨어뜨려 놓는다. 이 법칙은 친구들과 같이 있을 때도 적용된다. 소유욕 때문에 공격성을 보이는 반려견에게는 생뼈를 급여하지 않는다. 어느 정도 씹고 나면 뼈를 회수한다(처음에는 15분 정도가 적당).
- 골수는 지방이 많아 반려견의 일일 칼로리 섭취량을 높일 수 있다. 췌장염이 있는 개는 골수를 먹으면 안 된다. 장이 예민한 개들은 골수를 많이 먹으면 설사를 일으킬 수 있으므로 골수를 제거하고 주거나 뼈 씹는 시간을 15분 정도로 짧게 정한다.
- 반려견이 생뼈를 갉아먹을 때 지저분해질 수 있으므로 야외 또는 청소하기 쉬운 곳에서 급여한다. 어떤 종류든 절대로 익힌 뼈를 주지 않는다.

기타 자료

최신 업데이트는 www.foreverdog.com 참고.

반려견 재활 전문가

- 개재활연구소(Canine Rehabilitation Institute) 수료자: www.caninerehabinstitute.com/Find_A_Therapist.html
- 캐나다 물리 치료 협회(Canadian Physiotherapy Association): www.physiotherapy.ca/divisions/animal-rehabilitation
- 미국재활수의사회(American Association of Rehabilitation Veterinarians) 명단: www.rehabvets.org/directory.lasso
- Graduates of the Canine Rehabilitation Certificate Program: www.utvetce.com/canine-rehab-ccrp/ccrp-practitioners

훈련 및 행동 관련

- 개훈련사인증협회(Certification Council for Professional Dog Trainers, CCPDT): www.ccpdt.org
- 국제동물행동컨설턴트협회(International Association of Animal Behavior Consultants, IAABC): www.iaabc.org
- 캐런프라이어아카데미(Karen Pryor Academy): www.karenpryoracademy.com
- 개훈련사아카데미(Academy for Dog Trainers): www.academy

fordogtrainers.com

- 펫전문가길드(Pet Professional Guild): www.petprofessional guild.com
- 피어프리펫츠(Fear Free Pets): www.fearfreepets.com
- 미국수의행동학자대학(American College of Veterinary Behaviorists): www.dacvb.org

강아지 프로그램

- Avidog: www.avidog.com
- Puppy Culture: www.shoppuppyculture.com
- Enriched Puppy Protocol: https://suzanneclothier.com/events/enriched-puppy-protocol/
- Puppy Prodigies: www.puppyprodigies.org

기능성 수의학을 실천하는 웰니스 서비스 업체

- 통합동물치료대학(College of Integrative Veterinary Therapies): www.civtedu.org
- 미국동물척추지압협회(American Veterinary Chiropractic Association): www. animalchiropractic.org
- 국제동물척추지압협회(International Veterinary Chiropractic Association): www.ivca.de
- 미국동물약초학대학(American College of Veterinary Botanical

Medicine): www. acvbm.org

- 동물약초학회(Veterinary Botanical Medicine Association): www.vbma.org
- 동물아로마테라피협회(Veterinary Medical Aromatherapy Association): www.vmaa.vet
- 미국동물침술아카데미(American Academy of Veterinary Acupuncture): www.aava.org
- 국제동물침술학회(International Veterinary Acupuncture Society): www.ivas.org
- 국제동물마사지보디워크협회(International Association of Animal Massage and Bodywork): www.iaamb.org
- 미국홀리스틱동물의학협회(American Holistic Veterinary Medical Association): www.ahvma.org
- 생식수의학회(Raw Feeding Veterinary Society): www.rfvs.info

'보충적 급여용' 사료

미국에서 판매되는 반려동물 사료는 포장지에 영양 성분을 표시해야 한다. 캐나다나 다른 국가에는 유감스럽게도 라벨 규제가 없어서 제품이 영양학적으로 적정한지 소비자가 직접 평가해야 한다. 미국에서는 라벨에 "보충적 또는 간헐적 급여용"이라고 적혀 있으면 영양학적으로 불완전하다는 의미이다. 개의 식단에 꼭 필요한 비타민과 미네랄이 들어 있지 않다. 어느 국가라도 반려견용 사료 라벨에 영양 적정성 문구가 포함되어 있지 않고, 기업이 (AAFCO, NRC, FEDIAF의 기준과 비교한) 완전한 영양 분석을 제공하지 않으면 그 식품이 개의 일일 영양 필요량을 충족하지 못한다고 간주해야 한다. 가공 온도, 순도, 원재료 조달을 전부 고려한다면 이런 보충적 급여용 제품도 성견에게 훌륭한 간식, 토퍼, 단기 식단이 되어줄 수 있다(7끼 식사 중 한 끼 또는 14끼 식사 중 두 끼). 이 불완전한 제품들은 오로지 그것만 꾸준히 급여해서는 안 된다. 하지만 그런 일이 일어나고 있어서 문제가 된다.

효소 반응의 보조 인자로서 주요 단백질의 생산을 촉진하는 필수 비타민과 미네랄이 부족하면 개의 체내 세포가 최적 상태로 기능하지 않는다. 시간이 지남에 따라 신진대사 및 생리적 스트레스가 생긴다. 결국 질병을 피할 수 없다. 문제는 이런 미량 영양소 결핍이 개의 몸이 지칠 대로 지쳐서 장수 가능성이 완전히 사라진 후라야 증상으로 나타난다는 것이다. 사람들은 반려견에게 무엇을 먹여야 할지 너무나 혼란스러워한다. 특히 요즘은 경제적 압박도 심하다. 충분히 이해되는 상황이다. 이러한 상황을 이용해 반려동물 사료 업체들이 적절한 해결책을 제시하고 나섰다. 훨씬 더 저렴하고 더 신선하지만, 불균형한 사료를 내놓는 것이다(영양학적으로 완전하고 따라서 더 비싼 생식 또는 최소 가공 브랜드들에 비해 그렇다는 말이다). 지식으로 무장한 계산이 빠른 3.0세대 반려견 엄마, 아빠들에게 시판 생식 '그라인드'(고기, 뼈, 내장 혼합물)나 그 밖에 고기와 채소를 익히거나 탈수 건조 및 동결 건조한 '베이스 믹스'는 좋은 선택지가 된다. 이런 제품들은 가격도 그리 비싸지 않다. 이런 사료에 토퍼나 간식을 추가해도 좋다.

불균형한 사료를 반려견 식단의 베이스로 사용하고 싶다면 빠진 영양소를 전부 채워주어야 한다. 영양상의 균형만 맞춰준다면(계산이 필요하다) 반려견에게 유용하게 급여할 수 있다. 투명성 있는 업체들은 (불완전) 제품의 영양 분석 결과를 웹사이트에서 PDF 파일로 제공한다. 이 정보를 생식 스프레드시트에 입력해 현재 인정된 영양 기준과 비교해보고, www.foreverdog.com에서 어떤 영양소를 첨가해야 할지 파악알 수 있다. 똑똑한 3.0 반려인들은 이 방법을 활용한다. 적은 예산으로 반려견에게 균형 잡힌 신선한 음식을 먹이는 환상적인 방법이기 때문이다. 100퍼센트 휴먼 그레이드로 이루어진 가장 영양가 높은 식단을 가장 저렴하게 제공하는 방법은 다음과 같다. 세일 이용하기, 협동조합 가입하기, 대량 구매하기, 영양학적으로 완벽한 레시피로 집에서 만들기 등등. 하지만 현실적으로 이렇게 하기 불가능한 경우가 많다.

'프레이 모델' 그라인드 — 80/10/10(고기/뼈/내장) 베이스 믹스, 생식 조합 또는 '조상 개들의 음식' — 를 생산하는 업체들은 대부분 성분 또는 보충 성분의 중량을 표시하지 않는다. 불균형한 사료의 영양 균형을 맞추려면 필요하지만, 고객 센터에 문의해도 자료를 얻기가 거의 불가능하다. **사료에 뭐가 들어갔는지 정보를 아예 제공하지 않는 곳들도 있다.** 무서운 일이다. 자사 제품의 영양 성분을 모르거나 고객들에게 알리고 싶지 않다는 뜻이니까. 일부 업체들은 자사의 모든 제품을 번갈아 먹이다보면 자연스럽게 필요한 영양소를 다 채워줄 수 있다고 광고한다. 최소 영양소 필요량을 충족시킬 수 있다는 어떤 증거도 제시하지 않으면서 말이다. 이런 근거 없는 주장이 수의사들을 화나게 한다. 이런 제품을 먹이면 당신의 개는 영양 부족

상태가 된다. 덜 가공한 신선한 사료 혹은 생식 사료를 먹는데도 건강하지 못한 이유는 이 때문이다. 다른 사료보다 신선하지만 영양소가 부족하다.

"해조류와 오메가-3를 추가하세요"처럼 추가해야 할 영양 정보를 애매하게 제공하는 회사 제품을 조심해야 한다. "시간을 두고 (여러 고기, 뼈, 내장을) 번갈아 먹이세요" 같은 영양 개념도 수의사들의 혀를 차게 만든다. 이런 식으로는 미량 영양소 필요량을 거의 충족하기 어렵기 때문이다. 이는 생각보다 더 심각한 문제이다. 초가공 제품, 즉 '음식이라고 할 수 없는 입자(생식을 추천하는 수의사 이안 빌링허스트가 건식 사료를 가리키는 표현)'에서 벗어나기 위해 '대안적이고 비전통적인 식품 카테고리'를 실험하는 고객들을 보면서 답답해하는 수의사들이 많다. 반려견이 거의 매일, 필요한 하루 영양분을 전부 얻고 있는지 확신할 수 없다면, 불균형한 사료는 일주일에 몇 번만 주거나 코어 토퍼(칼로리의 10퍼센트)로만 급여해야 한다. www.freshfoodconsultants.org에 소개된 전문가들이 사료의 영양 균형을 맞추도록 도와줄 수 있다. www.petdietdesigner.com의 스프레드시트를 사용해도 된다.

똑똑한 3.0 반려인들은 고기 붙은 생뼈(raw meaty bone diets, RMBD) 식단과 뼈와 생식(bones and raw food diet, BARF) 식단으로 반려견의 최소 영양소 필요량을 충족시킨다. 조상들이 먹었던 사냥감과 비슷하게 다양한 고기와 뼈, 내장을 섞어주는 것이 이 식단에 포함된다. 스프레드시트를 활용해 불균형을 피할 수 있다.

주석

우리가 이 책을 쓰기 위해 참고하거나 본문에 인용한 모든 출처와 과학 문헌은 워낙 방대해서 그 자체로 책 한 권 분량에 가까울 정도이다. 그래서 온라인 웹사이트(www.foreverdog.com/citations/)에 모두 모아놓고 최신 상태로 업데이트하기로 했다. 본문의 일반적인 내용들은 키보드를 몇 번 두드리면 온라인에서 다양한 자료와 증거를 찾을 수 있을 것이다. 물론 전문가들의 검증을 거친 믿을 만한 사실 정보를 소개하는 사이트를 참고해야 한다. 특히 건강과 의학 분야에서는 사실 확인이 매우 중요하다. 구독이 필요하지 않은 최고의 의학 저널 검색 엔진은 대부분 주석에 포함되어 있다. pubmed.gov(미국 국립보건원의 국립의학도서관이 운영하는 의학 저널 기사의 온라인 아카이브), sciencedirect.com과 그 자매 사이트인 link.springer.com, cochranelibrary.com의 코크레인 라이브러리, 초기 검색 후 이차적으로 활용하기 좋은 검색 엔진인 구글 스칼러(scholar.google.com). 이 검색 엔진들이 액세스할 수 있는 데이터베이스에는 Embase(Elsevier 소유), Medline, MedlinePlus가 포함되며 수백만 건에 이르는 세계 각국의 동료 검토 연구를 다룬다.

우리는 모든 연구를 구체적으로 소개하기 위해 최선을 다했고 상세한 설명을 위해 내용을 추가하기도 했다. 우리의 웹사이트 www.foreverdog.com에서 검색어를 입력하면 더 자세한 내용을 찾을 수 있고 업데이트 정보도 확인할 수 있다.

찾아보기

ㄴ

ㄷ

ㄹ

ㅂ

ㅇ

ㅈ

ㅊ

ㅍ

ㅎ

기타

옮긴이 정지현

스무 살 때 남동생의 부탁으로 두툼한 신디사이저 사용설명서를 번역해준 것을 계기로 번역의 매력과 재미에 빠졌다. 대학 졸업 후 출판번역 에이전시 베네트랜스 전속 번역가로 활동 중이며 현재 미국에 거주하면서 책을 번역한다. 옮긴 책으로 『자신에게 너무 가혹한 당신에게』, 『5년 후 나에게』, 『자신에게 엄격한 사람들을 위한 심리책』, 『타인보다 민감한 사람의 사랑』, 『콜 미 바이 유어 네임』 등이 있다.

감수자 홍민기

마음을나누는동물병원 원장. 캐나다 유학 중 보완대체수의학에 심취해 반려동물의 자연주의적 건강 관리에 관심을 갖게 되었다. 한방수의학을 공부하며 반려견 침구 진료를 하고 있다. 『개 피부병의 모든 것』, 『고양이 질병의 모든 것』을 번역하였다.

포에버 도그

초판 1쇄 발행 2022년 9월 15일
초판 3쇄 발행 2024년 5월 5일

지은이 로드니 하비브 & 캐런 쇼 베커
옮긴이 정지현
감수자 홍민기

펴낸곳 코쿤북스
등록 제2019-000006호
주소 서울특별시 서대문구 증가로25길 22 401호
디자인 필요한 디자인

ISBN 979-11-978317-1-3 03520

• 책값은 뒤표지에 표시되어 있습니다.
• 잘못된 책은 구입하신 서점에서 교환해 드립니다.

• 책으로 펴내고 싶은 아이디어나 원고를 이메일(cocoonbooks@naver.com)로 보내주세요.
코쿤북스는 여러분의 소중한 경험과 생각을 기다리고 있습니다. ☺